“十二五”国家重点图书出版规划项目

中国社会科学院创新工程学术出版资助项目

总主编：金　碚

经济管理学科前沿研究报告系列丛书

THE FRONTIER DESEARCHREPORT ON DISCIPLINE OF RESOURCE AND ENVIRONMENTAL ECONOMICS

孙若梅 尹晓青 操建华 聂强 主编

资源与环境经济学学科前沿研究报告

图书在版编目（CIP）数据

资源与环境经济学学科前沿研究报告2011/孙若梅，尹晓青，操建华，聂强主编.—北京：经济管理出版社，2016.9

ISBN 978-7-5096-4581-9

Ⅰ.①资… Ⅱ.①孙… ②尹… ③操… ④聂… Ⅲ.①资源经济学—研究报告 ②环境经济学—研究报告 Ⅳ.①F062.1②X196

中国版本图书馆CIP数据核字(2016)第204229号

组稿编辑：张永美
责任编辑：杨国强　张瑞军
责任印制：黄章平
责任校对：雨　千

出版发行：经济管理出版社
（北京市海淀区北蜂窝8号中雅大厦A座11层　100038）
网　　址：www.E-mp.com.cn
电　　话：（010）51915602
印　　刷：三河市延风印装有限公司
经　　销：新华书店
开　　本：787mm×1092mm/16
印　　张：20.5
字　　数：450千字
版　　次：2016年9月第1版　　2016年9月第1次印刷
书　　号：ISBN 978-7-5096-4581-9
定　　价：68.00元

《经济管理学科前沿研究报告》专家委员会

序 言

为了落实中国社会科学院哲学社会科学创新工程的实施，加快建设哲学社会科学创新体系，实现中国社会科学院成为马克思主义的坚强阵地、党中央国务院的思想库和智囊团、哲学社会科学的最高殿堂的定位要求，提升中国社会科学院在国际、国内哲学社会科学领域的话语权和影响力，加快中国社会科学院哲学社会科学学科建设，推进哲学社会科学的繁荣发展具有重大意义。

旨在准确把握经济和管理学科前沿发展状况，评估各学科发展近况，及时跟踪国内外学科发展的最新动态，准确把握学科前沿，引领学科发展方向，积极推进学科建设，特组织中国社会科学院和全国重点大学的专家学者研究撰写《经济管理学科前沿研究报告》。本系列报告的研究和出版得到了国家新闻出版广电总局的支持和肯定，特将本系列报告丛书列为“十二五”国家重点图书出版项目。

《经济管理学科前沿研究报告》包括经济学和管理学两大学科。经济学包括能源经济学、旅游经济学、服务经济学、农业经济学、国际经济合作、世界经济、资源与环境经济学、区域经济学、财政学、金融学、产业经济学、国际贸易学、劳动经济学、数量经济学、统计学。管理学包括工商管理学科、公共管理学科、管理科学与工程三个学科。工商管理学科包括管理学、创新管理、战略管理、技术管理与技术创新、公司治理、会计与审计、财务管理、市场营销、人力资源管理、组织行为学、企业信息管理、物流供应链管理、创业与中小企业管理等学科及研究方向；公共管理学科包括公共行政学、公共政策学、政府绩效管理学、公共部门战略管理学、城市管理学、危机管理学、公共部门经济学、电子政务学、社会保障学、政治学、公共政策与政府管理等学科及研究方向；管理科学与工程包括工程管理、电子商务、管理心理与行为、管理系统工程、信息系统与管理、数据科学、智能制造与运营等学科及研究方向。

《经济管理学科前沿研究报告》依托中国社会科学院独特的学术地位和超前的研究优势，撰写出具有一流水准的哲学社会科学前沿报告，致力于体现以下特点：

（1）前沿性。本系列报告能体现国内外学科发展的最新前沿动态，包括各学术领域内的最新理论观点和方法、热点问题及重大理论创新。

（2）系统性。本系列报告囊括学科发展的所有范畴和领域。一方面，学科覆盖具有全面性，包括本年度不同学科的科研成果、理论发展、科研队伍的建设，以及某学科发展过程中具有的优势和存在的问题；另一方面，就各学科而言，还将涉及该学科下的各个二级学科，既包括学科的传统范畴，也包括新兴领域。

(3) 权威性。本系列报告由各个学科内长期从事理论研究的专家、学者主编和组织本领域内一流的专家、学者进行撰写，无疑将是各学科内的权威学术研究。

(4) 文献性。本系列报告不仅系统总结和评价了每年各个学科的发展历程，还提炼了各学科学术发展进程中的重大问题、重大事件及重要学术成果，因此具有工具书式的资料性，为哲学社会科学研究的进一步发展奠定了新的基础。

《经济管理学科前沿研究报告》全面体现了经济、管理学科及研究方向本年度国内外的发展状况、最新动态、重要理论观点、前沿问题、热点问题等。该系列报告包括经济学、管理学一级学科和二级学科以及一些重要的研究方向，其中经济学科及研究方向15个，管理学科及研究方向45个。该系列丛书按年度撰写出版60部学科前沿报告，成为系统研究的年度连续出版物。这项工作虽然是学术研究的一项基础工作，但意义十分重大。要想做好这项工作，需要大量的组织、协调、研究工作，更需要专家学者付出大量的时间和艰苦的努力，在此，特向参与本研究的院内外专家、学者和参与出版工作的同仁表示由衷的敬意和感谢。相信在大家的齐心努力下，会进一步推动中国对经济学和管理学学科建设的研究，同时，也希望本系列报告的连续出版能提升我国经济和管理学科的研究水平。

金　碚

2014年5月

目　录

第一章　资源与环境经济学学科2011年研究进展综述

资源与环境经济学学科2011年研究进展综述分为三节。第一，根据资源与环境经济学的基本原理和梳理收集的文献，对本学科的年度进展按研究的方向和研究的问题进行概述；第二，根据学科的研究方向和研究的问题，对本学科年度研究进展进行综述；第三，在前两部分工作的基础上，从研究的问题和研究的方法等方面对国内外学科的发展特点做简要评述。

第一节　2011年学科发展概述

一、学科发展方向

基于资源与环境经济学的基本原理和收集的文献，本书将2011年的研究方向分为：自然资源保护与利用的经济学研究、环境污染的经济学研究、自然资源与环境价值和定价的经济学研究、气候变化和低碳经济学研究四个方向。

第一，在自然资源保护和利用经济学的研究领域中，分为四个研究问题：理论和方法的研究，耕地、草原、森林、水资源、湿地、渔业等的可持续利用研究，资源管理与经济政策评价，自然资源利用与经济社会发展关系的实证。

第二，在环境污染经济学的研究方向中，分为四个研究问题：理论和方法，水、气、固体废弃物污染的经济学和产业环境污染的经济学研究，环境管理和环境经济政策评价，环境污染与社会经济发展的实证。

第三，在自然资源与环境价值和定价的研究方向中，分为四个研究问题：环境污染与生态系统价值纳入核算体系的研究，生态系统服务价值研究，自然资源与环境要素的市场定价和非市场价值研究，资源与环境的补贴与税收的研究。

第四，在关于气候变化和低碳经济学的研究方向中，分为三个研究问题：理论与方法，经济与管理政策评价，气候变化和低碳与经济发展实证。

二、研究文献分布

基于2011年资源与环境经济学学科文献，按照研究方向和研究的问题进行归类统计结果如下（见表1）。在自然资源利用的经济学研究方向中，国内和国外文献分别占42%和28%；在环境污染的经济学的研究方向中，国内和国外文献分别占16%和40%；在资源与环境价值和定价的经济学研究方向中，国内和国外文献分别占23%和21%；在气候变化和低碳经济学研究方向中，国内和国外文献分别占18%和11%。

表1 2011年资源与环境经济学学科研究问题的归类统计

研究方向	研究问题和内容	编号	国内文献占比（%）	国外文献占比（%）
自然资源利用的经济学研究	理论和方法	1.1	4.0	10.0
	耕地、草原、森林、渔业、水资源、湿地的保护与利用的经济学研究	1.2	16.8	7.6
	自然资源保护管理和经济政策研究	1.3	13.2	7.1
	自然资源利用与社会经济发展的实证	1.4	8.0	2.8
环境污染的经济学	理论和方法	2.1	2.8	18.0
	污染物和产业环境的经济学研究	2.2	7.2	13.3
	环境经济政策研究	2.3	1.2	8.1
	环境污染与社会经济发展的实证	2.4	5.2	0.5
自然资源与环境价值和定价的经济学研究	环境污染与生态系统价值纳入经济账户的核算	3.1	0.4	0.5
	生态系统服务价值评估	3.2	11.2	3.3
	自然资源环境的市场定价与非市场价值	3.3	1.6	13.3
	资源与环境的补贴、补偿和税收	3.4	10.0	4.3
气候变化和低碳经济学研究	理论与方法	4.1	5.6	3.8
	利用效率和政策研究	4.2	3.2	5.7
	气候变化和低碳与社会经济发展实证	4.3	9.6	1.9

三、国内外期刊来源

在2011年资源与环境经济学学科进展综述的完成过程中，就国内期刊而言，全面检索了国内经济类、农业经济管理类、资源科学类与环境科学类核心期刊和相关的大学学报类期刊；就国外期刊而言，检索了经济类、资源与环境经济和管理类、资源与能源类以及各区域的相关期刊（见表2）。

表 2 文献的期刊来源

中文期刊	英文期刊
1. 经济研究	1. American Economic Review
2. 管理世界	2. American Economic Review: Papers & Proceedings
3. 数量经济技术经济研究	3. Ecological Economics
4. 中国农村经济	4. Energy Economics
5. 中国农村观察	5. European Economic Review
6. 经济学动态	6. Energy Policy
7. 中国土地科学	7. Environment, Development and Sustainability
8. 中国环境科学	8. Environmental and Resource Economics
9. 农业经济问题	9. International Economics and Economic Policy
10. 农业技术经济	10. Journal of Development Economics
11. 生态经济	11. Journal of Environmental Economics and Management
12. 经济研究导刊	12. Journal of Political Economy
13. 经济研究参考	13. Land Economic
14. 经济管理	14. Journal of Economic Literature s
15. 中国经济问题	15. RAND Journal of Economics
16. 中国软科学	16. Resource and Energy Economics
17. 自然资源学报	17. The Economic Journal
18. 中国人口·资源与环境	18. World Development
19. 地理科学进展	19. The Quarterly Journal of Economics
20. 生态与农村环境学报	20. The Indian Economic and Social History Review
21. 林业经济	
22. 中国林业经济	
23. 林业经济问题	
24. 草业学报	
25. 草地学报	
26. 自然灾害学报	
27. 农业环境科学学报	
28. 环境保护科学	
29. 环境保护	
30. 环境污染与防治	
31. 地质灾害与环境保护	
32. 环境保护与循环经济	
33. 能源环境保护	
34. 中国水利	
35. 北京大学学报(自然科学版)	
36. 北京师范大学学报(自然科学版)	
37. 复旦学报(社会科学版)	
38. 中山大学学报(自然科学版)	

第二节 2011 年研究进展综述

一、自然资源利用的经济学研究

（一）共有性自然资源利用的研究进展

公共品理论和产权理论是自然资源经济研究的理论学基础。在 2011 年国内外自然资源经济学的研究文献中，特别关注的是开放性进入特征的可更新资源和纯公共物品。Robert N. Stavins 在《公地问题：一个 100 年后仍未解决的问题》一文中提出：与 100 年前卡斯仁・考曼（Katharine Coman）推出了美国经济评论第一期的时代相比较，今天公地问题与人们生活息息相关，因此也成为经济学的核心问题。随着美国和其他经济体的增长，考虑自然资源与环境质量，地球承载力已经引起更多的关注，尤其对共有产权以及公共资源而言更是如此。随着社会规模的增长，公共品问题已经超越社区甚至国家。在自然资源领域中可以共有的可更新资源面临着特殊的挑战，重要的例子有共有渔场退化和草原牧场的退化。近 30 年来，环境质量成为突出的共有问题之一，清洁空气、温室气体和气候变化成为重要议题。经济学的关键贡献之一是发展出环境保护的市场化方法。这些工具是解决 21 世纪最重要的公地问题——全球气候变化的关键。

（二）水资源管理研究

水资源短缺是世界面临的共同危机，是制约我国经济健康稳定发展的重要瓶颈，水资源的可持续利用已经成为经济社会可持续发展的基础性、战略性问题。水资源利用及相关问题是国内外的共同关注点。

贾绍凤（2011）在《变革中的中国水资源管理》中，将中国水资源管理制度分为四个阶段：只管工程的非正式水资源管理、以行政命令为主的正式制度萌芽、取水许可管理和基于水权的正规制度管理，从而提出：尽管在确立以流域管理和区域管理相结合的综合管理体制，建立以水量分配、取水许可、水资源论证为主要内容的水权管理制度和以全成本核算为原则的水价管理制度等方面成绩显著，水资源管理中仍存在水资源权属不清、水环境权得不到保障等问题。今后中国水资源改革，首先，应继续深化水权改革，推动水权明晰化，建立水权交易制度；其次，健全水环境权的法律法制规范，提供相关的法律保障；最后，完善部门间的合作协调机制，真正实现对水的协同管理。

王克强（2011）在《中国农业水资源政策一般均衡模拟分析》中采用可计算一般均衡（简称 CGE）模型，将几项重要政策综合于农业水资源框架下，分别对各项政策以及

政策组合的效应进行定量化研究，模拟农业水资源政策调整在解决中国水资源短缺问题中所起的作用，为相关政策决策提供参考和借鉴。农业水资源从自然界进入社会经济系统，作为生产要素之一的农业水资源被投入农业生产过程，因而其要素回报就成为增加值的一部分。基于不同的经济理论，CGE 模型的闭合方式可分为新古典闭合和凯恩斯闭合等。由于现阶段我国市场体制还不完善，尤其是要素市场存在名义价格黏性现象，因此凯恩斯闭合方式在中国的经济问题研究中得到了较多应用。在 CGE 模型中，将水资源看作一种生产要素，而水资源费率就是其价格。水资源费率一般由政府限定，即存在名义价格黏性，因此，该文在进行政策模拟时，除水量政策外，对水资源要素市场均采用凯恩斯闭合方式。

王晓霞（2011）在《湿地水资源保护实证研究》一文中，重点研究了湿地如何应对周边经济发展带来的保护湿地水资源的严峻挑战。该文选取典型内陆沼泽型湿地，对区域内的农业用水户采取随机抽样方式进行了入户调查，同时，调查研究了县级湿地保护机构、水资源管理机构、环保部门、农业部门国有农场和农户等相关利益群体。该文提出 9 种可供筛选的政策方案，研究建立了由问题出发的影响因素和相应策略的逻辑框架。政策方案设计的出发点是要平衡环境保护、经济发展和社会民生的不同目标，要求方案同时满足多重目标，既有利于保护湿地水资源，也要避免对当地经济发展造成严重的负面影响，在经济上有效率，避免过高的政策实施成本。研究结果显示，保护湿地水资源需要依赖多种政策方案的组合。政策建议的要点包括：中央和省级政府应调整完善相关法律法规，为生态用水权和生态用水量配额提供法律基础；努力实现经济政策与环境政策的协同；生态用水保护需要建立资金保障机制，提高生态用水的竞争性；建立合理的湿地保护战略和保护优先序；水价政策仅可以湿地排水进行农业开发和农用化学品对水质的影响是农业与湿地保护间冲突的主要形式。该文关注在湿地得到确认和保护后，周边农业对湿地实现合围带来的水资源挑战。湿地水资源的完整性和质量对于湿地保护具有重要的意义。保护湿地生态水量，为野生动植物提供栖息地，减少洪涝灾害，为人类提供优美的景观和心情愉悦的场所均为当前湿地保护的目标。

李双成（2011）在《东北三省主要粮食作物虚拟水变化分析》中，采用 FAO 推荐的计算方法，即根据作物潜在蒸发、作物系数和作物单位面积产量来计算农产品单位虚拟水含量，计算了四种粮食作物的农业用水量格局及时间变化。研究结果表明：大豆单位耗水量最高，小麦次之，玉米最低；空间上水稻的单位耗水量在黑龙江省最高，小麦在吉林省最高，玉米和大豆在辽宁省最高；黑龙江省的水稻、小麦和大豆的虚拟水总量都明显高于吉林省和辽宁省。

严立冬（2011）在《水资源生态资本化运营探讨》中，指出水资源价值实现和增值的关键是水资源生态资本化运营，水资源生态资本化运营的前提条件是水资源生态资产，水资源生态资本化运营的约束条件是生态水权，水资源生态资本化运营的支持条件是生态资本技术，水资源生态资本化运营的保障条件是生态资本市场。他还从水资源生态资产评估、水资源生态产权制度建设、水资源生态资本技术内生化创新及水资源生态资本市场培育等方面探讨了水资源生态资本化运营的可行性。

（三）草原资源管理研究

我国天然草原具有开放性进入的特征，存在着过度利用的困境，近两年成为自然资源管理研究中的热点问题。侯向阳（2011）在《中国草原适应性管理研究现状与展望》中，综述了国内外自然资源管理中备受关注的“适应性管理”理论与实践，总结了我国草原适应性管理的研究现状，深入探讨了中国草原适应性管理的重点任务，提出了适应性管理的内涵及基本管理框架。他认为，适应性管理是生态系统管理方法之一，要强调系统存在不确定性，并把生态系统的利用与管理视为试验过程，从试验中不断学习，以期为推进我国草原管理理论研究与实践提供重要的参考依据。贾幼陵（2011）在《草原退化原因分析和草原保护长效机制的建立》中认为：草场退化的主要原因包括：严重超载过牧，农耕经济对草原的蚕食和破坏，全球气候变暖。张存厚（2011）在对锡林郭勒草地畜草平衡的研究中，在估算出草地的气候生产潜力基础上，通过基于生产潜力获得的实际产草量数据、可利用草地面积和每只羊单位每日食量，估计出最大饲养量，进而建立起草畜平衡模型，分析各旗县草畜平衡状况。徐柱等（2011）在《中国草原生物多样性、生态系统保护与资源可持续利用》一文中，讨论了草原生物多样性的价值，特别强调保护国家生态安全的战略地位，并将草原生态系统功能分为四个层次：生产功能、基本功能、环境效益和娱乐价值。

（四）自然资源与经济增长关系的研究

近 20 年来经济学的一个重要发现和热点研究方向是“资源诅咒”学说，该学说是指一国或地区的经济由于对自然资源过度依赖而引起一系列不利于长期经济增长的负面效应，最终拖累经济增长的一种现象。后来一些学者将资源诅咒命题拓展到一国内部区域层面进行考察，如已有研究发现了资源诅咒问题也存在于美国这样高度发达的国家。国内学者通过省际面板数据也证实了资源诅咒效应在我国区域层面同样存在。

邵帅（2011）在《自然资源开发、内生技术进步与区域经济增长》中，试图解答以下问题：资源开发活动与区域技术进步和长期经济增长之间有何内在联系？资源开发活动为何易于对资源丰裕地区的长期经济增长表现出抑制效应？这种抑制效应是如何产生的？该文以能源依赖度作为代理指标来度量区域经济对自然资源的依赖程度。他通过一个产品水平创新的四部门内生增长模型，对自然资源开发活动如何影响区域技术进步和经济增长的内在机制进行了理论阐释，讨论了资源诅咒效应的发生条件和作用机制，并利用我国省际层面的静态和动态面板数据模型对理论命题进行了实证检验。实证模型的结果验证了该文所提出的理论命题，即资源开发易于对区域创新活动产生挤出效应而引起资源诅咒问题，但在市场化程度和生产要素配置效率提高的调节性影响下，这种挤出效应完全可以被缓解或消除，甚至可以被转化为积极的促进作用。而市场化程度本身对创新投入和创新产出均具有明显的积极影响，无论在静态面板模型还是在动态面板模型中，其系数显著水平

一直保持在1%。一方面，市场化能够通过改善生产要素和资源配置效率，实现要素和资源在各产业部门间的合理分配，促进区域经济的协调健康发展；另一方面，市场化还可以通过市场激励机制增强企业开展技术创新的动力，促进新产品和新技术的开发和应用，加速技术进步的过程而有力地推动区域经济增长。因此，提高市场化程度和要素配置效率是解决资源诅咒问题的一剂良药。

魏建（2011）的《对山东省耕地资源与经济增长之间的关系研究》一文表明：耕地数量的变化与经济增长之间存在着密切的关系，该研究的贡献是考虑到耕种不同作物土地数量对经济增长产生影响的不同。该文将耕地分为耕种粮食、棉花和油料作物三类，以1996～2009年山东省17个地级市的面板数据为依据进行了分析，通过统计数据得出：种植粮食的耕地面积呈现出先减少后增加趋势，而耕种棉花和油料作物的土地面积则呈现出多样化趋势。通过面板数据的单位根、协整以及因果关系检验得到：耕种粮食的土地资源与经济增长之间存在长期的均衡关系，且两者之间存在双向因果关系；但耕种棉花与油料作物的土地面积与经济增长不存在长期均衡关系。

二、环境污染的经济学研究

（一）环境纳入国民经济核算的研究

环境纳入国民经济账户的研究在2011年的研究文献中有一定进展。环境经济学中的一个重要和持久的议题是国民经济账户中的环境核算。早期的文献关注基于实物流分析的污染，实物流的方法对跟踪自然变动是有用的，但不适用于国民经济账户，因为它不是由价值构成的，也没有包括与位置和毒性相联系的损害。Nicholas Z. Mulle（2011）在《美国经济中的污染环境核算的研究》中，给出了一个将环境外部性纳入国民账户的研究框架，估算了美国每个产业的空气污染损失，通过综合评价模型度量美国空气污染排放的边际损失和总损失。研究发现，固体废弃物燃烧、污水处理、采石、游艇码头、石油和燃煤发电厂带来的空气污染损失大于其增加值；对外部成本影响最大的产业是燃煤发电，其损失范围在0.8～5.6倍的附加值。该文对环境经济学理论的贡献有以下两点：第一，给出一个整合外部损失到国民经济账户的框架，将每个行业引起的污染的总外部损失（GED）作为成本和（多余的）产出包括在国民账户中；第二，验证方法论可以用于实践，即通过每个县与每种排放相联系的边际损失（影响、价格）的经验估计，计算了美国分行业空气污染的国民损失。

国内的研究主要停留在基于实物量的生态价值计算的方法上，如生态足迹和能值方法等，仍难以发现能够纳入国民经济核算体系的研究。张雪花（2011）在《基于能值—生态足迹整合模型的城市生态评价方法研究》中，开发出能值—生态足迹整合模型，即从能值分析的角度对生态足迹方法进行了改进。在生态承载力的计算中，基于物质的投入产出和人的能动性，融入了实体产品产出的生态承载力和虚拟产品供给的生态承载力；在生态足迹的计算中，考虑了废弃物排放造成的污染，将废弃物的生态足迹纳入生态占用。另外，还应用该模型从生物产品等多个账户对天津市2001～2008年的发展情况进行了分析。

（二）环境要素对经济增长贡献的研究

环境要素对经济增长贡献的研究，重点是环境要素纳入生产函数的研究，涵盖了环境要素的全要素生产率测算，环境约束下的经济增长效率、工业生产率、农业生产率的研究。在经济增长模式的研究中，全要素生产率（TFP）是衡量一国经济增长质量和可持续性的核心指标，学者们主要从生产率的角度对此进行解释。随着全球环境问题的日益突出，国内外学者开始尝试将环境因素纳入TFP测算框架。

朱承亮（2011）等在《环境约束下的中国经济增长效率研究》中，对扣除工业环境因素的绿色GDP核算方法进行了初步的探索和实践，其主要通过构建既考虑环境污染排放又考虑环境污染治理的环境指标，通过一定的定量方法测算出环境综合指数（ECI），ECI综合概括了各地区经济发展中的环境因素（主要是环境治理效用）作用的大小。然后，将各地区GDP与环境综合指数的乘积定义为各地区相对绿色GDP（记为EDP），并将其作为产出指标纳入经济增长效率测算模型，从而考察环境因素对中国经济增长效率的影响。他采用超越对数型随机前沿模型，对1998～2008年环境约束下的中国经济增长效率及其影响因素进行了分析。研究发现，FDI和对外贸易对效率改善有显著促进作用，引进外资和发展对外贸易没有使中国成为“环境污染天堂”；工业化进程促进了效率改善，但在环境约束下该促进作用受到制约；环境污染治理强度对环境约束下的效率改善具有促进作用，而不考虑环境约束时反而具有抑制作用。

杨俊（2011）在《基于环境因素的中国农业生产率增长研究》中，在考虑环境因素的基础上，将农业污染同生产率的研究结合起来，采用方向性距离函数测算了1999～2008年中国30个省（直辖市、自治区）的农业环境技术效率，采用Malmquist－Luenberger生产率指数（简称为ML指数）测度了28个省（直辖市、自治区）的农业全要素生产率（TFP）增长，并将其进一步分解为技术进步率指数和技术效率变化指数，以分析农业技术进步和农业技术效率变动对中国农业生产率增长的贡献。实证结果表明：东部的农业环境技术效率明显高于中、西部，而中、西部的差别很小，中部略低于西部；1999～2008年各年的ML指数均值都大于1，表明中国农业每年的生产率都在增长；中国农业生产率的改进来源于技术进步，技术效率变化均值为0.997，农业技术效率在轻微退步；忽略环境因素会高估我国的农业生产率增长。

李谷成（2011）在《资源、环境与农业发展的协调性》中，采用单元调查评估法，在中国农业分省污染排放量进行核算的基础上，应用考虑SBM方向性距离函数模型对1979～2008年环境规制条件下各省农业技术效率进行实证评价，该文关注纳入环境因素后的农业生产效率状况，并综合考察了转型期各省农业发展与资源、环境的协调性程度。

薛建良（2011）在《基于环境修正的中国农业全要素生产率度量》中，提出了一种度量和评估包含环境影响的农业生产率方法。在该文中，通过定义一个包含市场产出和污

染产出的总产出而将环境的外部性纳入分析框架，用总产出代替传统 TFP 计算中的产出，包含环境影响的全要素生产率公式得以建立。利用基于单元的综合调查评价法计算了 1990 ~ 2008 年我国主要农业污染物排放数量，并在此基础上度量了基于环境修正的我国农业全要素生产率。研究表明在 1990 ~ 2008 年我国经环境调整后的农业生产率增长呈现减小趋势，农业环境污染使农业生产率增长降低 0.09% ~ 0.6%，且呈现较大的时期变化；依据不同环境污染价值损失评估法，环境对农业全要素生产率的修正会带来或高或低的结果。为了更准确地度量环境对农业全要素生产率的影响，需要进一步探索环境污染价值评估方法，完善我国农业环境监测体系。

薄夷帆（2011）探讨了环境规划对经济发展的影响。针对中国关于环境规制对经济发展的理论及实证研究情况，分别从技术创新与企业生产率、企业成本、行业产出和国际竞争力等方面进行了归纳和研究，基于已有研究成果得出的结论是：环境规制对经济发展的最终影响，是多种效应综合作用的结果。只有全面考察环境规制对生产成本、企业进入和技术创新等的影响，综合分析环境规制影响经济发展的传导机制，才能够准确解释环境规制对经济发展的影响结果。

（三）区域和产业发展与环境污染的研究

区域和产业发展与环境污染的研究探讨了高耗能产业的环境污染和农业特别是规模化养殖业的环境污染等，在污染排放量的核算和时空分布特征的研究中有一定的进展。

龚健健（2011）在《中国高能耗产业及其环境污染的区域分布研究》中，通过分析中国 30 个省份 1998 ~ 2008 年高耗能产业的区域分布及污染排放状况，利用动态面板数据对影响中国及三大区域高耗能产业污染排放的因素进行了回归分析。结论表明，高耗能产业密集分布于中东部地区，其发展速度表现为东中西依次递增；东部地区高耗能污染排放仍是我国目前污染排放的主角；我国及三大区域均存在环境库兹涅茨曲线，其污染排放情况存在省际强异质性。

葛继红（2011）基于江苏省 1978 ~ 2009 年的数据，对农村面源污染的经济影响因素进行了分析。该文根据分解法，将农业面源污染的经济影响因素归结为农业经济规模、农业结构、农业技术进步、农村人口规模和农业面源污染治理政策；利用单元调查法和生产函数法对历年农业面源污染物氮、磷排放量和农业技术进步率进行估算；对农业经济增长对农业面源污染的影响进行实证分析。研究结果表明：农业经济规模扩大、农业结构中养殖业比重上升和种植业比重下降、种植业结构中经济作物比重上升和粮食作物比重下降以及农村人口规模扩大均会增加农业面源污染物排放量。但是，农业技术进步以及农业面源污染治理政策的实施却能够有效降低农业面源污染物排放量，这说明，农业经济增长与环境质量相互协调是可以实现的。

周力（2011）在《产业集聚、环境规制与畜禽养殖半点源污染研究》中，基于 2002 ~ 2008 年中国面板数据，利用数据包络分析（DEA）测度了畜禽养殖污染强度指数，并采用面板数据模型，对畜禽养殖是否存在半点源污染现象进行了实证分析。该文研究结论为：目前，畜禽养殖半点源污染主要存在于肉牛、奶牛、蛋鸡行业；导致畜禽养殖半点源污染的产业集聚，并非是因为区域间差异化的环境规制水平，而是基于比较优势的主导作用；随着环境规制水平、畜禽消费总量、居民生活质量、交通便利程度、劳动力价格水平逐步提升，畜禽规模化养殖已是大势所趋；生猪和肉鸡养殖污染将逐步减少，奶牛和蛋鸡养殖污染将经历小幅上升后逐步下降，而肉牛养殖半点源污染仍将在长期内持续增加。

陈清华（2011）在《基于最佳管理实践的规模化水产养殖污染管理》中提出，中国是水产养殖最主要的国家，水产养殖已对中国环境造成严重污染，有必要制定符合实际需要的政策或制度促进水产养殖提高管理水平。该文讨论了如何减少或降低向自然水体排放的污染物总量，以及水产养殖者如何提高管理水平。最佳管理实践（BMPs）在治理水产养殖污染上被认为是可行的，且费用划算。同时，作者还阐述了一些国际组织为使池塘养殖更加环保建议使用的 BMPs 体系和认证，并介绍了规模化养殖渔场废水排放管理的前景。

叶维丽（2011）在《江苏省太湖流域水污染物排污权有偿使用政策评估研究》中，梳理了江苏省的政策发展历程。2007 年起，江苏省出台了一系列政策，构建了水污染物排污权有偿使用及交易的政策框架。截至 2010 年底，排污权有偿使用政策已在太湖流域试点区域推行近 3 年，但在排污权申购核定及排污权有偿使用费（简称有偿使用费）管理方面依然存在问题，如污水处理厂作为排污单位参与了排污指标的初始分配却一直未缴纳有偿使用费，有偿使用费再分配过程中存在寻租漏洞等。作者构建了江苏省太湖流域水污染物排污权有偿使用政策的评估框架，通过对政策目标、政策实施机制、政策效益等方面的评估，提出了政策实施中尚存在的问题及应对方向。结果表明，江苏省太湖流域水污染物排污权有偿使用政策已获得了正面效益，但在排污指标初始分配、排污权有偿使用费的初始定价及资金运转等环节还存在缺陷，应进一步加强有偿使用费的收缴、管理，保障政策的公平性及合理性。

沈军（2011）在《城市面源污染治理中的公众参与现状与对策探讨》中，结合对某城市居民进行的城市面源污染的认知和参与意识的问卷调查结果，分析了目前中国城市面源污染控制中公众参与的现状和存在的问题。公众行为与参与现状分析显示：对居民小区的普通居民来说，公众的不当行为主要表现为将阳台排水管、屋面雨水管当作生活污水管使用，私自将污水接入雨水系统，直接向雨水口倾倒污废水、粪便等。而在商业经营区则包括饭店、洗衣店或洗车店将污废水直接排入雨水口、将污水管私自接入市政雨水管等。此外，居民的环境卫生意识欠缺也会导致地表污染物堆积量增加，加重了雨天径流污染。对于另外一类公众群体，即物业、开发商以及城市建设部门来说，由于短期的利益驱动、认知水平不够等原因，也会做出一些不当甚至违规的行为或决策，从而加重了城市面源污染的源头控制难度。

（四）资源和环境与经济发展关系的实证检验

资源环境与经济发展关系的实证检验仍是国内研究的重点问题之一，包括资源环境与农业发展的关系、环境污染与产业发展，环境污染与经济发展，能源利用与经济增长。

宋马林（2011）在《环境库兹涅茨曲线的中国“拐点”：基于分省数据的实证分析》中提出，首先需要验证中国各地区库兹涅茨曲线的存在性，然后计算中国各地区的库兹涅茨曲线拐点的时间和路径。该文采用工业废气排放量作为环境污染指标，以 GDP 不变价数据为经济指标，基于分省数据利用环境库兹涅茨曲线验证中国各地区环境改善的时间路径。结果表明，上海、北京等省市已达到库兹涅茨拐点，而辽宁、安徽等省市则不存在库兹涅茨曲线。同时，大多数省份在 1 ~6 年内均可达到。因此，利用政策措施来改变和提前这些省份的库兹涅茨曲线拐点的到来时间是非常必要的。

李太平（2011）基于 1990 ~2008 年全国各省、市、自治区的面板数据对中国化肥面源污染进行了 EKC 验证，研究发现，中国化肥投入面源污染与宏观经济增长之间存在典型的倒 U 型曲线的关系。在影响中国化肥投入面源污染时空演变的诸多因素中，居民收入水平和环境需求水平的提高有利于降低农业环境的污染程度；农民非农就业程度的不断提高、城乡二元环境管理体制、蔬菜和瓜果类等经济作物的播种面积大幅度增长和复种指数的提高是中国化肥投入面源污染不断加剧的重要原因。农业技术进步有利于降低中国化肥投入的面源污染，但由于中国农户经营规模小，农业科技研发、推广和应用水平低下，农业技术进步环境效应并未得到充分发挥。

张伟（2011）在《基于环境绩效的长三角都市圈全要素能源效率研究》中，运用“多投入—多产出”的 DEA 模型，以环境生产函数（EPF）和环境方向距离函数（EDDF）为基础，将污染作为生产过程产生的负产出纳入生产理论，将传统的生产技术扩展为环境生产技术，对长三角都市圈城市群 1996 ~2008 年全要素能源效率及其成分进行了测度，并对能源效率及其成分的影响因素进行了实证分析。该文发现，在环境约束下，能源的过度使用以及废气的过度排放导致长三角都市圈能源效率增长率和能源使用技术效率增长率降低，而忽视能源使用减排技术的提高导致能源使用技术进步增长率降低。

周海燕（2011）在《异质性能源消耗与区域经济增长的实证研究》中，选取中国省际数据，从异质性能源消耗的视角构建省际能源消耗与经济增长关系的面板分析模型。研究表明，电力与煤炭能源消耗对经济增长的促进作用明显；能源消耗地域异质性在对相应能源的需求及对经济增长的影响方面表现明显；异质性能源消耗存在替代效应。该文的创新之处在于关注消耗能源的具体种类与区域异质性对经济增长的影响。

三、自然资源和环境价值与定价研究

（一）自然资源和环境定价的研究

自然资源和环境是经济增长的基础，但自然资源利用中出现的环境问题又会反噬经济增长的成果，环境问题的实质是自然资源定价过低或价格不存在。国外的研究重点是市场定价机制和资源环境税收策略的研究，国内的研究更注重生态环境价值的主观评估。

Ambarish Chandra 和 Mariano Tappata（2011）在《消费者搜寻与动态价格扩散：汽油市场的一个应用》中，研究了不完全信息在解释价格扩散中的作用。该研究采用美国汽油产业零售面板数据，重新检验了临时价格扩散对消费者搜寻的重要性。研究表明，价格排序随着时间显著波动，然而，在同一条街区交口处的加油站，汽油价格却较稳定。我们建立了价格扩散与消费者搜寻模型关键变量的均衡联系。价格扩散随着市场中企业数量的增加而增加，随着生产成本增加而下降，随搜寻成本增加而增加。Lucas W. Davis 和 Lutz Kilian（2011）在《美国天然气零售市场价格上限的配置成本研究》中，验证了美国天然气零售市场中配置成本的重要性，该市场在 1954 ~ 1989 年受价格上限政策约束。作者采用家庭层面的天然气需求离散—连续模型，估计市场配置成本为年均 36 亿美元，接近以前估计的美国消费者净福利损失的三倍。

（二）生态系统服务价值的研究

国外最新的研究提出（Ralf Seppelt et al.，2011），运用生态系统服务的概念意在支持从社会、经济和生态的综合视角制定政策和措施，近年来这一概念已经演变为生态系统管理的范式。在科学研究中，“生态系统服务”这一术语滥用，已引起学者对其随意使用的担忧。通过对最新文献的回顾，学者发现了方法的多样化，同时指出缺少一致性的方法论。由此，该研究得出生态系统服务研究整体思路的四个方面：①生态系统数据和模型的生物物理现实主义。②地方利益得失的考虑。③非实地效果的识别。④利益相关者介入评价研究的广度和深度。这四方面可作为方法论的蓝本进行深入开发和讨论，以揭示和阐明生态系统服务评价的特定方法。

在国内的相关研究中，利用 Costanza 的生态系统服务功能价值核算方法来评估中国不同的资源与生态系统价值的研究文献仍很多，同时出现了批评及改进研究方法的探索。

梁流涛（2011）在《农村生态资源的生态服务价值评估及时空特征分析》中，以省（市）为核算单元，对 1989 ~ 2007 年中国农村生态资源的生态服务价值进行评估，并分析了我国农村生态服务价值的时空分异特征。研究结果表明：①1989 ~ 2007 年中国农村生态资源的生态服务价值呈现先增长后下降的趋势；②农村资源生态服务价值较多的省份主要分布在西部地区，不同地区农村生态服务价值的内部构成差异也很大；③中国农村生态资源的退化普遍存在。

刘兴元（2011）在《草地生态系统服务功能及其价值评价方法研究》中指出：目前国内外广泛采用的 Costanza 等提出的生态系统服务价值评估方法没能充分体现出草地生态系统本质特征。存在的问题是：①缺乏动态性和空间异质性，即草地生态系统的功能及价值随空间的变化会产生差异，把全球或全国尺度的评价当量系数应用到具体的区域尺度上时需要进行修正；②同一草地生态系统内不同健康水平草地的价值是不同的；③人们对生态系统功能价值的支付意愿和能力随着社会和经济发展水平的高低而不同；④缺乏针对草地生态系统服务功能特征的评估体系与方法。该研究引入区域差异性系数、空间异质性系数和支付能力系数进行综合评价，建立了适宜于草地生态系统服务功能经价值的评价体系和方法，并以藏北高寒草地为例，对该方法进行了评估验证。

孙能利（2011）在《山东省农业生态价值测算及其贡献》中，把农业的价值分为生产产品价值和生态价值，以 Costanza 的方法作为估算农业生态价值的方法依据，同时进一步借鉴谢高地等于 2003 年针对 Costanza 等的不足，基于对我国 200 位生态学者的问卷调查而制定出的我国生态系统服务价值的当量因子表。以此表为基础，结合山东省实际形成适用的生态价值测算方法，采用官方统计数据实际测算了山东省农业生态价值。结果发现，2008 年山东省农业生态价值的现实值为 7058. 54 亿元，是当年农业经济价值 3002. 65 亿元的 2. 4 倍。

王科明（2011）在《干旱地区土地利用结构变化与生态服务价值的关系研究》中，利用酒泉市 1997 ~2006 年土地利用变更调查数据和相关统计资料，计算了土地利用结构异质性指数和生态服务价值，分析了土地利用结构与生态服务价值的变化及其相互关系。结果表明：1997 ~2006 年酒泉市耕地、林地、园地面积在增加，其中耕地增加最多，增加了 9803. 15 公顷，牧草地、水域和未利用地面积不断减小，其中牧草减少得最多，减少了 207470. 56 公顷；酒泉市土地利用结构多样性指数和均匀度增加而优势度降低，土地利用趋于多样化和均匀化；各类土地的生态服务价值都有不同程度的增加，土地利用生态服务价值总体呈增加趋势；土地利用生态服务价值与土地利用结构线性相关，通过增加牧草地、水域和耕地等生态用地面积，提高土地利用集约度，调整土地利用结构促进土地利用的多样化、均匀化，可以增加生态系统的稳定性，提高生态系统服务功能的经济价值。

（三）资源与环境价值的实现方式

国内的研究重点是生态补偿的措施和效果评价。于鲁冀（2011）对河南省水环境生态补偿机制及实施效果评价进行了研究，分析总结了河南省水环境生态补偿机制的发展历程，并运用对比分析法和实地调研法客观地对生态补偿政策实施取得的成效和实施过程中存在的问题进行了分析和评价。河南省流域生态补偿政策的实施始于 2008 年底开展的沙颍河流域生态补偿试点。沙颍河流域生态补偿在以责任目标为考核依据的基础上，制定了“超标罚款”和“达标奖励”相结合的“双向”补偿机制。以河流水质达到目标考核要求时需要补充的生态调水量所投入的水资源费为测算依据，以“污染重扣缴额度大，污染轻扣缴额度小”为原则，对 I - V 类和劣 V 类水质分别确定了不同的生态补偿金扣缴标准。河南省于 2009 年下半年又开展了河南省全流域生态补偿机制的研究，全省 18 个地级市 2010 年同时实行地表水水环境生态补偿政策，省辖四大流域生态补偿机制全面开展。基于“主要污染物通量”为扣缴依据的生态补偿金计算模型技术的应用，是该阶段水环境生态补偿机制关键技术中的又一创新。

刘桂环（2011）从生态系统服务视角研究了官厅水库流域生态补偿机制，以官厅水库流域为研究区，通过分析流域生态系统服务功能的变化，探讨了生态系统服务与生态补偿之间的关系，构建了基于生态系统服务的生态补偿机制，探讨了合理的补偿标准及不同补偿方式的可行性。关于生态补偿标准，他提出了基于上游生态建设和污染治理成本的生态补偿标准和基于上游发展机会成本的生态补偿标准。

四、气候变化和低碳经济研究进展

（一）气候变化的经济学研究

何建坤（2011）提出，我国当前经济社会发展既受到资源环境的瓶颈性制约，也受到全球应对气候变化、减缓碳排放的严峻挑战。我国大力推进节能和减缓 CO_2 排放，CO_2 强度下降速度为世界瞩目，但由于工业化阶段 GDP 快速增长，CO_2 排放仍呈增长快、总量大的趋势。我国把国内可持续发展与全球应对气候变化相协调，实现绿色、低碳发展。加强产业结构的战略性调整，进行产业升级，促进结构节能；大力推广节能技术，淘汰落后产能，提高能源效率；积极发展新能源和可再生能源，优化能源结构，降低能源结构的含碳率，中近期以大幅度降低 GDP 的能源强度和 CO_2 强度为主要目标，到 2030 年前后要努力使 CO_2 排放达到峰值，到 2050 年实现较大幅度的下降，以适应全球控制温升不超过 2℃长期减排目标下国际合作应对气候变化的进程和形势。

崔静（2011）在《气候变化对中国主要粮食作物单产的影响》中，将气候因素作为外生变量引入超越对数生产函数模型，用以估计各种气候因素对粮食作物产量的影响程度。她运用超越对数生产函数模型分析了 1975～2008 年作物生长期气候变化对中国主要粮食作物——一季稻、小麦和玉米单产的影响。研究表明：首先，作物生长期内气温升高对粮食单产具有负向影响，但对不同品种、不同地区粮食单产的影响具有差异性，气温升高能够增加高纬度地区春小麦和玉米单产。其次，作物生长期内降水增加对粮食单产的影响因粮食品种而异，虽然对西北地区春小麦单产具有正向影响，却对华南地区冬小麦单产具有负向影响。最后，作物生长期内日照增加主要通过与地区的交互作用影响粮食单产，平均日照时数增加对华南地区冬小麦单产具有正向影响，而对东北地区春小麦单产具有负向影响。

（二）低碳经济研究

对低碳经济问题以及中国经济低碳化发展的研究成为资源经济学的一个热点领域。庄贵阳（2011）在《低碳经济的内涵及综合评价指标体系构建》中，总结了学术界关于低碳经济评价指标体系的研究进展，在对低碳经济进行概念界定的基础上，构建了以低碳产出、低碳消费、低碳资源和低碳政策为维度的衡量指标体系，并结合现实需求提出进一步改进的建议。在国内碳排放统计、监测和管理体系尚未建立的条件下（很多城市没有能源平衡表），中国社会科学院所建立的这套评价指标体系从宏观层面着眼，可以很好地应用到低碳城市发展规划研究中。

岳书敬（2011）在《基于低碳经济视角的资本配置效率研究：来自中国工业的分析与检验》中，利用来自中国工业行业数据，从低碳视角对资本配置效率进行了探讨，主要工作包括三方面：第一，将低碳经济与资本流动联系起来，从低碳化的角度来分析资本在行业间的配置效率；第二，改善和拓展了 Wur gler（2000）的模型，弥补了其无法考虑行业间相对变化对资本配置影响的不足；第三，在估算资本配置效率的基础上，探讨了低碳发展视角下中国资本配置效率的影响因素，给出了进一步提高资本配置效率的政策建议。该文采用包含能源消耗、二氧化碳排放因素基于 DEA 的绿色 TFP 指数来衡量低碳经济发展的变化程度。研究结果显示，近年来中国工业整体上已向集约型增长方式转变，从低碳经济发展的角度而言，中国工业资本的流向是有效的，但 2005 年以后配置效率有所降低；高技术行业对中国工业低碳式增长的贡献较大，但资本流入增速相对较小。

郑长德（2011）在《基于空间计量经济学的碳排放与经济增长分析》中，采用空间计量经济学的方法对我国各省份的经济增长与碳排放之间的关系进行了实证分析。该文采用国内生产总值（GDP）来衡量各省份的经济发展水平，以 1978 年为基期，单位为亿元。由于目前我国没有碳排放量的直接监测数据，该文采用了两种方法来计算各省份的碳排放量，分别是 Kaya 碳排放恒等式法和碳的化学燃烧公式法。结果表明：我国经济增长与碳排放呈现正相关关系，高碳排放地区多处于经济发达的沿海地区，而低碳排放地区多处于经济落后的内陆地区. 我国目前的经济增长对碳排放的依赖性较强，经济增长对碳排放的弹性系数约为 0. 8，说明在未来的短时间内很难实行低碳经济的发展模式。

曲福田（2011）在《土地利用变化对碳排放的影响》中，在界定土地利用变化碳排放作用机制及内涵的基础上，从农用地向非农用地转换、农用地内部土地利用以及非农用地内部土地利用三个方面综述了土地利用变化对碳排放的影响。其结论为：农用地向非农用地的转换会增加碳排放量。农用地内部土地利用变化方面，农田转换为森林或草地能够使土壤和植被碳储量增加，但是土壤碳汇集速率存在一定的差异。农田、森林和草地管理措施对生态系统碳循环的影响目前还存在争议，但基本观点是合理的管理措施能够减少碳排放量。非农用地内部土地利用变化方面，从能源消耗角度考虑，二产用地向三产用地转换会减少碳排放量。因此，合理组织土地利用对帮助我国实现碳减排承诺、发展低碳经济有重要意义。

第三节　2011 年学科进展评述

经济学的理论和方法进展及现实世界面临的生态挑战，推动着资源与环境经济学学科的理论和方法提升，丰富着该学科的研究议题。2011 年资源与环境经济学学科研究中，以自然资源利用经济学和环境污染经济学研究为重点方向，以资源和环境价值与定价的经济学研究为前沿方向，以气候变化、能源和经济、碳排放为热点研究方向的格局没有变化。从收集的国内外文献看，尽管研究方向基本一致，但在研究问题的视角和研究方法上存在着一定差异。

在自然资源利用和环境污染的经济学研究中，国外的重要研究进展为三点：第一，自然资源保护和利用的经济学研究中，以公共品理论和产权理论为基础的资源与环境经济学研究是主流，对具有开放性进入特征的可更新自然资源的基本特征进一步深入揭示，相应的政策选择和制度安排的研究得到加强。第二，对美国经济中污染环境核算的研究，将环境污染纳入国民经济核算体系中的探索有重大进展。第三，行为经济学理论在环境污染经济学研究中得到应用，基于微观主体的价值判断和行为选择是资源和环境经济研究的基本方法。

在国内自然资源和环境污染的经济学研究中，大量文献集中在自然资源可持续利用的管理和政策、产业和行业的环境污染特征和影响因素分析、自然资源以及环境与经济增长和结构转型关系的实证检验等方面。关于资源和环境与经济发展的关系，学者们利用来自不同渠道、不同尺度的数据，对自然资源数量和环境质量与区域发展、产业发展和行业发展进行实证检验。这些研究进展丰富了资源与环境经济学的实证分析，但没有得到一致性的结论，即实证检验的结论分为存在着资源和环境的“倒 U 型”曲线和不存在的两种情况。目前的基本判断是：经济增长与资源变化之间存在的“倒 U 型”关系是一种现象，而非一般规律，尚需要给出进一步的机制分析和经济学解释。

2011 年，国内资源与环境经济学研究中的重要进展是，将环境因素纳入经济增长模型的研究增多，包括将环境变量引入全要素生产率（TFP）、农业全要素生产率和经济增长效率等的研究；2011 年的研究试图回答：资源开发活动与区域技术进步和长期经济增长之间有何内在联系，以解释“资源诅咒”。

在自然资源和环境的定价及补贴与税收的研究中，国外的研究重点是市场定价研究、选择实验方法运用到非市场价值度量的研究、资源补贴的成本效益分析和环境税的研究，以及相关研究对生态系统服务价值计算的逻辑质疑。国内的研究重点是生态系统服务功能和价值计算的研究、生态足迹和能值用于衡量生态系统功能和价值的研究以及生态补偿的效果和政策评价。

在气候变化和低碳经济学研究中，国内外的方向和内容相对一致，集中在政策评价、影响因素分析和能源利用与污染排放对产出以及经济增长的影响和测度效率方面。

在传统经济增长方式不断遭遇挑战和经济增长动力发生变化的宏观背景下，在自然科学方法不断深入揭示自然资源特征和环境污染规律的基础上，自然资源损失和环境污染纳入国民经济的统计和核算体系仍是重大挑战，资源和环境的市场价格及非市场价值的研究是热点，经济增长与环境和资源变化关系的研究仍是重点，学科体系的完善需要主流经济学家的智慧和广大研究者持之以恒的努力。

第二章　资源与环境经济学学科 2011 年期刊论文精选

第一节

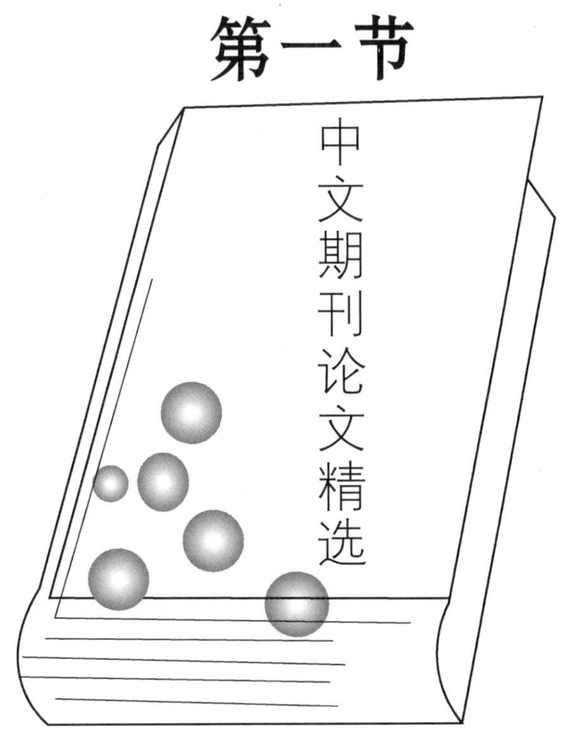

环境约束下的中国经济增长效率研究

朱承亮　岳宏志　师　萍
（西北大学经济管理学院）

【摘　要】本文将环境污染排放及治理同时纳入效率测算框架，在构造环境综合指数测算相对绿色 GDP 的基础上，采用超越对数型随机前沿模型，对 1998～2008 年环境约束下的中国经济增长效率及其影响因素进行了分析。研究发现，FDI 和对外贸易对效率改善有显著促进作用，引进外资和发展对外贸易没有使中国成为“环境污染天堂”；工业化进程促进了效率改善，但在环境约束下该促进作用受到制约；非国有经济成分的上升有利于效率改善；环境污染治理强度对环境约束下的效率改善具有促进作用，而不考虑环境约束时反而具有抑制作用。

【关键词】环境约束；绿色 GDP；环境综合指数；经济增长效率

改革开放以来，我国经济进入了高速发展的快车道，GDP 年均增长率接近 10%。对于中国经济的高速增长，如果只是从与同期其他国家 GDP 绝对增长幅度的对比看，中国经济年均 9.9% 的增长速度确实可以用“增长奇迹”形容。但是，这仅仅是从经济增长绝对总量角度衡量的。一般地，经济增长包括两个方面，一个是经济增长数量，另一个是经济增长质量。转变经济发展方式，使经济由“又快又好”转向“又好又快”发展，已成为我国经济实现可持续性发展的当务之急。本文运用 1998～2008 年中国 29 个省份的面板数据，对环境约束下的中国经济增长绩效做进一步考察。环境约束下的中国经济增长效率及其影响因素的研究，具有理论和现实意义。在理论方面，通过对现有经济增长理论的继承与发展，考虑环境约束的经济增长效率理论可以丰富和完善现有理论，从而树立更加全面、科学的经济增长观。在现实方面，对处于转型期的环境约束下的中国经济增长效率及其影响因素的研究，有利于正确评估中国经济增长状况，有利于认清中国经济增长中的环境代价，有利于我国经济的“又好又快”发展。

基金项目：本文获得国家社科基金青年项目（编号：10YJC630198）资助。

一、文献综述

近年来，探索中国经济增长模式成为国内外学者研究的热点，全要素生产率（TFP）是衡量一国经济增长质量和可持续性的核心指标，学者们主要从生产率的角度对此进行解释。如 Chow 和 Lin（2002），易纲等（2003），颜鹏飞、王兵（2004），郑京海、胡鞍钢（2005）、王志刚等（2006），朱承亮等（2009）对我国经济增长效率进行了实证研究。这些研究得出了很多有意义的结论，但是，这些实证研究存在的缺陷是他们无一例外地忽略了环境因素对经济增长效率的影响，而忽略环境因素计算出的经济增长效率，不能正确衡量相关经济体可持续发展水平。这种传统的 TFP 测度仅仅考虑市场性“好”产出的生产，并没有考虑生产过程中产生的非市场性“坏”产出。传统 TFP 的核算没有考虑环境因素的影响，没有区分要素投入中哪些用于生产，哪些用于环境污染治理，其测算结果会导致 TFP 的含义被误导（Shadbegian 和 Gray，2005）。

不考虑环境因素的效率评价会促使地方在经济发展过程中仅以 GDP 为导向，忽视环境污染问题，而这种增长方式不利于经济可持续发展。相比之下，随着全球环境问题的日益突出，国外已有一些学者开始尝试将环境因素纳入 TFP 测算框架。Pittman（1983）在对美国威斯康星州造纸厂的效率进行测度时，用治理污染成本作为“坏”产出价格的代理指标，首次尝试了在生产率测算中引入“坏”产出。Chung 等（1997）在测度瑞典纸浆厂的生产率时引入了一个方向性距离函数，并且在该函数的基础上构建了 Malmquist - Luenberger（ML）生产率指数。ML 生产率指数在测算 TFP 时不仅要求“好”产出不断增加，同时还考虑了环境因素，即要求“坏”产出不断减少。从此以后，运用考虑了环境“坏”产出的 ML 生产率指数的实证研究逐渐增多。Hailu 和 Veeman（2001）将污染治理费用作为一种投入，考察了加拿大造纸行业的生产率情况，类似将环境污染作为生产投入要素的生产率研究还有 Domazlicky 和 Weber（2004）等。Fare 等（2001）运用 ML 生产率指数测算了 1974 ~ 1986 年美国制造业 TFP，发现考虑环境因素的 TFP 年均增长率（3.6%）要高于忽略环境因素的 TFP 年均增长率（1.7%）。Jeon 和 Sickles（2004）采用 ML 生产率指数和传统的 Malmquist 生产率指数，分别测算了 1980 ~ 1990 年 OECD 和亚洲若干国家的 TFP 增长情况，发现环境因素对 OECD 国家的 TFP 增长影响不大，但是对亚洲国家的 TFP 增长有负向影响。Yoruk 和 Zaim（2005）分别采用 ML 生产率指数和传统的 Malmquist 生产率指数，实证分析了 1983 ~ 1998 年 OECD 国家的 TFP 增长情况。研究发现，整体上 ML 生产率指数的测算结果要高于传统的 Malmquist 生产率指数的测算结果。Kumar（2006）分别采用 ML 生产率指数和传统的 Malmquist 生产率指数考察了 41 个发达国家和发展中国家的 TFP，发现两种方法的测算结果存在显著差距，且发展中国家的 ML 生产率指数测算结果都小于传统的 Malmquist 生产率指数的测算结果。

伴随着中国经济增长中环境污染问题的出现并日益严重，国内关于我国经济增长与环境污染关系的研究日益增多，这些研究文献（彭水军、包群，2006；符淼，2008；等等）大多是关于环境库兹涅茨曲线（EKC）的实证分析，即证明中国经济增长与环境质量之间是否存在一种倒U型关系。在经济发展初期，环境质量随着人均GDP的上升而下降，而当经济增长达到一个转折点之后，环境质量随着人均GDP的上升而上升。将环境因素纳入效率测算框架的研究国内并不多见，不少学者在这方面做了有益探索。一是中观工业产业层面的研究，涂正革（2008）采用方向性环境距离函数方法，评价了中国规模以上工业企业环境污染、资源消耗与工业增长的协调性问题；杨俊、邵汉华（2009）将工业SO_2排放量作为“坏”产出，采用ML生产率指数，测算了1998~2007年中国地区工业考虑了环境因素情况下的TFP增长及其分解，发现忽略环境因素会高估我国工业TFP增长；吴军（2009）以废水排放中化学需氧量（COD）和废气中SO_2排放量代表“坏”产出，采用ML生产率指数将环境因素纳入TFP分析框架，测算分析了环境约束下1998~2007年中国地区工业TFP增长及其成分，并对其收敛性进行了检验；涂正革、肖耿（2009）以工业SO_2排放量代表“坏”产出，构建了方向性环境生产前沿函数模型，采用非参数规划方法对1998~2005年环境约束下的中国工业增长模式进行了研究。二是宏观区域层面的研究，胡鞍钢等（2008）采用以方向性距离函数为表述的TFP模型，在考虑了环境因素的情况下，对1999~2005年中国28个省市区的技术效率指标进行了重新排名，发现考虑污染排放因素与不考虑污染排放所得出的技术效率排名差距明显；王兵等（2008）采用ML生产率指数，测度了APEC中17个国家和地区1980~2004年包含CO_2排放的环境管制与TFP增长及其成分，发现在平均意义上考虑环境管制后APEC的TFP增长水平提高了；杨龙、胡晓珍（2010）运用熵权法将六种环境污染指标拟合为各地区综合环境污染指数，并将其引入DEA模型，测度了1995~2007年我国29个省市区的绿色经济效率，并对其地区增长差异进行了收敛性检验；李静（2009）以工业“三废”排放作为“坏”产出，针对相关DEA模型的缺陷，采用SBM模型测算了1990~2006年我国各省区的环境效率，发现环境变量的引入明显地降低了中国区域的平均效率水平；李胜文等（2010）将环境污染看成是一种有害投入，估算了我国1986~2007年各省区的环境效率。

综上可见，国内外研究者将环境因素纳入估计的生产模型中，主要思路有两个：一是将环境污染变量作为一种投入（Hailu和Veeman，2001；李胜文等，2010）；二是将环境污染变量作为一种非期望“坏”产出（Chung等，1997；Fare等，2001；Jeon和Sickles，2004；Yoruk和Zaim，2005；Kumar，2006；涂正革，2008；杨俊、邵汉华，2009；吴军，2009；涂正革、肖耿，2009；胡鞍钢等，2008；王兵等，2008）。将环境污染变量作为一种投入的办法虽然能够尽可能地减少非期望“坏”产出，但这不符合实际生产过程，而将环境污染变量作为一种非期望“坏”产出的办法不能充分考虑到投入产出的松弛性问题（李静，2009）。且对于“好”产出和“坏”产出的不平衡处理也会扭曲对经济绩效和社会福利水平变化的评价，从而会误导政策建议（Hailu和Veeman，2000）。

同时，国内的有关研究只考虑到了经济发展中的环境污染排放，却没有考虑到环境污染治理。基于现实环境与经济增长问题的迫切性及类似研究的局限性，本文研究的主要目的是考察环境约束下的中国经济增长状况，测评环境约束下的中国经济增长绩效，并以此为基础考察中国经济增长绩效的影响因素。虽然胡鞍钢等（2008），杨龙、胡晓珍（2010）从区域层面对此问题进行了有益探索，但除了上述分析的不完善之外，两文中均没有对中国经济增长的非效率影响因素进行探讨。本文将运用 1998~2008 年中国 29 个省份的面板数据，对环境约束下的中国经济增长绩效做进一步考察。

二、环境约束下的中国相对绿色 GDP 估算

改革开放以来，中国名义 GDP 总量高速增长，从 1978 年的 3645.2 亿元增长到 2008 年的 30067 亿元，年均 GDP 增长率达 9.8%。随着经济的快速发展，资源、环境问题与经济发展的矛盾日益凸显，传统 GDP 核算的弊端已为多数人所认同，对目前以 GDP 为主要指标的国民经济核算体系进行改革势在必行。传统观念认为，自然环境和资源是取之不尽、用之不竭的，所以，过去经济学家们在研究经济发展的时候，没有考虑环境和资源因素在经济发展中的重要作用，以至于在考核经济增长的核心指标 GDP 中没有体现出环境资源的价值损耗，而仅仅体现了物质财富的总量增加，由此现行的基于名义 GDP 的国民经济核算体系没有对经济发展中的资源与环境代价进行核算，人为地夸大了经济收益，必将导致真实的国民福利大为减少，因此，必须要对现有的国民核算体系进行校正。长期以来，我国的干部晋升制度主要是以 GDP 评价其优劣的，个别地方政府官员不惜以破坏生态环境透支资源的方式发展当地经济的现象不利于中国的可持续发展。为此，绿色 GDP 的提出和发展随着人们对环境和资源问题认识的不断升华而逐渐形成。2006 年中国首次公布了 2004 年绿色 GDP 核算报告。但是，由于绿色 GDP 核算工作的复杂性，在短期内仍然不能准确地衡量环境因素对经济增长效率的影响。

按照可持续发展的概念，绿色 GDP 是在传统 GDP 核算基础上，通过相应的资源和环境数据调整而得到的。绿色 GDP 核算的目的是把经济活动的自然部分虚数①和人文部分虚数②从传统 GDP 中予以扣除，进行调整，从而得出一组以绿色 GDP 为中心的综合性指标，为经济的持续发展服务。本文的研究目的是考察环境因素对中国经济增长绩效的影响，借

① 自然部分虚数从下列因素中扣除：环境污染所造成的环境质量下降；自然资源的退化与配比的不均衡；长期生态质量退化所造成的损失；自然灾害所引起的经济损失；资源稀缺性所引发的成本；物质、能量的不合理利用所导致的损失。

② 人文部分虚数从下列因素中扣除：由于疾病和公共卫生条件所导致的支出；由于失业所造成的损失；由于犯罪所造成的损失；由于教育水平低下和文盲状况导致的损失；由于人口数量失控所导致的损失；由于管理不善（包括决策失误）所造成的损失。

鉴绿色 GDP 的核算，构造考虑环境因素的相对绿色 GDP 核算指标，从而提供一种较为简单可行的、考虑环境因素的衡量经济增长绩效的办法。为了尽量利用现有资料，同时考虑到绿色 GDP 核算的可操作性，且环境保护需要关注的重要领域是工业部门，因此，文章选择的指标主要侧重于工业领域的环境污染及其治理要素。

本文仅对扣除工业环境因素的绿色 GDP 核算方法进行了初步的探索和实践，其主要思路是，通过构建既考虑环境污染排放又考虑环境污染治理的环境指标，通过一定的定量方法测算出环境综合指数（ECI），ECI 综合概括了各地区经济发展中的环境因素（主要是环境治理效用）作用的大小，ECI 值越大，表明该地区经济发展的环境代价越小，反之则环境代价越大。然后，将各地区 GDP 与环境综合指数的乘积定义为各地区相对绿色 GDP（记为 EDP），并将其作为产出指标纳入经济增长效率测算模型，从而考察环境因素对中国经济增长效率的影响。

在构建既考虑环境污染排放又考虑环境污染治理的环境指标时，从环境的投入和产出入手，共选取 8 个指标，其中包括两个绝对量指标和 6 个相对量指标。投入指标用污染治理投资总额来表示，产出指标主要考虑工业“三废”的排放及其处理情况，具体环境指标的构建及其指标定义见表 1。

表 1　指标说明

	指标	定义
投入	污染治理投资总额（万元）	工业污染治理投资总额
	废水排放达标率（%）	废水排放达标量/废水排放量 ×100%
	SO_2 去除率（%）	SO_2 去除量/SO_2 排放量 ×100%
	工业烟尘去除率（%）	工业烟尘去除量/工业烟尘排放量 ×100%
	工业粉尘去除率（%）	工业粉尘去除量/工业粉尘排放量 ×100%
产出	固体废物综合利用率（%）	固体废物综合利用量/固体废物产生量 ×100%
	固体废物处置率（%）	固体废物处置量/固体废物产生量 ×100%
	“三废”综合利用产品产值（万元）	工业“三废”综合利用产品产值

在将由众多因素组成的环境指标转换成环境综合指数（ECI）时，难点在于权重的确定，此处借鉴樊纲、王小鲁等（2003）处理市场化指数的做法，采用因子分析法（Factor Analysis）来浓缩数据，构造环境综合指数，其中在确定因子权重时采用主成分分析法（Principal Components Analysis），主成分分析法最大的特点和优势在于客观性，即权重不是根据人为主观判断，而是由数据自身特征所确定的。主成分分析法是将多个指标的问题简化为少数指标问题的一种多元统计分析方法。这种方法可以在尽可能保留原有数据所含信息的前提下实现对统计数据的简化，并达到更为简洁明了地揭示变量间关系的目的。

在具体计算过程中，为了消除由于量纲不同可能带来的影响，首先对原始数据进行了标准化处理。全部数据均通过了巴特利特球形检验（Bartlett Test of Sphericity），即在显著性为 1% 的水平上拒绝了相关矩阵是单位阵的零假设，因此，本文所观测的数据适合做因子分析。在选择因子个数时，我们采用使前 k 个主成分累计方差贡献率达到 80% 的办法来确定。基于本文研究目的的考虑，在计算出综合因子得分之后，按以下公式将其转换成［0，1］区间取值，即为本文所测算的环境综合指数（ECI），见表 2。

表 2 环境综合指数（ECI）

年份	1998	1999	2000	2001	2002	2003	2004	2005	2006	2007	2008	均值
北京	0.69	0.64	0.61	0.62	0.63	0.67	0.61	0.80	0.70	0.74	0.76	0.68
天津	0.57	0.54	0.63	0.53	0.66	0.64	0.59	0.63	0.63	0.67	0.66	0.61
河北	0.62	0.62	0.59	0.59	0.64	0.65	0.66	0.63	0.63	0.64	0.64	0.63
山西	0.53	0.54	0.60	0.54	0.63	0.65	0.66	0.58	0.60	0.65	0.62	0.60
内蒙古	0.52	0.50	0.53	0.52	0.52	0.47	0.50	0.51	0.55	0.54	0.60	0.52
辽宁	0.69	0.73	0.63	0.61	0.70	0.69	0.69	0.61	0.70	0.69	0.59	0.67
吉林	0.60	0.60	0.64	0.55	0.54	0.52	0.54	0.55	0.52	0.51	0.51	0.55
黑龙江	0.69	0.61	0.66	0.64	0.65	0.60	0.59	0.57	0.54	0.51	0.51	0.60
上海	0.82	0.65	0.56	0.70	0.65	0.56	0.64	0.87	0.67	0.67	0.71	0.68
江苏	0.85	0.74	0.71	0.76	0.68	0.72	0.72	0.66	0.77	0.71	0.69	0.73
浙江	0.67	0.69	0.74	0.81	0.71	0.71	0.69	0.64	0.74	0.69	0.67	0.70
安徽	0.63	0.62	0.65	0.62	0.69	0.66	0.59	0.60	0.58	0.61	0.63	0.62
福建	0.59	0.59	0.57	0.47	0.64	0.69	0.68	0.63	0.62	0.64	0.63	0.61
江西	0.47	0.50	0.49	0.52	0.72	0.56	0.63	0.61	0.57	0.64	0.67	0.58
山东	0.82	0.88	0.85	0.84	0.82	0.82	0.81	0.67	0.83	0.76	0.75	0.80
河南	0.66	0.67	0.65	0.63	0.61	0.65	0.64	0.60	0.64	0.63	0.63	0.63
湖北	0.61	0.64	0.61	0.72	0.66	0.64	0.62	0.60	0.62	0.60	0.60	0.63
湖南	0.72	0.67	0.58	0.62	0.56	0.57	0.57	0.57	0.60	0.57	0.55	0.60
广东	0.64	0.64	0.78	0.70	0.62	0.70	0.70	0.60	0.66	0.62	0.61	0.66
广西	0.56	0.63	0.58	0.67	0.58	0.56	0.55	0.54	0.56	0.58	0.55	0.58
海南	0.50	0.49	0.53	0.57	0.54	0.58	0.53	0.61	0.56	0.56	0.62	0.55
重庆	0.55	0.56	0.54	0.63	0.55	0.56	0.54	0.57	0.54	0.54	0.54	0.56
四川	0.54	0.62	0.61	0.59	0.54	0.58	0.63	0.57	0.60	0.59	0.60	0.59
贵州	0.49	0.50	0.52	0.49	0.45	0.52	0.52	0.55	0.52	0.54	0.56	0.51
云南	0.51	0.62	0.55	0.66	0.56	0.58	0.56	0.59	0.58	0.64	0.65	0.59
陕西	0.49	0.51	0.50	0.49	0.52	0.55	0.57	0.55	0.54	0.55	0.58	0.53
甘肃	0.50	0.53	0.52	0.49	0.57	0.52	0.52	0.55	0.61	0.62	0.54	0.54
青海	0.45	0.48	0.45	0.44	0.42	0.42	0.41	0.47	0.43	0.36	0.36	0.43
宁夏	0.54	0.48	0.60	0.44	0.46	0.48	0.57	0.55	0.47	0.49	0.55	0.51
新疆	0.52	0.51	0.53	0.53	0.50	0.48	0.49	0.49	0.46	0.43	0.42	0.49

$$ECI_i = \frac{S_i}{Max（S_i） - Min（S_i）} \times 0.4 + 0.6 \tag{1}$$

式中，S_i 为第 i 个省份的综合因子得分值，Max（S_i）为对应综合因子中的得分最大值，Min（S_i）为对应综合因子中的得分最小值。

从表 2 来看，1998～2008 年环境综合指数（ECI）处于前五位的是山东（0.80）、江苏（0.73）、浙江（0.70）、上海（0.68）和北京（0.68），可以发现它们都处于我国的东部地区，东部地区由于早期在快速经济发展过程中积累的丰富资本和技术优势，在经济快速发展的同时，污染排放量日趋减少，同时加强环境污染治理力度，这些因素使得东部地区经济发展的环境代价较小，表现出较高的环境综合指数值。而处于后五位的是青海（0.43）、新疆（0.49）、宁夏（0.51）、贵州（0.51）和内蒙古（0.52），它们都处于我国的西部地区，由于历史和地理因素的影响，西部地区经济发展水平较为落后，生态环境脆弱。虽然"西部大开发"战略的实施在一定程度上促进了西部地区经济发展，但伴随而来的是污染产业转移、资源过度开发和利用效率低下等问题，使得西部地区经济发展的环境代价很大，表现出较低的环境综合指数值。进一步分析发现，1998～2008 年，东部地区环境综合指数（ECI）值最高，均值为 0.666；其次为中部地区，均值为 0.611；再次为东北老工业基地，均值为 0.606；西部地区最低，均值为 0.532。

本文将上述得到的各地区环境综合指数值（ECI）与各地区 GDP 乘积定义为各地区相对绿色 GDP（记为 EDP），即 $EDP_{it} = ECI_{it} \times GDP_{it}$。EDP 值越大，表明 GDP 中绿色 GDP 所占比重越大，也即经济发展中的环境代价越小，这样越有利于地区经济的协调可持续发展；反之，EDP 值越小，表明 GDP 中绿色 GDP 所占比重越小，也即经济发展中的环境代价越大，这样越不利于地区经济的协调可持续发展。

上述相对绿色 GDP，即 EDP 值的测算方法是在借鉴国家绿色 GDP 核算方法的基础上，采用的一种简单可行的仅考虑环境因素的绿色 GDP 测算方法，是一次有益的尝试，但也存在很多不足之处。比如，环境因素不仅涉及工业领域，还涉及其他各个领域，如生活领域、农业领域等；在考虑环境治理所带来的经济效益的同时，还应当考虑环境治理所产生的环境改善和生态效益；当年治理的工业污染只解决了当年的部分环境问题，没有解决过去积累的全部问题等，由于数据限制这些问题在测算过程中没有予以考虑。所以，本文计算的 EDP 值在一定程度上可能低估或者高估了环境因素对经济发展的影响。

三、研究方法

本文主要考察环境约束下的中国经济增长效率状况，将我国的各省市区看作投入一定要素（劳动力、资本）进行生产活动产生一定产出的生产部门。经济增长的技术效率，简称为经济增长效率。Farrell（1957）和 Leibenstein（1966）分别从投入角度和产出角度给出了技术效率的含义，且认为技术效率是和生产前沿面（Production Frontier）联系在一起的。所谓生产前沿面，是指在一定的技术进步条件下，一定投入所能达到的最大产出所形成的曲线。借鉴 Leibenstein（1966）从产出角度关于技术效率的定义，本文将经济增长效率的含义界定为生产部门在等量要素投入条件下实际产出与最大产出（生产前沿面）的比率。经济增长效率处于 0～1，当效率值为 1 时，表明现有技术得到了充分发挥，实际产出量在生产前沿面上，此时要想提高效率应考虑从提高技术进步角度出发使生产前沿面上移；当效率值小于 1 时，越接近 1 说明效率越高，越接近 0 说明效率越低，说明实际产出量不在生产前沿面上，两者之间的距离是由于现有技术没有得到充分发挥而引起的，此时应采取措施使现有技术水平下的技术效率得到提高。

对技术效率的测度关键在于对生产前沿面的确定。目前，在实证分析中对技术效率的测度主要有两类方法：一类为非参数方法，该类方法以 Charnes 等（1978）提出的数据包络分析（DEA）方法为代表；另一类为参数方法，该类方法以随机前沿分析（SFA）方法为代表。本文采用参数的 SFA 方法来测算环境约束下的中国经济增长效率及其影响因素。这主要是因为相对于非参数 DEA 方法，参数 SFA 方法具有以下四个优势：第一，SFA 方法具有统计特性，不仅可以对模型中的参数进行检验，还可以对模型本身进行检验，而 DEA 方法不具备这一统计特性；第二，SFA 方法可以建立随机前沿模型，使得前沿面本身是随机的，而且模型中将误差项进行了两部分的分解，这对于跨期面板数据研究而言，其结论更加接近于现实，而 DEA 方法的前沿面是固定的，忽略了样本之间的差异性；第三，通过 DEA 方法所测算出来的效率值是“相对”效率值，对于有效情况的生产单元效率值均为 1，这样就不能对这些有效单元进行进一步的比较分析，而 SFA 方法可以弥补这一缺陷，SFA 方法测算出来的是“绝对”效率值；第四，SFA 方法不仅可以测算每个个体的技术效率值，而且可以定量分析各种相关因素对个体效率差异的具体影响，这样可以避免在测度效率影响因素时，采用 DEA 方法的两阶段估计法导致的类似于假设相矛盾的弊端。

根据 Meeusen 和 Broeck（1977），Aigner 等（1977），Battese 和 Corra（1977）等的研究成果，SFA 模型的一般形式为：

$$y_{it} = f(x_{it};\ \beta) \times \exp(v_{it} - u_{it}) \tag{2}$$

式中，y 表示产出，f(·) 表示生产前沿面，x 表示投入，β 表示待估计的参数。误差项为复合结构，由两个部分组成，第一部分 v 服从 N（0，σ^2）分布，表示随机扰动的影响；第二部分 $u \geq 0$，为技术非效率项，表示个体冲击的影响。根据 Battese 和 Coelli（1992）的假定，u 服从非负截尾正态分布，即 u 服从 $N^+(u,\ \sigma_u^2)$，且有（3）式：

$$u_{it} = \exp[-\eta \times (t - T)] \times u_i \tag{3}$$

式中，参数 η 表示时间因素对技术非效率项 u 的影响，$\eta > 0$、$\eta = 0$ 和 $\eta < 0$ 分别表示技术效率（-u）随时间变化递增、不变和递减。且 v 和 u 相互独立。

技术效率 TE 定义为实际产出期望和生产前沿面产出期望的比值，即（4）式：

$$TE_{it}=\frac{E[f(x_{it})\exp(v_{it}-u_{it})]}{E[f(x_{it})\exp(v_{it})\mid u_{it}=0]\exp(-u_{it})} \tag{4}$$

显然，当 $u=0$ 时，技术效率 $TE=1$，表示生产单元处于生产前沿面上，此时为技术有效；当 $u>0$ 时，技术效率 $TE<1$，表示生产单元处于生产前沿面下方，此时为技术无效，即存在技术非效率。

20 世纪 90 年代以前的 SFA 模型仅仅可以测算个体技术效率水平，但是，现实情况是需要探讨有哪些影响因素导致了技术非效率。早期在探讨影响因素与技术非效率之间的关系时，一般都采用二阶段估计法。二阶段估计法假设技术非效率结果独立且服从某种分布，其基本步骤分为两个阶段：第一阶段先估计出随机前沿生产函数与技术非效率；第二阶段再以所估计出的技术非效率值作为被解释变量，各影响因素作为解释变量，一般采用最小二乘法（OLS）及其变形形式来估计各影响因素对技术非效率的影响程度。二阶段估计法的假设被认为是不一致的，即第二阶段所构建的回归方式违反了第一阶段中关于技术非效率结果独立性的假设。

为了改善这种不合理的估计方式，进入 20 世纪 90 年代，SFA 技术得到了更为深入的发展，Battese 和 Coelli（1995）提出了 BC（1995）模型，该模型不仅可以测算个体效率水平，而且还能够就影响技术非效率的因素做进一步剖析和测算。BC（1995）模型假设技术非效率 u 服从非负截尾正态分布 N（m_{it}，σ_u^2），同时假设 m 为各种影响因素的函数，如（5）式：

$$m_{it}=\delta_0+\delta\times z_{it} \tag{5}$$

式中，z_{it}为影响技术非效率的因素，δ_0 为常数项，δ 为影响因素的系数向量，若系数为负值，则说明该影响因素对技术效率 TE 有正的影响，反之则有负的影响。Battese 和 Coelli（1995）还设定了方差参数 $\gamma=\sigma_u^2/(\sigma_v^2+\sigma_u^2)$ 检验复合扰动项中技术非效率项所占比重，r 处于 0 ~1，若 r =0 被接受，则表明实际产出与最大产出之间的距离均来自于不可控的纯随机因素的影响，此时没有必要使用 SFA 技术，直接采用 OLS 方法即可。

此外，在选择生产函数时，较为常用的有对数型柯布—道格拉斯生产函数和超越对数型柯布—道格拉斯生产函数。前者形式虽然简单，但是假定技术中性和产出弹性固定；后者放宽了这些假设，并且可以作为任何生产函数的二阶近似（傅晓霞、吴利学，2006），且在形式上更加灵活，能更好地避免由于函数形式的误设而带来的估计偏差。基于本文的数据基础和超越对数型柯布—道格拉斯（CD）生产函数的优点，本文选用超越对数型柯布—道格拉斯生产函数的随机前沿模型。

四、数据及变量说明

本文以 1998 ~2008 年为研究时间段，所使用的基础数据来源于《中国统计年鉴》

(1999 ~ 2009)。此外，需要说明的是对于个别省份、个别年份的缺失数据采取了取前后两年的平均数补齐的方式加以处理。为保持统计口径的一致性，文中四川省的数据包括重庆市数据，西藏由于数据不全故不在考察范围之内，因此，本文研究对象为中国内地的29个省市区。此外，按照传统的区域划分，并结合“西部大开发”、“振兴东北老工业基地”、“中部崛起”等国家重大发展战略，本文将29个省市区分为东部地区，中部地区，东北老工业基地和西部地区，从而在更大范围内考察区域之间的效率差异。其中，东部地区包括北京、天津、河北、上海、江苏、浙江、福建、山东、广东和海南10个省市；中部地区包括山西、安徽、江西、河南、湖北、湖南6个省；东北老工业基地包括辽宁、吉林和黑龙江3个省；西部地区包括贵州、云南、陕西、甘肃、青海、宁夏、新疆、广西、四川（包括重庆）和内蒙古10个省市区。

（一）投入产出变量

有关经济增长的投入，文献中通常选用劳动和资本表征。对于劳动投入一般采用年均从业人员指标表示。虽然从业人员数据提供了劳动力的增长，但不包含任何有关劳动力质量的信息。特别是改革以来，廉价的非熟练农村劳动力大量向城市工业、服务业转移，构成了中国经济增长的一个主要推动因素，但是，近年来产业部门对非熟练劳动力需求下降、对专业技术工人需求则上升。这意味着，低素质的劳动力在经济增长中的重要性下降，而人力资本的重要性上升（王小鲁等，2009）。鉴于此，本文使用人力资本存量指标（万人）表征劳动投入。考虑到人力资本本身只包括正规教育时间的影响，而没有考虑在工作中“边干边学”带来的人力资本存量的增加，但在现实中，从学校毕业后的劳动者通常在工作一段时间后，积累了一定的实践经验，才会有更高的生产率。因此，本文的人力资本存量取了3年滞后项，即为1995 ~ 2005年的人力资本存量数据。而重庆市的数据1997年之后才独立统计，这是本文中把重庆市数据纳入四川省数据的主要原因。舒尔茨认为，教育是形成人力资本最重要的部门之一，是提高人力资本最基本的主要手段，因此，本文以受教育年限法来衡量人力资本指标。本文将从业人员的受教育程度划分为4类，即大学教育、高中教育、初中教育和小学教育，且把各类受教育程度的平均累计受教育年限分别界定为16年、12年、9年和6年。在计算人力资本存量指标时，采用岳书敬、刘朝明（2006）的做法，即使用平均受教育年限和劳动力数量的乘积来表示人力资本存量，其中，劳动力数量用各省市区历年从业人员数量表示，由于各省市区经济发展水平不同，这里平均受教育年限用各省市区总人口平均受教育年限表示。

资本投入采用年均资本存量（亿元）指标来表征。然而在现有的统计资料中年均资本存量数据并没有直接给出，不少学者对全国及各省份资本存量的估计做了许多有益探索，当前一般采用“永续盘存法”估算资本存量。本文所使用的1998 ~ 2008年的资本存量数据直接采用单豪杰（2008）的测算结果。此外，2007年和2008年资本存量数据依据其估算方法推算而来。单豪杰（2008）的资本存量数据是以1952年为基期的，为了研究的可比性，本文将各省市区历年的资本存量全部按照1990年的可比价格进行了折算。产出以 GDP 或者相对绿色 GDP（EDP）（亿元）指标来表征，且将其全部按照 1990 年的可比价格进行了折算。

（二）影响因素变量

到目前为止，仍没有一个正式的理论作为确定效率影响因素的依据（王兵等，2008），本文在已有类似研究的基础上，主要从对外经济开放度（外资依存度、贸易依存度）、经济结构（产业结构、产权结构）、工业污染治理强度以及政府规制等方面考察我国经济增长效率状况。变量具体设定及说明如下：

（1）外资依存度。一般地，在正常状态下，FDI 不仅能够部分解决国内资本稀缺等问题，更重要的是，伴随着外资引进，先进技术和管理经验也随之引进，这能够在区域内部或者行业内部产生正的外溢效益。此外，FDI 还与环境污染有着争论性的联系，FDI 引致的环境污染是其对发展中国家的主要负面影响之一，这方面的理论以“污染天堂”假说（Copeland 和 Taylor，1994）为代表。FDI 的环境效应是一把“双刃剑”（张彦博、郭亚军，2009），对于作为发展中国家第一引资大国的中国来说，FDI 对环境约束下的经济增长效率的作用存在不确定性。本文以 FDI/GDP（EDP）表示外资依存度，为实际利用外商直接投资额（FDI）与当年 GDP（EDP）的比值，这样可以从整体上反映各省份所吸收外商直接投资的相对规模。其中，FDI 采用实际利用外商直接投资的统计口径，对于用美元表示的 FDI 按照当年人民币的平均汇率换算成人民币，且将其全部按照 1990 年的可比价格进行了折算。

（2）贸易依存度。改革开放以来，尤其是加入 WTO 以后，我国的对外贸易增长迅速，在对外贸易对中国经济增长起到巨大拉动作用的同时，由于中国能源消耗和环境污染日益加剧，学者们也开始将快速增长的对外贸易与中国环境污染状况联系起来，考察对外贸易对我国污染排放的影响（沈利生、唐志，2008），他们认为对外贸易对中国经济增长的环境代价不容忽视（张友国，2009）。在各国减少污染排放的大背景下，一个重要的问题引起了我国学者们的关注：通过国际贸易，发达国家是否会专业化生产并出口“干净型”产品，并从我国进口污染密集型产品，从而使我国成为“污染产业天堂”呢（李小平、卢现祥，2010）？因此，对外贸易对环境约束下的中国经济增长效率的作用也存在不确定性。本文以 Trade/GDP（EDP）表示贸易依存度，为进出口贸易总额与当年 GDP（EDP）的比值。其中，对于用美元表示的进出口贸易总额，也按照当年人民币平均汇率将其换算成人民币，且将其全部按照 1990 年的可比价格进行了折算。

（3）产业结构。产业结构优化是转型期我国面临的主要任务之一。我国处于工业化和城市化的关键时期，工业化水平的提高对于环境约束下的中国经济增长效率的影响是双面的，一方面工业化促进了当地经济发展，另一方面我国的工业化发展模式仍然是以资源消耗、环境污染为代价的粗放模式，虽然这种粗放工业增长模式正在逐步转变（涂正革、肖耿，2006），但会给中国经济发展带来一系列问题。本文以工业总产值/GDP（EDP）表示产业结构特征，且将其按照 1990 年的可比价格进行折算。

（4）产权结构。中国经济改革伴随着产权结构的变化，其现状高度概括是“国退民进”。有学者认为“国退民进”是市场经济发展的必然结果，大量实证研究结果表明，非国有企业的效率要比国有企业的效率高（刘小玄，2000；姚洋、章奇，2001）。本文选择用国有单位职工人数/当地年均从业人员来刻画产权结构。

（5）工业污染治理强度。中国在经济发展过程中付出了巨大的环境代价，由于政府的高度重视，加大了环境污染治理力度，并且产生了积极效果。对环境污染治理强度的研究有利于认清环境投资绩效，有利于加大环境保护力度。本文以工业环境污染投资总额/GDP（EDP）来刻画环境污染治理强度，且将其按照1990年的可比价格进行了折算。

（6）政府规制。在经济发展过程中，政府与市场的关系是学术界探讨的永恒话题之一。

我国政府在宏观经济治理过程中处于控制性地位，成为我国经济增长的领导者和事实控制者（钟昌标等，2006）。财政收入是政府干预经济的一个重要手段，本文采用财政收入/GDP（EDP）作为政府规制指标，且将其按照1990年的可比价格进行了折算。

表3　变量定义

变量	符号	定义
产出	Y	GDP或EDP（亿元），1990年为基期
劳动投入	HC	滞后3年的人力资本存量（万人）
资本投入	K	年均资本存量（亿元），1990年为基期
外资依存度	FDI	外商直接投资/GDP（EDP），1990年为基期
贸易依存度	Trade	进出口总额/GDP（EDP），1990年为基期
产业结构	Industry	工业总产值/GDP（EDP），1990年为基期
产权结构	Property	国有单位职工人数/年均从业人员×100%
工业污染治理强度	Constr	工业污染投资总额/GDP（EDP），1990年为基期
政府规制	Govern	财政收入/GDP（EDP），1990年为基期

上述分析的变量及其定义如表3所示。综上所述，本文根据Battese和Coelli（1992，1995）模型的基本原理，运用超越对数型柯布—道格拉斯生产函数，在1998~2008年省级面板数据的基础上，建立了如下随机前沿研究模型（主函数模型和效率影响因素函数模型）：

$$\ln Y_{it} = \beta_o + \beta_{hc}\ln HC_{it} + \beta_k \ln K_{it} + 1/2\beta_{hc}(\ln HC_{it})^2 + 1/2\beta_{kk}(\ln K_{it})^2 + \beta_{hck}\ln HC_{it}\ln K_{it} + v_{it} - u_{it}$$

$$m_{it} = \delta_0 + \delta_1 FDI_{it} + \delta_2 Trade_{it} + \delta_3 Industry_{it} + \delta_4 Property_{it} + \delta_5 Constr_{i(t-1)} + \delta_6 Govern_{it}$$

基于本文研究目的的需要，根据是否考虑效率影响因素和环境因素，本文将设定四个模型来进行研究，即模型1（不考虑影响因素、不考虑环境约束）、模型2（不考虑影响因素，考虑环境约束）、模型3（考虑影响因素，不考虑环境约束）、模型4（考虑影响因素、考虑环境约束）。需要说明的是，考虑到在环境污染治理投资中会涉及技术研发等活动，其投资效果会有一定时滞性，因此，工业污染治理强度变量采取了滞后1年处理。不考虑环境约束时，产出变量Y采用GDP指标表示；考虑环境约束时，产出变量Y采用EDP指标表示。当然，考虑影响因素时各影响因素指标要根据是否考虑环境约束作相应变换。

五、实证结果及分析

根据上述研究方法和面板数据，我们运用Frontier程序对我国1998~2008年经济增长效率及其影响因素进行了估计，具体实证分析结果如下：

（一）效率及地区差异分析

表4给出了模型1~模型4的主函数SFA估计结果，从表4可见，在4个模型中r值均在1%的显著性水平下显著，印证了本文所采用的SFA方法的合理性。特别是模型1和模型2中的γ值分别为0.966和0.798，表明随机误差中大部分是来自于技术非效率的影响，而小部分是来自于统计误差等外部因素的影响，这也说明进一步运用模型3和模型4考察技术非效率影响因素的必要性。模型1和模型2中的u值大于0，说明我国经济增长不在生产前沿面上，即处于技术非效率状态，这表明在技术进步率不变的前提条件下，我国经济还有较大的增长空间，应当提高技术效率向生产前沿面靠拢。而模型1和模型2中η值显著不为0，表明技术非效率是随时间加速递减的，即经济增长效率是随时间不断改善的。

表4　主函数SFA估计结果

变量	模型1	模型2	模型3	模型4
常数项	-1.183* (-1.168)	-0.524 (-0.530)	-3.910** (-2.991)	0.533 (0.310)
lnHC	0.018 (0.058)	-1.120* (-1.696)	1.031** (2.588)	-0.142 (-0.288)
lnK	0.982*** (4.620)	2.516*** (3.466)	0.828** (2.889)	0.830** (2.708)
$[\ln HC]^2$	0.066** (2.640)	0.248*** (3.506)	0.032* (1.028)	0.116*** (3.077)
$[\ln K]^2$	0.051*** (3.946)	0.140*** (6.702)	0.054*** (3.071)	0.092*** (4.543)
[lnHC] [lnK]	-0.081** (-2.729)	-0.415*** (-4.711)	-0.136*** (-3.739)	-0.188*** (-4.734)
σ^2	0.233*** (9.918)	0.111* (1.618)	0.101*** (12.490)	0.106*** (10.327)
r	0.966*** (172.534)	0.798*** (25.710)	0.339*** (3.144)	0.249*** (10.968)
u	0.948** (2.593)	0.596* (1.605)	—	—
η	0.009** (2.870)	0.057*** (6.063)	—	—
Log函数值	215.310	65.520	-66.655	-71.992
LR检验	727.607	483.073	163.677	158.933

注：圆括号内为t检验值，***、**和*分别表示显著性水平为1%、5%和10%。

从 4 个模型效率估算结果来看，1998 ~2008 年我国经济增长效率是波动且缓慢上升的，如图 1 所示。在不考虑影响因素的情况下（模型 1 和模型 2），我国经济增长效率平均水平分别为 0. 323 和 0. 346，而考虑影响因素情况下（模型 3 和模型 4），我国经济增长效率平均水平分别为 0. 617 和 0. 600。可见，在分析我国经济增长效率时，如果不考虑效率影响因素的冲击，我国的经济增长效率水平将可能被低估。此外，从劳动和资本的平均产出弹性来看，相对于模型 1 和模型 2 来说，模型 3 和模型 4 的设定更符合经济现实，我国经济增长是典型的要素投入型增长。在此基础上，本文发现在不考虑环境因素（模型 3）和考虑环境因素（模型 4）的情况下，全国效率均值有一定差异，不考虑环境因素的经济增长忽略了经济增长中的环境代价，因而测算的全国平均效率值（0. 617）要高于考虑环境因素时的全国平均效率值（0. 600）。1998 ~2008 年全国经济增长效率均值在 0. 6 附近，这表明在不增加劳动力和资本要素投入的前提下，如果各地区同时提高技术效率，则在现有技术进步水平条件下，全国经济增长总量将会在现有基础之上提高 40% 左右，也即在现有技术进步条件下，我国经济还有很大的增长空间，提高经济增长技术效率是提高我国经济增长质量的主要措施之一。

表 5　经济增长效率区域比较

	东部地区	东北老工业基地	中部地区	西部地区	全国
模型 1	0. 291	0. 492	0. 235	0. 377	0. 323
模型 2	0. 420	0. 503	0. 281	0. 265	0. 346
模型 3	0. 780	0. 688	0. 529	0. 469	0. 617
模型 4	0. 816	0. 678	0. 513	0. 414	0. 600

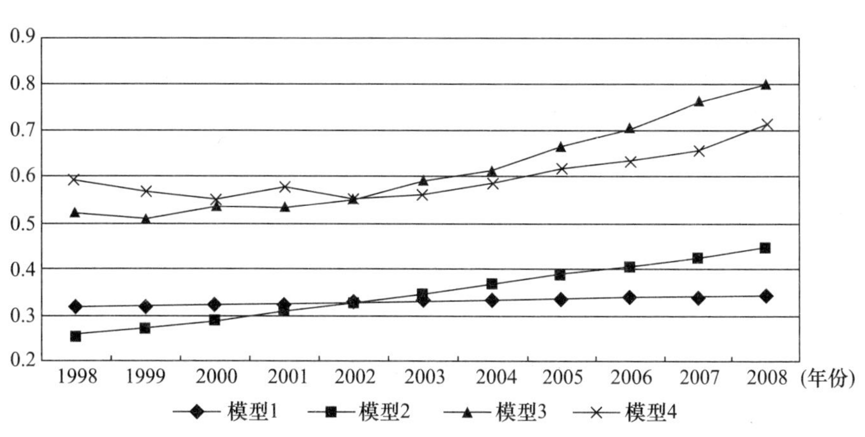

图 1　经济增长效率时间趋势

从表5可见，在不同模型处理下，1998~2008年我国经济增长效率区域差异明显。整体上区域效率差异同区域经济发展水平相适应。从模型3和模型4来看，东部地区效率值最高，其次为东北老工业基地，再次为中部地区，西部地区效率值最低，这与胡鞍钢等（2008）的研究结论一致。东部地区由于早期快速经济发展过程中积累的丰富资本和技术优势，在经济快速发展的同时，污染排放量日趋减少，同时增加对环境污染治理力度，这些因素使得东部地区经济发展的环境代价较小，表现出较高的环境综合指数值，从而经济增长效率值也最高。东北老工业基地是我国工业的摇篮，也是我国重工业的重要基地，在我国工业化进程中起到重要的作用，但由于粗放型的工业增长模式，使得环境质量恶化，随着“振兴东北老工业基地”战略的实施，加上作为资金、技术密集型的重工业基地的独特优势，东北地区加快了产业结构的优化升级，粗放型的工业增长模式逐步发生转变，在经济发展的同时注重资源环境代价，表现出较高的经济增长效率值。由于历史和地理因素的影响，中西部地区经济发展水平较为落后，生态环境脆弱，“西部大开发”和“中部崛起”战略的实施，在一定程度上促进了中西部地区经济发展，但是伴随着高能耗、高污染产业逐渐向中西部地区转移，中西部地区经济发展的环境代价很大，表现出较低的经济增长效率①。

综上所述，在测算我国经济增长效率时，如果不考虑效率影响因素的冲击，我国的经济增长效率水平将可能被低估，因此，在测度经济增长效率时应当加入适当的影响因素变量加以处理。此外，在加入效率影响因素的前提下，考虑环境因素的效率值要低于不考虑环境因素的效率值，且存在区域差异。

（二）效率影响因素分析

表6显示了效率影响因素函数的SFA估计结果，且模型3和模型4的σ^2和r值均通过了显著性水平为1%的检验，表明技术非效率是经济增长实际产出未达到生产前沿面的重要原因。从效率影响因素的估计结果来看，模型3和模型4的影响方向大体一致，但影响幅度略有差异。下面我们对表6中的效率影响因素结果做进一步解析。

外资依存度变量（FDI）在不考虑环境因素时回归估计系数显著为负，表明FDI对我国经济增长效率有促进作用，外商直接投资相对规模每增长1%，则效率水平将会增长3.1%，这和何枫、陈荣（2004），朱承亮等（2009）的研究结论一致。而在考虑环境因素的情况下，这一促进作用下降了0.9个百分点，即效率水平增长2.2%。这表明在考虑环境因素的情况下，FDI在我国经济增长中起到了正的环境效应，但是FDI的技术外溢效应也受到相应的约束，说明在引资的过程中要提高引进外资的质量。

贸易依存度变量（Trade）在模型3和模型4中的回归系数都显著为负，表明对外贸易对我国经济增长效率具有促进作用。对外贸易相对规模每增长1%，在不考虑环境因素

---

① 由于篇幅限制，文中没有给出4个模型的各年份各省份的效率值，感兴趣的读者可以向作者本人索取。

表 6 效率影响因素函数 SFA 估计结果

变量	模型 3（不考虑环境因素）	模型 4（考虑环境因素）
常数项	1.137***（6.896）	0.471**（2.184）
外资依存度（FDI）	-0.031***（-3.265）	-0.022*（-1.652）
贸易依存度（Trade）	-0.004**（-2.501）	-0.006***（-3.994）
产业结构（Industry）	-0.009***（-8.752）	-0.002**（-2.138）
产权结构（Property）	-0.005*（-1.359）	-0.007*（-1.398）
工业污染治理强度（Constr）	0.358**（2.066）	-0.006（-0.056）
政府规制（Govern）	0.060***（3.054）	0.073***（6.526）
σ^2	0.101***（12.490）	0.106***（10.327）
γ	0.339***（3.144）	0.249***（10.968）
log likelihood function	-66.655	-71.992
LR test of the one - sided error	163.677	158.933

注：圆括号内为 t 检验值，***、** 和 * 分别表示显著性水平为 1%、5% 和 10%。

的情况下效率水平将会增长 0.4%，这也和何枫、陈荣（2004），朱承亮等（2009）的研究结论一致；而在考虑环境因素的情况下这一促进作用提高了 0.2 个百分点，即效率水平将会增长 0.6%。这说明在自由贸易的情况下，即使在考虑环境因素的情况下，对外贸易没有抑制中国经济增长效率的提高，反而起到了显著的促进作用。中国并没有通过对外贸易成为发达国家的“污染产业天堂”，因为发达国家向我国转移的产业不仅仅是污染产业，同时也向我国转移了低排放系数的“干净”产业（李平、卢现祥，2010），并且随着经济发展和技术进步，我国的对外贸易结构也在发生变化，我国已经从低技术附加值出口为主，转变到了以中等技术附加值出口为主的出口结构，我国的高技术产品出口有所增加。但是，从总体上看，我国出口产品技术高度虽然有一定提高，但仍没有达到世界平均水平（樊纲等，2006），且进口仍以中高技术产品为主，这可能是导致对外贸易对我国经济增长效率促进作用较低的主要原因之一。

产业结构变量（Industry）在模型 3 和模型 4 中的回归系数都显著为负，表明工业化对我国经济增长效率具有促进作用。我国处于工业化和城市化的关键时期，工业总产值占 GDP 比重从 1998 年的 74.45% 逐步上升到 2008 年的 133.52%，工业化水平的提高对我国经济增长起到了显著的推动作用。同时，我们也注意到在考虑环境因素的情况下，这一推动作用降低了 0.7 个百分点，说明我国在工业化的发展过程中给环境带来了一定影响，从而限制了对经济增长效率的促进作用。工业化发展过程是以一定的资源消耗和环境污染为代价的，然而我国的粗放工业增长模式正在逐步转变（涂正革、肖耿，2006），这也是产业结构变量在模型 4 中系数显著为负的主要原因。

为了证明非国有经济发展对中国经济增长效率会产生怎样的影响，本文以国有单位职工人数/当地年均从业人员来刻画产权结构，并以此考察产权结构差异与变化对经济增长效率的影响。全国国有单位职工人数占当年年均从业人员比重从 1998 年的 18.46% 逐步下降到 2008 年的 10.44%，同时地区间国有单位职工比重的差异也非常显著，中西部地区国有单位职工比重较高。实证分析发现，产权结构变量（Property）在模型 3 和模型 4 中的回归系数均为负，国有单位职工人数占年均从业人员比重下降 1%，经济增长效率在统计上显著上升 0.5 ~0.7 个百分点，这说明外资企业、港澳台资企业和民营企业的发展壮大从总体上有利于经济增长效率的提高，这和刘小玄（2000），姚洋、章奇（2001）的研究结论一致。

工业污染治理强度变量（Constr）在模型 3 中的系数显著为正，工业污染治理强度每增长 1%，则效率水平将会降低 35.8%，说明工业污染投资在不考虑环境因素的情况下，对经济增长效率的提高并没有促进作用，反而有显著的负面影响。这是因为在不考虑环境因素的情况下，各地政府主要以 GDP 的绝对增长作为业绩考核指标，没有考虑到经济增长中的环境代价，而将工业污染治理投资纳入了经济增长成本核算体系，随着污染治理投资额的增加（环境污染治理投资总额占 GDP 比重从 1998 年的 0.86% 上升到 2008 年的 1.49%①），这大大削减了以 GDP 为主的考核指标的绩效，因而对环境污染治理投资表现为对经济增长的抑制作用。而在考虑环境因素的情况下，工业污染治理强度变量的系数为负值，虽然没有通过任何检验，但这仍表明在考虑环境因素的情况下，对污染治理的投资能对经济增长效率的提高起到促进作用。可见，改变现行的以 GDP 为主要指标的考核机制，考虑经济增长中的环境代价，有利于对我国经济增长的客观评价。同时，我们注意到 1998 ~2008 年环境污染治理投资总额占 GDP 比重增长缓慢，11 年间仅增长了 0.63 个百分点，而实证研究发现对污染治理投资对环境约束下的经济增长效率的提高起到了促进作用，因此应当加大对环境污染治理强度，促进我国经济“又好又快”发展。

政府规制变量（Govern）在模型 3 和模型 4 中的回归系数都显著为正，表明政府控制对我国经济增长效率具有抑制作用，财政收入占 GDP（EDP）比重每增加 1%，效率水平将会降低 6% 或 7.3%。1998 ~2008 年，财政收入占 GDP 比重从 12% 上升到 20%②，说明此期间政府对市场的干预在增强，实证结果表明，政府的过度干预不利于经济增长效率的提高。由于我国市场经济的不完善，政府干预在我国市场化进程中起到举足轻重的作用，由于政府对市场化进程的过度干预会降低经济效率，因此应当转变政府职能，特别是在政府公共支出方面优化支出结构，从工业污染治理强度变量在模型 4 中的实证结果来看，应当加大对环境污染治理的投入，支持环保技术的研发。

---

① 据《全国环境统计公报》（1998、2008）统计，1998 年环境污染治理投资为 721.8 亿元，2008 年环境污染治理投资为 4490.3 亿元。

② 据《中国统计年鉴》（1998、2008）统计，1998 年财政收入为 9875.95 亿元，GDP 为 84402.3 亿元；2008 年财政收入为 61330.35 亿元，GDP 为 300670 亿元。

六、结论及启示

针对现有研究效率差异的文献中，要么忽略环境因素，要么仅考虑环境污染排放的缺陷，本文将环境污染排放和环境污染治理同时纳入效率测算框架，在构造各地区环境综合指数（ECI）测算了相对绿色 GDP 的基础上，采用超越对数型柯布—道格拉斯生产函数随机前沿模型，对 1998 ~2008 年环境约束下的中国经济增长效率及其影响因素进行了分析，得到以下结论和启示：

第一，整体上我国经济增长效率呈上升趋势，但效率较低，仍有较大的提升空间，且存在区域差异。第二，忽略效率影响因素会低估我国经济增长效率，且环境约束下的中国经济增长效率要低于无环境约束的效率，这表明在测评我国经济增长绩效时，既要考虑环境因素的影响还要考虑其他相关因素的影响，这样才能客观、真实地反映中国经济增长状况。第三，外商直接投资和对外贸易对效率的提升有显著的促进作用，引进外资和发展对外贸易没有使中国成为“环境污染天堂”。要想对效率提升起到更大促进作用，要求我国在积极引进外资和发展对外贸易的同时，应注重外资引进质量和改善对外贸易结构。第四，工业化进程促进了中国效率的提升，但是在环境约束下工业化对效率提升的促进作用受到了制约，表明我国工业增长模式急需改变，走科技含量高、经济效益好、资源消耗低、环境污染少、人力资源优势得到充分发挥的新型工业化道路，为我国经济增长效率的提高打好微观基础。第五，非国有经济成分的上升有利于效率的提高，应当继续深入产权结构改革，加快非国有经济发展。第六，环境污染治理强度对环境约束下效率的提升起到积极的促进作用，而不考虑环境约束时，随着环境污染治理强度的加强反而抑制了效率提升。这说明各地政府应急需改变以 GDP 为主要考核指标的政绩考核机制，要重视经济发展中的资源环境代价，加大对环境污染的预防和治理，提高环境污染治理强度。第七，财政收入占 GDP 比重的上升不利于效率提升，说明政府对市场的过度干预会损害效率。政府应当积极转变职能，在环境约束下积极引导企业走资源节约型、环境友好型生产模式。

总之，正确评价我国经济发展绩效就必须在传统生产率研究基础上考虑环境因素的影响，只有将环境因素和地方经济增长目标统一起来，形成全面、科学的增长观，重视经济增长过程中的资源环境代价问题，才能有利于实现经济发展和生态环境的和谐统一，实现中国经济“又好又快”发展。

参考文献

[1] Aigner, D. J. , Lovell, C. A. Schmidt. Formulation and Estimation of Stochastic Frontier Pr oduction Functions Model s [J] . Journal of Econometrics, 1977 (1): 21 -37.

[2] Battese, G. E. , Corra, G. S. Estimation of a Production Frontier Model: With Application to the Pas-

toral Zone of Eastern Australia [J] . Australian Journal of Agricultural Economics, 1977 (3): 169 – 179.

[3] Battese, G. E. , Coelli, T. J. Frontier Production Function, Technical Efficiency and Panel Data: With Application to Paddy Farmers in India [J] . Journal of Productivity Analysis, 1992 (3): 153 – 169.

[4] Battese, G. E. , Coelli, T. J. A Model for Technical Inef ficiency Effects in a Stochastic Production Frontier for Panel Data [J] . Empirical Economics, 1995 (20): 325 – 332.

[5] Copeland, B. , Taylor, S. North – South Trade and the Environment [J] . Quarterly Journal of Economics, 1994 (109): 755 – 787.

[6] Charnes, A. , Cooper, W. W. , Rhodes E. Measuring the Efficiency of Decision – Making Units [J] . European Journal of Operational Research, 1978 (6): 429 – 444.

[7] Chow, G. , Lin, A. L. Accounting for Economic Growth in Taiwan and Mainland China: A Comparative Analysis [J] . Journal of Comparative Economics, 2002 (30): 507 – 530.

[8] Chung, Y. H. , Fare, R. , Grosskopf, S. Productivity and Undesirable Outputs: A Directional Distance Function Approach [J] . Journal of Environmental Management, 1997 (51): 229 – 240.

[9] Domazlicky, B. , Weber, W. Does Environmental Protection Lead to Slower Prod Activity Growth in the Chemical Indusry ? [J] . Environmental and Resource Economics, 2004 (28): 301 – 324.

[10] Farrell M. J. The Measurement of Production Efficiency [J] . Journal of Royal Statistical Society, 1957 (120): 253 – 281.

[11] Fare, R. , Grosskopf, S. , Pasurka, C. Accounting for Air Pollution Emissions in Measuring State Manufacturing Productivity Growth [J] . Journal of Regional Science, 2001 (41): 381 – 409.

[12] Hailu, A. , Veeman, T. S. Non – parametric Productivity Analysis with Undesirable Outputs: An Application to the Canadian Pul Pand Paper Industry [J] . American Journal of Agricultural Economics, 2001 (83): 605 – 616.

[13] Hailu, A. , Veeman, T. S. Environmentally Sensitive Productivity Analysis of the Canadian Pul Pand Paper Industry, 1959 – 1994: An Input Distance Function Approach [J] . Journal of Environmental Economics and Management, 2000 (40): 251 – 274.

[14] Jeon, B. M. , Sickles, R. C. The Role of Environmental Factors in Growth Accounting [J] . Journal of Applied Econometrics, 2004 (19): 567 – 591.

[15] Kumar, S. Environmentally Sensitive Productivity Growth: A Global Analysis Using Malmquist – Luenberger Index [J] . Ecological Economics, 2006 (56): 280 – 293.

[16] Leibenstein H. Allovative Efficiencyvs "X – efficiency" [J] . American Economic Review, 1996 (56): 392 – 415.

[17] Meeusen. W. , Broeck. J. Efficiency Estimation from Cobb – Douglas Production Functions with Composed Error [J] . International Economic Review, 1997 (2): 435 – 444.

[18] Pittman, R. W. Multilateral Productivity Comparisons with Undesirable Outputs [J] . Economic Journal, 1983 (93): 883 – 889.

[19] Shadbegian, R. J. , Gray, W. B. Pollution Abatement Expenditures and Plant – level Productivity: A Production Function Approach [J] . Ecological Economics, 2005 (54): 196 – 208.

[20] Yoruk, B. , Zaim, O. Productivity Growth in OECD Countries: A Compar is on with Malmquist Index [J] . Journal of Comparative Economics, 2005 (33): 401 – 420.

［21］樊纲，关志雄，姚枝仲．国际贸易结构分析：贸易品的技术分布［J］．经济研究，2006（8）．

［22］樊纲，王小鲁等．中国各地区市场化相对进程报告［J］．经济研究，2003（3）．

［23］傅晓霞，吴利学．全要素生产率在中国地区差异中的贡献：兼与彭国华和李静等商榷［J］．世界经济，2006（9）．

［24］符淼．我国环境库兹涅茨曲线：形态、拐点和影响因素［J］．数量经济技术经济研究，2008（11）．

［25］郭庆旺，贾俊雪．中国全要素生产率的估算：1979～2004［J］．经济研究，2005（6）．

［26］胡鞍钢，郑京海等．考虑环境因素的省级技术效率排名（1999～2005）［J］．经济学（季刊），2008（3）．

［27］何枫，陈荣．经济开放度对中国经济效率的影响：基于跨省数据的实证分析［J］．数量经济技术经济研究，2004（3）．

［28］李静．中国区域环境效率的差异与影响因素研究［J］．南方经济，2009（12）．

［29］李胜文，李新春，杨学儒．中国的环境效率与环境管制——基于 1986～2007 年省级水平的估算［J］．财经研究，2010（2）．

［30］李小平，卢现祥．国际贸易、污染产业转移和中国工业 CO_2 排放［J］．经济研究，2009（11）．

［31］刘小玄．中国工业企业的所有制结构对效率差异的影响——1995 年全国工业企业普查数据的实证分析［J］．经济研究，2000（2）．

［32］彭水军，包群．中国经济增长与环境污染——基于广义脉冲响应函数法的实证研究［J］．中国工业经济，2006（5）．

［33］邱晓华，郑京平等．中国经济增长动力及前景分析［J］．经济研究，2006（5）．

［34］单豪杰．中国资本存量 K 的再估算：1952～2006 年［J］．数量经济技术经济研究，2008（10）．

［35］沈利生，唐志．对外贸易对我国污染排放的影响——以二氧化硫排放为例［J］．管理世界，2008（6）．

［36］孙琳琳，任若恩．中国资本投入和全要素生产率的估算［J］．世界经济，2005（12）．

［37］涂正革．环境、资源与工业增长的协调性［J］．经济研究，2008（2）．

［38］涂正革，肖耿．环境约束下的中国工业增长模式研究［J］．世界经济，2009（11）．

［39］涂正革，肖耿．中国工业增长模式的转变——大中型企业劳动生产率的非参数生产前沿动态分析［J］．管理世界，2006（10）．

［40］吴军．环境约束下中国地区工业全要素生产率增长及收敛分析［J］．数量经济技术经济研究，2009（11）．

［41］魏楚，沈满洪．能源效率及其影响因素：基于 DEA 的实证分析［J］．管理世界，2007（8）．

［42］王兵，吴延瑞，颜鹏飞．环境管制与全要素生产率增长：APEC 的实证研究［J］．经济研究，2008（5）．

［43］庞瑞芝．我国城市医院经营效率实证研究——基于 DEA 模型的两阶段分析［J］．南开经济研究，2006（4）．

［44］邵军，徐康宁．我国城市的生产率增长、效率改进与技术进步［J］．数量经济技术经济研

究，2010（1）.

［45］陶长琪，齐亚伟．中国全要素生产率的空间差异及其成因分析［J］．数量经济技术经济研究，2010（1）.

［46］王志平．生产效率的区域特征与生产率增长的分解——基于主成分分析与随机前沿超越对数生产函数的方法［J］．数量经济技术经济研究，2010（1）.

［47］许冰．外国直接投资对区域经济的产出效应——基于路径收敛设计的研究［J］．经济研究，2010（2）.

［48］徐杰，杨建龙．全要素生产率研究方法述评［J］．现代管理科学，2010（10）.

［49］章祥荪，贵斌威．中国全要素生产率分析：Malmquist 指数法评述与应用［J］．数量经济技术经济研究，2008（6）.

［50］赵芝俊，袁开智．中国农业技术进步贡献率测算及分解：1985～2005［J］．农业经济问题，2009（3）.

Empirical Study on China's Economic Growth Efficiency under the Binding of Environment

Zhu Cheng liang　Yue Hong zhi　Shi Ping

Abstract: Putting both environmental emissions and control into efficiency testing framework, on the basis of constructing ECI to estimate the relative green GDP, this paper has analyzed China's economic growth efficiency and factors under the binding of environment in 1998 - 2008 by using the translogar ithmic stochasticfro ntier model. We find that FDI and foreign trade play a significant role in promoting efficiency, and efficiency will beimproved by industrializat ion, but it will berest ricted under the binding of enviro nment; Efficiency will be improved by increasing non - state economic sectors; Intensity of environmental pollution control plays a significant role in promoting efficiency, however, regardless of the environment, it will restrain efficiency improvement.

Key Words: Environmental Constraints; Green GDP; Environment Composite Index; Economic Growth Efficiency

基于环境修正的中国农业全要素生产率度量*

薛建良　李秉龙

（中国农业大学经济管理学院，北京　100083）

【摘　要】环境的外部性使包含环境影响的生产率度量一直是个难题，而此类研究对推动我国农业可持续发展具有重要意义。本文提出了一种度量和评估包含环境影响的农业生产率方法，在本文中，环境的外部性通过定义一个包含市场产出和污染产出的总产出而纳入分析框架，用总产出代替传统 TFP 计算中的产出，包含环境影响的全要素生产率公式得以建立。利用基于单元的综合调查评价法计算了 1990～2008 年我国主要农业污染物排放数量，并在此基础上度量了基于环境修正的我国农业全要素生产率。研究表明在 1990～2008 年我国经环境调整后的农业生产率增长呈现减小趋势，农业环境污染使农业生产率增长降低 0.09%～0.6%，且呈现较大的时期变化；依据不同环境污染价值损失评估法，环境对农业全要素生产率的修正会带来或高或低的结果。为了更准确地度量环境对农业全要素生产率的影响，需要进一步探索环境污染价值评估方法，完善我国农业环境监测体系。

【关键词】环境修正度量；农业生产率；中国

随着经济增长所带来负效应的显现，人们对经济增长过程中的环境问题越来越关注。在度量生产率时，如何将环境要素纳入生产率的研究范畴以更加全面地反映经济增长的质量和效果，是推动经济可持续发展的重要方面。由于环境排放物缺少相应的市场交易，一般无法获取相应的市场价格，计算其给经济带来的额外成本十分困难，但随着相关研究的进展，将环境因素纳入生产率计算已取得重大进展。

Repett 等提出了如何将生产过程中的环境污染纳入生产率的计算方法，并对 1970～1991 年美国主要生产部门环境修正的生产率进行了度量，利用 Repetto 等提出的方法 Marthin Nanere 等对澳大利亚的农业生产率进行了环境修正，指出环境破坏成本的高低会对修

该文为国家肉羊产业技术体系和国家自然科学基金项目（编号：70973123）的部分研究内容。

* 作者简介：薛建良，博士生，主要研究方向为农业经济。李秉龙，博士，教授，博导，主要研究方向为农业经济理论。

正结果产生影响。与以上研究方法不同，Saleem Shaik 和 Richard K. Perrin 从方法论角度对比分析了包含环境变量的非参数 Malmquist 模型与环境影子价格法在环境修正生产率计算中的不同。在我国，基于环境修正生产率的研究主要集中在整个国民经济领域，王兵等运用 Malmquist - Luenberger 指数方法测度了 APEC17 个国家和地区 1980 ~ 2004 年包含 CO_2 排放的全要素生产率增长及变化趋势；吴军等将 SO_2 和 COD 作为环境因素纳入 TFP 的计算中，分析了经过环境修正后我国东部、中部和西部地区 TFP 的变化情况，但以我国农业为例的研究却相对较少。

一、理论和方法

对环境修正的生产率进行度量，首先需要明确生产率的定义及计算过程，关键是如何将环境变量纳入生产率计算，明确环境修正的生产率与传统方法计算的生产率之间的关系。

（一）生产率的定义

生产率的种类很多，本文所使用的生产率是全要素生产率（TFP），它比单要素生产率更能全面地反映生产效率。TFP 能被简单地定义为：

$$TFP = \frac{Q}{I} \tag{1}$$

式中，Q 表示产出数量，I 表示投入数量。方程（1）以增长率的形式可重新表达为

$$\dot{TFP} = \dot{Q} - \dot{I} \tag{2}$$

式中，$\dot{TFP}$ 是 TEP 的增长率，$\dot{Q}$ 是总产出的增长率，$\dot{I}$ 是总投入的增长率，相应地，

$$\dot{Q} = \dot{TFP} + \dot{I} \tag{3}$$

（二）生产率的度量

测算 TFP 的方法大致可以分为增长核算法和经济计量法两大类，不过起点都是从设定生产函数开始。本文设定计算 TFP 的生产函数方程基本形式如下：

$$Q(t) = A(t)f[K(t), M(t), L(t)] \tag{4}$$

式中，Q（t）代表第 t 年的实际产出；K（t），M（t），L（t）分别代表资本、物质和劳动在 t 年的投入量；A（t）是生产率指数，生产率指数变化率能够按照下面方程（5）展开得到：

$$\frac{A'(t)}{A} = \frac{Q'(t)}{Q} - \left[\frac{s_k K'(t)}{K} + \frac{s_m M'(t)}{M} + \frac{s_l L'(t)}{L}\right] \tag{5}$$

式中，带标号的数量代表随时间变化的变化量，即生产率变化比率可以定义为产出指数增长率与投入指数增长率的差。投入要素指数能够按照每一种生产要素的产出弹性加权获得，这些权重以 s_k，s_m 和 s_l 表示，在规模报酬不变和完全竞争投入以及产出品市场的假定下，这些权重与每个要素在总成本中的份额相等，加总之和等于 1。

（三）环境对生产率的修正

对于生产率的环境修正方法，本文借鉴 Repetto 等的研究，可以被表达为：环境的外部性可以通过把产出定义为 W，W 是市场产出 Q 和污染产出 E 的加总而纳入分析框架。s_q 和 s_e 分别是市场产出和污染的权重，则总产出的增长率可以表达为：

$$\frac{W'(t)}{W}=\frac{S_qQ'(t)}{Q}+\frac{S_eE'(t)}{E} \tag{6}$$

根据式（6）可知，总产出的变化率是产出增长率和污染增长率的加权平均数，权重是产出和污染在总产出价值中的份额。因为污染具有破坏作用，它有一个负的影子价格，从数量上讲，它对生产率的影响是与投入成本一样的。

如果把 A^* 定义为联合产出函数（W）的生产率指数，则 A^* 的增长率可以表达为：

$$\frac{A^*(t)}{A^*}=\frac{S_qQ'(t)}{Q}+\frac{S_eE'(t)}{E}-\left[\frac{s_kK'(t)}{K}+\frac{s_eM'(t)}{M}+\frac{s_lL'(t)}{L}\right] \tag{7}$$

比较式（5）与式（7），并假定 $S_q=1-S_e$ 可以得到：

$$\frac{A^*(t)}{A^*}=\frac{A'(t)}{A}+S_e\left[\frac{E'(t)}{E}-\frac{Q'(t)}{Q}\right] \tag{8}$$

式中，s_e 是污染损失在总产出中的权重；E′是污染损失的变化，E 是污染破坏的水平；Q′是产出市场价值的变化，Q 是产出的市场价值。式（8）表达了两个生产率指标之间的相互关系，等式右边的第一部分是按传统方法估计的生产率指标，第二部分是生产造成的环境破坏对传统生产率的调整。如果 S_e 是负值，当污染增长比产出增长慢时，则新的生产率指数比传统生产率指数增长速度要快。

如果产出增长保持不变，污染物的下降将导致生产率比传统指标更快地增长。如果污染增加比市场产出增加得快，则传统生产率分析指标高估了生产率的增长率，即修正的方法考虑了传统生产率计算忽略的一个源泉，这对生产率的计算来说是十分重要的。

二、传统农业生产率度量

根据式（4）~式（6）可以得到以传统方式计算的农业生产率，对传统农业生产率计算的关键是获得农业产出和投入的相关数据。

（一）农业产出指标

在生产率的计算过程中，对农业产出的衡量有两种方法，一是以农业生产总值作为农业产出的指标；二是以农业增加值作为农业产出的指标。根据全要素生产率的定义公式，本文采用微观生产函数，把农业生产总值作为农业产出指标，以 1990 年为基期对各时期农业生产总值进行平减处理，剔除价格因素对生产率的影响。

（二）农业投入指标

基本的 C—D 生产函数将要素投入分为资本和劳动两个部分，但在对农业生产函数的估计中，研究者通常将 C—D 生产函数变形，其要素投入包括土地、劳动力、机械、化肥等。因此，本文使用的农业投入变量包括劳动、土地、机械、化肥、灌溉 5 个指标。

（1）劳动投入。劳动投入以乡村年底农、林、牧、渔业从业人员数计算，不包括乡村从事工业、服务业的劳动人数。

（2）土地投入。土地投入是以农作物总播种面积计算而不是以可耕地面积计算，因为耕地存在复种、休耕、弃耕等现象，用可耕地面积数据是不能反映出实际情况的，同时，对土地的使用频率是造成农业环境破坏的重要原因之一。

（3）机械动力投入。机械动力投入以农业机械总动力计算，为主要用于农、林、牧、渔业的各种动力机械的动力总和。

（4）化肥投入。化肥投入以本年内实际用于农业生产的化肥数量计算，包括氮肥、磷肥、钾肥和复合肥。

（5）灌溉投入。灌溉投入以农业有效灌溉面积计算。一般情况下，有效灌溉面积等于灌溉工程或设备已经配备的、能够进行正常灌溉的水田和水浇地面积之和。

以上数据均来自《新中国 60 年统计年鉴》、《中国统计年鉴》、《中国农村统计年鉴》等年度资料。

（三）农业生产率度量

为了计算各投入要素的产出弹性，本文建立双对数函数模型，估计函数各系数值即得到各要素的产出弹性，其具体方程如下式：

$$\ln y = c + \beta_1 \ln Labor + \beta_2 \ln Land + \beta_3 \ln machines + \beta_4 \ln fertilizer + \beta_5 \ln irrigation$$

利用回归分析对各参数进行估计，各参数值分别为 -0.0540，0.5542，0.6466，0.7819，-0.9415，其中，除劳动产出弹性不显著外，其他参数都通过显著性检验。由于我国农业生产的政策在研究期内不断进行调整，因此，各要素的产出弹性可能会发生变化，通过 Chow 检验发现在 20 世纪末与 21 世纪初之间，存在跳跃点。

表 1 **Chow 间断点检验**

检验统计变量	统计值	检验形式	统计概率值
Statistical variables	Statistic	Test form	Probability
F - statistic	4.968171	Prob. F (5, 9)	0.0185
Log likelihood ratio	25.16444	Prob. Chi - Square (5)	0.0001
Wald Statistic	24.84085	Prob. Chi - Square (5)	0.0001

注：Chow 间断点时间为 1999 年。

通过将样本拆分为 1990 ~ 1999 年和 2000 ~ 2008 年重新估计方程，得到 1990 ~ 1999 年各要素产出弹性分别为：-1.0776，0.5459，0.4615，0.3816，0.6133，其中灌溉投入产出弹性不显著，其余要素都在 5% 的水平上显著；2000 ~ 2008 年产出弹性分别为：0.3166，0.1594，0.9018，-0.8841，0.5072，其中灌溉和农业机械在 5% 水平上显著，其余不显著。通过 WALD 检验得到不同时期内方程各系数之和均等于 1，证明规模报酬不变的假设成立。利用方程（5）计算我国农业全要素生产率，结果见表 2。

从表 2 可以看出，以 1990 年为基期，我国农业全要素生产率以年均 3.66% 的速度增长，其中农业总产出以年均 6.06% 的速度增长、农业总投入以 2.43% 的速度增长。从中可以得出，在 1990 ~ 2008 年我国农业全要素生产率的增长主要归结为产出的增长，而不是投入的节约。农业产出增长可以分解为投入要素的增长和 TFP 的增长，利用回归分析可以提供投入、产出和 TFP 三个指标的趋势增长率以及全要素生产率（TFP）对产出增长的贡献程度，通过研究各变量在整个时期和不同时期内的变化得到表 3。

通过分析各指标的趋势增长率，可以得出我国农业全要素生产率（TFP）在 1990 ~ 2008 年年均增长率为 8.38%，其中农业总产出年均增长 6.09% 而农业投入却年均减少 2.24%，在整个时期内全要素生产率对农业增长的贡献率达 56.41%，这与陈卫平等的研究基本相同。从各时期看，在 1990 ~ 1999 年我国农业总产出年均增长率为 4.18%，而投入呈下降趋势，年均下降 0.4%，TFP 增长率为 4.58%，TFP 对农业增长的贡献率为 53.70%；在 2000 ~ 2008 年，我国农业总产出增长率下降为 2.49%、农业生产投入年均增长 5.27%，因此，在此期间 TFP 呈下降趋势，年均下降 2.65%，但随着投入的增长，TFP 对产出增长的贡献率比 1990 ~ 1999 年有所提高，达到 61.48%。

表 2 **1999 ~ 2008 年我国农业产出、投入和 TFP 指数**

年份	产出指数	投入指数	TFP 指数
1990	1.0000	1.0000	1.0000
1991	1.0369	0.9669	1.0723
1992	1.0619	0.9752	1.0889

续表

年份	产出指数	投入指数	TFP 指数
1993	1.0799	1.0152	1.0638
1994	1.0860	1.0063	1.0792
1995	1.1090	1.0291	1.0776
1996	1.0942	1.0158	1.0771
1997	1.0672	0.9889	1.0791
1998	1.0595	0.9914	1.0687
1999	1.0466	0.9687	1.0804
2000	1.0360	1.0573	0.9799
2001	1.0424	1.0476	0.9950
2002	1.0494	1.0489	1.0005
2003	1.0399	1.0436	0.9965
2004	1.0749	1.0680	1.0065
2005	1.0570	1.0633	0.9941
2006	1.0542	1.0516	1.0025
2007	1.0386	1.0508	0.9884
2008	1.0573	1.0492	1.0077
均值	1.0606	1.0243	1.0366

表 3 全要素生产率和投入对产出增长的贡献

时期	产出增长趋势（%）	投入增长趋势（%）	TFP 增长趋势（%）	TFP 对产出增长贡献（%）
1990～2008 年	6.09（87.53）***	-2.24（91.19）***	8.38（71.64）***	56.41（14.07）***
1990～1999 年	4.18（49.85）***	-0.4（64.63）***	4.58（66.51）***	53.70（3.52）***
2000～2008 年	2.49（42.37）***	5.27（63.14）***	-2.65（59.59）***	61.48（3.05）***

注：*** 表示在 1% 的水平上显著。

三、环境修正的农业生产率

对传统农业生产率进行修正，需要计算农业生产过程中排放的污染物数量，并对其进行价值评估，近些年相关研究进展使得该项研究能够进行。

（一）环境污染物数量计算

与工业点源污染不同，农业污染主要是面源污染，对农业污染数量进行测度的方法主要有：以小流域为基础的模拟试验法、以综合调查为基础的定量分析法和替代指标法等。本文选择以综合调查为基础的定量分析方法，其由赖斯芸提出，陈敏鹏、陈吉宁等进行了扩展，该方法的优点在于其适合大尺度区域的农业面源污染测度，更适合本文的研究。其基本原理是，一定的农业活动对应一定的农业污染物排放量，并综合多种分析方法建立农业活动和污染排放量响应关系，以单位为核心，以省市区为核算单位。根据我国实际现状，本文主要分析农田化肥、畜禽养殖、农田固体废弃物排放和农村生活四种污染类型，污染物主要是 COD（化学需氧量）、TN（总氮）、TP（总磷）三类，计算公式如下：

$$
\begin{aligned}
E &= \sum_i EU_i \rho_i (1 - \eta_i) C_i(EU_i, S) \\
&= \sum_i PE_i (1 - \eta_i) C_i(EU_i, S)
\end{aligned}
\tag{9}
$$

式中，E 为农业污染物排放量；EU_i 为单位指标统计数；ρ_i 为单位 i 污染物产污强度系数；η_i 为表征相关资源利用效率的系数；PE_i 为农业污染的产量，即不考虑资源综合利用和管理因素时农业的最大潜在污染量；C_i 为单位 i 污染物的排放系数，它由单元和空间特征（S）决定，表征区域环境、降雨、水文和各种管理措施对农业污染的综合影响。具体指标和相关系数参见梁流涛的研究，通过计算得到我国 1990 ~ 2008 年各年度污染物排放量，具体见表 4。

表 4　1990 ~ 2008 年中国农业面源污染排放总量　　单位：10^4 吨

年份	COD 排放量	TN 排放量	TP 排放量	污染物增长率（%）
1990	493.11	505.7	59.2	1
1991	498.35	521.12	61.58	1.0270
1992	503.34	529.88	63.24	1.0179
1993	515.96	561.51	67.80	1.0521
1994	534.55	589.01	71.08	1.0444
1995	552.00	630.73	75.7	1.0560
1996	566.16	665.64	79.54	1.0438
1997	559.29	633.53	75.91	0.9645
1998	576.62	664.46	80.21	1.0454
1999	580.88	665.98	82.08	1.0109
2000	587.44	665.93	81.61	1.0018
2001	591.38	670.43	83.16	1.0108

续表

年份	COD 排放量	TN 排放量	TP 排放量	污染物增长率（%）
2002	597.12	666.58	84.10	1.0050
2003	608.48	685.45	86.44	1.0250
2004	618.97	711.80	90.13	1.0327
2005	648.95	730.76	93.77	1.0384
2006	598.41	692.54	90.75	0.9456
2007	636.80	777.30	95.54	1.0794
2008	648.58	807.46	97.22	1.0249
均值	574.55	651.36	79.95	1.0224

注：污染物增长率为各排放物增长率的几何平均数。

（二）农业污染排放量价值核算

环境污染价值量核算，即环境污染成本核算。环境污染成本包括污染治理成本和环境退化成本，其中，污染治理成本又可分为实际污染治理成本和虚拟污染治理成本。实际污染治理成本是指目前已经发生的治理成本；虚拟治理成本是指将目前排放到环境中的污染物全部处理所需的成本。环境退化成本是在目前的治理水平下，生产和消费过程中所排放的污染物对环境功能造成的实际损害，环境退化成本包括农业污染所造成的对农业生产本身以及农业生产外的成本，是环境污染价值计算中最关键，也最困难的部分。

1. 农业污染环境退化成本评估

污染物的环境退化成本包括产业经济损失、资源经济损失和健康经济损失等，由于没有连续的年度观测和统计资料，目前无法计算各年度农业污染物排放造成的环境退化成本。为了评估农业环境污染的外部影响，本文按照 Repetto 等和 Marthin Nanere 等的方式，以假定第一产业污染损失占 GDP 固定比例处理。根据《中国环境经济核算研究报告2004》，我国第一产业污染物环境退化价值占 GDP 的比例为 1.58%。

2. 农业污染虚拟治理成本评估

农业污染流失治理成本采用农业污染物虚拟成本，其计算公式为，虚拟治理成本 = COD 虚拟治理成本 + NH_3-N 虚拟治理成本，其中，虚拟治理成本 = 污染物质虚拟去除量 × 污染物质单位治理成本，本文以氨氮处理成本代表氮的处理成本。目前关于农业污染环境价值损失评估的研究还较少，通过文献研究发现关于农业污染物治理成本的研究结论相差较大，於方等通过对我国 10 个采用绿色 GDP 核算省份的调查数据，得到 2004 年我国农业 COD 和 NH_3-N 的单位治理成本分别为 6.8 元/千克和 6.2 元/千克；郭高丽核算了海南省农业 COD 和 NH_3-N 单位治理成本，其分别为 0.8 元/千克和 0.2 元/千克。将不同的治理成本分为高低两组分别进行研究，并利用式（8）对我国农业生产率进行环境调整，结果见表 5。

表 5　1990～2008 年我国环境修正的农业生产率

项目	传统 TFP	修正的 TFP_1	修正的 TFP_2	修正的 TFP_3	修正的 TFP_4
高成本	1.0366	1.0357	1.0357	1.0366	1.0306
低成本	1.0366	1.0348	1.0347	1.0348	1.0306

注：TFP_1 为 COD 修正的 TFP；TFP_2 为 NH_3 - NCOD 修正的 TFP；TFP_3 为固定损害值修正的 TFP；TFP_4 为损害值占 GDP 固定比例修正的 TFP。

根据表 5 可以得出：在 1990～2008 年，我国环境修正的农业生产率比传统方式计算的生产率小：当以固定损害值对农业生产率进行修正时，生产率增长幅度平均减少 0.09%，但不同污染物治理成本对农业生产率的修正幅度不同。当污染物治理成本较低时，环境修正的农业生产率降低，而成本较高时则变化不大。以农业污染损害值占 GDP 一定比例的方式对传统农业生产率修正后的生产率有一个大的较少趋势，减少幅度为 0.6%。

由于假定污染产生的价值为负，以不变污染物治理成本对我国农业生产率进行修正后生产率减小，说明在 1990～2008 年农业污染物的排放速度要大于农业产值增长速度；以污染物损失值占 GDP 固定比例修正后的生产率减小，说明在该时期内农业污染物造成的价值损失增长速度也大于农业产值的增长速度；农业污染物排放速度较快及其造成的价值损失已成为影响我国农业生产率持续增长的重要因素。但从不同时期看，农业污染物的排放数量和价值损失对环境修正的农业生产率影响程度不同，不同时间内农业污染对我国农业生产率的影响见表 6。

表 6　不同时期我国环境修正的农业生产率

时期	项目	传统 TFP	修正的 TFP_1	修正的 TFP_2	修正的 TFP_3	修正的 TFP_4
1990～1999 年	高成本	1.0687	1.0670	1.0700	1.0713	1.0656
	低成本	1.0687	1.0687	1.0688	1.0689	1.0656
2000～2008 年	高成本	0.9968	0.9975	0.9976	0.9982	0.9917
	低成本	0.9968	0.9969	0.9968	0.9969	0.9917

注：TFP_1 为 COD 修正的 TFP；TFP_2 为 NH_3 - NCOD 修正的 TFP；TFP_3 为固定损害值修正的 TFP；TFP_4 为损害值占 GDP 固定比例修正的 TFP。

从表 6 可以看出：不同时期以固定损害值修正的我国农业全要素生产率均大于传统的 TFP 产率。从具体污染物来看，氮的排放速度在各时间段内均小于农业总产值的增长速度，但 COD 的排放速度在 1990～1999 年大于农业产值增长速度，而在 2000～2008 年其小于农业产值增长速度，由于 COD 主要是由畜禽养殖排放造成的，说明进入 21 世纪后我国畜禽养殖业发展方式在转变，向环境排放的污染物数量相对于其价值增长相对减少。在不同时期以农业污染损失值占 GDP 一定比例的方法对农业生产率进行修正后的生产率均小于传统 TFP，说明在各时间段内，农业污染造成的环境价值损失增长均大于农业产值增长速度。

四、结论

通过以上研究可以得出，将环境影响纳入农业生产率计算范畴，扩展了农业生产率的计算，更加全面地反映了农业生产的效率。从总体上看，1990～2008 年，我国农业污染物排放速度加快及其造成的经济损失价值加大是降低我国农业全要素生产率的主要因素，为推动我国农业生产率持续增长需要改善农业生产技术，控制农业污染物排放的数量，减少其对环境的价值损害。分阶段看，在不同时期导致环境修正的农业生产率变动的原因不同，主要影响因素为养殖业 COD 排放速度，在养殖业污染排放减少的情况下，现阶段更应注重合理施肥，减少种植业生产对化肥的过度使用；在分阶段计算中，不同的环境价值损失评估方法会影响环境修正的农业生产率结果，为了更准确地计算环境对农业生产率的影响，需要进一步探索环境污染价值评估方法，完善我国农业环境监测系统，为环境生产率的度量提供支持。

参考文献

[1] Repetto R., Rotham D., Faeth Petal. Productivity Measures Miss the Value of Environmental Protection [J]. Choices, 1997 (4): 16 - 19.

[2] Marthin Nanere, Iain Fraser, Ali Quazi et al. Environmentally Adjusted Productivity Measurement: An Australian Case Study [J]. Journal of Environmental Management, 2007 (85): 352 - 359.

[3] Saleem Shaik, Richard K. Perrin. Agricultural Productivity and Environmental Impacts: The Role of Non - parametric Analysis [C]. Selected Paper, American Agricultural Economics Association Meetings, Chicago, 2001, Aug5 - Aug 8: 1 - 13.

[4] 王兵，吴延瑞，颜鹏飞．环境管制与全要素生产率增长：APEC 的实证研究 [J]．经济研究，2008 (5): 19 - 32.

[5] 吴军，笪凤媛，张建华．环境管制与中国区域生产率增长 [J]．统计研究，2010，27 (1): 83 - 89.

[6] 米建伟，梁勤，马骅．我国农业全要素生产率的变化及其与公共投资的关系——基于 1984～2002 年省份面板数据的实证分析 [J]．农业技术经济，2009 (3): 4 - 14.

[7] 陈卫平．中国农业生产率增长、技术进步与效率变化：1990～2003 [J]．中国农村观察，2006 (1): 18 - 23.

[8] 梁流涛．农村生态环境时空特征及其演变规律研究 [D]．南京农业大学博士学位论文，2009.

[9] 赖斯芸．非点源调查评估方法及其应用 [D]．清华大学博士学位论文，2003.

[10] 陈敏鹏，陈吉宁，赖斯芸．中国农业和农村污染的清单分析与空间特征识别［J］．中国环境科学，2006，26（6）：751－755.

[11] 王金南，曹东，於方等．中国环境经济核算研究报告 2004［M］．北京：中国环境科学出版社，2009.

[12] 於方，王金南，曹东等．中国环境经济核算技术指南［M］．北京：中国环境科学出版社，2009.

[13] 郭高丽．经环境污染损失调整的绿色 GDP 核算研究及实例分析［D］．武汉理工大学博士学位论文，2006.

Environmentlly – Adjusted Measurement of China's Agricultural Total Factor Productivity

Xue Jian – liang　Li Bing – long

(College of Economic and Management, China Agricultural University, Beijing 100083, China)

Abstract: To estimate productivity involving the environmental effect remains a puzzle because of environment externalities; however, attempts to resolve the puzzle can shed light on agriculture sustainable development. This paper comes up with a method to measure China's agricultural total factor productivity taking into account the environmental effect. In the study, environment externalities are incorporated into the analysis frame by defining the total output as marketed output and pollution to replace the one in the conventional TFP method such that environmentally – adjusted productivity can be defined. The quantities of major pollutants from agricultural production between 1990 and 2008 are evaluated by investigating non – point source pollution based on unit and the environmentally – adjusted agricultural total factor productivity also computed. It's been found that during 1990 – 2008 the environmentally – adjusted agricultural TFP growth shows a decreasing trend and varies in different periods within the range of 0.09% – 0.6%. However, to what extent the environmentally – adjusted agricultural TFP change depends on the method the environmental value of pollutants is assessed. In order to accurately measure the environmentally – adjusted agricultural TFP, it is necessary to study the methods of environmental value of pollutants and better improve the agricultural environmental monitoring system in China.

Key Words: environmentally – adjusted measurement; agricultural TFP; China

生长期气候变化对中国主要粮食作物单产的影响*

崔 静[1,2] 王秀清[2] 辛 贤[2] 吴文斌[3]
（1. 中国人民保险集团股份公司博士后科研工作站；
2. 中国农业大学经济管理学院；3. 中国农业科学院）

【摘 要】本文运用超越对数生产函数模型分析了1975~2008年作物生长期气候变化对中国主要粮食作物——一季稻、小麦和玉米单产的影响。研究表明：首先，作物生长期内气温升高对粮食单产具有负向影响，但对不同品种、不同地区粮食单产的影响具有差异性，气温升高能够增加高纬度地区春小麦和玉米单产。其次，作物生长期内降水增加对粮食单产的影响因粮食品种而异，虽然对西北地区春小麦单产具有正向影响，却对华南地区冬小麦单产具有负向影响。最后，作物生长期内日照增加主要通过与地区的交互作用影响粮食单产，平均日照时数增加对华南地区冬小麦单产具有正向影响，而对东北地区春小麦单产具有负向影响。

【关键词】生长期气候变化；粮食作物；单产；超越对数生产函数

一、问题的提出

全球气候变化已成为不争的事实，联合国政府间气候变化小组（IPCC）的最新研究表明，过去100年（1906~2005年）全球变暖趋势为0.74℃，这比该组织第三次评估报告（Houghton et al.，2001）中指出的自1861年以来全球表面年平均温度上升0.6℃还要

* 本文为全球变化研究国家重大科学研究计划项目National Basic Research Program of China（2010CB951504）的阶段性研究成果之一。笔者感谢香港科技大学章典教授、美国普渡大学Raymond J. G. M. Florax教授、德国Göttingen大学于晓华副教授、中国科学院地理所潘影和王金霞教授、中国国家气象局于贺军高级工程师的指导，以及中国农业大学田维明教授、焦自伟博士、蔡海龙博士、邓淑娟博士和信电学院陈彬、黄翔、郭静等同学的帮助。

高。过去 50 年全球变暖趋势是每 10 年升高 0.13℃，几乎是过去 100 年来的两倍。仅将 2001～2005 年与 1850～1899 年相比，温度就升高了 0.76℃。近 100 年来，中国地表年平均温度显著升高，升温幅度约为 0.5℃～0.8℃，比同期全球地表年平均温度升高的平均幅度（0.6℃ ±0.2℃）稍高。升温较明显的两个阶段分别是 20 世纪 50 年代和 20 世纪末，且增温情况主要发生在冬季和春季。近半个世纪以来，中国平均地表温度上升 1.1℃，升温幅度为 0.22℃/10 年，明显高于北半球同期增温速度。本文利用气候变化线性趋势分析的相关公式①对中国近 34 年（1975～2008 年）的气候变化线性趋势做了详细分析，并利用地理信息系统（GIS）输出中国各省（区、市）的气温、光照和降水因子的变化趋势图②。从该趋势图可以看出，34 年来中国北方地区普遍升温，西南地区和长江中下游部分地区则出现降温现象，丁一汇（2006）研究认为，中国青藏高原在过去近 100 年内升温显著。气温升高带来了作物生长期的普遍延长，尤其是中国北方地区作物生长期延长更加明显。

近百年来，中国年均降水量波动幅度增加。从 20 世纪 60 年代开始，全国降水逐渐呈增加趋势，自 1990 年以来，多数年份降水量的变化幅度高于往年。从全国年均降水趋势图可以看出，34 年来全国降水量存在着明显的区域性变化特征，新疆、吉林、四川和广西是降水增加最显著的地区，而华北地区和长江中下游部分地区降水则存在明显减少的趋势。日照时数变化趋势与降水变化趋势大致相同，但变化幅度稍大，全国年均日照时数减少 5% 左右，各地区变化情况也不同：减少最明显的地区是华东地区和西南地区，如山东、江苏、江西、四川、云南、贵州和重庆，此外，青海平均日照时数也有明显减少的趋势。

农业是国家的基础性产业，在国家经济发展中起着不可替代的作用，然而，农业生产过程对自然资源的依赖性使得农业尤其是粮食生产不可避免地要受到气候变化的重要影响，气候变化正通过影响土壤中含水量和养分的变化，影响着作物生长期内的生态变化，最终影响其产量。全球气候变化对粮食作物的影响究竟是利大还是弊大一直是研究的热点问题。在自然科学领域，一些学者使用 GCM（General Circulation Model）研究了气候变化对中国粮食作物产量的影响程度，得出气候变化对粮食作物产量具有负面影响的主要结论（金之庆，1991；林而达等，1997）；而高素华等（1991）则得出全球气候变暖对中国粮食产量的影响以正面为主的结论；有些学者利用 CERES（Crop Environment Resource Synthesis）模型模拟气候变化对中国粮食作物产量的影响，得出气候变化对于粮食作物产量同时具有上升和下降两种影响的结论：熊伟（2009）在不考虑 CO_2 肥效的作用下发现，温度升高将导致中国三大粮食作物单产水平持续下降；而许吟隆（1999）在考虑 CO_2 肥效的作用下发现，温度升高将可能使中国主要粮食作物产量不同程度地增加。

---

① 气候变化线性趋势分析方法是指以随时间变化的一系列气候数据构成一个气候时间序列，这个序列随时间变化，并在整体上有某种上升或下降的趋势。

② 由于这几幅图为彩色图，限于印刷条件未在本文中给出——编者注。

目前，从社会科学尤其是经济学资源配置的角度研究气候变化对农业生产影响的主要方法之一是使用生产函数模型，采用历史数据对已经发生的现象进行经济学分析。You 等（2005）使用面板数据研究了 1979～2000 年中国小麦产量与气候变化之间的线性关系，得出气温每升高 1℃，中国小麦总产量将减少 1.5%～5.4% 的结论。Lin 等（2011）使用了农户数据，运用非线性生产函数模型分别研究了气候变化对中国主要粮食作物产量的影响，他们的研究表明：温度、降水和平均日照时数变化对小麦产量变化的弹性分别为 -0.76、0.66 和 -0.38，对水稻产量变化的弹性分别为 -2.61、-1.72 和 0.59，对玉米产量变化的弹性分别为 3.14、1.64 和 -0.60。

上述自然科学领域和社会科学领域的研究充分运用了其学科知识特点对气候变化问题进行深入探讨，但仍然存在继续拓展的空间。一方面，从自然科学的角度研究气候变化问题始终无法脱离实验研究控制了许多农业生产过程中必然生产条件（如气候变化中农户的适应性行为）的影响这一特点，从而往往高估气候变化对农业生产的影响；另一方面，从社会科学的角度研究气候变化的影响虽然在将实验室搬到现实生产过程中克服了实验方法脱离现实的问题，但是，在实证研究过程中笔者发现，作物生长期内的气候变化情况较年均和四季的气候变化情况对作物单产的影响更为明显，而且气候变化对作物单产的影响也并非是线性的。因此，区分不同作物品种生长期内的气候变化，以及使用非线性形式的生产函数模型研究气候变化与作物产量的关系，将对得到相对准确的结果起到重要作用。

为探究作物生长期内气候变化对中国主要粮食作物产量影响的具体情况，本文试图结合自然科学领域的已有研究结果，从经济学的角度考察作物生长期气候变化对粮食单产的影响方式。本文对研究做如下假定：在市场条件充分的情况下，长期内①气候变化改变了作物生长的条件，使得农民生产成本发生变化，农民将对各种生产要素进行有效配置，通过改变劳动、土地和资本的投入实现利润最大化。本文将作物生长期内气候变化引入超越对数生产函数模型，在考虑到农民应对气候变化的适应性行为的基础上，客观评价作物生长期内气候变化对中国不同地区主要粮食作物单产的影响程度。

二、超越对数生产函数模型与数据

（一）超越对数生产函数模型

Cobb－Douglas 生产函数模型自 20 世纪 30 年代问世以来，对于描述生产要素和产量之间的关系起到重要作用。作物生长过程是光、温、水、气等因素相互作用的结果。气候因素与劳动、资本、土地不同，这些因素不是生产要素，却会影响生产要素的使用效率。

① 根据 Mendelsohn 等（1994）的研究，这里所指的长期超过 30 年。

本文将气候因素作为外生变量引入超越对数生产函数模型，用以估计各种气候因素对粮食作物产量的影响程度。模型形式如式（1）所示：

$$Q = f(A, L, K, Z) \tag{1}$$

式中，Q 代表作物产量，A 代表种植面积，L 代表劳动投入，K 代表资本投入，Z 代表其他因素。本文假定种植面积对产量影响的规模报酬不变，对 C－D 函数适当变形，使用单位面积上的作物产量作为被解释变量，其形式如式（2）所示：

$$q = \alpha l^{\beta} k^{\gamma} e\eta^{C} + u \tag{2}$$

对数线性函数形式如式（3）所示，这一形式是一个非线性形式的 C－D 生产函数，式（2）和式（3）中，C 代表气候因素，q、l、k 分别代表单位面积上的作物产量、劳动投入和资本投入：

$$Lnq = \alpha + \beta Lnl + \gamma Lnk + \eta C + u \tag{3}$$

根据生长期气候因素与主要粮食作物单产之间的二次函数关系，本文在 C－D 生产函数的基础上运用超越对数生产函数得到式（4）：

$$Lnq = \alpha + \beta_1 Lnl + \beta_2 Lnk + \frac{\beta_3}{2}(Lnl)^2 + \frac{\beta_4}{2}(Lnk)^2 + \beta_5 Lnl \times Lnk + \gamma_1 C + \gamma_2 C^2 \tag{4}$$

首先，本文假定作物单产是各种物质投入要素、技术、管理、土地质量和气候因素的函数，其中，气候因素不是生产要素，但是，它影响生产要素投入的数量。这个单产方程最初的解释变量包括土地、劳动①、种子、化肥、农药、机械、灌溉等物质投入要素②。其次，模型包括时间趋势变量，这一变量用来测量技术进步的程度。最后，本文研究的重点——气候因素则包括作物生长期内的月平均气温、降水和日照时数。对于众多物质投入要素，为简化模型形式，本文认为，气候因素会影响物质投入要素的数量和质量，因此，本文将物质投入要素以单位土地面积上的金额形式并消除通货膨胀因素后代入模型。由于资料限制，本文将种子、机械、灌溉、农膜等金额合并后记为“其他物质投入要素”代入模型。

此外，本文认为，地区的地理特征和气候因素对作物单产具有交互影响。一般而言，一个地区的土壤条件、灌溉条件和气候条件好，对当地作物单产具有正向影响；同时，如果土壤条件和灌溉条件好，那么，气候因素对单产的影响就更大。因此，本文以地区虚拟变量作为土壤和灌溉条件等的替代变量，并用气候因素与其逐个相乘形成交叉变量，将它们作为一组解释变量代入模型。

本文根据自然科学领域关于气候因素对粮食作物单产的已有研究结果③建立气候—单产模型，如式（5）所示：

---

① 劳动投入的概念包括数量和质量两个方面，这里所指的劳动投入质量是投入在农业生产中的有效劳动，这一因素影响劳动生产效率。

② 物质要素投入包括种子、化肥、机械、灌溉等，和劳动投入一样也包括数量和质量两个方面，因而用金额表示，并消除通胀因素。

③ 参见刘昌明等（2005）对于小麦水分生产函数及其效益的相关研究结论。

$$\mathrm{Lnq} = \alpha_0 + \alpha_1 \mathrm{T} + \beta_1 \mathrm{TEM} + \beta_2 \mathrm{PRE} + \beta_3 \mathrm{SUN} + \frac{\beta_4}{2}(\mathrm{TEM})^2 + \frac{\beta_5}{2}(\mathrm{PRE})^2 + \frac{\beta_6}{2}(\mathrm{SUN})^2 + \gamma_1 \mathrm{Lnl} + \gamma_2 \mathrm{LnF} + \gamma_3 \mathrm{LnOM} + \frac{\gamma_4}{2}(\mathrm{Lnl})^2 + \frac{\gamma_5}{2}(\mathrm{LnF})^2 + \frac{\gamma_6}{2}(\mathrm{LnOM})^2 + \gamma_7 \mathrm{Lnl} \times \mathrm{LnF} + \gamma_8 \mathrm{Lnl} \times \mathrm{LnOM} + \gamma_9 \mathrm{LnF} \times \mathrm{LnOM} + \eta_1 \sum_{j=1,2,3} \mathrm{D}_j \times \mathrm{TEM} + \eta_2 \sum_{j=1,2,3} \mathrm{D}_j \times \mathrm{PRE} + \eta_3 \sum_{j=1,2,3} \mathrm{D}_j \times \mathrm{SUN} + u \tag{5}$$

式中，F、OM 相当于式（4）中的 k；TEM、PRE、SUN 是式（3）中 C 的分解项；T 是时间趋势变量；Dj 是该种粮食作物的分布地区虚拟变量，下标 j 代表地区，该模型将全国分为四个地区，分别为华中地区、西北地区、东北地区和华南地区①，参照系根据各地区种植粮食作物的情况有所不同。使用面板数据的优点之一在于方便控制个体的异质性，本文利用 Hausman 检验来判断该模型更适用于固定效应模型还是随机效应模型。

本文根据上文提出的非线性超越对数生产函数模型，分析气候变化对粮食作物单产的边际效应。基于以上模型，本文推导出气候因素每偏离其平均值一个单位（即 ΔC）对单产的边际影响（记为 c）：

$$c_i = \frac{\partial \mathrm{Lnq}}{\partial \Delta C_i} = \beta_i (1 + 2\Delta C_i) + \eta_i \sum D_j \tag{6}$$

式中，下标 i 代表气候因素。

（二）数据来源

本文选取 1975～2008 年中国 29 个省（区、市）② 不同农作物生长期内的月平均气温、降水和日照时数作为影响作物产量的气候因素，这些数据来源于中国国家气象局地面国际交换站的气候标准值③。温度、降水和光照气候因素的标准值计量单位分别为℃/月，毫米/月，小时/月。其中，水稻主要指包括中稻和粳稻在内的一季稻，生长期在 4～10 月。小麦分为冬小麦和春小麦，其中，冬小麦的生长期为前一年 9 月到当年 6 月，春小麦的生长期为当年 3～8 月。玉米分为南玉米和北玉米，其中，南玉米的生长期为 2～8 月，北玉米的生长期为 4～10 月。同时，为尽量减少由于统计口径不一致对结果造成的偏差，本文选取的数据以 1975～2008 年《全国主要农产品成本收益资料汇编》中主要粮食作物的相关数据为主，分别选取分省份的一季稻（包括中稻和粳稻）、小麦和玉米的每亩产量、每亩用工量，每亩化肥用量、每亩种子用量和每亩灌溉用水量并折算成金额作为投入要素，以上数据均已消除通货膨胀因素。本文使用的气候因素数据来源于国家气象局 206 个气象站点的逐月数据，并利用 GIS 软件对数据进行分省份处理。同时，为了减少气象因

---

① 本文根据 USDA（1996）对粮食作物产地的划分来确定本研究中粮食作物的分布。

② 本文所指的 29 个省（区、市）包括除海南省、西藏自治区、香港特别行政区、澳门特别行政区和台湾省以外的其他地区。

③ 中国国家气象局地面国际交换站气候标准值来自中国国家气象局网站（http://www.cma.gov.cn）。

素与种子、化肥和降水等投入之间的相关性，并符合气象学对气候变化程度的测度方法①，本文按照式（7）对数据进行标准化处理：

$$\Delta C = \frac{C_k - \bar{C}}{S};其中, S = \sqrt{\frac{1}{n}\sum_{k=1}^{n}(C_k - \bar{C})^2} \tag{7}$$

式中，k 代表省份，$C_k - \bar{C}$ 代表气候变化的距平。本文先根据式（7）计算出 ΔC，再将之代入式（6）计算出气候因素每偏离其平均值一个单位对不同粮食作物单产的边际影响。气候变化对粮食作物单产进一步的边际影响为：$[c \times (S + \bar{C})] \times 100\%$。表 1 中列出了本文所用的各种粮食作物生长期气候因素的标准差。

表 1　作物生长期气候因素标准差（1975～2008 年）

	小麦		玉米		水稻
	春小麦	冬小麦	北玉米	南玉米	一季稻
温度（℃）	4.82	3.68	3.09	2.74	2.89
降水（毫米）	41.19	31.25	23.4	40.82	43.37
平均日照时数（小时）	45.94	46.24	32.92	33.27	43.42

三、生长期气候变化对主要粮食作物单产影响的估计结果

（一）生长期气候变化对粮食单产影响模型估计结果

首先，本文通过引入时间趋势变量检验技术进步对粮食单产的影响；其次，通过对每种粮食作物单产引入地区虚拟变量以及地区虚拟变量与气候因素的交叉项来检验不同地区之间气候因子对粮食作物单产影响的差异，通过 Hausman 检验确定选择随机效应模型还是固定效应模型，最终得出固定效应模型优于随机效应模型的结论。是否遗漏重要解释变量是本文考察的另一个问题，即影响作物单产的因素中一些与气候相关的变量（如病虫害、土壤侵蚀程度等）可能被遗漏在模型之外。本文采用 Ramsey（1969）的 RESET 检验方法对回归模型设定形式进行误差检验，检验结果表明：误差项和异常值的正态分布假设以及线性假设通过了检验（$p > 0.20$），因此，本文可以认为该模型中没有遗漏重要解释变量。当然，本文使用超越对数生产函数模型并非能够圆满地解释气候变化对粮食作物单

① 本文判断气候变化状态的统计方法是计算气候变量偏离正常情况的距平，并用距平除以气候变量的标准差来衡量本文中气候的“变化”程度。参见魏凤英（2007）。

产的影响，不得不承认该模型的回归结果还存在许多有待改进的地方。比如，从结果看，气候因素并非对南玉米的单产有显著影响，这可能与样本数量和数据质量有很大关系。固定效应模型的回归结果如表2所示，根据回归结果得出生长期内各种气候变化距平对不同粮食作物单产的影响，如表2所示，春小麦生长期气候—单产模型中解释变量对其单产变化的解释力度最高，达到74.8%，其他模型中解释变量对粮食单产变化的解释力度也均在55.1%以上。

表2 作物生长期气候变化对粮食单产影响模型估计结果（1975~2008年）

自变量	小麦		玉米		水稻
	春小麦	冬小麦	南玉米	北玉米	一季稻
气温变化（TEM）	-0.051 (-1.18)	-0.015 (-0.68)	-0.031 (-1.52)	-0.066*** (-2.73)	-0.015 (-1.05)
降水变化（PRE）	-0.050*** (-2.15)	0.046** (2.21)	-0.016 (-0.93)	0.057** (2.24)	0.013 (0.98)
日照变化（SUN）	-0.001 (-0.06)	-0.027 (-1.18)	-0.005 (-0.26)	0.016 (0.61)	0.010 (0.72)
气温变化二次项（TEM^2）	-0.034* (-1.82)	-0.007 (-1.16)	0.006 (0.5)	-0.021** (-2.48)	-0.014** (-2.25)
降水变化二次项（PRE^2）	-0.014 (-1.32)	0.001 (0.32)	0.000 (0.04)	-0.022*** (-3.06)	-0.003 (-0.71)
日照变化二次项（SUN^2）	-0.012 (-1.42)	-0.001 (-0.15)	-0.008 (-0.99)	-0.027*** (-3.37)	-0.013** (-2.20)
劳动投入（Lnl）	1.966*** (4.53)	0.345 (0.90)	0.794 (1.44)	0.604** (2.36)	1.234*** (5.11)
化肥投入（LnF）	-0.237 (-0.75)	0.311 (0.95)	-0.191 (-0.29)	0.224 (0.49)	0.463 (1.58)
其他物质投入（LnOM）	1.328*** (3.00)	1.021** (2.13)	-0.010 (-0.02)	-0.295 (-0.82)	1.068*** (4.00)
劳动与化肥投入（Lnl×LnF）	0.228*** (4.02)	-0.071 (-1.26)	-0.125 (-1.27)	0.026 (0.56)	0.166*** (4.01)
劳动与其他物质投入（Lnl×LnOM）	0.013*** (2.82)	0.201** (2.05)	0.180** (2.2)	0.028 (0.72)	0.037 (1.00)
化肥与其他物质投入（LnF×LnOM）	0.186 (0.15)	-0.057 (-0.77)	-0.028 (-0.24)	-0.024 (-0.47)	0.260*** (5.07)
劳动投入二次项（$(Lnl)^2$）	-0.039 (-1.02)	0.071 (1.36)	-0.031 (-1.38)	-0.022 (-0.95)	0.029** (2.26)

续表

自变量	小麦		玉米		水稻
	春小麦	冬小麦	南玉米	北玉米	一季稻
化肥投入二次项（$(LnF)^2$）	-0.070** (-2.24)	0.026 (1.09)	-0.031 (-0.39)	0.024 (0.61)	-0.073*** (-2.90)
其他物质投入二次项（$(LnOM)^2$）	-0.001 (-0.05)	0.138** (2.14)	0.047 (0.98)	-0.000 (-0.01)	-0.046 (-1.28)
华中地区气温变化（TEM×CN）	0.196*** (3.44)	0.037 (1.39)	—	0.050* (1.89)	0.012 (0.67)
华中地区降水变化（PRE×CN）	0.064 (1.36)	-0.039 (-1.61)	—	-0.039 (-1.34)	-0.007 (-0.35)
华中地区日照变化（SUN×CN）	0.022 (0.62)	0.029 (1.03)	—	-0.003 (-0.09)	0.015 (0.80)
西北地区气温变化（TEM×NW）	0.261*** (5.76)	—	—	0.017 (0.53)	0.074** (2.58)
西北地区降水变化（PRE×NW）	0.099*** (2.82)	—	—	-0.052 (-1.56)	-0.027 (-1.04)
西北地区日照变化（SUN×NW）	0.050 (1.65)	—	—	0.034 (-1.01)	-0.010 (-0.38)
东北地区气温变化（TEM×NE）	0.105*** (2.47)	—	—	—	0.010 (0.40)
东北地区降水变化（PRE×NE）	-0.005 (-0.15)	—	—	—	-0.017 (-0.65)
东北地区日照变化（SUN×NE）	-0.054* (-1.89)	—	—	—	-0.004 (-0.16)
华南地区气温变化（TEM×SC）	—	0.011 (0.42)	—	—	—
华南地区降水变化（PRE×SC）	—	-0.048** (-1.98)	—	—	—
华南地区日照变化（SUN×SC）	—	0.053** (1.98)	—	—	—
时间趋势项	0.017*** (3.75)	0.007*** (2.75)	0.023*** (5.27)	0.029*** (11.75)	0.013*** (7.07)
常数项	-26.961*** (-2.72)	-3.930 (-0.72)	-41.720*** (-4.05)	-52.840*** (-9.03)	-15.537*** (-3.9)
调整 R^2	0.748	0.703	0.551	0.584	0.720
观测值数	232	436	206	443	528

注：①括号里的数字是 t 值；②***表示 1%显著性水平，**表示 5%显著性水平，*表示 10%显著性水平。

（二）生长期气候变化对粮食作物单产的影响

从表 2 的估计结果可以得出以下结论：

从气温变化来看，首先，作物生长期气温升高对所有粮食作物单产均具有负向影响，且对北玉米单产影响的显著性水平达到 1%。其次，气温变化二次项对春小麦、北玉米和一季稻单产均具有显著负向影响，这说明，气温变化对这几种粮食作物单产影响具有最大值，影响形式为倒 U 型曲线，这与人们通常认识的情况相符。此外，在地区层面可以看出，气温变化对华中地区、西北地区和东北地区春小麦单产具有显著的正向影响，同时，气温变化对华中地区北玉米单产和西北地区的一季稻单产具有显著的正向影响。

从降水变化来看，首先，作物生长期降水量增加对冬小麦、北玉米单产具有显著的正向影响，其中，对北玉米单产影响最大；相反，降水增加对春小麦单产则具有显著的负向影响。其次，考察降水变化二次项对各种粮食作物单产的影响程度，本文发现，降水变化二次项对北玉米单产具有显著的负向影响。此外，从地区层面看，降水增加对西北地区春小麦单产具有显著的正向影响，而对华南地区冬小麦单产具有显著的负向影响。

从日照变化看，作物生长期内平均日照时数变化的二次项对粮食作物产量具有负向影响，且对北玉米和一季稻单产影响显著。此外，从平均日照时数变化与各地区的交叉项可见，平均日照时数增加对东北地区春小麦单产具有显著的负向影响，而对华南地区冬小麦单产具有显著的正向影响。

（三）生长期气候变化对粮食作物单产的边际影响

本文使用 1975～2008 年面板数据和作物生长期气候因素标准差计算出气候变化对各地区不同作物单产的边际影响，如表 3 所示。

过去 34 年中，在其他因素不变的情况下，生长期气候变化对粮食作物单产的影响主要有以下三个方面：

第一，一季稻生长期内气温升高导致其单产在全国各地区普遍减少。从地区层面上看，月平均气温每升高 1℃，华中地区、西北地区、东北地区和华南地区一季稻单产分别减少 0.14%～0.26% 不等。春小麦生长期内气温升高导致其单产略微增加。从地区层面上看，月平均气温每升高 1℃，华中地区、西北地区、东北地区和华南地区春小麦单产分别增加大约 0.04%。而冬小麦生长期内气温升高导致其单产下降。从地区层面上看，月平均气温每升高 1℃，华中地区、西北地区和华南地区冬小麦单产下降 0.2%。北玉米生长期内气温升高导致其单产下降。从地区层面上看，月平均气温每升高 1℃，华中地区、西北地区北玉米单产下降 0.2% 左右，东北地区北玉米单产下降 0.1% 左右。

第二，春小麦生长期内降水量增加导致其单产微弱减少。从地区层面上看，月平均降水量每增加 10 毫米，华中地区、西北地区、东北地区和华南地区春小麦单产普遍减少 0.01%～0.02%。冬小麦生长期内降水量增加导致其单产增加。从地区层面上看，月平均降水量每增加 10 毫米，华中地区、西北地区和华南地区冬小麦单产普遍增加 0.05% 左右。北玉米生长期内降水量增加导致其单产减少。从地区层面上看，月平均降水量每增加 10 毫米，华中地区、西北地区和东北地区玉米单产普遍减少 0.04% 左右。

表 3 生长期气候变化对各地区粮食作物单产的边际影响

	气温				
	水稻	小麦		玉米	
	一季稻	春小麦	冬小麦	南玉米	北玉米
华中地区	-0.1844	0.0400	-0.2255	—	-0.2032
西北地区	-0.2622	0.0379	-0.1687	—	-0.2294
东北地区	-0.1389	0.0461	—	—	-0.1257
华南地区	-0.1676	0.0387	-0.2277	-0.0006	—
	降水				
	水稻	小麦		玉米	
	一季稻	春小麦	冬小麦	南玉米	北玉米
华中地区	-0.0011	-0.0145	0.0530	—	-0.0352
西北地区	-0.0022	-0.0137	0.0526	—	-0.0369
东北地区	-0.0006	-0.0136	—	—	-0.0385
华南地区	-0.0012	-0.0154	0.0520	-0.0002	—
	平均日照时数				
	水稻	小麦		玉米	
	一季稻	春小麦	冬小麦	南玉米	北玉米
华中地区	-0.0029	-0.0005	-0.0886	—	0.0245
西北地区	0.0047	-0.0006	-0.0313	—	0.0245
东北地区	0.0030	-0.0004	—	—	0.0339
华南地区	0.0037	-0.0004	0.0330	-0.0125	—

注：表中数值分别表示：月平均气温每升高 1℃单产增加的百分数，月平均降水每增加 10 毫米单产增加的百分数，月平均日照时数每增加 10 小时单产增加的百分数。

第三，一季稻生长期内日照增加对其单产的影响在不同地区有所不同。具体而言，月平均日照时数每增加 10 小时，华中地区一季稻单产下降 0.003%，而西北地区、东北地区和华南地区单产分别上升 0.003% ~0.005% 不等。冬小麦生长期内日照增加对其单产的影响在不同地区也有所不同。具体而言，月平均日照时数每增加 10 小时，华南地区冬小麦单产上升 0.03%，而华中地区和西北地区冬小麦单产则分别下降 0.09% 和 0.03% 左右。玉米生长期内日照增加对其单产的影响在不同地区同样有所不同。具体而言，月平均日照时数每增加 10 小时，华中地区、西北地区和东北地区北玉米单产普遍上升 0.03% 左右，而华南地区南玉米单产则下降 0.01%。

四、主要结论及政策启示

本文运用日照、气温、降水等方面的气候变化数据研究了作物生长期内气候变化因素对中国主要粮食作物水稻、小麦和玉米单产的影响情况，并在此基础之上，从地区层面更加细致地分析了各个地区气候变化对粮食作物单产的影响程度。本文得出的主要结论有以下三点：

第一，总体来看，作物生长期内气温升高对粮食作物单产的影响呈现倒 U 型曲线形式。气温升高使北玉米单产下降，同时，也使华中地区、西北地区、东北地区春小麦和华中地区北玉米单产上升。此外，气温升高对不同品种粮食单产的边际影响不同。气温升高对春小麦单产的边际影响为正，对一季稻、冬小麦和北玉米单产的边际影响却为负。

第二，总体看，作物生长期内降水量对不同地区、不同作物而言并非越多越好。降水量增加对冬小麦和北玉米单产的影响为正向，同时，对西北地区春小麦单产的影响也为正向，但对华南地区冬小麦单产的影响为负向。此外，作物生长期内降水量增加对各地区冬小麦单产的边际影响为正，而对各地区北玉米单产的边际影响为负。

第三，作物生长期内日照增加通过地区因素对粮食单产产生影响，而且，这种影响在不同品种粮食作物上表现出差异性。日照增加对华南地区冬小麦单产具有正向影响，但对东北地区春小麦单产具有负向影响。此外，平均日照时数增加对华中地区一季稻单产的边际影响为负，对西北地区、东北地区和华南地区一季稻单产的边际影响却为正；平均日照时数增加对华中地区和西北地区冬小麦单产的边际影响为负，而对华南地区冬小麦单产的边际影响为正。

由于中国主要粮食生产基地北移至水资源较缺乏的地区，因此，气候变化将通过水资源短缺对中国农业生产产生一定影响，据估计，未来气候变化将使 3500 万农民可能损失 50% 以上的收入①。根据本文研究结论，虽然中国全年平均日照时数总量、春夏季节平均温度和降水总量均对粮食作物增产有利，但是，气候因素具有时间和空间分布不均匀的特征，因而不能使粮食单产在全国范围内普遍增加，进而影响农民增加粮食作物播种面积的意愿，最终对中国粮食总产量产生影响。因此，根据全国光热资源空间分布格局充分利用各地区的光热资源，完善农业基础设施，尤其是农田水利设施，实行科学的田间管理方式，调节物质投入要素的数量和质量，将在一定程度上减少气候变化对粮食作物产量的负面影响。

① 数据来源：根据陈锡文在 2010 年 9 月 25 日在“第一届全国农林高校哲学社会科学发展论坛”上所做的特邀报告讲话整理。

参考文献

［1］You Liangzhi, Wood Stanley, Rosegrant Mark W., Fang Cheng. Impact of Global Warming on Chinese Wheat Productivity［J］. International Food Policy Research Institute, 2005（1）: 7-14.

［2］Pachauri R. K., Reisinger A. 气候变化 2007：综合报告［R］. IPCC，瑞士，日内瓦，2008.

［3］Mendelsohn R. Nordhaus, W. Shaw D. The Impacts of Global Warming on Agriculture［J］. A Ricardian Analysis, American Economic Review, 1994（84）: 753-711.

［4］Lin Tun, Liu Xiaoyun, Wan Guanghua, Xin, Xian, Zhang Yongsheng. Impact of Climate Change on the People's Republic of China's Grain Output——Regional and Crop Perspective［J］. ADB Economics Working Paper Series, 2011（1）: 7-74.

［5］USDA. Major World Crop Areas and Climatic Profiles［J］. Agricultural Handbook, 1996（664）: 7-14.

［6］丁一汇. 中国的气候变化与气候影响研究［M］. 北京：气象出版社，1996.

［7］高素华. 温室效应对气候和农业的影响［M］. 北京：气象出版社，1991.

［8］金之庆. 全球气候变化对中国粮食生产影响的模拟研究［D］. 北京：南京农业大学博士学位论文，1991.

［9］林而达，张厚宜，王京华. 全球气候变化对中国农业影响的模拟［M］. 北京：中国农业出版社，1997.

［10］魏凤英. 现代气候统计诊断与预测技术［M］. 北京：气象出版社，2007.

［11］熊伟. 气候变化对中国粮食生产影响的模拟研究［M］. 北京：气象出版社，2009.

［12］刘昌明，周长青，张士锋，王小莉. 小麦水分生产函数及其效益的研究［J］. 北京：地理研究，2005（1）.

［13］许吟隆. 全球气候变化对中国小麦生产的影响模拟研究［R］. 北京：九五攻关科技技术报告，1999.

湿地水资源保护实证研究*

王晓霞 吴 健

（中国人民大学环境学院环境经济与管理系，北京 100038）

【摘 要】中国的湿地保护正在普遍遭受水资源短缺的挑战，湿地保护区周边农业的竞争性用水，是导致湿地生态缺水的一个普遍原因。如何减少湿地周边的区外用水和提高区外用水效率以保护湿地水资源是本文的研究问题。文章进行了案例研究，展现了具有代表性的问题成因，筛选了潜在的政策方案，通过调查和访谈信息，分析了方案的可行性。研究结果显示，保护湿地水资源需要依赖多种政策方案的组合。政策建议的要点包括：中央和省级政府应调整完善相关法律法规，为生态用水权和生态用水量配额提供法律基础；努力实现经济政策与环境政策的协同；生态用水保护需要政府加大投入，建立资金保障机制，提高生态用水的竞争性；建立合理的湿地保护战略和保护优先序；水价政策仅可以作为辅助性政策。研究旨在为各级政府保护湿地提供政策建议。

【关键词】湿地水资源；生态用水；政策方案；农户调查

一、引言

根据2005年联合国千年生态系统评估（MA）的结论，湿地生态系统是现今全球退化、丧失最快的生态系统。以农业开发为目的的开垦或排水是全球范围内湿地丧失的一个主要原因。根据拉姆萨尔公约秘书处的估计，截至1985年，在全世界各地，北美和欧洲地区56% ~65%的湿地，亚洲27%的湿地，南美6%的湿地和非洲2%的湿地，因为周边

* 本文系东南亚经济和环境项目（Economy and Environment Program for Southeast Asia，EEPSEA）“Cost Effectiveness of Police Options to Reduce off - site Water Use for Sustainahle Wetland Conservation：A Case Study of Qixinghe Wetland in Sanjiang Plain，China”，以及亚洲开发银行（Asian Development Bank，ADB）三江湿地保护项目的研究成果，在此对EEPSEA和ADB的资金和项目支持表示感谢。

开展集约化农业生产而消失。1982～1992 年，美国每年平均仍有 31000 公顷湿地转化为农田（Claassen et al.，2001）。海拔 3500 米的青藏高原拥有广泛的泥炭地（5000 平方公里）湿地，是黄河和长江的源头。20 世纪 60 年代和 70 年代，发展畜牧业而修建的大型排水系统导致泥炭地面积急剧下降，继而退化、荒漠化和丧失补水能力（Hassan，Scholes and Ash，2005）。同样由于大规模的农业开发，1950～2005 年，中国三江平原的湿地面积惊人地缩减了 75%（李莹，2008）。

湿地排水进行农业开发和农用化学品对水质的影响是农业与湿地保护间冲突的主要形式。本文关注在湿地得到确认和保护后，周边农业对湿地实现合围带来的水资源挑战。湿地水资源的完整性和质量对于湿地保护具有重要的意义。保护湿地生态水量，为野生动植物提供栖息地，减少洪涝灾害，为人类提供优美的景观和心情愉悦的场所，这些是当前湿地保护的目标。

水量管理/控制（Water－level Manipulation/control）是保护湿地的措施之一。湿地的水量管理，根据湿地在流域中所处位置的不同，理论上可以在湿地（On－site）和/或湿地周边（Off－site）进行。在湿地进行的水量控制包括在进水处建立堤坝蓄水、在湿地出水处建设围堰、安装水闸和水泵等措施（Mitsch and Gosselink，2007）。但是，由于水资源的流域完整性，作为流域环节之一的湿地实施独善其身的水资源保护方案，政治可行性不强。在相关政策制定过程中，缺乏对水资源的了解和信息不完全导致湿地水资源保护失败，造成了大量的社会和经济损失（WRI，1998）。Brouwer，Georgiou 和 Turner（2003）指出，水资源保护失败的主要原因包括：①湿地水资源开放获取（Open－access）的资源属性（没有限制使用权的公共池塘资源）；②使用者外部性，造成水资源的过分利用和无限制使用；③政策干预失败，原因包括不同部门间的政策缺乏一致性。

当前，湿地保护与管理已经向多重目标管理方式转变，从传统上由单一部门主导（Single Dominated－agency）强调保护单一功能，如水质、生物多样性保护和防洪等，转变为关注整合的（Integrated）湿地功能和保护。流域保护方法重视水体、土地和湿地资源间的相互关联，可以针对湿地退化的挑战因素提出更全面的解决方案。协同式的流域管理方法（Collaborative Approaches）强调各种相关利益群体充分参与到流域管理之中，通过广泛的协商达成流域管理的一致意见，既可以是政府主导，也可以由政府和非政府相关利益群体共同开发（Sabatier et al.，2005），已经成为人们关注的流域管理方式。

本文的研究问题是湿地如何应对周边经济发展带来的保护湿地水资源的严峻挑战。这一问题在中国乃至世界的湿地保护中非常具有代表性。本文选取典型内陆沼泽型湿地，调查研究了湿地保护机构、水资源管理机构、环保部门、农业部门和农户等相关利益群体，分析了湿地保护与农业发展间的冲突，筛选了具有普遍性的中央、省级和地方三级政府可以采取的潜在的政策方案，进行了方案的可行性分析，以小见大，归纳提出了针对中国湿地的流域性保护政策建议。

二、案例背景

三江平原上有3个湿地保护区被拉姆萨尔公约列为国际重要湿地，保护三江湿地首先急需保护湿地水资源（Ma，zhong et al.，2007）。处于流域中下游的七星河国家级湿地自然保护区（以下简称七星河湿地）是三江地区典型的内陆沼泽湿地，水资源保护情况具有典型代表性，本文选取七星河湿地为实证研究地点。

由于周边经济不断发展，流域水资源竞争愈发激烈，生产、生活的竞争性用水快速增加，七星河湿地保护区出现水位下降、水域面积缩小，动植物资源和湿地生存受到威胁等情况。已经出现季节性水资源短缺，流域地下水埋深随着流域农业水田面积增加而降低。1997~2005年的流域地下水位平均降低4.5~7.0米。湿地年均生态需水量①为800万立方米（文继娟、刘正茂、夏广亮，2009）为什么会出现上述问题？如何解决问题？本文将从流域管理视角寻找答案。

与七星河湿地水资源存在明显竞争关系的区域为研究区域，包括七星河湿地及周边的农业区域，用水户包括宝清县农业用水户和国有农场，是耗水型的水稻种植的集中区域。图1显示了湿地保护区与周边竞争性用水户的地理位置关系，湿地被农田合围。

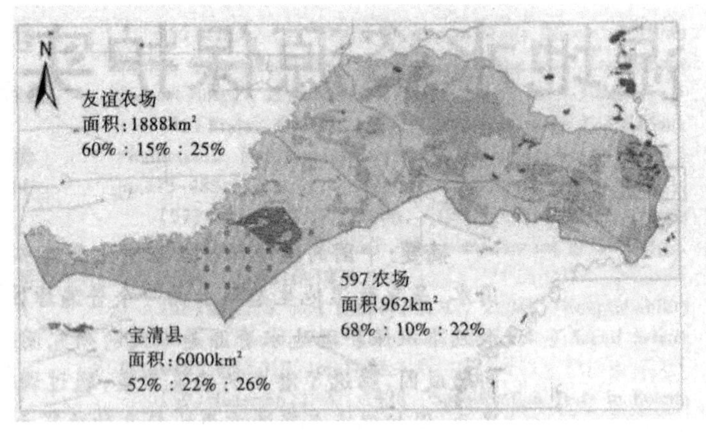

图1　七星河湿地保护区及周边主要用水户分布示意图

注：图中比例数字为所在区域的第一产业、第二产业和第三产业的产值比例。

① 生态用水和环境用水、生态需水、生态环境用水等是一组近义词（宋炳煌、杨劼，2003）。本文相关的课题研究中参考了大自然保护协会（TNC）对环境流量（Environmental Flows，EF）的定义，所指的生态用水是指维持水生态系统的要素、功能、过程和恢复能力所需的水流的水质、水量和时间，生态需水量指水生态系统全年所需的环境流量，强调最低流量水平。

研究对区域内的农业用水户采取随机抽样方式进行了入户调查，共在农户中发放问卷204份，回收有效问卷201份。调查研究了县级湿地保护机构、水资源管理机构、环保部门、农业部门、国有农场和农户等相关利益群体。入户调查数据和访谈信息能够帮助我们从微观视角分析湿地周边主要用水户的意识和用水行为，获取政策设计所需的相关信息。

三、筛选潜在的政策方案

研究建立了由问题出发的影响因素和相应策略的逻辑框架。政策方案设计的出发点是平衡环境保护、经济发展和社会民生的不同目标，要求方案同时满足多重目标，既有利于保护湿地水资源，也要避免对当地经济发展造成严重的负面影响，在经济上有效率，避免过高的政策实施成本。政治可行性是筛选原则之一，体现在方案充分重视地方政府推动经济发展的冲动和保护相关利益群体福利的责任，不纳入与中央政府和地方政府保护环境和发展经济的基本政策冲突的方案。潜在的政策方案如表1所示。

表1　筛选政策方案的逻辑框架

问题	导致问题的因素	策略	政策方案
湿地水域面积减少，水位下降，季节性断流现象加剧	流域上游水的流入量减少	保障湿地所在流域的水流补给	①在上游地区植树造林
	周边地区的过度竞争性用水挤占了湿地水资源	制定合理的水资源规划，合理配置生产、生活和生态用水	②在流域水资源规划中，厘清流域水资源量，保障湿地生态用水权
			③在年度水资源配置中，为湿地提供用水配额
		减少区外农业用水，提高农业用水效率	④限制农业开发规模
			⑤提高水价，改为按使用量收费
			⑥改造灌溉系统，提高水资源利用率，节省生产用水
			⑦放弃水稻种植，改种旱田作物
			⑧推广节水栽培技术
	整个流域的水下泻速度加快	增加存水能力	⑨修建新的存水设施，如小型蓄水库/池

资料来源：根据吴健、王晓霞等（2009）的“Cost Effetivenoss of Policy Options For Sustainable Wetland Conservation：A Case Study of Qixinghe Wetland，China ”材料修改。

备选方案涉及流域上、中、下游，政策类型相当丰富，包括植树造林的生态政策，水资源规划和配置的管制政策，平衡经济发展与环境资源保护的新型管制政策，以水价为代表的经济政策，以及改造灌溉系统、推广节水技术、修建蓄水设施的技术政策。

方案①是通过长期的生态政策，提高流域的水资源供给能力。方案的主要特点是执行周期长、投入大、跨行政区域和存在不确定性。不确定性主要体现为不能保证湿地保护区获得预期增加的水资源。

方案②和方案③是改进水资源规划及配置，加强科学研究，明确流域水资源供给的数量和年度变化，提供科学的水量计算基础，研究湿地需水量和季节变化，保障湿地生态用水的合法地位和水量，提供长期稳定的制度保障。

方案④是限制农业开发总体规模，限制农业用水总量。基于流域水资源供给数量，实现生态保护目标和经济目标间的平衡关系。方案落实需要环境政策与经济政策间取得一致。

方案⑤是适当提高水价并改农业灌溉水费收取方式由按亩收取为按方收取。水费/价改革是鼓励各种节水措施的基础。方案符合我国水费管理和水价改革的基本方向。

方案⑥是加强水利设施建设，改善灌溉系统。灌溉系统影响到水田种植中水资源使用的具体措施包括：渠系改造，提高输配水能力；渠系衬砌，提高输水效率，减少渗漏；安装量水设备和控制闸门，使按方计费成为可能。方案的直接目标是提高水资源的供给能力，间接目标是在满足供给的情况下，配合水价措施，使农民有更高的节水动机。农民、政府官员和专家三方一致认为，水利设施基础条件是任何水量管理或控制措施的基础。没有一个可靠的灌溉系统保证农业供水，则难以实施提高水价的方案。

方案⑦是改变种植结构和生产方式，水田改旱田，减少农业用水。当地农民一般都有水旱种植的经验和技术，受到市场价格波动的影响，水田改旱田经常发生，农民不排斥这一方案。但生产方式转变同时受到政策导向（鼓励水稻生产）和经济激励（水稻价格）等其他方面的影响。

方案⑧是提高节水能力，推广节水灌溉种植技术。政府提供节水技术培训，帮助农民实施科学的水层控制，节约水田生产用水。随着水资源稀缺性提高，农民已经开始关注和欢迎节水技术。

方案⑨是上游修建调蓄水库。拦蓄融雪期和汛期的多余水量，在缺水时供下游使用，实施洪水的资源化利用，补给保护区环境需水。受访的水利局和湿地管理局的官员均认为该方案在政策上是可行的，符合地方和单位利益。当地已经在这一流域完成了建设一个类似工程的规划草案。

上游地区植树造林的生态政策可以增加上游的水源涵养能力，长期看有利于增加流域水资源供给能力。但供给能力与湿地可获得水资源间缺乏必然的相关性，流域其他用水户可以获取相应的水资源增量。因此，本文排除了植树造林方案，围绕方案②~方案⑨进行讨论。

四、方案分析

（一）流域规划和水资源配置方案需要完善法律基础

流域水资源规划方案可以明确各类用水户权益，为生态用水提供长期的制度性保障。水资源规划继而关联到具体的水资源配置方案，配置涉及初始水权的基础配置，包括地区间、经济与公益用水间和行业间的水权配置。水资源规划和水量配置的改革措施都是由中央政府发起并主导。已有水资源规划中普遍缺失生态用水。2010 年底，国务院批复通过了水利部会同国务院八部委制定的《全国水资源综合规划》，其中，保障河湖基本生态环境用水已经得到重视。

我国的湿地水资源保护可依托的法律基础分散在水资源管理和湿地保护的法律法规体系中。从国家层面的水法和自然保护区管理条例，直至各省份及各地湿地保护条例，现状是均缺乏保护湿地生态用水的具有可操作性和可持续性的保障方案或政策。

2002 年的《水法》首次提出了保护生态用水的必要性，但没有明确规定采取何种措施，建立何种机制。因此，该法在实践中保护湿地生态用水的可操作性并不强。而其他制定于 20 世纪 80 年代和 90 年代的水资源相关法律（如《环境保护法》、《水土保持法》等）对生态用水的规定均是空白，不能提供保护的法律基础。我国尽管缺乏湿地保护法或条例，但已经颁布了多个省级湿地保护相关法规和条例，其中，黑龙江、宁夏、内蒙古、辽宁、湖南、甘肃在省级湿地保护条例中均对湿地水资源保护做出了规定（李书山，2009），明确地方政府对湿地水资源保护负首要责任，以不同表达方式提出了对水资源失去保障的湿地应采取补水措施或机制，并提出制定水资源规划时要兼顾湿地生态用水。这说明各省级政府已经在积极探索辖区内湿地水资源保障的措施，但保护手段比较单一，依赖工程技术性的应急补水，没有建立长期有效的保护机制。

另外，湿地生态用水的保护主体在现有法律制度体系下缺乏保护湿地水资源的能力。根据 1994 年颁布的《自然保护区管理条例》中对自然保护区管理机构的主要职责的规定，保护区管理机构依法有权保护区内资源，但无权干预或影响保护区外的各类活动。目前，各级的保护区管理条例都没有赋予湿地保护区管理局参与流域水资源管理的权力。由于湿地水资源往往具有流域完整性的特点，在区内就地保护的政策背景下，湿地保护机构并不具备保护湿地水资源的完全行政管理能力，难以实施有效的水资源保护。

因此，不论是湿地水资源本身，还是执行保护职能的机构，现有的法律法规对于我们实施有效的湿地水资源保护来说是不完备的，法律层面的调整势在必行。调整应体现几个方面的要点。

一是从法律上加强保护生态用水，明确生态用水的法律地位。相关调整包括，在

《水法》、《环境保护法》、《自然保护区条例》中明确保护生态用水，保护生态用水户的水权。

二是从流域水资源管理角度保障生态用水。包括流域水资源规划中包含生态用水，考虑生态用水配额；生态用水的保护代理机构参与流域水资源规划和配置。尝试以规划替代一次性、紧急性的补水机制。

三是法律修改中应考虑为保护生态用水提供经济激励。明确生态用水在各种用水中的优先序是一种进步，但保障生态用水需要提高生态用水与经济用水的竞争能力，这需要建立配套的经济补偿机制。可以考虑在法律制定中明确指出所需采取的行动和资金支持方式。

（二）水价方案的非独立性

提高资源价格是保护资源的一种主要经济政策手段。目前，中国已经将灌溉水价改革作为应对水资源短缺的主要政策工具之一。强调只有水价正确反映水资源的真实价值，才能够使用水者有激励采取节水行动。

我国农业灌溉水价长期偏低。有数据显示，2005 年大中型灌区农业平均水价 6.5 分/立方米，实际供水成本水价 17 分/立方米，农业平均水价仅为成本水价的 38%，平均水费实收率仅为 57.3%，实收水费只占成本的 22%（许学强、李华，2010）。农业水价改革、水费计收与农田水利建设方面存在的问题是热点问题。农民对于缴纳农业水费普遍有抵触心理，水管单位农业实收水费锐减，水资源短缺，矛盾有激化的趋势。

尽管提高水价方面的呼声日趋增多，但仍然存在两个主要方面的顾虑。首先是提高水价在节水方面的有效性。如果水价政策不能有效调整用水户行为，提高水价就不能实现节约水资源的政策目标。其次是提高水价增加了农业生产成本，对农产品产量和农民福利造成影响。尽管水价政策在政策议程中的重要性不断提高，但在农民对水价的敏感性，水价与农产品价格和产量，水价与农民收入的关系等重要方面，仍然十分缺乏严格的定量分析结论（Huang Qiuqiong et al.，2006）。

案例所在地地表水和地下水合计的实际水费标准很低，未按全国农业用水改革指导方针实现按方收费。地表水按亩收费，20 元/亩，与实际使用量无关。地下水部分，农村地区的井水不收水费，而农场的井水收费标准是 5 元/亩。即使如此，农村地区水费缴纳率仍然很低。受访者不交水费的主要原因是不满灌区服务质量差，供水得不到保证。农场水费包含在承包费里，统一收取，缴费率达到 100%。

根据预调查和访谈，研究人员调查了影响用水效率的原因，用主观赋值法①研究水价对农民用水行为的影响。

结果显示，不论在当地的农村还是农场地区，水价均不是影响农户用水效率的首要原

① 调查中要求受访者对原因根据重要性依次排序。分析中为各选项赋值，最重要原因赋 4 分，第二重要赋 3 分，第三重要赋 2 分，第四重要赋 1 分。得分越高说明重要性越大，分值的差距也表明重要性方面的差异。

因。排在第一、第二位的原因都被归结为灌溉设施不配套和土地自身的条件。132 个受访者评价了灌区的服务质量，对灌区供水服务质量持一定保留态度和明确反对态度的受访者合计达到 74.0%，高达 71.5% 的人认为急需改造现有的灌溉工程。相比之下，农场对水费的经济刺激相对敏感一些，而农村地区由于实际水费收缴率过低，对水价不敏感。

结合部门访谈的信息，研究人员发现提高当地用水效率需要以灌溉工程改造为前提，没有可靠的灌溉工程作为保障，提高输配水效率和安装量水设备，水价政策会因为难以落实而不能发挥调节用水行为的作用。

因此，尽管普遍认为水价政策是反映水资源稀缺性，改变用水行为的经济政策工具，但本文中显示目前还不具备条件将水价方案作为一个独立的政策选择发挥节水作用。其实施受到水利基础设施方面的硬件约束。农水工程的水资源供给存在普遍的不稳定性，供应数量和时间均难以满足农民的需求。另外，水价政策由于关系到增加农民生产成本和负担、粮食安全和农民收入等重大民生问题，政治敏感度很高，实践中的落实也举步维艰。综合这些因素，我们认为水价方案短期内不具有独立性，难以作为刺激农业节约用水的独立性政策方案，仅可以作为其他方案的配套措施，期待在较长时间内逐步发挥节水激励。

表 2　影响农村和农场用水效率的原因分析

农村地区			农场地区	
排序	影响用水效率的原因	得分	影响用水效率的原因	得分
1	灌溉渠系不配套，用水得不到保证，有水的时候就多往田里放点，无法实施节水	111	灌溉渠系不配套，用水得不到保证，有水的时候就多往田里放点，无法实施节水	153
2	田不保水	105	田不保水	142
3	不懂节水的农事操作技术，不会节水	64	经济上没有节水的动力	79
4	节水需要投入，要多花钱，多费力，种植户不愿意投入	57	不懂节水的农事操作技术，不会节水	68
5	经济上没有节水的动力	46	其他	63
6	其他	7	节水需要投入，要多花钱，多费力，种植户不愿意投入	50

(三) 限制农业发展方案要求环境政策和经济政策间的协同

限制农业发展方案的实质是取得经济发展与环境保护间的和谐，环境政策和经济政策各行其是最终导致失败。现实中出现了一边强调保护目标，实施保护政策，投入保护资金，另一边强调经济发展目标，实施经济发展政策，投入发展补贴，相互冲突抵消的糟糕局面。如何在生态敏感需要环境保护的区域内平衡经济发展与环境保护的关系，在全世界范围内都是巨大的挑战。这些区域迫切需要实现经济政策与环境政策的协同。

以三江平原地区为例，国家“十一五”规划（2006）的第二十章“推进形成主体功能区”的第三节“限制开发区域的发展方向”明确指出“东北三江平原湿地生态功能区：扩大保护范围，降低农业开发和城市建设强度，改善湿地环境”。但与此同时，三江平原作为中国的粮食主产区之一，承担着粮食生产、保障粮食安全的重大责任。三江平原的双重角色在政策层面表现为不一致的环境政策和经济政策。保护湿地、降低农业开发强度的环境政策停留在国家“十一五”规划的政策宣示层面，并没有落实到地方经济发展之中，各类农业发展目标和补贴政策完全无视国家“十一五”规划精神。地方政府既不清楚国家“十一五”规划中对三江平原湿地生态功能区的定位，更不清楚在地方层面如何实施此类限制经济发展的政策。

生态敏感区域承担了对中国甚至全世界的环境保护功能，意味着保护存在本地不能完全享受的正的外部性。如果不考虑生态补偿原则，相关区域难以具备牺牲经济发展以保护环境的动力。生态敏感地区限制经济开发规模的方案具备政治可行性，但如何控制经济发展水平，建立相应的生态补偿机制，为受影响的地区和群体提供补偿等是一系列复杂和相互关联的行动，生态敏感区限制经济发展的形式和水平需要人们更深入地去研究。因此，限制农业发展规模方案在原则和战略上是可行的，战术上则需要考虑具体的执行方案。

“大棒”和“胡萝卜”都是可供考虑的方案。大棒型政策是强制性地降低发展规模，限制开发区域和开发规模。例如，有选择性地发展经济产业，淘汰不适合环境要求的落后产业，以某一时点为界，对此以后的经济活动进行限制，根据资源承受能力确定经济总量。“胡萝卜”政策是以奖代压，提供激励控制经济规模或促进经济转型。例如，通过政府投入实施土壤保护、农田轮休、湿地恢复等环境计划，鼓励农民基于经济激励参与湿地保护。

笔者建议以三江平原为代表的与当地农业发展存在比较尖锐冲突的我国内陆湿地地区，政府采取“胡萝卜”政策，首先解决农业政策与环境政策间的不一致。支持农业生产和提高收入的农业补贴政策转向 WTO 允许的绿箱政策。以美国为例，1990 年的农业法案（Farm Bill，又被称为“Swampbuster program”）要求，希望获得农业补贴的农民必须参加土壤保护计划和湿地保护计划。据估计，Swampbuster 计划避免了 150 万 ~ 330 万公顷湿地转变为农田（Claassen et al.，2001）。农业政策的调整引导农民出于自身经济利益的考虑，主动参加相关湿地保护行动。结果显示，农业政策与环境政策协同一致在保护湿地转变为耕地的过程中发挥了重要作用。与 20 世纪 50 年代和 60 年代相比，1982 ~ 1992 年，美国湿地转变为农田的速度快速下降（Claassen et al.，2001）。我国的农业政策也应愈加重视环境问题。农业收入支持计划在支持农业收入的政策目标之外，应将环境表现纳入政策目标之中，如保护湿地面积、水质、空气质量、野生动物栖息地和避免营养物质流失。对存在农业与湿地保护冲突的区域，研究农业发展的适宜规模，对超出规模的农田，取消农业生产优惠补贴和条件。考虑到超出规模的生产由于生产条件约束，边际效益低，补贴取消可能会打击农民退湿还耕的生产热情。

（四）鼓励农业种植结构调整方案需要提供经济补偿

当地农民一般具有水旱种植的经验和技术，湿地周边土地积温低，不适宜开展水稻种植，加上市场价格波动的影响，水田改旱田经常发生，该方案具备基本的可行性。农民并不排斥这一方案。但是生产方式转变同时受到政策导向（鼓励水稻生产）和经济激励（水稻价格）等其他方面的显著影响。

研究人员采用 1996 ~ 2007 年《中国农村统计年鉴》中提供的水稻、玉米和大豆的净收益数据，计算了 12 年平均值，结果显示，水稻每公顷净收益最高，达到 2626 元，分别是玉米净收益的 174.8% 和大豆净收益的 161.3%。可以预见的是，如果水稻净收益持续明显高于玉米和大豆，鼓励农户由水稻转向旱田作物，需要提供有竞争力的补贴激励。

调查还显示，经济效益优势（价格稳定、逐年升高）确实是农民选择水田生产决策的重要因素，其他因素还包括自然条件和政策指向。相比于农村生产者，水稻开发规模更大的农场地区对政策和经济效益反应更迅速，水稻种植的计划指令要求是农场种植户首要考虑的原因。结果如表 3 所示。

表 3　影响种植水稻的原因分析*

农村地区			农场地区		
排序	激励种植水稻的原因	得分	排序	激励种植水稻的原因	得分
1	土地适宜种	128	1	农场种植计划或指导意见	194
2	水资源条件	60	2	经济效益好	155
3	自然风险低，产量有保障	53	3	土地适宜种	138
4	经济效益好，价格稳定	45	4	有种植习惯或能力	130

注：N = 199；* 预调查识别了影响农村和农场开发水田种植水稻的诸多因素。调查中要求受访者对影响因素根据重要性依次排序。分析中为各选项赋值，最重要原因赋 4 分，第二重要赋 3 分，第二重要赋 2 分，第四重要赋 1 分。得分越高说明重要性越大，分值的差距表明重要性方面的差异。

鼓励水稻开发的政策和水稻价格提升都是增加三江湿地水资源压力的刺激因素。随着国家鼓励水稻种植政策和水稻价格不断提高，整个三江平原尽管已经遭遇水资源问题，但水稻生产规模仍不断扩大。以管窥豹，由于对象往往具备强烈的经济动机，鼓励农业生产结构由水田转为旱田方案即使具备了政治可行性，如果缺乏补偿的配套政策，也必然受到生产者的抵制，难以落实。实施方案所需的经济补贴的来源也是焦点问题。即使某些湿地具有很高的生态价值，该方案得到实施，但方案持续执行的压力会随水稻价格的增加而不断加大。方案保护湿地生态用水的稳定性并不高。

（五）地方一级技术方案需要配套措施

方案⑥ ~ 方案⑨为地方一级政府可采取的技术方案，方案⑤（水价方案）为辅助性的经济方案。研究人员针对这5种农民易于理解、不涉及复杂的管理体制安排的节水方案进行了入户调查，以了解农民的偏好。研究中采取了两种方法，一是调查农户对方案的基本态度；二是提供各种方案的详细信息，采取赋值法①调查是最受农户欢迎的方案。调查的目的是要发现农户在得到不同方案的详细信息进行比较的情况下，对方案的真实偏好。因此，各方案的得分是比农户所持赞成、反对或不好说态度更重要的结果。表4显示了农户对节水方案的偏好。

表4 受访者对节水方案的偏好

排序	方案	得分	赞成（%）	不好说（%）	反对（%）
1	上游修建调蓄水库	221	87.4	4.5	8.0
2	改造灌溉工程	111	82.9	8.0	9.0
3	放弃水稻种植，改种旱田作物	59	48.7	14.6	36.7
4	推广节水灌溉技术	49	86.9	5.5	7.5
5	水费改为按方收费	41	62.1	13.1	24.7

注：N＝199。

除改种旱田作物的方案的赞成比例少于50%以外，其他4个方案均是赞成大于反对。改造灌溉工程和在七星河上游修建调蓄水库两个方案的赞成者均占总人数80%以上。推广节水灌溉技术也得到受访者的高度认可。

根据受访者最欢迎的两个方案得分分析，上游修建调蓄水库和改造灌溉工程得分名列第一和第二。特别是上游修建调蓄水库，结存雨季丰沛的水资源的方案得分远远高于其他方案。

结果说明，农户偏好提高水资源供给，而非以节水为直接目标的方案。结合访谈信息可以发现，湿地周边主要用水户确实存在强烈的生产动机，有效节水动机严重不足。从某种意义上说，单纯增加水资源供给以保障湿地用水的方案很可能转变为刺激湿地周边农业生产规模继续增加的最坏结果。提高水资源供给的工程性技术方案十分需要配套措施，如合理制定落实农业生产用水配额，农业政策与环境政策协同控制生产规模。

（六）关注水资源分配的竞争性

各种保障方案的本质，不论是增加水资源供给，还是节约其他用途用水，决定方案有效性的关键因素是湿地能否获得这部分增量或余量水资源。如果湿地不能得到新增或节约的水资源，所有的保障方案都失去了初始的政策目标。

在水资源稀缺的背景下，保障湿地水资源意味着湿地必须和其他用水户争夺有限的水资源，生产用水带来的是经济效益，生活用水满足的是基本社会需求，湿地生态用水的竞

① 最优方案赋予2分，次优方案赋予1分。目的是比较农户的方案优先序。

争性何在？我们能够保证湿地得到免费的水资源吗？仅仅依靠法律和规划很有可能沦为空谈。毕竟水资源的特性是流域完整，尽管国务院要求“协调好生活、生产和生态环境用水，保障河湖基本生态环境用水（水利部，2010）”，如何在实践中落实成了大问题。或者依靠有力的行政管制能力，通过修订法律，严格执行法律，保障湿地生态用水配额。但水资源排他性享用的成本很高，特别是在水利基础设施条件薄弱的农村地区，不论是地方政府的行政意愿还是水资源输送的技术条件，都说明严格管制的落实可能性基本不存在。另外一个途径是提供经济激励保障湿地得到水资源。通过政策设计，提高湿地用水的竞争性。可供考虑的机制，如政府支付生态补偿资金用于湿地向流域购水，建立湿地向周边或流域供水的收费机制。资金可以用于湿地紧急补水，或者是常年性的湿地购水。现有的最大的国家保护湿地筹资机制“湿地保护行动计划”并没有考虑到湿地的水资源保护需求。建议在湿地保护资金中，设立专项预算，使湿地成为一个有竞争力的用水户，建立资金机制帮助湿地保护区获得稳定的水资源。

加大资金投入提高湿地用水竞争性的可持续性是值得怀疑的。根本问题是随着水资源稀缺性的不断加剧，不论是工业、农业还是居民用水的水资源价值不断提高，公益性湿地用水补偿资金的压力有可能持续放大。这需要我们反思合理的湿地保护战略和目标。重点保障生态价值高的湿地，避免保护目标与保护资金和保护能力脱节。

（七）农户节水意愿不足，节水能力欠缺

总体上，案例研究中湿地周边社区居民了解湿地自然保护区的存在，认识到其对周边社区存在影响，正面影响如湿地可为生产提供水源、调节小气候等，负面影响主要是湿地中的野鸭吃粮食，影响部分作物产量。绝大部分人对湿地的水资源状况并不漠视。47.8%的受访者意识到与过去相比，近几年湿地缺水。超过 50% 的社区居民有保护湿地水资源的意愿。认为有必要节水的受访者居多，占 60.8%。但也有 31.29% 的受访者认为没有必要节水，现在的生产方式没有故意浪费水，水资源使用效率不高是客观原因造成的，如田不保水、灌溉系统不健全等。

尽管多数受访者曾经想过要节水，但接受过节水培训和采取过节水技术的受访者比例仅为 10.4%，没有接受过相关培训和不掌握相关技术的人占绝大多数，达到 72.9%，说明在节水意愿转化成节水行为方面仍有十分明显的差距，节水行为的群众基础相当薄弱。

五、政策含义

综上所述，应对湿地水资源短缺带来的湿地保护的普遍挑战，制度层面、经济刺激、相关利益者的意愿和行动能力各个方面都存在诸多问题。我们对短期内改善湿地水资源问题并不乐观。湿地缺水的实质是所在流域经济发展与环境保护间的冲突，理论上虽然存在

降低周边地区经济发展强度，或协调经济发展与环境保护关系的可能，但实践层面挑战重重。对于中国普遍存在的湿地保护区水资源保障问题，我们建议采取配套的组合方案。

一是中央和省级政府完善法律、法规，明确生态用水的法律地位。在《水法》、《环境保护法》、《自然保护区条例》中做出调整，明确保护生态用水，保护生态用水户的水权。保障流域水资源配置中的生态用水，分配生态用水配额；生态用水的保护代理机构参与流域水资源规划和配置。省级政府还需要做出适当的制度安排，使代表湿地利益的保护机构可以参与到流域水资源管理决策过程中。有条件的地方可以探索协同式流域管理。

二是探索经济政策与环境政策的协同一致。特别要重视农业政策、工业政策与环境政策协同。加大政府保护资金投入或转变资金使用方式，如农业方面设立土壤保护、土地轮休和湿地恢复等项目，项目与环境保护目标挂钩，通过补贴刺激用水户主动为公众利益降低生产强度。

三是重视湿地用水在流域范围内的竞争性，为保护湿地生态用水提供经济激励。对应不同级别的湿地保护区，我们建议中央、省级和地方政府在湿地保护资金中，设立水资源专项预算，提高湿地用水的竞争性，使湿地成为一个有竞争力的用水户，建立资金机制获得稳定的水资源保障。在资金有限的前提下，确定湿地保障优先序。要根据资金可得性，设定合理的保障目标和保障范围。要保的就一定要保护好。

四是地方基层政府也需要采取行动，落实中央和省级政府要求，根据地方情况，因地制宜采取节水保护行动。如地方政府以节水为目标，越快越好地改造湿地周边地区的灌溉系统；向农民提供节水培训，持续促进节水技术的推广；加快水价改革和灌区管理系统改革。改造灌溉系统和节水种植技术推广应与灌溉管理改革和水价政策改革同步进行，互相加快和促进。逐步推进农业水价改革，激励农民在水价上涨后采取集体节水行动。

在完善法律基础、调和政策冲突、提高保护投入等之后，借鉴协同式的流域管理方法，推进流域管理中的利益群体的代表性和参与性，促进流域协商达成管理的一致意见，提高管理的公信力，避免在复杂的矛盾没有消化的前提下推行强制性管制政策。

参考文献

[1] 李书山．三江平原湿地生态用水保障机制研究［D］．中国人民大学硕士学位论文，2009.

[2] 李莹．三江平原湿地从 1950～2005 年的动态变化［J］．中国国家地理，2008（2）．

[3] 水利部：国务院批复．全国水资源综合规划［EB/OL］．http：//www.gov.cn/gzdt/2010－11125/content_ 1753339.htm，2011－04－01.

[4] 宋炳煌，杨前．关于生态用水研究的讨论［J］．自然资源学报，2003，18（5）．

[5] 文继娟，刘正茂，夏广亮．七星河流域水资源开发利用现状报告［R］．亚洲开发银行三江平原湿地保护项目内部报告，2009.

[6] 许学强，李华．试论新形势下农业水价改革［J］．中国水利学会 2010 学术年会论文集（下册）［C］．2010.

[7] Brouwer R. Georgiou S.，R. K. Turner. Integrated Assessment and Sustainable Water and Wetland Management. A Review of Concepts and Methods［J］. lntegrated Assessment，2003，4（3）：172.

[8] Claassen Roger, Hansen LeRoy, Peters Mark, Breneman Vince, Weinberg Marca, Cattaneo, Andrea, Feather, Peter, Gadsby Dwight, Hellerstein Daniel, Hopkins Jeff, Johnston Paul, Morehart Mitch, Mark Smith. Agri – Environmental Policy at the Crossroads: Guideposts on a Changing Landscape [J]. Economic Research Service/USDA, 2011 (7).

[9] Mitsch William J., James G. Gosselink. Wetlands (Fourth Edition) [M]. New York: Wiley & Sons, Inc. 2007.

[10] Hassan Rashid M., Scholes Robert, Neville Ash. Ecosystems and Human Well – Being Volume I: Current State and Trends. Findings of the Condition and TrendsWorking Group of the Millennium Ecosystem Assessment [M]. Island Press, 2005.

[11] Huang Qiuqiong, Rozelle Scott, Howitt Richard, Wang Jinxia, Jikun Huang. Irrigation Water Pricing Policy in China [J]. IAAE Preconference, Water/China Joint Session. Gold Coast, Australia, 2006 (12): 2 –4.

[12] Ma Zhong. Inception Report of Sanjiang Wetland Protection Project Funded by ADB (Asian Development Bank) [C]. Harbin China, 2007.

[13] Sabatier P. A., Will Focht, Lubell, Mark, Trachtenberg Zev, Vedlitz Arnold, Marty Matlock. Collaborative Approaches to Watershed Management. Chapter 1 in Swimming Upstream: Collaborative Approaches to Watershed Management [M]. MIT Press, 2005.

[14] World Resource Institute. World Resources1998 – 1999 [M]. Oxford University Press, 1998.

[15] Wu Jian, Wang Xiaoxia, Niu Kunyu, Li Shushan. Cost Effectiveness of Policy Options For Sustainable Wetland Conservation: A Case Study of Qixinghe Wetland, China [J]. Economy and Environment Program for Southeast Asia, 2009 (6): 21 –22.

环境库兹涅茨曲线的中国“拐点”：基于分省数据的实证分析*

宋马林[1]　王舒鸿[2]
（1. 安徽财经大学统计与应用数学学院，蚌埠　233030；
2. 南开大学经济学院，天津　300071）

【摘　要】本文利用环境库兹涅茨曲线验证中国各地区环境改善的时间路径。结果表明，上海、北京等省市已达到库兹涅茨拐点；而辽宁、安徽等省市则不存在库兹涅茨曲线。同时，大多数省份在1~6年内均可达到。因此，利用政策措施来改变和提前这些省份的库兹涅茨曲线拐点的到来时间，是非常必要的。

【关键词】环境库兹涅茨曲线；拐点；废气排放

一、引言

近年来，人们开始关注环境库兹涅茨曲线（EKC）的中国“拐点”，希望中国经济发展到一定程度后，会自动出现碳排放下降的现象，即出现所谓的倒U型曲线。但是，在中国经济增长过程中，企业是否能够在发展自身的同时，更加注重环境的保护，环境库兹涅茨曲线的拐点是否会在中国出现，它何时到来，中国地方政府是否需要通过一系列政策的设定来影响拐点，这些都是值得关注的。

许多发达国家的经验教训表明，在它们工业化的初始阶段，出现环境恶化的现象；而当这些国家的经济发展水平达到一定程度之后，又会出现环境得以改善的现象。对于这种现象，许多研究者采用环境库兹涅茨曲线进行分析。Panyotou（2000）采用17个OECD

* 本文为教育部人文社会科学研究青年基金项目（10YJC630208）、安徽高等学校省级自然科学研究重点项目（KJ2011A001）、安徽省哲社规划项目（AHSK07－08025；AHSKF09－10D116；AHSK09－10014）的阶段性成果。

国家时间跨度长达 124 年的经验数据进行实证分析，结果表明，二氧化碳的排放收入弹性在 0.4 ~2 时，会呈现一种下降趋势。还有一些学者将发达国家与发展中国家（如中国）进行对比，得出发达国家存在环境库兹涅茨曲线，而中国不存在的结论（赵细康等，2005），许广月等（2010）认为我国东部、中部地区服从库兹涅茨曲线，而西部地区不存在此曲线。本文认为，由于中国地域广大，各地区政治、经济和文化特点的不同，使得我们必须进行更加细化的区分，这样才能更好地揭示经济现象内在的规律。

在研究方法方面，目前大多数学者采用线性回归模型，这种分析方法容易产生自回归特定，且估计结果也不准确。基于这种考虑，许广月等（2010）运用面板数据的方法，以及林伯强等（2009）运用 STIRPA 模型，将影响二氧化碳的因素进行了分解，并预测库兹涅茨拐点到来的时间和路径。这些方法是对线性回归方法的一种改进。

目前已有的研究大多是在中国存在库兹涅茨曲线假定条件下进行的分析。如果中国不存在库兹涅茨曲线，那么，这些方法得到的结论就未必可信。因此，本文认为，首先需要验证中国各地区库兹涅茨曲线的存在性，然后才能计算中国各地区的库兹涅茨曲线拐点的时间和路径。

二、分省数据

考虑到废气的排放直接作用于大气环境中，从而对环境造成影响，而废水和废固由于流动性和扩散性不强，且由于环境自身的净化能力能够吸收部分废水和废固，所以对环境的影响较难定量估计。另外，废气污染是很多工业品的副产品，排放量远远高于废水和废固的排放，且数据易于得到。因此，本文采用工业废气排放量作为环境污染指标。在中国，自 1978 年改革开放以来，经济得到快速增长，居民收入水平也逐年增长，但是环境污染也与日俱增。从各地区废气排放量的对比看，2009 年和 1993 年相比，各省区废气排放所占全国的比例结构发生很大变化，逐渐从西部、中部地区向东部地区转移。定义 δ 统计量来衡量各省区废气排放的结构变化，且：

$$\delta = \frac{x_{it}}{\sum_N x_{it}} - \frac{x_{i0}}{\sum_N x_{t0}} \tag{1}$$

式中，x_{it}表示 t 时期第 i 个地区的废气排放。如果 $\delta > 0$，则说明该地区污染程度加深。根据式（1）的定义，得到 1993 ~2009 年各地区污染程度变化（见表 1）。

表 1　1993 ~2009 年各省区的污染变化

地区	污染变化	地区	污染变化	地区	污染变化
辽宁	0.0379	广西	0.0051	河北	-0.0066

续表

地区	污染变化	地区	污染变化	地区	污染变化
江苏	0.0211	云南	0.0039	甘肃	-0.0104
安徽	0.0175	天津	0.0027	吉林	-0.0139
陕西	0.0151	河南	0.0023	湖北	-0.0146
湖南	0.0133	宁夏	0.0022	上海	-0.0170
内蒙古	0.0123	海南	0.0017	贵州	-0.0172
山西	0.0092	江西	0.0008	四川	-0.0178
浙江	0.0086	福建	0.0001	广东	-0.0191
山东	0.0078	西藏	-0.0001	北京	-0.0212
青海	0.0054	新疆	-0.0013	黑龙江	-0.0279

资料来源：根据式（1）计算得到。

三、环境库兹涅茨曲线的拐点

如果环境库兹涅茨曲线的拐点在中国不存在，且不考虑政府干预，则随着收入的增加，污染物的排放也会随之增加，环境将持续受到破坏，人们的生活质量得不到保障。另外，如果将中国作为一个整体来看，库兹涅茨曲线可能并不显著，而如果分区域进行分析，结论就可能未必如此。所以基于这点考虑，本文认为，环境库兹涅茨曲线只存在于中国的部分区域中。根据 Copeland 和 Taylor（2001）的方法，设间接效用函数为：

$$v = c_1 - c_2 e^{-R/\delta} - \gamma Z \tag{2}$$

式中，R 表示实际收入，c_1，c_2，γ 和 δ 为常数，且均大于 0，Z 为污染排放量。且假定污染排放的边际负效用恒定不变，且仅限于一种商品模型进行分析，这样就可以消除结构性效应的影响。基于此，国民收入函数表示为：

$$I = \rho\lambda Z^{\alpha} F(K,\ L)^{1-\alpha} \tag{3}$$

式中，λ 为转换系数，ρ 为商品价格，F（K，L）为生产函数，α 为常数。污染排放边际产品值就是逆污染排放需求，即：

$$\tau^D = \alpha\rho\lambda Z^{\alpha-1} F(K,\ L)^{1-\alpha} = \frac{\alpha}{2} I \tag{4}$$

污染排放供给由效用函数得到：

$$\tau^S = -\frac{v_Z}{v_I} = \frac{\gamma\beta(\rho)\delta}{c_2} e^{R/\delta} \tag{5}$$

通过供需函数，得到环境库兹涅茨曲线的表达式：

$$Z = \frac{\alpha c_2}{\gamma\delta} R \times e^{-R/\delta} \tag{6}$$

对环境污染 Z 求导，得到：

$$\frac{dZ}{dR} = \frac{\alpha c_2}{\gamma\delta}\left(e^{-R/\delta} - \frac{1}{\delta}R \times e^{-R/\delta}\right) = \frac{(\delta - R)Z}{R\delta} \tag{7}$$

得到环境污染的拐点为 $R = \delta$，当经济增长至 δ 水平时，环境污染能够得到缓解，人们开始逐渐重视环境，且环境的改善能够给人们带来的效用等于经济收益的效用。当收入水平逐渐增加，环境的效用开始凸显，此时污染水平开始下降。可以看出，它是个收敛函数，且其值均大于零，如果 n 个正的收敛函数相加，得到的函数也应该是收敛的。因此，在对中国的现实情况进行分析时，如果环境库兹涅茨曲线在每个省区均存在，那么得到的结论应该是中国存在环境库兹涅茨曲线。如果不是这样，就说明库兹涅茨曲线并不是在每个省区均存在，而是只在部分省区存在。

为验证上述论断，本文选取上海和北京两个具有典型意义的直辖市进行分析。如果这两个直辖市均不存在库兹涅茨曲线，则说明在中国不存在环境库兹涅茨曲线，随着经济的增长，环境将不会自动得到改善。考虑到数据的可得性，并与本文第二部分衔接，故此处选取上海市和北京市 1993 ~2009 年工业废气排放量与 GDP 不变价数据。数据来源为各年的《北京统计年鉴》和《上海统计年鉴》，限于篇幅，此处不再列出。按照式（2）得到的结论，运用 Matlah7. 0 编程进行库兹涅茨拟合，得到上海市及北京市库兹涅茨曲线如图 1 和图 2 所示。从图中可以很明显地看到，北京和上海已经达到库兹涅夜曲线的拐点，并正开始向改善环境的方向发展。因此，不能得到中国不存在环境库兹涅茨曲线的结论。

进一步地，为验证环境库兹涅茨曲线是否只存在于中国的部分区域中，本文用反证法进行验证。先假定所有地区均存在环境库兹涅茨峰值，那么我们可以利用上文的方法对各个峰值进行验证，如果峰值水平与实际情况相差太远，说明此地区库兹涅茨函数发散，则不存在库兹涅茨曲线，命题证伪。数据来源根据中国各省区的《统计年鉴》以及《中国能源年鉴》各期整理得到。由于重庆于 1997 年才成立，为了便于数据的处理，对于 1997 年之后的数据，采用四川与重庆数据之和作为四川数据。

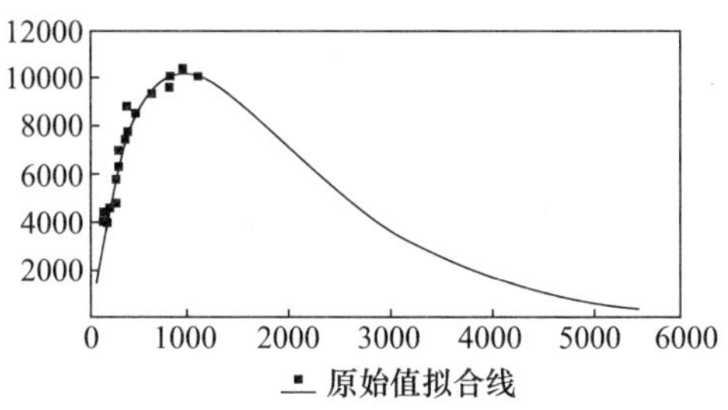

图 1　上海地区库兹涅茨曲线

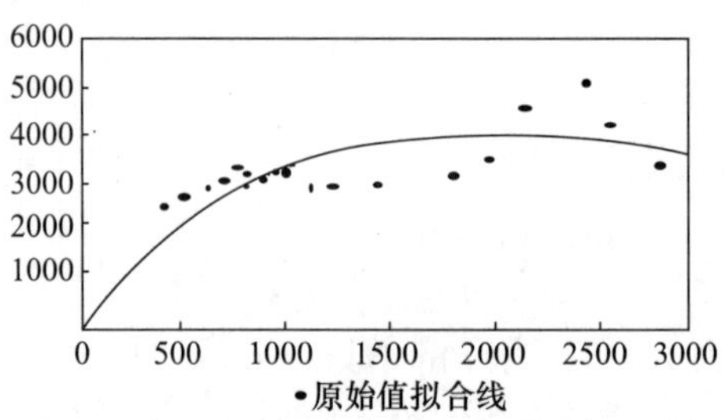

图2　北京地区库兹涅茨曲线

表2　中国各省区的拐点值

地区	拐点	地区	拐点	地区	拐点
北京	6635.27	浙江	62703.7	海南	2.52×10^{10}
天津	10499.04	安徽	1.74×10^{9}	四川	32548.59
河北	88160.15	福建	5.04×10^{9}	贵州	3735.55
山西	19942.41	江西	189247.6	云南	172332.1
内蒙古	14014.99	山东	91818.18	西藏	-1.5×10^{8}
辽宁	3.23×10^{11}	河南	33968.52	陕西	684298.8
吉林	6820.62	湖北	22344.56	甘肃	4190.99
黑龙江	10714.85	湖南	27818.58	青海	9.72×10^{12}
上海	14619.45	广东	63306.88	宁夏	2926.7
江苏	55445.3	广西	13490.31	新疆	27839.58

资料来源：运用Matlab7.0编程得到。

在表2的中国各省区的拐点值中，辽宁、安徽、福建、海南和青海的拐点数值非常巨大，可以认为这5个省份不存在库兹涅茨曲线，经济的发展并不能自动地给环境带来有效的改观，还需要各地区政府通过协调，制定相应的法律法规而确保环境得到有效的保护；而西藏的拐点值为负，这可能是由于西藏的特殊情况造成的；除了上文讨论的北京和上海，贵州和吉林的拐点均已达到，说明这4个省市随着经济的发展，环境正在逐步地改善。剔除了不存在库兹涅茨曲线的5个省市与已经达到拐点的4个省市，对剩下的20个省区进行分析，计算出这些省市达到拐点所需要的时间。设：

$$\delta = R\times(1+\phi)^{n} \tag{8}$$

式中，R为当期GDP，ϕ为平均增长率，n为年数，则：

$$n = \ln\frac{\delta}{R}/\ln(1+\phi) \tag{9}$$

依据式（5）可以计算出各省区达到拐点所需的时间（见表3）。

表 3　各省区平均增长率及达到拐点所需的年数

省份	平均增长率	所需年份	省份	平均增长率	所需年份
陕西	0.1690	28.3516	广西	0.1446	4.0944
云南	0.1381	25.7481	湖北	0.1480	3.9462
江西	0.1589	21.7502	河南	0.1663	3.6150
新疆	0.1428	14.0366	四川	0.1376	3.5182
河北	0.1562	11.2480	江苏	0.1649	3.1170
山西	0.1579	6.8003	广东	0.1695	3.0158
浙江	0.1683	6.4518	天津	0.1795	2.0201
山东	0.1692	6.3749	内蒙古	0.1992	2.0033
湖南	0.1563	5.2060	黑龙江	0.1307	1.8024
宁夏	0.1741	4.8064	甘肃	0.1480	1.5420

资料来源：根据公式（9）计算得到。

可见，陕西、云南、江西、新疆和河北均需要 10 年以上才能达到库兹涅茨拐点的水平，而大部分省市则分别需要 1 ~7 年的时间。在未来一段时期内，中国经济的增长与环境之间的矛盾将加剧，虽然大部分省份在未来 1 ~6 年内能够达到库兹涅茨拐点，但届时中国的环境极有可能无法承受。所以利用政策措施来改变和提前库兹涅茨曲线拐点的到来时间是必要的。

四、基本结论

本文利用 Copeland 的模型，验证中国 30 个省份的环境库兹涅茨曲线的存在性。从实证结果可以看出，辽宁、安徽、福建、海南和青海不存在环境库兹涅茨曲线；而上海、贵州、西藏、吉林和北京则已越过了拐点，随着经济的发展，环境将继续得到有效的改善。如果落后省区能够有效落实清洁能源政策，并积极引导使用可再生、低污染的能源，因地制宜地逐步改善能源消费结构，就会相应降低工业废气的排放。

需要说明的是，对于 Copeland 模型本身，由于只用国民收入来解释环境污染，所得到的库兹涅茨曲线只能够描述过去的排放状态，对于将来的排放拐点到来的时间路径的预测可能并不是绝对精确的。而且，由于存在众多扰动因素未考虑，且不同的产业结构和能源结构必将导致不同的排放。如何构建更加适宜的模型，将这些因素综合考虑进去，这是笔者下一步需要深入研究的问题。

参考文献

［1］Panayotou，T.，A. Peterson，J. Sachs. Is the environmental Kuznet. curve driven by structural change? Whal extended time series may imply for developing countries［C］. CAER II Discussion Paper，2000.

［2］Werner Antweiler，Brian R. Copeland. M. Scott Taylor. Is free trade good for the environment［J］. The American Economic Review，2001（9）：7－14.

［3］林伯强，蒋丝均．中国二氧化碳的环境库兹涅茨曲线预测及影响因素分析［J］．管理世界，2009（4）.

［4］许广月，宋德勇．中国碳排放环境库兹涅茨曲线的实证研究——基于省域面板数据［J］．中国工业经济，2010（5）.

［5］赵细康，李建民，王金营，周春旗．环境库兹涅茨曲线及在中国的检验［J］．南开经济研究，2005（3）.

市场结构与环境污染外部性治理*

汤吉军

（吉林大学中国国有经济研究中心，吉林　长春　130012）

【摘　要】 本文运用产业组织理论分析环境污染所带来的福利影响，与传统经济理论形成鲜明的对照，为治理环境污染提供新的解决思路。虽然在大多数情况下完全竞争优于完全垄断，但是如果发生了市场失灵，对整个社会来说完全垄断就优于完全竞争。为此，本文针对不完全竞争市场结构的现实，进一步深入探讨环境污染外部性的福利效果，重新考察庇古税和科斯定理作用的约束条件。虽然依据完全竞争市场与负外部性会得到产生过多污染的结论，其解决方法是征收等于外部性的边际社会成本的税收，但这并不适用于不完全竞争市场，甚至是错误的。因此从负外部性角度看，不竞争市场结构可能产生高于或低于社会最优水平的产出和污染，虽然通过征税让企业负外部性内部化，竞争性市场的产量就是社会最优的水平，但这并不适合不完全竞争市场。因此，只有将市场势力、产权和庇古税有机结合起来，才能更现实地解决环境污染的负外部性问题，这对实现国民经济全面、协调与可持续发展具有非常重要的意义。

【关键词】 负外部性；福利；科斯定理

近年来，伴随着全球经济的不断发展，能源短缺、气候变暖和环境污染已成为人类面临的最为严峻的挑战。作为世界上最大的发展中国家、世界经济增长最快的新兴工业化国家，中国仍处在以工业化为主导的快速发展时期，能源消耗大，环境承载容量小，致使发展低碳经济和加快经济发展方式转变是我国必须面对的重大现实问题。能否按照低碳经济发展的要求进行清洁生产、主动节能减排，是我国能否实现人与自然和谐的关键所在。“高消耗、高投入、高污染”的不可持续发展导致我国自然资源过度消耗和生态环境的破坏，从最终结果看，要么以一个地区的贫穷换取另一个地区的繁荣，要么牺牲后代人的福利换取当代人的福利。我国政府已经明确提出“必须把可持续发展作为一个重大战略，

作者简介：汤吉军，博士，教授，博导，主要研究方向为产业组织经济学研究。

* 教育部人文社会科学项目（No. 09YJA790082）；国家社会科学基金项目（No. 08CJY021）；吉林大学“985”工程项目。

要把人口控制、节约资源、保护环境放在重要位置，使人口增长与社会生产力相适应，经济建设与资源环境相协调实现良性循环”。但是，在研究这些问题时，往往隐含坚持完全竞争市场模型，很容易看到竞争性市场是一种理想化的市场结构，看不到不完全竞争市场结构对这些问题研究的意义。在这种情况下，我国政府决策者在实践过程中，往往按照新古典经济学定价和治理模式，单纯追求 GDP 增长，认为只要依靠“看不见的手”机制，而看不到环境污染治理的复杂性和困难性。

由经济学原理可知，坚持完全竞争市场需要严格的假设前提。对于仅仅考虑市场结构而言，我们很容易认为，完全竞争的经济效率好于寡头垄断，寡头垄断好于垄断市场结构。很少有学者考虑市场结构与外部性之间的效率分析。一旦将环境污染负外部性引入，这样排序的市场结构很难成立，需要我们重新进行考虑，从而将市场结构、界定产权（科斯定理）和庇古税等有机结合起来，进而在一定程度上将不完全市场结构本身作为治理负外部性的一种重要方式。

一、无外部性条件下的市场结构效率分析

新古典经济学认为，在完全竞争市场条件下，如果没有任何市场失灵因素，包括外部性，那么一个经济如果任其自由运行的话，它会很快找到一种竞争性均衡。也就是说，在经济中，一整套商品价格体系将确保每一个市场的供求均衡。这套价格体系使所有参与者之间达到产品的有效配置（尽管不一定是公平的分配），即可以达到静态的帕累托最优。

在完全竞争市场上，消费者需求曲线的斜率为负，产品的价格越高，消费者愿意购买的数量越少；反之亦然。而企业的供给曲线表示产品的价格越高，企业供给的越多，如图 1 所示。

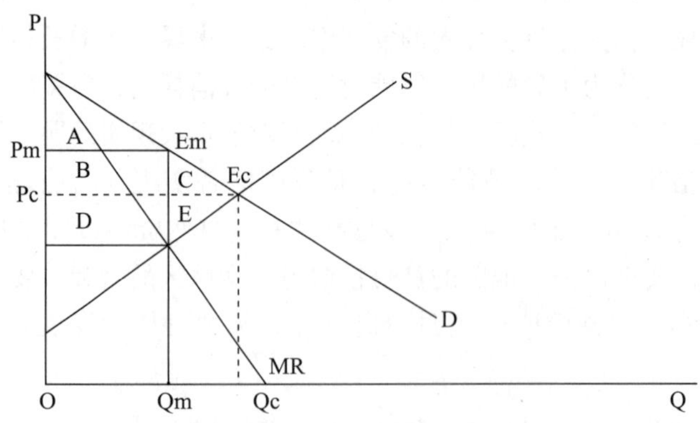

图 1　完全竞争与完全垄断的效率比较

在图 1 中，D 曲线表示消费者的需求曲线，S 表示企业的供给曲线。在完全竞争市场条件下，消费者剩余是 A + B + C，生产者剩余是 D + E，此时社会福利水平是 A + B + C + D + E。然而，在完全垄断条件下，消费者剩余是 A，生产者剩余是 B + D，此时社会福利水平是 A + B + D，无谓福利损失为 C + E。因此，单纯从经济效率角度看，我们发现，经济效率是这样排序的，完全竞争好于垄断竞争、好于寡头垄断，最差是完全垄断。

二、完全竞争市场条件下外部性的福利分析

大家知道，正是由于无法满足完全竞争市场条件，所以无法实现帕累托最优，才会产生市场失灵。其中，外部性是较为常见的一种。例如，淡水湖里的鱼，由大家共同所有，按照个人利益最大化以及捕鱼能力不受限制原则，湖里的鱼最终将被捕完，出现公共的悲剧。同样，企业在生产过程中，必然会产生污染环境的废气、废水和废物等外部性，从而造成市场失灵。为此，我们以污染外部性为基础，通过分析生产产品过程中所产生的污染负外部性，突出完全竞争条件外部性存在所造成的福利损失，如图 2 所示。

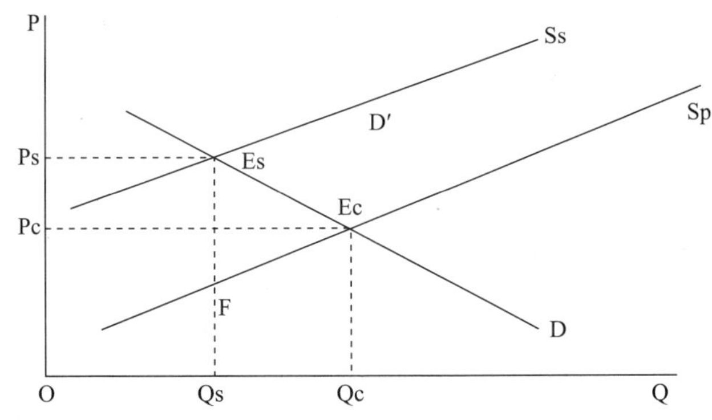

图 2 完全竞争条件下外部性的福利分析

在图 2 中，横轴表示企业生产的产品数量，纵轴表示产品价格。D 和 Sp 表示没有外部性时的供求曲线。Ss 表示企业生产时包含外部性的边际社会成本。

如果没有外部性，那么在完全竞争市场上，最优配置在 Pc 和 Qc。然而，由于企业生产造成环境污染，从而出现负外部性，最优配置在 Ps 和 Qs。但是从社会角度看，应该生产 Qs。然而，由于企业不考虑负外部性影响，其供给数量增加到 Qc，从而我们发现会产生过多的污染，无谓福利损失为 D，此时令庇古税等于外部性的边际社会成本（EsF）的税收，使供给曲线 Sp 变成 Ss，则外部性被企业内部化，就会实现社会最优配置。

三、完全垄断市场条件下外部性的福利分析

一旦将外部性与完全垄断结合起来，将发现垄断企业也是追求利润最大化，此时由边际收益等于边际私人成本的交点决定。因此，在垄断市场结构条件下，垄断企业对其环境污染的危害也会置之不理，所以在决策时仅仅考虑直接的私人成本。

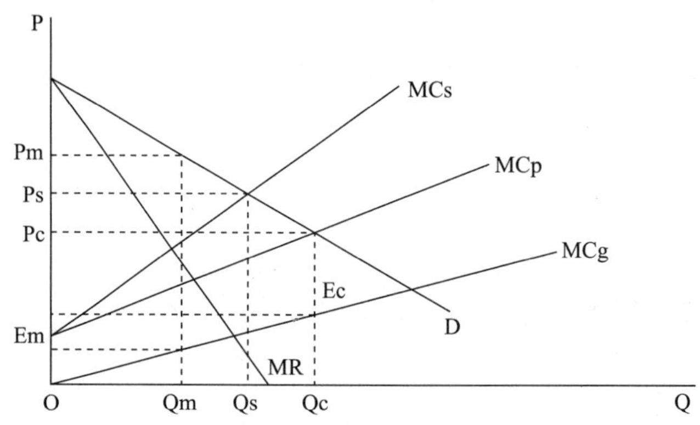

图3　完全垄断条件下外部性福利分析

在图3中，如果没有政府干预，完全竞争行业会忽略污染损害，它们在供给曲线MCp等于D的水平上生产，此时行业的数量和价格分别为Qc和Pc，边际污染损害为Ec。

在完全垄断条件下，垄断企业也会忽略污染损害，仍然在边际收益和私人边际成本MCp处进行生产，此时垄断企业的数量和价格分别为Qm和Pm，边际污染损害为Em。竞争行业与垄断行业相比，生产较多产出而价格较低，而竞争均衡时污染损害Ec大于垄断均衡污染损害Em，这是因为竞争产出以及由此造成的污染更大。所以，图3表明，即使存在外部性，垄断产出也可能低于社会最优水平Qs。尽管存在外部性的竞争性市场总是生产大于社会最优数量，但对垄断企业来说，如果MCs曲线碰巧与需求曲线D相交于Pm，则垄断企业能以社会最优价格Ps生产社会最优数量Qs。从理论上看，仅仅能说垄断企业的产出小于竞争行业，但却不能确定存在负外部性时，垄断产出有可能大于、等于或小于社会最优数量，这主要取决于MCs与需求曲线的交点位置在哪。垄断企业过高或过低的原因在于它们面临着两种互补效应：垄断企业可以把价格定得高于边际成本，所以产量往往过低。但是，它的决策取决于边际私人成本而不是边际社会成本，所以产量又总是会过高。其中，哪种效应会占据主导地位，这又取决于产品的需求弹性和污染所造成的边际危害程度。如果需求曲线富有弹性，垄断加价较少，垄断均衡接近于竞争性均衡Ec，

就会高出社会最优状态 Qs。如果额外污染导致的危害很小——均衡时的 MCg 接近于零——边际社会成本等于边际私人成本，垄断企业的产量就会低于社会最优水平 Qs。

四、完全垄断与完全竞争条件下外部性的福利比较

当不存在负外部性时，竞争性市场的福利水平要高于完全垄断企业。然而，当存在负外部性时，完全垄断的福利水平可能高于竞争性市场的福利水平，这是非常关键的结论，如图 4 所示。

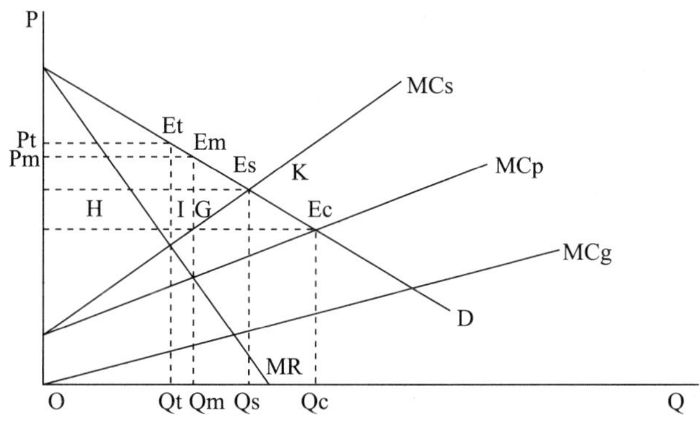

图 4　完全竞争与完全垄断条件下的外部性分析

在图 4 中可以发现，如果完全垄断产量和完全竞争性产量均高于社会最优水平，则完全垄断企业的福利肯定更高，因为竞争性产出高于垄断产出。如果完全垄断产出低于社会最优产出水平，需要审查哪种情况下的偏差更大：是完全垄断企业生产得太少，还是完全竞争性企业生产得过多。在图 4 中，完全垄断均衡的福利 H + I 低于社会最优的福利 H + I + G，完全垄断产生无谓损失 G，原因在于完全垄断企业的产量低于社会最优的产出水平。

然而，在存在外部性的情况下，在完全竞争性均衡下的产量 Qc 高于社会最优的产量，所以完全竞争性市场的无谓损失是 K。而完全垄断企业的均衡 Em 由边际收益曲线 MR 和边际私人成本曲线 MCp 的交点决定。完全垄断状态下的社会福利是 H + I。这时，完全垄断的无谓损失 G 小于竞争性状态下的无谓损失 K，所以完全垄断的福利更高，只是产量略微有点低，但竞争性企业则生产过多——从而会产生更多的污染物。

此时，如果征税，税收等于污染的边际成本，这使完全垄断企业负外部性内部化，并将边际社会成本视为自己的私人成本，边际收益与社会边际成本的交点决定税后的完全垄断均衡 Et，税收导致均衡产量 Qt 再次下降，均衡价格则上升为 Pt。然而，税前的消费者

剩余和生产者剩余之和是 H+I，而税后仅仅变为 H，此时社会福利更低了，I+G 是税后完全垄断企业所带来的无谓损失。这样，征税使完全垄断企业尽量压低产量，产量比税前更低，生产更少。

很多学者会建议，政府对企业征税的数额要和污染的边际损害程度相等，理由是，这种规模的税收能使竞争性市场达到社会最优状态。然而，这种规则若用于完全垄断企业，则可能会降低社会福利。如果未征税的完全垄断企业的产量低于社会最优数量，那么征税肯定会降低福利水平；反之，如果完全垄断企业的产量原本高于社会最优数量，那么征税可能会增加福利。如果政府有充分的信息确定社会最优数量，那么它就可以采取强制手段使完全垄断市场或竞争性市场达到社会最优数量。但是，如果社会最优的产出水平高于未管制的完全垄断企业的产出水平，政府必须对完全垄断企业进行补贴而不是征税以使其产量达到期望水平。

在这种情况下可以发现，解决不完全竞争市场的负外部性要比解决竞争性市场的外部性问题复杂得多。为了实现竞争性市场的社会最优，政府只需要减少外部性，可以采取降低产量的方法实现。然而，在不完全竞争市场上，政府必须解决因外部性和市场势力共同作用而产生的外部性。这样一来，政府必须获得更多的信息来对不完全竞争市场实行管制，而且可能要运用更多的政策工具（比如补贴）。由于市场势力和环境污染引起的各种问题在效果上互相抵消，所以，在不完全竞争市场上管制失灵所造成的危害要小于完全竞争性市场。

同样，政府可以不直接采取排放量和排放标准，而是采取界定产权的间接方法控制外部性。产权是一种使用一项资产的排他性特权。由于完全竞争市场假设有无数个经济主体，所以科斯指出，如果产权得以明确界定，污染和产出的最优水平可以通过污染者和被污染者之间的谈判实现。从贡献上讲，与其说科斯定理在实际上解决了环境污染的问题，还不如说它证明了产权界定不明晰是外部性问题产生的根源。

因此，本文发现，在负外部性存在的情况下，经济效率的排序是这样的，完全垄断好于寡头垄断，寡头垄断好于垄断竞争，最差是完全竞争，从而认识到市场结构存在的经济意义。

五、一般性结论及其政策建议

在占有生产资料数量少，质量也不见长的传统社会，人们并未像今天的人们那样广泛地感受到资源稀缺或枯竭；恰恰是在占有生活资料数量较多，质量较高的现代社会，人们对资源稀缺强度可能加大或者环境恶化前景表示忧虑，使污染负外部性问题十分突出。为此，需要做到：

首先，政府征税是非常必要的。由于科斯定理仅仅涉及少数人情况，人们不愿意进行谈判，难以调整到最优水平。一般认为，当相关的人数很多时，自愿谈判可能性会很小，这是因为人与人之间的交易成本极高，很容易抑制这种情况的发生，当谈判不切实际或者行不通时，庇古税就可以使用以解决环境污染问题。

其次，仅仅使用产权方法解决环境污染还不够，还需要将市场结构考虑进来，从而将外部性与市场势力结合起来。仅仅界定产权还不够，还必须审视市场结构。这一论证过程只是进一步论证自由市场制度实现最优配置的可能性，市场价格反映自由市场中个人偏好的满足，但却不能反映社会偏好的满足，因此，政府保持一定程度的不完全竞争也是解决负外部性的重要方式。

最后，确立和保护外部性产权十分困难，所以，国家拥有资源产权也是非常重要的。一般说来，国家的贴现率比企业要小，贴现率越小，意味着等待的机会成本越小，所以可以长期等待下去，不会急迫开采和掠夺资源。所以，贴现率的大小是由许多原因导致的：发展战略（投资政策和外汇需求）、资源储量大小（资源储量越多，国家越有远见）以及政治体系（决策者的能力和水平），都使国家对资源拥有产权更加可靠。

参考文献

［1］威廉·鲍莫尔，华莱士·E. 奥茨．环境经济理论与政策设计［M］．北京：经济科学出版社，2003.

［2］杰弗里·佩罗夫．中级微观经济学［M］．北京：机械工业出版社，2009.

［3］阿兰·兰德尔．资源经济学［M］．北京：商务印书馆，1989.

［4］Coase R. H. The Problem of Social Cost［J］. Law and Economics，1960（3）：1－44.

［5］Gilbert R. Dominant Firm Pricing Policy in a Market for an Exhaustible Resource［J］. Bell Journal of Economics，1978，9（2）：35－43.

［6］Pearce D. W.，Turner R. K. Economics of Natural Resources，and the Environment［M］. Harvard：John Hopkins University Press，1990.

［7］Pindyck R. The Optimal Exploration and Production of Non－Renewable Resources［J］. Journal of Political Economy，1978（86）：21－37.

［8］Sweeney J. L. Economics of Depletable Resources：Market Forces and Intertemporal Bias［J］. Review of Economic Studies，1977，XLIV（1）：192－203.

Market Structure and Environmental Pollution Externality Governance

Tang Ji－jun
(China Center for Public Sector Economy Research Jilin University,
Changchun Jilin 130012, China)

Abstract: In contrast to the traditional economic theory the paper is to analyze the negative environment externalities in terms of the industrial organization theory and provide the new resolutions. We discuss the negative pollution externalities in the imperfect market structure beyond the perfect market. Based on the traditional perfect market in the neoclassic economics, we show that both Coasian theorem (property right) and Piguian taxation (government intervention) have a great positive effect on the firm production. However, because of the existence of both theories, which is implied by the perfect market, they tell us about the resolution to negative pollution externalities. Once we introduce imperfect market structure, including monopoly, oligopoly, and monopolistic competition, etc, we compare the welfare level under the negative pollution externalities. In principle, by means of market structure, we provide the solutions to the externalities governance, that is, taxation, property right and market structure to resolve the general externalities. They play an important role in China's economic development and sustainability.

Key Words: negative environment externalities; welfare; property right

适应气候变化的成本分析：回顾和展望

陈敏鹏[1,2]　林而达[1,2]

（1. 中国农业科学研究院农业环境与可持续发展研究所，北京　100081；
2. 农业部农业环境与气候变化重点开放实验室，北京　100081）

【摘　要】根据经济成本对减缓和适应措施进行取舍是形成最优化应对方案的基本方法。然而，与减缓成本分析相比，适应成本研究相对少得多。目前，全球的适应成本研究可分为全球层次和部门层次的研究。相关研究表明，未来20年为了适应“中等”程度的气候变化，全球适应成本为40亿~10000亿美元。由于适应的复杂性和跨学科性，目前适应成本的研究在国内尚未系统地展开，与国际研究水平存在较大差距。强化影响和适应之间的联系、案例研究的“尺度放大”、采用优化的适应水平和对适应成本不确定性的定量分析将是未来适应成本研究的主要发展方向。

【关键词】适应；气候变化；成本

减缓和适应是应对气候变化的两大手段，而根据经济成本对减缓和适应措施进行取舍是目前形成最优气候变化应对方案的基本方法。由于减缓和适应本身存在的巨大差异，对适应措施的综合评估复杂得多，因此目前关于适应措施的经济学分析的信息（尤其是成本和效益）也相对少得多。

适应成本评估作为气候变化经济学的核心内容，也是目前气候变化经济学的研究难点之一。本文回顾了全球适应气候变化成本评估的相关研究进展，分析了国内外现有不同层次的适应成本评估存在的主要问题，并展望了适应成本研究的发展方向。

一、适应和适应成本

根据政府间气候变化专门委员会（Intergovemmental Panel on Climate Change，IPCC）

作者简介：陈敏鹏，博士，副研究员，主要研究方向为气候变化经济分析。林而达，研究员，主要研究方向为农业温室气体减排，气候变化影响和适应。

第四次评估报告（Assessmenl Report 4，AR4）的定义“适应是为降低自然系统和人类系统对实际的或者预计的气候变化影响的脆弱性而提出的倡议和采取的措施”。“适应成本则是规划、筹备、推动和实施适应措施的成本，包括各种过渡成本。”与减缓行动相比，适应行动的外延和内涵更加丰富，这也是造成适应成本难以估计的主要原因之一。

（一）适应的特征

Bosello 等总结了减缓和适应的不同特征，并认为这些特征差异是导致适应成本比减缓成本更难估计的重要原因（见表 1）。实际上，适应活动的维度非常丰富，如尺度（地方和区域、短期和长期）、时机（预期和反应）、目的性（自主和计划）、适应实体（自然系统和人类，个人和集体，私人部门和公共部门）等，而现实的适应过程往往是上述因素相互交织的结果。总体而言，适应成本估计的难点在于：①适应活动总是针对特定区域的气候变化风险而言的，而区域气候变化的风险往往存在巨大的不确定性；②适应活动相关的监测十分困难，即对特定气候风险的适应水平（the Level of Adaptation）难以确定；③适应活动的边界（Boundary）和额外性（Additionally）难以确定。

表 1　减缓和适应的特征差异

	减缓	适应
受益系统	所有系统	指定系统
力量规模	全球	地区到区域
生命周期	世纪	年到世纪
效果	减排量确定，减少的损害则较不确定	较不确定（尤其是地区气候变化的相关风险知识较少时）
辅助效益	偶尔	总是
污染者付费	通常是	不必须
付费者的效益	很少	几乎完全
行政尺度/执行实体	主要是国家政府和国际磋商	主要是地区机构、家庭和社区组织
涉及部门	高收入国家的能源和交通部门， 中低收入国家的林业和能源部门	几乎所有部门
监测	相对容易	十分困难

（二）适应成本的内涵

IPCC 对适应成本的定义缺乏操作性，为此，不同机构对适应成本的内涵进行了挖掘和解读。欧洲环境局（European Environment Agency，EEA）认为，适应成本至少包括三方面的内容：执行特定适应措施的直接成本，提高受影响系统适应能力的一般成本，以及适应对策激发的调整过程相关的过渡成本。经济合作与发展组织则认为适应成本是“与基准情景相比，气候变化情景下选择的一系列应对工程和项目的成本”。根据 OECD 的定义，所有无悔选择（No - regret Projects）不会产生任何适应成本，除非气候变化增加了额外投入。

（三）影响适应成本的因素

由于适应成本估算的复杂性，现有的适应成本估计差别很大，例如，Stern 估计发展中国家的适应成本约为 40 亿 ~ 370 亿美元，而联合国开发计划署（United Nations Development Programme，UNDP）则估计为 860 亿 ~ 1090 亿美元。造成这种差异的主要原因包括：

（1）气候变化的特征。例如，对气候渐进式变化的适应会相对便宜，而对低概率灾害性气候事件的适应可能非常昂贵。具体到研究中，这体现在对情景（包括气候情景和社会经济情景）的处理上，情景（尤其是基准情景）选择的差异会造成适应成本估计的巨大差异。

（2）适应的水平。即使对于给定时间、地点和气候的风险，适应战略也是多种多样的，不同的适应战略会导致不同的适应成本。如果适应战略包括提高适应能力（如教育、健康服务等投资）的投入，适应成本会成倍增加。

（3）适应的时机。由于贴现率的存在，预期气候变化的适应和已有气候变化的应对成本差距很大。

（4）成本分析的范围，包括适应的影响类别和成本核算的范围。大多数研究只分析了对气候变化直接影响的适应，只分析适应战略的直接成本（如工程措施的投入、能力建设相关的投资等），如果考虑对间接影响的适应和适应战略的间接成本（包括非市场成本），适应成本会大大增加。

总体上，现有大多数的适应成本估计都非常初步和不完全，研究方法和结果都具有一系列假设和严格的限制性条件，很难在其他地区进行应用。

二、全球层次的研究

Agrawala 等认为目前适应成本的相关研究主要由两个动机驱动：①部门和项目决策需要气候风险的相关信息，以确定是否、如何和何时进行适应投资，而成本是适应措施筛选的一个重要原则；②在国际层次，费用估计是政策决策者评估总体适应需求的价格标签。因此，现有关于适应成本的研究主要分布在部门和项目层次，但 2006 年以来在全球层面的适应成本评估正在迅速增加。表 2 总结了 2006 年以来全球气候变化适应成本的研究成果。

表 2　不同研究的适应成本估计

来源	成本估计（亿美元/每年）	时间尺度	备注*
World Bank（2006）	发展中国家 90～410	2010～2015 年	假设 10% 的外国直接投资（FDI）、2%～10% 的国内总值投资（GDI）和 40% 的海外开发援助（ODA）对气候变化敏感，并假设上述投资为防护气候变化将增加 10%～20%
Stern（2006）	发展中国家 40～370	2010～2015 年	更新数据，对 World Bank（2006）进行了小修正，即增量率由 10%～20% 减少到 5%～10%，气候敏感的 ODA 由 40% 减少到 20%
Oxfam（2007）	发展中国家 >500	2010～2015 年	基于 World Bank（2006）的推算，但是加上了根据国家适应规划行动（NAPAs）和非政府组织（NGO）项目成本
UNDP（2007）	发展中国家 860～1090	2010～2015 年	基于 World Bank（2006）的推算，气候敏感的 ODA 调整为 17%～33%。其余采用 Stern（2006）的假设，但是加上了实现减贫战略目标（PRS）的成本（440 亿美元/年）和强灾害应对系统的成本（20 亿美元/年）
UNFCCC（2007）	发展中国家 270～660 全球 490～1710	2010～2030 年	基于 IPCC－SRES A1B 和 B1 情景进行模拟，涵盖农业、水资源、人类健康、海岸带、基础设施和生态系统 6 个部门
World Bank（2010）	全球 750～1000	2010～2050 年	发展中国家 2℃ 升温的适应成本，涵盖基础设施、海岸带、供水、农业、人类健康和极端天气事件 6 个部门。核算成本包括计划和实施相关公共政策的成本，不包括私人部门的适应成本

注：* FDI：Foreign Direct Investment；GDI：Gross Domestic Investment；ODA：Official Development Assistance；NAPA：National Adaptation Programme of Action；PRS：Poverty Reduction Strategy.

（一）世界银行（2006）及类似研究

世界银行（World Bank）2006 年初步评估了全球气候变化的适应成本，为全球适应成本评估奠定了方法学基础。表 2 中，Stern、乐施会（Oxfam）、联合国发展规划署的研究都参照了 World Bank（2006）的方法和参数。但是，虽然界定的适应措施和使用的方法大同小异，由于缺少气候变化投资比例和气候防护增量的经验信息，上述 4 个研究仍然结果各异，存在依赖资产和投资对气候变化暴露水平的假设、双重核算、案例区域太少等问题，另外由于投资非常巨大，一些参数（气候防护成本投资增量率）的微小变化都会带来结果数量级的变化。

（二）UNFCCC（2007）的全球适应成本研究

联合国气候变化公约（United Nations Framework Convention on Climate Change，UNFC-

CC）2007 年的一份研究被认为是迄今科学性最强的全球适应成本评估，该研究在 6 个部门研究的基础上，“自下而上”（Bottom - up）地评估了 2030 年全球适应的总体成本（490 亿 ~ 1710 亿美元），并分析了适应最大的资金需求在于基础设施建设（可占到总成本的 2/3），该研究各部门的评估范围、方法和具体细节见表 3。

表 3　2030 年 UNFCCC 各部门的评估范围、方法、不足和适应成本

部门	评估范围	评估方法（包括基本假设）	主要不足	适应成本（亿美元）*
农业	农场水平的额外资金投入、国家水平推广服务需求和研究成本增量	假设气候变化情景下研究和推广支出增加 10%；基础设施支出增加 2%	“由下至上”的案例研究较少，适应和气候影响没有明显联系，成本严重低估	113 ~ 126（70）
水资源	增加的用水需求和供水变化	利用降雨估计可利用的水资源量，分析水资源的供求。假设水资源供求关系变化成本的 1/4 由气候变化导致	国家层次的研究，未考虑对流域洪水风险的适应，成本严重低估	110（90）
人类健康	对 3 类健康问题（营养不良、疟疾和腹泻）的额外防护成本	假设人口增加，但是 3 种疾病的发病率不变	只考虑了中低收入国家 3 种疾病的成本	40 ~ 120（50）
海岸带	海岸带防护成本	利用 DIVA** 模型	对海平面上升的估计偏低；没有考虑海岸景观的审美和生态价值；没有考虑海洋灾害的影响	110（50）
基础设施	气候防护新增基础设施投资	采用 World Bank（2006）的方法学，确定气候变化影响脆弱的投资比率（0.7% 或 2.7%），假设其 5% ~20% 为适应成本	没有考虑极端气候灾害的成本	80 ~ 410（20 ~ 410）
生态系统	新增保护区增加的成本	假设每个国家或者每类生态系统的 10% 都被划定为新增保护区域的支出	没有包括保护为人类社会服务的生态系统和服务的适应成本	120 ~ 220***

注：*括号内为发展中国家的成本；**DIVA：Dynamic and Interactive Vulnerability Assessment model；***由于生态系统的适应成本估算存在巨大争议，因此 UNFCCC 仅将其作为一个成本参照而并未将其加入总成本中。

（三）世界银行（2010）的全球适应成本研究

2010 年，World Bank 最新发布了一项全球适应气候变化的成本研究（见表 4）。与 UNFCCC 的研究不同，此项研究采取了“由上至下”和“由下至上”相结合的方法学，在6个部门（农业、水资源、人类健康、海岸带、基础设施和极端天气事件）分析和6个发展中国家（孟加拉、玻利维亚、埃塞俄比亚、加纳、莫桑比克和越南）案例研究的基础上，利用气候模型耦合水文模型、作物模型、贸易模型等，分析了全球（尤其是发展中国家）2010~2050年的适应成本。由于考虑的因素更加复杂，World Bank计算的适应成本略高于UNFCCC的研究成果。例如，由于考虑了风暴潮和预计的海平面升高更大，World Bank预计的海岸带适应成本比UNFCCC高得多。

表4　World Bank各部门的评估范围、方法、不足和适应成本

部门	评估范围	评估方法*	主要不足	适应成本（亿美元）
农业	农业研究，农村道路，灌溉基础设施改善和效率提高；水产养殖、海洋渔业保护区等	DSSAT模型结合IMPACT模型，分析了气候变化对农业的直接影响（农作物产量）和间接影响（例如营养不良儿童的数量等）	没有考虑自主适应（对农业特别重要）	73~76
水资源	水库建设、水循环、雨水收集、脱盐、防洪坝	气候和径流模型（CLIRUM - II）结合IMPACT模型	只考虑了工业和市政用水，没有考虑农业和生态用水	137~192
人类健康	疾病的预防和处置	计算了每个国家16个人口统计组疟疾和腹泻的发病率变化及额外适应成本	基准情景的分析十分重要	16~20
海岸带	河堤和海堤，海滩保护，海港升级改造	与UNFCCC的方法类似（利用DIVA模型），但是考虑了适应风暴潮和更高海平面的成本	适应成本对海平面上升幅度的假设十分敏感，不确定性很大	296~301
基础设施	设计标准提高，气候防护设施的维持	比较不同气候情景下主要类型基础设施（交通、电力、水和卫生、通信、城市、健康和教育、公共建筑）的存量变化导致的额外成本，建立建设成本和气候变量之间的剂量反应关系	基础设施需求变化对适应总成本的影响非常巨大，总适应成本可能高估	135~295
极端天气事件	对相关人力资源的投资	利用1960~2002年的面板数据建立与气候相关的影响风险模型	贴现率对结果影响十分巨大	65~67

注：* DSSAT：Decision Support System for Agrotechnology Transfer；CLIRUN - II：Climate and Runoff Model；IMPACT：International Model for Policy Analysis of Agricultural Commodities and Trade.

虽然目前还没有研究在全球层面对跨部门适应成本进行实证分析，但是综合各种研究，一般认为未来20年为了适应“中等”气候变化，全球适应成本范围为40亿~1000亿美元/年。

三、部门层次的研究

与全球层次的研究相比，部门层次的适应成本研究相对丰富得多。但是，现有研究在部门中的分布也十分不均衡：海岸带保护相关的适应成本是最受关注的热点问题之一；农业部门的适应研究虽然多，但是更关注适应战略的收益而非成本；相比而言，水资源、能源、基础设施、旅游和公共健康部门适应成本的相关研究少得多，也零散得多（见表 5）。总体上看，除了海岸带保护，其他部门的研究尚无法支持全球或区域有关适应成本的定量（甚至定性）结论，因此如果要准确估算全球气候变化的适应成本，有必要大力推动各部门的适应成本研究。

表 5 现有部门水平的相关估计

部门	分析范围	研究方法	研究现状	主要结论	主要问题
海岸带	综合研究范围覆盖大部分海岸线，主要关注问题为海平面上升	经济模型评估（气候变化的总成本最小）	多	1 米海平面升高的适应成本通常为 GDP 的 0.01% ~ 0.4% 或者 GNP 的 0.01% ~0.77%	适应的范围较窄（只考虑防护海岸带和湿地淹没的成本）；防护成本基于工程费用外推；只核算海平面上升的直接成本而不考虑防护工程投资对资本市场的影响
农业	综合研究范围覆盖大多数作物和大部分地区	作物模型和气候模式结合的综合模型评估	不研究*	—	—
水资源	特定流域范围的案例研究，多集中在气候变化导致的供水系统适应	不同案例采取的方法差异较大	很少	不同地区成本差异很大，一些地区成本主要源于洪水管理和废水处理，另一些源于提高储水和配水能力	研究过少
能源	主要研究夏季降温和冬季取暖变化的适应成本，研究集中在北美地区	根据不同情景下的能源需求推算适应成本	少	增加夏季降温需求将大大高于减少的冬季取暖需求	研究过少
基础设施	边缘性问题，主要研究海岸带和水资源相关的基础设施问题。另外有一些对冻土层基础设施问题的案例研究	一般采取工程经济核算方法	少	—	—

续表

部门	分析范围	研究方法	研究现状	主要结论	主要问题
健康	非常少，主要为案例研究	估算不同情景下的疾病成本	很少	—	不包括新建相关基础设施的成本，而这一点对发展中国家至关重要
旅游	非常少，主要为冬季旅游	—	很少	—	只估计了技术性适应成本而未估计行为性适应成本

注：*农业适应成本的研究非常少，现有研究多关注适应的收益，即适应能减少农业气候风险的程度。

（一）海岸带保护

气候变化对海岸带影响多种多样，但是海平面上升带来的适应成本最受关注，而估计海平面上升的适应成本的典型方法即借助于最小化气候变化总成本（包括适应成本和残留成本）的模型。目前，全世界各类海岸地区应对海平面上升（一般是1米海平面上升）适应成本的研究十分充足，有全球性的研究，也有欧洲的研究，等等。虽然投资的绝对值非常大，但是大部分研究海岸线保护的适应成本占GDP的比重非常小，一般都小于0.1%（甚至0.01%），但是对海岸区域，这个比重可以高达13.5%。因此，有批评认为，现有海岸带的研究多以发达国家的案例为基础进行尺度放大，由于发达国家已经具备适应的基础设施、服务和高质量的建筑，政府的投资和管理能力也相对较高，这种计算方式会造成适应成本相对于GDP的低估。

（二）农业

现有对农业适应的研究多集中于农场水平的调整，这些调整措施能够很好地抵消气候变化对农业产量的影响，但是成本很小，因此目前关于农业适应成本的研究很少。目前，McCarl在宏观尺度分析了全球农业适应成本，评估的成本包括研究成本、农业推广成本和固定资产投资资本。但是由于该项研究的假设难以经得住推敲，因此其结果的可信度广受质疑。

（三）水资源

目前，关于水资源部门适应成本的研究多为特定流域的案例。例如，Dore和Burton认为如果考虑极端气候事件，多伦多的供水系统和污水处理系统适应成本高达94亿加拿大元；Hallegatte预计新奥尔良抗击5类台风的防洪适应成本为320亿美元；Muller则估计非洲撒哈拉地区城市水基础设施的适应成本为每年20亿~50亿美元；Vergaraetal估计厄瓜多尔Quito地区为了应对气候变化将不得不在水基础设施方面增加30%的投资。整体上，水资源系统的适应成本分析仍然十分零散，难以由此推导出水资源系统适应成本的一般规模。

（四）其他部门

目前，其他部门，包括能源、基础设施、健康和旅游，适应成本的相关文献十分稀少，已有文献也多为个别区域或者城市的案例。其中，能源部门的现有文献集中在美国，主要关注气候变化导致的能源需求（包括需求量和能源类型）变化和相应适应成本；基础设施的文献主要集中于美国和加拿大，已经评估的设施有道路和公共设施。

四、国内的研究现状

国内关于气候变化适应成本的相关研究尚未系统地开展起来，与国际水平存在较大差距。从已有的文献看，与国际上的研究类似，现有的适应成本研究集中在海岸带保护和农业。左军成等参考长江、珠江和黄河三角洲加高加固每公里海堤的工程费用，认为到2020年沿海地区适应海平面上升的年均工程费将为沿海地区 GDP 总和的 0.0081% ~ 0.010%；如若提高海堤防洪标准，则2030年沿海地区适应海平面上升的年均工程费将占沿海地区 GDP 总和的 0.0034% ~0.0040%，远低于其他国家相关研究的水平，也低于其他研究对中国的估计，这种差异的主要原因在于各研究对海平面升高假设的不同。麦肯锡公司估计 2010 ~2030 年东北和华北地区抗旱的适应成本大约为 1000 亿元，预计全国的适应成本将达到 5000 亿元、年均 250 亿元，这要求中国在抗旱节水方面的投资比现有水平增加 60%。

五、适应成本研究的展望

适应成本评估是进行气候变化决策的非常关键的一环，因此世界各国都在加强各个领域适应成本的相关研究。从这些研究的发展方向看，适应成本的研究将会加强四个方面的突破和创新：

（1）强化跨部门影响综合评估与适应成本研究之间的沟通和联系。适应总是相对于一定影响而言的，因此跨部门影响综合评估工具的开发将成为适应成本研究的基础；另外，比较适应成本和没有适应的潜在损害是进行科学决策的基础，适应成本分析会特别有助于识别一些不可逆的影响和成本高昂的影响。

（2）适应成本研究“由下至上”的尺度放大，即不仅在识别特定区域、特定部门的适应选择，还会在更大尺度集合归纳相关研究，分析全球适应成本的时空变异特征。

（3）优化的适应水平。由于缺少减缓、影响和适应的成本信息，现有研究的适应水平大多是随意选择的，具有很大的争议性。因此，获取减缓成本、适应成本、残留损害的完全信息，确定最优的减缓和适应水平，在此基础上获得的适应成本将具有巨大的政策支持意义。

（4）对适应成本不确定性的定量分析和评估。成本的范围和选取的参数对适应成本会有数量级的影响，进而对决策带来深刻影响，因此需要对适应成本的不确定性进行定量分析和评估，强化适应成本评估结果的可信度。

参考文献

[1] Gagnon – Lebrun F.，Agrawala S. Progress on Adaptation to Climate Change in Developed Countries：An Analysis of Broad Trends [R]. ENV/EPOC/GSP（2006）I/FINAL. Paris：Organisation for Economic Co – operation and DeveJopment（OECD），2006.

[2] Satterthwaite D.，Huq S.，Pelling M.，et al. Adapting to Climate Change in Urban Areas：The Possibilities and Constraints in Low – and Middle – income Nations [R]. London：lnternational lnstitute for Environment and Development（lIED），2007.

[3] IPCC. 气候变化 2007 [R]. 日内瓦：政府间气候变化委员会，2007.

[4] Callaway J. M. Adaptation Benefits and Costs：Are They lmportant in the Global Policy Picture and How Can We Estimate Them? [J]. Global Environmental Change，2004（14）：273 – 282.

[5] Bosello F.，Kuik O.，Tol R.，et al. Costs of Adaptation to Climate Change：A Review of Assessment Studies with a Focus on Methodologies Used [M]. Berlin：Ecologic，2007.

[6] Adger W. N.，Agrawala S.，Mirza M. N. Q. et al. Assessment of Adaptation Practices. Options. Constraints and Capacity [M] //ln：Parry M. L. Canziani O. F. Palutikof J. P. et al.（eds）. Climate Change 2007：lmpacts. Adaptation and Vulnerability. Contribution of Working Group II to the Fourth Assessment Report of the lntergovernmental Panel on Climate Change（IPCC），Camhridge：Camhridge University Press，2007.

[7] EEA. Climate Change：The Cost of lnaction and the Cost of Adaptation [R]. Copenhagen：European Environment Agency（EEA），2007.

[8] Margulis S.，Bucher A.，Corderi D.，et al. The Economics of Adaptation to Climate Change：Methodology Report [R]. Paris：Organisation for Economic Co – operation and Development（OECD），2008.

[9] Stern N. The Economics of Climate Change：The Stern Review [M]. Cambridge：Cambridge University Press，2006.

[10] UNDP. Fighting Climate Change：Human Solidarity in a Divided World [R]. Human Development Report 2007/2008. New York：United Nations Development Programme（UNDP），2007.

[11] Agrawala S.，Fankhauser S.（eds）. Economic Aspects of Adaptation to Climate Change. Costs，Benefits and Policy Instruments [M]. Paris：Organisation for Economic Co – operation and Development（OECD），2008.

[12] Parry M.，Amell N.，Berry P.，et al. Assessing the Cosls of Adaptation to Climate Change：A Review of the UNFCCC and Other Recent Estimates [R]. London：International Institute for Environment and Development and Grantham Institute for Climate Change，2009.

[13] World Bank. lnvestment Framework for Clean Energy and Development [M]. Washington DC：World

Bank, 2006.

[14] Oxfam. Adapting to Climate Change. What is Needed in Poor Countries and Who Should Pay? [R]. Oxfam Briefing Paper 104, 2007.

[15] UNFCCC. lnvestment and Financial Flows to Address Climate Change [R]. Climate Change Secretariat. Bonn: United Nations Framework Convention on Climate Change (UNFCCC), 2007.

[16] World Bank. The Costs to Developing Countries of Adapting to Climate Change: New Methods and Estimates [M]. Washington, DC: World Bank, 2010.

[17] World Bank. Economics of Adaptation to Climate Change: Social Synthesis Report [R]. Washington, DC: World Bank, 2010.

[18] Hughes G., Chinowsky P., Strzepke K. The Costs of Adaptation to Climate Change for Water Infrastructure in OECD Countries [J]. Utilities Policy, 2010 (10): 1016.

[19] de Lucena A. F. P., Schaeffer R. Szklo A. S. Least – cost Adaptation Options for Global Climate Change Impacts on the Brazilian Electric Power System [J]. Global Environmental Change, 2010 (20): 342 – 350.

[20] Tol R. S. J. Estimates of the Damage Costs of Climate Change. Part l: Benchmark Estimates [J]. Environmental and Resource Economics, 2002, 21 (1): 47 – 73.

[21] Nicholls R. J. Adaptation Options for Coastal Areas and Infrastructure: An Analysis for 2030 [R]. A Report to the UNFCCC Secretariat Financial and Technical Support Division, 2007, http://unfccc.int/cooperatio n_ and_ support/financial_ mechanism/financial_ mechanism_ gef/items/4054.php.

[22] Deke O., Hoose K. G., Kasten C., et al. Economic Impact of Climate Change: Simulations With a Regionalized Climate – economy Model [R]. Kiel Working Paper 1065. Hamburg: Kiel Institute of World Economics, 2001.

[23] Nicholls R. J., Tol R. S. J. Impacts and Responses to Sea – level Rise: A Global Analysis of the SRES Scenarios over the 21st Century [J]. Philosophical Transactions of the Royal Society A, 2006 (364): 1073 – 1095.

[24] McCarl B. Adaptation Options for Agriculture, Forestry and Fisheries [R]. A Report to the UNFCCC Secretarial Financial and Technical Support Division, 2007, http://unfccc.int/cooperation_ and_ support/financial_ mechanism/financial_ mechanism_ gef/items/4054.php.

[25] Dore M., Burton I. The Costs of Adaptation to Climate Change in Canada: A stratified Estimate by Sectors and Regions – social Infrastructure [R]. Ontario: Climate Change Laboratory, Brock University, 2001.

[26] Hallegatte S. A Cost – benefit Analysis of the New Orleans Flood Protection System [R]. Regulatory Analysis 06 = 02. Washington DC: AEI – Brookings Joint Center for Regulatory Studies, 2006.

[27] Muller M. Adapting to Climate Change: Water Management for Urban Resilience [J]. Environment and Urbanization, 2007, 19 (1): 99 – 112.

[28] Vergara W., Deeb A. M., Valencia A. M., et al. Economic Impacts of Rapid Glacier Retreat in the Andes [1]. EOS Transactions American Geophysical Union. 2007, 88 (25): 261 – 268.

[29] 左军成，李国胜，蔡榕硕．近海和海岸带环境 [M]．第二次气候变化国家评估报告第二部分．北京：科学出版社，2011.

[30] 麦肯锡公司．粮仓变旱地？华北、东北地区抗寒措施的经济影响评估 [R]．麦肯锡公司 (McKinsey & Company), 2009.

Costs of Adaptation to Climate Change: Retrospect and Prospect

Chen Min – peng[1,2] Lin Er – da[1,2]

(1. Institute of Environment and Sustainahle Development in Agriculture, Chinese Academy of Agricultural Sciences, Beijing 100081, China; 2. Key Laboratory of Agro – Environment and Climate Change, Ministry of Agriculture, Beijing 100081, China)

Abstract: Monetary quanlification of mitigation and adaptation is a premise for optimal decision for combating climate change. However, compared with mitigation cost analysis, a few researches analyzed adaptation cost to climate change. Presently, adaptation cost analysis was done at the global level as well as the sectoral level. Results indicated that in the next 20 years, the global cost will be 4100 billion U. S. dollars to adapt "medium" climate change. However, in China, the research on adaptation cost is not so systematical and the huge research gap should be narrowed due to the complication and multi – disciplinary of adaptation cost analysis. In future, the following four aspects of adaptation cost studies will be strengthened: integration of impact analysis with adaptation study, the "up – scale" of local estimates of costs, optimization of adaptation level, and uncertainty analysis of adaptation cost.

Key Words: adaptation; climate change; cost

协调中国环境污染与经济增长冲突的路径研究*

——基于环境退化成本的分析

李娟伟　任保平

（西北大学经济管理学院，陕西　西安　710127）

【摘　要】选取我国 1990～2009 年相关数据，首先对环境退化成本进行估计，发现我国环境退化成本呈现不断上升的趋势，而水污染、空气污染是导致环境退化成本产生的主要原因。其次以环境退化成本作为污染指标，结合环境库兹涅茨曲线的特征，并以能否有效地将污染指标降低到相对较低的水平，作为政策路径选择的标准，分析协调我国环境污染与经济增长冲突的路径。实证研究结果表明：在不考虑政策因素的影响下，我国目前国内生产总值水平仍处在环境库兹涅茨曲线拐点的左端，经济持续增长有可能导致环境状况进一步恶化；多项环境治理政策的同步实施，致使个别政策出现低效率甚至是无效率；在当前产出水平条件下，既要保证经济平稳增长，又要降低环境退化成本，政策路径的选择首先应注重产业结构的调整，适当保持第二产业比重，但在发展第三产业的过程中，首先应加大对污染企业的监管与治理；其次是调整国际贸易进出口比例，积极扩大出口，采用吸引外商直接投资与加大污染治理投资等政策在我国现阶段均不能有效降低环境退化成本。

【关键词】环境退化成本；经济增长；环境库兹涅茨曲线；产业结构；国际贸易

从 20 世纪 80 年代初，我国国民经济经历了近 30 年高速增长，但在此过程中，赖以生存的环境却遭到破坏，影响了经济社会的持续稳定发展，如何在保证经济增长的同时又能使环境污染得以控制成为许多学者关注的焦点。政府也认识到环境保护对于经济可持续发展的重要性，强调转变经济发展方式，积极出台相关政策，加大资金投入，加强对环境的保护。可是我国作为最大的发展中国家，如果一味追求环境改善势必会对经济发展的速度产生影响。而且照搬欧美国家治理环境的模式也是不科学的，因为欧美国家收入水平相

---

* 教育部新世纪优秀人才支持计划（编号：NCET－06－060890）和陕西省重点学科西方经济学建设项目（编号：2008SZ09）资助。

作者简介：李娟伟，博士生，主要研究方向为经济发展问题。

对较高，人们甚至为了改善环境愿意在一定程度上承受收入水平的不增长甚至是负增长。另外，我国目前经济发展所处阶段，也限制了各种环境污染治理政策的全面落实往往也存在治理成本过高的风险，因此选择既能保证经济增长又能使环境改善的政策措施将具有重要意义。本文选取环境退化成本作为环境污染指标，利用 1990～2009 年数据，对比产业结构调整、贸易开放、治污投资等政策对环境退化成本的影响，确定我国目前最优的环境保护路径。

一、文献回顾

环境污染与国民收入水平之间一般呈现为倒 U 型的关系：在低收入水平条件下，经济增长伴随着自然资源丰裕度下降，环境污染程度迅速上升；而在高收入水平条件下，随着经济的增长以及收入水平的进一步提高，人们开始更多地关注环境问题，政府通过制定实施高效严格的环境制度促进环境的改善。然而，收入水平和环境污染之间的这种关系是否真实存在，国内外学者做了大量研究。其中，Grossman 是较早进入这一领域进行研究的经济学家之一，他将城市空气污染和河水中的氧含量、废渣含量、重金属含量作为环境指标。通过回归分析，认为在低收入水平阶段，经济增长引起了环境指标的恶化，再经过一定阶段随着经济增长而得到改善，而且拐点发生在收入水平为 8000 美元。国外其他学者如 Sherry、David、Gürlük 等也通过不同的数据进行分析得出了基本相似的结论。另外，对我国环境库兹涅茨曲线研究中，许士春通过构建包含污染方程和产出方程的联立方程模型，应用 1996～2005 年我国 28 个省市面板数据对经济增长和环境污染之间的关系进行研究，发现目前的发展水平没有超越库兹涅茨曲线的拐点，收入水平的增长将进一步加速环境的恶化。符淼通过对环境污染指标进行分解，分别测算了废水、固体废弃物等污染物的库兹涅茨曲线，认为我国废水排放与收入之间存在倒 U 型曲线的关系，而废弃物排放与收入之间为正相关关系，说明现阶段仍处在倒 U 型曲线拐点的左端。这些研究表明，在研究我国现阶段经济增长与环境污染关系的过程中，环境库兹涅茨曲线仍可作为实证分析基础。

目前研究治理环境污染路径的文献主要分为以下三类：第一类是应用多个政策变量进行综合分析，探讨这些变量能否对改善环境产生积极影响。其中 Panayotou 抽取了 30 个国家 1982～1994 年的数据作为样本，发现低收入水平政策效率对于改善环境具有积极作用，随着收入水平上升，作用愈加明显。但是经济增长速度越快、人口密度越高，反而增加了经济增长的环境成本。Dasgupta 分析了经济开放度、非正式制度、市场微观主体规模、环境政策、信息是否完全以及分析时间长短的选择（短期、中期、长期）等因素，在不同的条件下有可能对环境改善有利，也有可能对环境产生不利影响。Harbaugh 研究表明，经济增长与环境污染之间的关系除了受到经济因素影响外，很容易受到样本选取以及研究方法的影响。

第二类从产业结构、能源消费结构等国家内部因素分析抑制环境污染的路径。Hettige选取 13 个国家的数据，并将影响环境污染的经济增长因素细分为三个：工业占国民收入比重、污染占工业产值比重以及污染占国民收入比重，发现工业产值在国民经济中的比重与环境污染不仅存在库兹涅茨曲线的性质，而且两者之间存在显著的正相关关系。Bruyn选取 20 世纪 80 年代发达国家的数据进行研究，表明经济结构的变化对于 SO_2 排放没有显著作用。但在高收入阶段，由国际协定而形成的环境政策却能很好地解释环境与收入的负相关关系。林伯强、包群分析了能源强度、产业结构、能源消费结构等因素对二氧化碳排放的影响，发现中国经济仍处于倒 U 型环境库兹涅茨曲线的左半段，环境治理政策以及产业结构对污染物的排放都具有重要影响。然而，张友国采用投入产出结构分解方法，利用我国 1987~2007 年相关数据进行检验，无论是产业间结构变化还是产业内结构变化，都导致了碳排放强度的增加，不利于环境治理和改善。

第三类主要是从国际贸易、国际投资等国家外部因素探讨抑制环境污染的路径。Copeland 通过分析经济增长、国际贸易、环境污染三者之间的关系，发现在经济增长与环境污染的倒 U 型曲线形式上，国际贸易和资本流动对环境污染产生了很大影响。刘渝琳通过研究认为，FDI 在促进我国经济增长的同时，也增加了我国的环境污染，而且经济增长及吸引 FDI 的代价就是加重环境污染。但韩玉军运用“门槛回归”方法，选取 108 个国家和地区的截面数据，分析发现收入水平、贸易开放是决定环境库兹涅茨曲线的重要门槛因素，但是 FDI 的门槛效应不明显，也不能对环境与经济增长之间的库兹涅茨曲线提供有效解释。沈利生、张友国、李小平都以投入产出模型为基础，选取 SO_2 排放量为污染指标研究我国对外贸易对环境污染的影响。他们认为贸易通过技术效应和规模效应对贸易含污量产生影响，其中技术效应抑制了污染的排放，规模效应加速了污染的排放，进口污染排放强度高于出口污染排放强度。扩大贸易有利于污染减排，而且国际贸易的发展，并没有使中国成为发达国家的“污染天堂”。

通过分析，目前的研究工作主要存在以下特征：第一，以环境库兹涅茨曲线为研究基础。除去验证环境库兹涅茨曲线存在性的文献，其他有关探索改善环境路径的文献，多数是在环境库兹涅茨曲线基础上，加入所要研究的具体经济变量进行分析。第二，对环境污染指标的设定没有准确统一的标准。既有以单位产出所占污染物排放量作为环境污染指标的，又有以污染物排放量作为指标的，而且有的文献指标设定虽然能够反映环境污染，但在经济意义上不能予以很好解释，因此选择适当的指标对于研究环境污染问题显得尤为重要。第三，部分文献只关注单独某项政策对环境污染的影响，而部分文献虽然做了多个政策变量对环境污染影响的分析，但只回答了政策变量对改善环境是否有利，并没有指出我国经济发展具体需要采用哪种或者哪几种政策工具缓和经济增长与环境之间的冲突。

本文的贡献在于：①采用环境退化成本作为环境污染指标，对水、大气、固体废弃物三类环境污染进行货币计量，统一了计量模型中变量的量纲；②在环境库兹涅茨曲线基础上，初步建立选择环境治理政策的标准。

二、1990~2009 年我国环境退化成本的测度

本文选取我国环境退化成本（环境退化成本是通过污染损失法核算的环境退化价值，是指在目前的治理水平下，生产和消费过程中所排放的污染物对环境功能、人体健康、作物产量等造成的种种损害，环境退化成本又被称为污染损失成本）作为环境污染指标，主要是因为：①在环境库兹涅茨模型中，解释变量多数是货币化的经济变量，如国民收入、投资等，作为建立模型的重要原则，被解释变量也应该尽量货币化，也是合理解释变量之间关系的保证；②环境污染货币化评估方法，有市场价值法、机会成本法、替代市场法、综合法等，运用不同的方法评估环境污染，结果会出现很大差异，其中较为合理的是通过综合法对环境退化成本的估计，这既反映了经济增长过程中环境污染成本的大小，也包含了对健康、环境利用等因素的影响。

根据《中国绿色国民经济核算研究报告 2004》中的数据，2004 年水污染引起的水环境单位退化成本为 4.712 元/吨，大气污染产生的大气环境单位退化成本为 4939.3 元/吨，而固体废弃物污染产生的固体污染单位退化成本为 7.07 元/吨。为了测算 1990~2009 年三种污染历年环境退化成本，必须确定三种污染的当期单位退化成本。由于治理污染的成本与居民的消费品相关性相对较小，因此使用工业品出厂价格指数（PPI）折算历年的各种污染当期环境退化成本，具体计算公式分为两部分：

①2004 年之后年份的计算公式为：

$$\text{第 t 年的单位环境退化成本} = \text{第 t} - 1\text{ 年的单位环境退化成本} \times \text{第 t 年的环比 PPI 指数} \quad (1)$$

②2004 年之前年份的计算公式为：

$$\text{第 t 年的单位环境退化成本} = \frac{\text{第 t} + 1\text{ 年的单位环境退化成本}}{\text{第 t} + 1\text{ 年的环比 PPI 指数}} \quad (2)$$

具体的计算结果见表 1，数据显示，大气环境单位退化成本相对较高，表明单位大气污染对环境、人体健康以及产量的影响程度远远高于水污染和固体废弃物污染对环境的影响程度。

表 1　1990~2009 年中国水、大气、固体污染单位环境退化成本

年份	PPI 环比指数	水单位退化成本（元）	大气单位退化成本（元）	固体单位退化成本（元）	年份	PPI 环比指数	水单位退化成本（元）	大气单位退化成本（元）	固体单位退化成本（元）
1990	104.1	2.35	2473.10	3.54	1994	119.5	3.96	4156.49	5.94
1991	106.2	2.50	2626.43	3.75	1995	114.9	4.55	4775.80	6.83
1992	106.8	2.67	2805.02	4.01	1996	102.9	4.68	4914.30	7.03
1993	124.0	3.31	3478.23	4.97	1997	99.7	4.67	4899.56	7.01

续表

年份	PPI 环比指数	水单位退化成本（元）	大气单位退化成本（元）	固体单位退化成本（元）	年份	PPI 环比指数	水单位退化成本（元）	大气单位退化成本（元）	固体单位退化成本（元）
1998	95.9	4.48	4698.68	6.72	2004	106.1	4.71	4939.30	7.07
1999	97.6	4.37	4585.91	6.56	2005	104.9	4.94	5181.33	7.41
2000	102.8	4.49	4714.31	6.74	2006	103.0	5.09	5336.77	7.63
2001	98.7	4.43	4653.03	6.66	2007	103.1	5.24	5502.21	7.87
2002	97.8	4.34	4550.66	6.54	2008	106.9	5.61	5881.86	8.41
2003	102.3	4.44	4655.33	6.66	2009	94.61	5.30	5564.83	7.96

注：PPI 环比数据来自《中国统计年鉴》(2008)，2009 年 PPI 通过各月指数平均得出。

在确定历年各类污染的环境单位退化成本的基础上，根据历年各类污染物的排污量，可计算当期的环境退化成本，具体的计算公式为：

当期污染物的环境退化成本 = 当期污染物的环境单位退化成本 × 当期污染物的排放量　　(3)

估计结果见表 2，我国总环境退化成本不断上升，经济增长与环境之间的矛盾冲突更加明显，在不考虑价格因素的情况下，当期各类污染的环境退化成本从 1990 年的 1729.32 亿元上涨到 5128.67 亿元，净增加两倍之多。而且，从环境退化成本构成角度进行分析，发现水污染排放量占到了总污染物排放量的 90% 以上，由水污染引起的环境退化成本也占到总退化成本的 50% 以上；虽然固体废弃物的排放量高于空气污染物的排放量，但是固体废弃物污染形成的环境退化成本还不到空气污染形成的退化成本的 1%。由此可见，我国目前环境污染的成本主要来源于水污染物和空气污染物的排放。

表 2　1990 ~ 2009 年中国环境退化成本

年份	污水排放量（亿吨）	空气污染物排放量（万吨）	固体废弃物排放量（万吨）	水环境退化成本（亿元）	空气环境退化成本（亿元）	固体污染退化成本（亿元）	总退化成本（亿元）
1990	354.00	3599.00	11477.48	835.19	890.07	4.06	1729.32
1991	336.00	3515.00	10086.48	841.87	923.19	3.79	1768.85
1992	359.00	3675.00	9297.48	960.66	1030.85	3.73	1995.24
1993	356.00	3828.00	8862.48	1181.27	1331.47	4.41	2517.15
1994	365.00	3822.00	8642.48	1447.30	1588.61	5.14	3041.05
1995	443.00	2882.00	8952.48	2018.32	1376.39	6.12	3400.83
1996	402.00	2684.00	8400.48	1884.64	1319.00	5.91	3209.54
1997	367.00	2596.00	8259.48	1715.39	1271.93	5.79	2993.11

续表

年份	污水排放量（亿吨）	空气污染物排放量（万吨）	固体废弃物排放量（万吨）	水环境退化成本（亿元）	空气环境退化成本（亿元）	固体污染退化成本（亿元）	总退化成本（亿元）
1998	366.00	3170.00	8531.48	1640.58	1489.48	5.74	3135.79
1999	401.14	4191.00	10590.48	1754.93	1921.95	6.95	3683.84
2000	415.15	4252.00	9896.48	1867.06	2004.53	6.68	3878.26
2001	433.15	4009.00	9604.48	1922.73	1865.40	6.40	3794.52
2002	439.15	3881.00	9345.48	1906.46	1766.11	6.09	3678.66
2003	459.15	4229.00	9250.40	2039.11	1968.74	6.16	4014.02
2004	482.15	4255.00	9190.95	2271.91	2101.67	6.50	4380.08
2005	525.16	4643.00	9178.59	2595.79	2405.69	6.81	5008.29
2006	537.16	4486.00	8396.14	2734.77	2394.07	6.41	5135.25
2007	557.05	4153.40	6978.20	2923.97	2285.29	5.50	5214.75
2008	571.85	3807.80	5907.12	3208.73	2239.69	4.97	5453.39
2009	589.34	3585.20	6164.11	3128.66	1995.10	4.91	5128.67

注：①在 1999 年之前水污染排放量，仅统计了工业水污染的排放量，而且不含有化学需氧量排放量以及氨氮排放量；②空气污染排放量包括 SO_2 排放量、烟尘排放量、粉尘排放量，但在 1999 年之前的统计中只包含工业企业的 SO_2 排放量、烟尘排放量、粉尘排放量，不包含居民生活过程中产生的排放量；③固体废弃物排放量从 2003 年起有对居民生活固体废弃物排放量的统计，在此之前仅统计工业企业的固体废弃物排放量，但是鉴于居民生活中固体废弃物排放数量较大，故为了弥补 2003 之前的缺失数据，本文采用 2003 ~ 2009 年平均居民生活固体废弃物排放量作为 1990 ~ 2002 年的居民生活中固体废弃物排放量。

三、政策路径的选择标准

由于不同的政策变量会对环境库兹涅茨曲线（EKC）位置、曲率产生影响，而位置变化又引起拐点代表的收入水平和一国初始收入水平相对位置发生变化，曲率的大小反映单位收入变化对污染指标影响的大小。于是，笔者认为合理的治理政策选择原则应该是：在收入水平一定的条件下，该政策的实施有助于将环境污染指标降低到相对最低的水平。在这一标准的指导下，结合环境库兹涅茨曲线的特征，可以通过以下两个具体标准选择治理环境污染的路径。

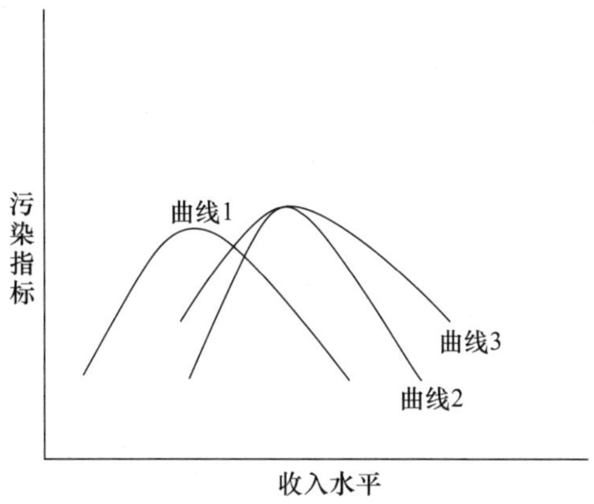

图 1　变量对环境库兹涅茨曲线的影响

标准 1：在拐点处对应收入水平相等条件下，选择相对位置更接近横轴的环境库兹涅茨曲线所代表的治理政策。如图 1 所示，环境库兹涅茨曲线在政策 2、政策 3 影响下，分别形成了曲线 2、曲线 3，在这种情况下，如果从库兹涅茨曲线曲率变化角度分析，政策 2 要优于政策 3，原因是当收入处于较低的发展阶段时，政策 2 产生的污染指标水平要低于政策 3 产生的水平；在收入水平处在相对较高的发展阶段时，当收入进一步增长，政策 2 使环境污染指标下降的速度要快于政策 3。

标准 2：在拐点处对应收入水平差异较大的条件下，政策的选择随着实体经济收入水平的变化而不断调整。如图 1 所示，从曲线位置变化角度分析，政策 1 和政策 2 进入环境库兹涅茨曲线之后，使相同形状的曲线发生了位移，如果该国初始收入水平较低，无论使用政策 1 还是政策 2 都加速环境的恶化，假如先选择政策 2，在收入增长相同的条件下，沿着污染程度较轻的路径推动经济增长，当收入达到中等水平时，政策 1 相对政策 2 更为合理，保证了在经济增长过程中环境状况的改善；如果该国初始收入处于中等水平，政策 2 治理的结果是经济增长的同时环境污染沿着曲线 2 进一步上升，但是政策 1 相对较为合理，既保证了经济增长又能使环境污染指标进一步下降；如果该国初始收入处于高水平阶段，虽然政策 1 和政策 2 都能使环境得到改善，但是政策 1 在同样增长速度下环境污染程度最小。可见，在一定条件下，一国初始收入水平对于治理环境污染政策的选择有着非常重要的作用。

四、模型构建与说明

为了分析我国现阶段环境治理的路径，本文借鉴 Cole 建立的污染排放损失模型，在反映环境库兹涅茨曲线的基础上，引入产业结构、国际贸易等变量：

$$\ln Loss_t = \beta_1 \ln GDP_t + \beta_2 (\ln GDP_t)^2 + \beta_3 \ln INP_t + \beta_4 \ln EX_t + \beta_5 \ln IM_t + \beta_6 \ln FDI_t + \beta_7 INS_{2,t} + \beta_8 INS_{3,t} + u_t \quad (4)$$

该式主要从总量上对政策变量进行分析，式中 $Loss_t$ 表示每年总环境退化成本；GDP_t 表示国内生产总值，根据一次项系数和二次项系数可确定环境库兹涅茨曲线的位置以及曲率大小；INP_t 表示每年治理工业污染投资完成额，反映污染投资对环境改善的影响；EX_t 表示出口额，IM_t 表示进口额，FDI_t 表示外商直接投资资本存量，三个变量则用于衡量开放政策对于我国环境污染的影响；$INS_{2,t}$表示第二产业比重，$INS_{3,t}$表示第三产业比重，产业比重的变化是产业结构调整政策的重要体现，而且由于三大产业的比重之和等于 1，本文为了避免变量之间的多重共线性问题，未将第一产业比重纳入模型之中。

模型中环境退化成本通过本文第二部分测算所得，环境退化成本、国内生产总值、外商直接投资资本存量（该指标值采用王小鲁等于 2009 年测标所得结果）、进出口额以及工业污染投资完成额均通过 1978 年价格指数进行折算。以上数据均来自历年《中国统计年鉴》。

五、实证结果与分析

为了对比国内总产值、国际贸易、外商直接投资资本存量、产业结构以及治理污染完成投资额等因素对环境库兹涅茨曲线的影响，对式（4）进行逐次回归，结果见表 3。

表 3　环境退化成本与主要经济变量回归结果

解释变量	模型 1	模型 2	模型 3	模型 4	模型 5	模型 6
$\ln GDP_t$	1.266644 * (21.83593)	1.286973 * (23.22922)	1.303581 * (37.99892)	1.177094 * (26.45286)	0.774120 ** (2.662894)	1.517455 * (6.175100)
$(\ln GDP_t)^2$	−0.056456 * (−10.00819)	−0.050913 * (−8.228650)	−0.071123 * (−13.57409)	−0.066627 * (−8.123595)	−0.048505 * (−5.438174)	−0.075813 * (−7.007286)
$\ln FDI_t$	—	−0.125622 (−0.126046)	—	—	—	0.075179 (1.180567)
$\ln INP_t$	—	—	0.268939 * (3.661263)	—	—	0.224575 (1.636178)
$\ln EX_t$	—	—	—	−0.302308 (−1.545134)	—	−0.526315 *** (−1.951845)
$\ln IM_t$	—	—	—	—	0.524297 ** (2.674877)	0.589404 ** (2.779937)

续表

解释变量	模型 1	模型 2	模型 3	模型 4	模型 5	模型 6
$INS_{2,t}$	—	—	—	—	5.008804 (1.534650)	-3.673925 (-1.201413)
$INS_{3,t}$	—	—	—	—	4.778848*** (2.034484)	-2.131559 (-0.884648)
AR (1)	0.983726* (4.192363)	0.886666* (4.219958)	—	0.612705** (2.234097)	0.424267*** (1.821793)	—
AR (2)	-0.615077** (-2.604644)	-0.691215** (-2.672563)	—	-0.507548*** (-1.961023)	—	—
D - Wstat	1.677715	2.154880	1.345176	2.150927	1.348599	1.926244
Adjusted - R^2	0.639039	0.6490255	0.594083	0.717112	0.594065	0.724387
转折点	11.217975	12.638943	9.164272	8.833461	7.979796	10.007881

注：*，**，***分别表示1%，5%，10%的显著性水平，括号内表示该估计参数的 t - 统计值。

模型 1 反映出我国环境退化成本与国内生产总值存在倒“U”型关系，且该模型在修正二阶自相关后所得（AR（1）、AR（2）系数通过5%显著性检验）。二次曲线的拐点11.22，而我国 2009 年以 1978 年为基期所计算的国民收入为 65425.87 亿元，取对数值为 11.09，说明我国目前的经济发展状况在没有其他条件影响的条件下，已接近环境库兹涅茨曲线的拐点，但仍处于环境库兹涅茨曲线拐点的左端，表明经济规模的进一步扩大，环境污染的程度会有所加剧，这和大多数学者的研究结果相一致。

模型 2 在模型 1 的基础上加入外商投资资本存量，对应的回归系数为 -0.125622。虽然该系数未通过显著性检验，但能从系数的正负上判断出外商直接投资资本存量的增加能够在一定程度上降低环境污染损失，说明外商投资一般情况下都流向了“干净”产业，对减少环境退化成本具有一定的促进作用。

模型 3 在模型 1 的基础上加入每年治理工业污染投资完成额（INPt），回归系数为正，约为 0.27，治理工业污染投资额的增加将引起环境退化成本的增长，表明治理环境污染投资的增加加速了环境恶化。这一结论的出现，原因可能在于：一方面治理环境污染投资没有完全形成规模，投资项目降低环境退化成本的程度跟不上退化成本快速增加的需要；另一方面也可能是由治理污染投资项目的低效率所致，如项目规划不合理、技术指标不过关等因素，可能导致项目本身和环境退化成本的增加。

模型 4 主要分析了国际贸易对环境退化成本的影响，结果显示出口变量所对应的回归系数没有通过显著性检验，表明出口对环境退化成本影响不显著，回归系数为负，说明出口扩大不会加速环境的恶化；相反，进口对应的回归系数不仅通过了显著性检验，而且为正，进口增长将导致环境退化成本增加，国际贸易进口部门的扩张会加速环境的恶化，对进口部门的合理调整有助于环境改善。

模型 5 从产业结构角度对环境退化成本进行分析，结果显示，第二产业比重对应的回归系数虽然为正，却没有通过显著性检验，说明第二产业比重的变化对我国环境成本没有产生显著影响，但这并不意味着我国第二产业各部门的生产活动不影响环境退化成本，原因可能在于我国长期对第二产业内部进行调整，鼓励高污染、高耗能的制造业企业进行技术创新，向低污染、低耗能、高效率生产方式转变；第三产业的比重对应系数为正且通过显著性检验，说明第三产业比重上升会使环境退化成本提高，加速了环境的恶化，这一结论和传统产业发展规律产生了冲突，其原因可能在于模型的设定未包含其他重要影响变量，但更有可能是第三产业中污染企业规模相对较小，无法承担起治理污染的投资成本，而且小规模企业往往环保意识不强，忽视对污染物的处理。

模型 6 是式（4）的估计，该模型综合分析了所要研究的所有政策因素对环境退化成本的影响，结果显示当国际贸易、治理污染投资以及产业结构调整等因素共同作用于环境退化成本时，污染治理投资和产业结构的调整不能有效发挥降低环境污染的作用。相反，国际贸易对改善环境的积极作用得到进一步的加强，特别是出口贸易部门，能够对环境的改善起到积极作用，出口部门对环境的积极影响能够在一定程度上削弱进口部门对环境的威胁。

从 6 个模型的估计结果看，解释变量不同，则我国国内生产总值所处阶段就会不同，目前的国内生产总值处于模型 1、模型 2 拐点左端，说明经济增长仍会对环境带来很大压力；但是按照模型 3 至模型 6 的估计结果，我国 GDP 已越过环境库兹涅茨曲线拐点，经济增长有助于降低环境退化成本。这一结论和我国目前的现实经济状况相违背，探究其原因可能有两个方面：一是在计量模型的分析中，仍可能遗漏了一些重要的解释变量；二是我国目前实施的环境治理政策共同作用于环境污染时，存在低效率，甚至是无效率（模型 6），从而引起实证模型的估计与现实经济出现不一致的情况。因此，为了提高政策利用效率，改善环境质量，就需要有重点、有针对性地应用环境治理政策。根据表 3 回归结果，可得具体库兹涅茨曲线的形状，这为调整经济增长与环境污染之间冲突的路径选择提供了分析依据。如图 2 所示，图中垂直于横轴的直线表示当前我国 GDP 水平，根据 GDP 变量一次项、二次项对应的系数就能判断出环境库兹涅茨曲线的弯曲程度以及拐点位置，图中数字代表了该曲线对应的模型。由函数性质可知，二次项系数越小则曲线越平缓，只有模型 5 所反映的收入与环境退化成本弹性最小，而且拐点处对应相对最小的国内生产总值，这才决定了模型 5 拟合的环境库兹涅茨曲线位于当前收入水平的左侧，并将当前国内生产总值对应数值代入模型 5 中也会得到比其他模型相对较低的环境退化成本。根据前文论述的选择合理政策的原则和标准，在我国目前的产出水平下，首先应采取产业结构调整的方式，降低环境退化成本。另外，合理发展对外贸易也是降低环境成本的重要手段，因为从曲线 4 分析，在目前国际贸易水平下，随着国内总产值的增长，降低环境退化成本的作用仅次于产业结构调整，而且商品出口无论在模型 6 中还是在模型 4 中都对环境退化成本降低有一定影响。对于外商直接投资方面，实证结果显示只有在产出处于非常高的阶段时，外商直接投资资本存量增加才能对降低环境成本起到积极作用。而治理污染投资的政

策，在配合国际贸易和产业调整政策共同治理环境退化成本时，无论从图 2 还是从回归结果分析，都不能降低环境退化成本。

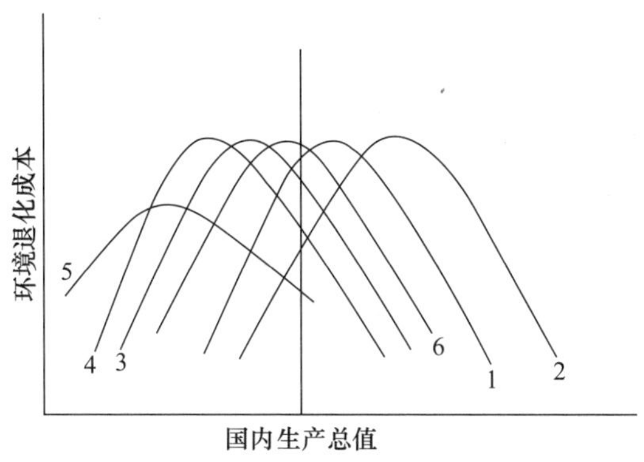

图 2　环境库兹涅茨曲线的变化

综合上述分析，就我国目前发展水平，首先应该进行产业结构调整，其次优化进出口结构，这应是缓解经济增长和环境污染冲突最主要的途径，是实现经济增长、保护环境的较好路径选择。

六、结论与不足

本文将环境退化成本作为环境污染指标，通过与国内生产总值、对外贸易、产业结构等经济变量进行分析，主要得出以下几点结论：第一，我国经济增长过程中，总环境退化成本在不断增加，其中水污染、大气污染成为环境污染的主要来源。第二，我国目前的国内生产总值水平，在以环境退化成本为污染指标的环境库兹涅茨曲线中，在不考虑政策因素的影响下，仍未超越曲线的拐点。第三，当多种环境治理举措共同影响环境污染指标时，个别措施出现了低效率甚至是无效率，这成为实证估计与现实经济状况产生差异的原因之一。第四，中国作为最大的发展中国家，在目前的国内产出水平上，首先要依靠产业结构调整治理环境污染，进一步加快第二产业内部高污染、高耗能企业的转型，同时也不能盲目扩大第三产业比例；然后是国际贸易相关政策，鼓励出口、限制进口，通过“清洁”产品的出口降低本国环境退化成本。

本文虽然得出了一些有意义的结论，但由于环境库兹涅茨曲线对加入模型中的解释变量比较敏感，曲线的形状位置均会受到影响，因此，仍需要寻找一个较为稳定的模型分析经济增长与环境之间的关系、探寻两者之间的合理路径。另外，本文虽然就环境治理政策选择的原则和标准进行了初步的细化，但在具体应用和研究上还有待进一步检验和完善。

参考文献

[1] Grossman G. M., Krueger A. B. Environmental Impacts of a North American Free Trade Agreement [R]. National Bureau of Economic Research Working Paper, 1991.

[2] Grossman G. M., Krueger A. B. Economic Growth and the Environment [J]. The Quarterly Journal of Economics, 1995, 110 (2): 353 - 377.

[3] Sherry Bartz, David L. Kelly. Economic Growth and the Environment: Theory and Facts [J]. Resource and Energy Economics, 2008, (30): 115 - 149.

[4] David I. Stern. The Rise and Fall of the Environmental Kuznets Curve [J]. World Development, 2004, 32 (8): 1419 - 1439.

[5] Gürlük S. Economic Growth, Industrial Pollution and Human Development in the Mediterranean Region [J]. Ecological Economics, 2009 (68): 2327 - 2335.

[6] 许士春，何正霞. 中国经济增长与环境污染关系的实证分析[J]. 经济体制改革，2007 (4): 22 - 26.

[7] 符森. 我国环境库兹涅茨曲线：形态、拐点和影响因素[J]. 数量经济技术经济研究，2008 (11): 40 - 55.

[8] Panayotou Theodore. Demystifying the Environmental Kuznets Curve: Turning a Black Box into a Policy Tool [J]. Environment and Development Economics, 1997 (2): 465 - 484.

[9] Dasgupta S., Laplante B., Wang H., Wheeler D. Confronting the Environmental Kuznets Curve [J]. Journal of Economic Perspectives, 2002 (16): 147 - 168.

[10] Harbaugh W., Levinson A., Wilson D. M. Re - examining the Empirical Evidence for an Environmental Kuznets Curve [J]. The Review of Economics and Statistics, 2002 (84): 541 - 551.

[11] Hettige Hemamala, Muthukumara Mani, David Wheeler. Industrial Pollution in Economic Development: The Environmental Kuznets Curve Revisited [J]. Journal of Development Economics, 2000 (62): 445 - 476.

[12] Bruyn De S. M. Explaining the Environmental Kuznets Curve: Structural Change and International Agreements in Reducing Sulphur Emissions [J]. Environment and Development Economics, 1997 (24): 485 - 503.

[13] 林伯强，蒋竺均. 中国二氧化碳的环境库兹涅茨曲线预测及影响因素分析[J]. 管理世界，2009 (4): 27 - 36.

[14] 包群，彭水军. 经济增长与环境污染：基于面板数据的联立方程估计[J]. 世界经济，2006 (11): 48 - 58.

[15] 张友国. 经济发展方式变化对中国碳排放强度的影响[J]. 经济研究，2010 (4): 120 - 132.

[16] Copeland B., Taylor M. S. Trade, Growth, and the Environment [J]. Journal of Economic Literature, 2004 (42): 7 - 71.

[17] 刘渝琳，温怀德. 经济增长下的 FDI、环境污染损失与人力资本[J]. 世界经济研究，2007 (11): 48 - 55.

[18] 韩玉军，陆旸. 门槛效应、经济增长与环境质量[J]. 统计研究，2008, 25 (9): 24 - 31.

［19］沈利生，唐志．对外贸易对我国污染排放的影响［J］．管理世界，2008（6）：21－29，187.

［20］张友国．中国贸易增长的能源环境代价［J］．数量经济技术经济研究，2009（1）：16－30.

［21］李小平，卢现祥．国际贸易、污染产业转移和中国工业 CO_2 排放［J］．经济研究，2010（1）：15－26.

［22］李钢，马岩，姚磊磊．中国工业环境管制强度与提升路线［J］．中国工业经济，2010（3）：31－41.

［23］国家环保总局．中国绿色国民经济核算研究报告 2004［R］．2006.

［24］Cole M.，Ellion R.，Wu S. Industrial Activity and the Environment in China：An Industry－level Analysis［J］．China Economic Review，2008（19）：393－408.

Research on the Path of Ajusting Conflict between Environmental Pollution and Economic Growth in China

——Based on Analysis of Environmental Degradation Cost

Li Juan－wei　Ren Bao－ping

(School of Economics and Management，Northwest University，Xi'an Shaanxi 710127，China)

Abstract：This paper selects relative data of our country from 1990 to 2009. Firstly，it uses these selected data to estimate the environmental degradation cost. It is found that environmental degradation cost shows a rising trend. The environmental degradation cost mainly results from water pollution and air pollution. Second，we take this cost as the indicator of environmental pollution and combine it with the characteristics of the Environmental Kuznets Curve. We also establish the criteria of choosing a policy path to control pollution，to see whether the policy can effectively put the indicator of pollution down to a comparative lower level. According to those，we can analyse the path of the coordinating the conflicts between economic growth and environmental pollution. The empirical results indicate that not considering the effects of policies，the GDP level of our country is on the left of the turning points of Environmental Kuznets Curve. It means that increasing the domestic products can make the environment condition worse. Another result is that when all of the controlling pollution measures are put into practice，some performances of those policies are at a low level，even of no efficiency. The last conclusion is that at present in order to guarantee the sustaineahce economic growth and reduce the environment cost，the policy path is that firstly we should pay great attention to the adjustment of industrial structure. It means we should keep the proportion of the secondary industry at a reasonable level and strictly supervise the pollution enterprises in the process of developing the tertiary; Industry. The second step is to adjust the proportion of import and export and to stimulate export. The policy of attracting foreign direct investment and the government investment to deal with pollution at the present development stage of our country can not effectivelyreduce the the environmental degradation cost of economic growth.

Key Words: environmental degradation cost; economic growth; Environmental Kuznets Curve; industrial structure; international trade

中国的能源发展与应对气候变化

何建坤

（清华大学现代管理研究中心，北京　100084）

【摘　要】 我国当前经济社会发展既受到资源环境的瓶颈性制约，也面临全球应对气候变化、减缓碳排放的严峻挑战。我国大力推进节能和减缓 CO_2 排放，GDP 的 CO_2 强度下降速度为世界瞩目，但由于工业化阶段 GDP 快速增长，CO_2 排放仍呈增长快、总量大的状况。我国把国内可持续发展与全球应对气候变化相协调，实现绿色、低碳发展的目标。加强产业结构的战略性调整，进行产业升级，促进结构节能；大力推广节能技术，淘汰落后产能，提高能源效率；积极开发和利用新能源和可再生能源，优化能源结构，降低能源结构的含碳率，中近期以大幅度降低 GDP 的能源强度和 CO_2 强度为主要目标，到 2030 年前后要努力使 CO_2 排放达到峰值，到 2050 年再有较大幅度的下降，以适应全球控制温升不超过 2℃ 长期减排目标下国际合作应对气候变化的进程和形势。"十二五"期间将进一步强化措施，进行能源消费总量控制，建立 CO_2 排放统计、核算和考核体系，积极推进碳交易市场机制，这也将成为加快转变经济发展方式的重要着力点。

【关键词】 气候变化；能源战略；CO_2 减排；低碳经济；可持续发展

自 1992 联合国环境发展大会倡导可持续发展 20 年来，我国在理论和实践方面积极探索中国特色的可持续发展之路，促进人与自然协调发展，并已取得了显著成效。但由于中国底子薄、资源禀赋差、生态环境脆弱，又处于工业化和城市化快速发展阶段，实现经济社会与资源环境的协调和可持续发展面临严峻的挑战，是艰巨的任务。另外，在当前全球应对气候变化形势下，我国也面临节约能源、优化能源结构、减缓碳排放的压力和挑战。因此，我国需要把国内可持续发展与全球应对气候变化密切结合，走出中国特色的以绿色、低碳为重要特征的可持续发展道路。

作者简介：何建坤，教授，博导，中国可持续发展研究会副理事长，原清华大学常务副校长，主要研究方向为能源系统工程与应对气候变化。

基金项目：教育部人文社会科学重点研究基地重大项目（编号：10JJD630011）。

一、中国能源发展与应对气候变化面临的形势与挑战

（一）中国节能和减缓 CO_2 排放的形势与挑战

我国坚持节约资源、保护环境的基本原则，努力建设资源节约型、环境友好型社会，把节能放在能源战略中的首位，并取得了显著成效。1990～2010 年，我国 GDP 年均增长率为 10.45%，能源消费年均增长率为 6.14%，以 0.59 的能源消费弹性，支撑了经济社会的持续快速发展。在这 20 年内，单位 GDP 的 CO_2 强度下降了 57%，同期发达国家下降幅度平均不到 30%，世界平均也只有 15% 左右，我国在节能和减缓 CO_2 排放方面所取得的成效世界瞩目。

但是，我国基本国情和发展阶段的特征，使我国在应对气候变化领域上，面临比发达国家更严峻的挑战。我国处于工业化、城市化快速发展阶段，由于 GDP 较快增长，能源消费和 CO_2 排放呈现总量大、增长快的趋势。1990～2010 年，GDP 增长 7.3 倍，CO_2 排放总量也增长 3.1 倍，成为世界第一排放大国。能源消费量由 1990 年 9.87 亿吨标准煤当量增加到 2010 年 32.5 亿吨标准煤当量，增长 2.3 倍。人均 CO_2 排放量 1990 年约为世界平均水平的一半，目前已经超过世界平均水平，每年 CO_2 排放增长量占世界增长量的一半以上。改变能源需求和 CO_2 排放总量较快上升的趋势仍是当前的艰巨任务。

我国能源领域技术进步显著，能效快速提高，主要高耗能产品能源单耗每年以 1.5%～2.5% 的速度下降，供电煤耗近 10 年下降 50 克标准煤/千瓦时，2010 年平均供电煤耗已下降到 335 克标准煤/千瓦时，超过美国的平均水平进入世界先进行列。但近年来重化工业和高能耗产业的快速发展，削弱或减缓了技术进步导致的 GDP 能耗强度下降的趋势。这也是“十五”期间 GDP 能源强度上升的主要原因。“十一五”期间，我国加大了节能降耗的工作力度，2006～2010 年淘汰落后炼铁产能 1.1 亿吨，炼钢产能 6800 万吨，水泥产能 3.3 亿吨，淘汰小火电机组 7200 多万千瓦。同时努力调整产业结构，促进产业升级，扭转了“十五”期间 GDP 能源强度上升趋势，并取得了下降 19.1% 的显著成效。

我国可再生能源、核能发展迅速，比重持续增加，但相当长时间内仍不能满足新增能源需求，煤炭等化石能源消费量仍会持续增长。2005～2010 年，新能源和可再生能源供应量增长 60%，占一次能源比重由 6.8% 上升到 8.3%，可再生能源年均增长速度和增长量均居世界前列。但同期煤炭消费量仍增长了 8.9 亿吨，增幅 38%，导致 CO_2 排放总量的增长。今后相当长时期内，煤炭等化石能源的消费量仍会持续有所上升。我国以煤炭为主的一次能源构成短期内不会有根本性转变。我国特有的资源禀赋，使单位能源消费的 CO_2 排放比发达国家高出 1/4 左右，优化能源结构仍是一项长期的战略任务。

（二）全球应对气候变化目标和形势对中国的影响与挑战

自 1992 年通过《联合国气候变化框架公约》以来，世界走上了应对气候变化的进程。尽管气候变化在科学上仍有某些争议，在应对气候变化责任和义务的分担上发达国家和发展中国家也存在尖锐的矛盾和斗争，但全球合作减缓温室气体排放，关注全球气候也已成为广泛共识，包括发展中大国在内的世界主要国家也都开展了实质性的减缓行动。

2009 年底，哥本哈根气候大会就未来控制全球温升不超过 2℃达成共识，这意味着未来将极大压缩全球的温室气体排放空间。欧盟等发达国家进一步提出，到 2050 年全球温室气体排放比 1990 年至少减少 50%，发达国家减排 80% 的长期减排目标。当前发达国家和发展中国家的温室气体排放量大体相当，而发达国家的人口仅占全球的 20%。到 2050 年即使发达国家减排 80%，实现全球减排 50% 的目标，发展中国家总体上也要减排 20%。减缓温室气体排放主要是减缓化石能源消费的 CO_2 排放，发展中国家未来现代化进程中能源消费的 CO_2 排放到 2050 年的需求将达到 1990 年的 3 ~ 4 倍，未来全球长期减排目标与发展中国家的发展需求将形成尖锐的矛盾，从而将严重制约发展中国家未来的发展空间。

1990 年全球与能源相关的 CO_2 排放量为 210 亿吨，到 2050 年至少减半，届时全球允许排放量只有 100 亿吨，而届时世界人口将达 90 亿 ~ 100 亿人，人均年排放量只有 1 吨多，照此测算我国届时需比目前减排 2/3 以上。我国 2010 年 CO_2 总排放量已超过 70 亿吨，人均超过 5 吨，到 2020 年或将达到 100 亿吨左右，其后仍将缓慢上升。即使 2030 年后排放达到峰值，到 2050 年实际排放需求仍将远高于全球减排目标下的人均排放水平。因此碳排放空间的短缺会成为我国未来经济社会持续发展最主要的制约因素之一。因此，我国向低碳发展转型将面临长期艰巨的任务。

（三）全球应对气候变化进程对经济、贸易等领域的影响与挑战

应对气候变化进程中将引发新的经济和贸易的竞争和争端，对我国经济发展和进出口贸易将带来新的挑战。碳关税将成为发达国家向发展中国家施加减排压力的单边贸易措施，法国、意大利等欧盟国家正在积极推动向环保立法不如欧盟严格的国家征收碳关税。碳关税将对我国出口贸易产生较大影响，据测算，如对我国出口欧美的产品征收 35 ~ 60 美元/每吨二氧化碳的关税，则相应关税总水平将提高 2. 5 ~ 4. 4 个百分点。这对我国低增加值、高能耗的制造业产品的出口将造成重要影响，但也可能成为我国改变出口产品结构，提升出口产品价值链的动力和机遇。

欧盟已通过指令立法程序，决定自 2012 年 1 月 1 日起，正式将在欧盟境内起降的所有国家航班的排放数据都纳入欧盟的碳交易系统（EU - ETS），规定 2012 年和 2013 年的总排放额度要比 2004 ~ 2006 年排放平均水平分别减少 3% 和 5%，其中 82% 为免费发放额度，15% 为拍卖额度，3% 预留给发展快或新进入的公司。对各相关航空公司的分配配额则以 2010 基准年运输量水平作为依据，不足部分需在欧盟碳市场上购买。欧盟的做法显

然违背了《气候变化框架公约》中的“共同但有区别的责任”原则，其措施对我国快速发展的国际航空业务带来经济上的影响和损失可能会大于规模基本稳定的发达国家。

发达国家通过征收“碳关税”、设置“绿色贸易壁垒”等单边措施，以及强行推进国际航空、航海等部门的减排，在向发展中国家施加减排压力的同时，也存在以此打压新兴发展中大国在国际贸易中日益上升的竞争力，锁定或扩大与发展中国家差距的战略意图。而对其在《公约》下向发展中国家应对气候变化提供资金、转让技术，帮助进行能力建设的义务，尽管在《哥本哈根协议》中有所承诺，但至今仍无实质性进展，即使是发展中国家商业性的高技术出口也存在诸多管制和障碍。

（四）全球低碳发展潮流对我国国际竞争力的影响与挑战

实现全球控制温升不超过2℃的目标，世界各国都将面临排放空间不足的严峻挑战。经济发展不断增长的能源需求与减少 CO_2 排放形成尖锐矛盾，发展低碳经济成为全球在可持续发展框架下应对气候变化的必然选择。低碳经济的概念由英国政府在 2003 年的能源白皮书中首次提出，很快为世界各国所认同。低碳经济的内涵是以低自然资源消耗、低排放、低污染，实现高的碳生产率，从而达到高的经济社会发展水平以及高的生活水平和生活质量的一种经济发展模式。其核心内容是：发展低碳能源技术，提高能源效率，改善能源结构，转变经济增长方式，建立低碳经济发展模式和低碳社会消费模式，长远实现温室气体近零排放，实现经济社会与资源环境的协调和可持续发展。低碳经济的发展模式被认为是人类社会由工业文明向生态文明过渡的根本性战略选择，是协调物质文明和生态文明的关键结合点，低碳将成为生态文明的重要标志之一。

在可持续发展框架下应对气候变化，发展低碳经济，关键在于提高碳生产率，即提高单位碳排放所产出的经济效益。碳生产率被定义为 GDP 与碳排放量的比值。在未来全球碳排放空间严重制约的情况下，碳排放空间将成为比劳动力、资本、土地等自然资源更为紧缺的生产要素。协调发展和减排矛盾的出路在于大幅度提高碳生产率，也就是大幅度降低 GDP 的碳强度（碳生产率与 GDP 的碳强度互为倒数）。到 2050 年，全球 GDP 将达目前的 4 ~5 倍，如按欧盟等发达国家倡导的碳排放减半目标测算，届时的碳生产率要比目前提高 8 ~10 倍，也就是 GDP 的碳强度要下降 90% 左右，这将大大超过工业革命以来劳动生产率提高的速度。我国未来保持经济社会持续、稳定、较快发展，到 2050 年我国的 GDP 将达目前的 10 倍左右，而 CO_2 排放则需减少 2/3，碳生产率需提高 30 倍，这对我国而言更是巨大的挑战。

全球低碳经济的发展趋势将引发世界范围内经济社会发展方式的重大变革，从而影响国际经济技术竞争格局的变动。低碳将成为一个国家核心竞争力的体现。夺取低碳技术的竞争优势和制高点，也是大国参与气候变化领域博弈的重要动因和战略目标。发达国家旨在凭借自身在能效和新能源领域的技术优势，向发展中国家扩展市场，扩充新的经济增长点，增强其经济活力。因此，我国要加强技术创新，发展低碳战略新兴产业，打造低碳核心竞争能力，实现跨越式发展。

总之，我国当前面临对外争取发展空间，对内实现低碳发展的双重艰巨任务，需要统筹国际国内两个大局。对外坚持《气候变化框架公约》的原则，努力争取合理的排放空间和公平发展的权利。人均累积 CO_2 排放体现了一个国家的历史责任，也反映了一个国家利用全球有限大气空间为自身现代化建设和社会财富积累所做的累积贡献；1860～2005年，中国人均累积 CO_2 排放不及发达国家平均水平的1/10，不及美国的1/20。我国坚持人均累积排放所体现的公平理念，在国际谈判中维护我国及广大发展中国家的合理权益。同时，我国也努力推进全球合作行动的进程，发挥积极的、建设性的作用，展现负责任大国形象。在国内要努力转变经济发展方式和社会消费方式，实现低碳发展，促进保护全球气候与国内可持续发展的双赢。

二、中国节能和减缓 CO_2 排放、实现低碳发展的目标和途径

（一）中国减缓 CO_2 排放的目标

在哥本哈根大会前夕，我国提出了到2020年单位GDP的 CO_2 排放比2005年下降40%～45%的自主减排目标，这是我国统筹国内节能减排、促进可持续发展与全球应对气候变化、减缓碳排放国内国际两个大局的战略选择，也是我国当前应对气候变化，实现低碳发展的重要目标和着力点。

我国在提出单位GDP的 CO_2 强度下降目标的同时，还提出到2020年非化石能源在一次能源构成中的比重由2005年的6.8%上升到15%的目标。实现上述目标，2020年单位能源消费的 CO_2 排放因子可比2005年降低10%以上。在此条件下，GDP能源强度只要下降约40%，即可使GDP的碳强度下降45%。

"十一五"期间，我国提出单位GDP的能源强度下降20%左右的目标，这是实现2020年自主减排目标的第一个阶段性目标。到2010年底，单位GDP的能源强度比2005年已下降19.1%，非化石能源比重由6.8%上升到8.3%，相应GDP的 CO_2 强度下降约21%。"十二五"期间，我国又提出单位GDP的能源强度下降16%，单位GDP的 CO_2 强度下降17%的目标。在"十二五"末实现上述目标后，"十三五"期间只要GDP的 CO_2 强度再下降15%～16%，即可实现2020年单位GDP的 CO_2 强度比2005年下降45%，达到我国自主减排目标的预期效果。

我国"十二五"期间GDP能源强度下降16%的目标，虽然低于"十一五"期间所实现的19.1%的下降幅度，但其实现的难度将大于"十一五"期间。由于GDP的快速增长，总量增大，实现GDP能源强度每下降一个百分点所需要的节能量增大。"十二五"期间，GDP能源强度下降16%，所需形成的节能能力要达7亿～8亿标准煤当量，大于"十一五"期间GDP能源强度下降19.1%所形成的6.3亿吨标准煤当量的节能能力。另

外，随着淘汰落后产能，推广先进节能技术的进展，技术节能难度加大，形成单位节能能力的资金和技术投入都将大于“十一五”期间。据麦肯锡测算，“十二五”期间的节能技术推广，依靠项目本身收益不能收回投资的资金投入也要由“十一五”期间的20%上升到“十二五”期间的40%。发达国家的发展历程都表明，在其工业化阶段GDP的能源强度都呈上升趋势，即使完成工业化阶段较晚的日本和韩国也都呈现了相同规律。日本1960~1974年GDP的能源强度上升23%，韩国1971~1998年上升45%。我国在工业化阶段大幅度降低GDP的能源强度和碳强度，体现了我国转变经济发展方式，实现低碳发展的决心和成效。

（二）降低GDP能源强度和碳强度，实现自主减排目标的主要途径

与发达国家相比，我国GDP能源强度和碳强度都比较高。2010年我国GDP数量约占全球的9.5%，一次能源总消费量则约占全球的19%，单位GDP的能源强度约为世界平均水平的两倍。2010年我国GDP总量与日本相当，但能源消费量则为日本的4.5倍；该年我国能源消费总量与美国相当，但GDP总量却约为美国的40%。由于我国能源结构中煤炭的比重大，所以GDP的CO_2强度与发达国家的差距比能源强度更大。我国GDP能源强度高，除能源转换和利用效率仍低于发达国家的技术数据外，我国当前发展阶段特有的第二产业特别是高耗能产业比重高、制造业产品价值链低等结构性因素所起的作用更为主要，这说明我国在提高能源利用及相应碳排放的经济产出效益方面具有较大潜力，但也表明我国的GDP能源强度与CO_2强度要赶上发达国家的水平，需要在相当长的历史时期内不懈努力。这与我国缩小同发达国家发展水平差距一样，是一项长期而艰巨的任务。

促进GDP的CO_2强度下降的因素包括节能所导致的GDP能源强度下降和能源结构优化导致能源构成中含碳率下降两方面的因素。其中节能又可分为导致能源效率提高的技术节能，由于产业结构调整和升级以及消费结构变化所引起的结构节能。核心是努力建立以低碳排放为特征的产业体系和消费方式，当前应进一步加强的主要措施有：

（1）努力进行产业结构的战略性调整，促进结构节能。据测算，在GDP构成中，第二产业比重每下降一个百分点，相应第三产业比重增加一个百分点，引起GDP能源强度的下降可超过一个百分点。因此，要下大力度调整产业结构，优先发展高新技术产业和现代服务业，发展战略性新兴产业，限制高耗能产品产能的扩张，限制“两高一资”型产品的出口，降低高耗能产业在国民经济中的比重。同时进行传统产业的技术升级，促使产品向价值链高端发展，提高产品的增加值率，实现传统产业的低碳化发展。我国当前第二产业比重已达到或超过发达国家工业化阶段的上限峰值，钢铁和水泥产量也分别约占全球的45%和55%，冰箱、彩电、空调等家用电器的产量也超过世界总产量的一半以上，存在调整产业结构的潜力和条件。在“十二五”及其以后，结构节能要逐渐发挥越来越大的作用。

（2）继续大力推进技术节能，提高能源转换和利用效率。我国实施节能战略，近年来通过上大压小，推广先进节能技术，使高耗能产品的能源单耗持续下降，例如，2010

年与2005年相比，火电供电煤耗由370克标准煤/千瓦时下降到335克标准煤/千瓦时，降低9.5%，炼钢综合能耗下降12.8%，水泥综合能耗下降24.6%，我国能源转换和利用效率与发达国家的差距正在缩小。要继续加大力度，争取“十二五”以后，新增主要耗能设备能效指标达到国际先进水平，部分通用设备如汽车、电动机、家用电器等达到国际领先水平，继续发挥以提高能效为核心的技术节能的主导性作用。

（3）大力发展新能源和可再生能源，优化能源结构。提高核能、水电、风电、太阳能等新能源和可再生能源在一次能源构成中的比重，可在保障能源供应的同时，减少 CO_2 排放。实现到2020年非化石能源比重达15%的目标，需要有比较完善的新能源产业体系作为支撑。届时新能源和可再生能源供应量将达约7亿吨标准煤当量，约为2005年的4～5倍，年均增长率需10%以上。届时核电装机需超过7000万千瓦，水电3亿千瓦，风电1.5亿千瓦，太阳能发电和生物质燃料都需要较大发展。我国在“十一五”期间已采取了强有力的扶植和激励可再生能源发展的措施，例如，对风电装机和太阳能发电装机分别给予600元/千瓦和20元/峰值功率的补贴，实行上网电价优惠等。同时及时修改《可再生能源法》，为新能源企业的发展提供了良好的制度环境、政策环境和市场环境。日本福岛核事故近期对世界核电发展会产生一定影响，但更重要的是会促使各国吸取教训，提高核安全标准，健全核安全监管和应急机制，加快研发第四代先进堆型，促进核电产业更加安全地健康发展。1990～2005年促使单位GDP的 CO_2 强度下降的因素中，能源结构优化的贡献率约6%，2005～2020年，能源结构优化对实现GDP的 CO_2 强度下降40%～45%目标的贡献率将达20%左右。以可再生能源和核能逐渐替代煤炭等化石能源，是我国减缓 CO_2 排放的长期战略选择。

（4）引导公众消费行为，建立低碳社会消费方式。公众消费理念和消费方式是对企业生产行为的导向，也是实现向低碳发展方式转变的社会基础。因此，要把低碳型消费作为一种社会公德，引导、规范和制约社会公众的消费行为。倡导健康文明和适度的消费方式，提倡企、事业单位和个人积极参与，自觉行动。与低碳产业体系一样，低碳消费方式也将是未来构建低碳社会的重要组成部分。

建设以低碳排放为特征的产业体系和消费方式，是一项十分迫切而又需要长期坚持的艰巨任务，需要以观念创新、制度创新和技术创新为支撑，从而促进我国发展方式的根本性转变。

三、中国应对气候变化低碳发展路径下的长期能源战略选择

我国当前能源发展既受到国内资源供应能力和环境容量越来越强化的制约，也受到全球应对气候变化越来越严峻的挑战。碳排放空间的不足将成为我国长期现代化进程中的刚性约束。因此我国能源战略的中近期重点在于突破资源环境的瓶颈性制约，实现能源、环

境与经济社会的协调和可持续发展，长期则必须发展并逐步形成以新能源和可再生能源为主体的可持续能源体系，使 CO_2 排放达峰值并逐渐绝对减排，到 21 世纪末达到近零排放，以适应全球应对气候变化长期减排目标下世界低碳发展的趋势和潮流。为此我国长期能源战略需要突出如下几个方面：

（一）强化节能优先，引导需求，合理控制能源消费总量

在全球应对气候变化大背景下，中国已不可能再沿袭发达国家达到以高能源消费为支撑的现代化道路，必须走出以科技创新为支撑的资源节约型的工业化和现代化道路。因此，中国实现现代化的人均能源消费，应该也必须显著低于当前发达国家的水平。所以长期能源战略的指导思想，要从传统的单纯保障能源供给的思路，转变到同时调控需求，要以能源消费总量控制的目标促进发展方式的转变，促进能效技术和新能源技术的创新。中国工程院在《中国能源中长期发展战略研究》重大咨询项目报告中，提出了中国未来基于科学产能和用能的能源需求总量的控制目标，2020 年、2030 年和 2050 年分别约为 40 亿吨标准煤当量、45 亿吨标准煤当量和 55 亿吨标准煤当量，这就意味着 2010～2020 年，2020～2030 年，2030～2050 年的能源消费平均增长速度分别约为 2.1%，1.2% 和 1.0%。到 2050 年人均能源消费将控制在约 3.8 吨标准煤当量，远低于 2010 年 OECD 国家平均约 6.7 吨标准煤当量，日本约 5.6 吨标准煤当量，美国约 10.7 吨标准煤当量的水平。当然，该目标不是预测未来可能的能源需求量，而是在考虑国内能源科学产能的潜力、合理的能源进口规模，以及全球应对气候变化等因素下提出的一种低碳发展的情景构想，提出了一个非常艰巨而又很有意义的战略目标。实现这一目标即意味着未来能源消费对 GDP 的弹性要长期持续远小于 0.5，才能支撑国民经济社会持续较快和健康地发展。

从当前发展趋势看，我国 2015 年能源消费量即将突破 40 亿吨标准煤当量，2020 年即有可能达到 50 亿吨标准煤当量，2030 年就有可能突破 60 亿吨标准煤当量，这将不仅使国内资源环境制约日趋强化，而且在全球应对气候变化国际合作行动中也将受到越来越大的压力，这更彰显了加快转变经济发展方式、引导和调节能源需求、控制能源消费总量的重大意义。

（二）加快能源结构的低碳化，逐步建立并形成以新能源和可再生能源为主体的可持续能源体系

到 21 世纪末全球实现近零排放，除要努力形成资源节约型的发展方式外，核心是要建立以新能源和可再生能源为主体的能源结构，实现能源结构的低碳化。我国 2020 年新能源和可再生能源的比重可达 15%，其年供应量将达 7 亿吨标准煤当量，超过英国和德国并相当于日本 2010 年能源消费总量，成为有效抵消化石能源增长的替代能源。到 2030 年，可再生能源和核能的比重将达 20%～25%，年供应量将超过 10 亿吨标准煤当量，将成为与煤炭、石油和天然气等化石能源相并列的在役主力能源，并可望使煤炭消费达到峰值，峰值需求量争取控制在 35 亿～40 亿吨，使其生产量控制与资源环境相协调在科学产

能的范围内。到 2050 年，新能源和可再生能源的比重争取达到 1/3 左右，煤炭的比重下降到 40% 以下，单位能源消费的 CO_2 排放因子可比 2005 年下降 1/3 以上，为 21 世纪下半叶建成以新能源和可再生能源为主体的可持续能源体系奠定坚实的基础。

未来非化石能源比重增加的快慢，也与能源需求总量增长的快慢密切相关，如果未来能源需求总量得到有效控制，在新能源和可再生能源快速发展的形势下，化石能源增长速度就会相对缓慢，能源结构就能够得到迅速优化。所以，控制能源需求总量也可同时达到促进能源结构优化的效果。

（三）确立 CO_2 排放峰值目标，强化 CO_2 减排

联合国气候大会通过的《坎昆协议》，明确提出将在南非德班气候大会上讨论全球长期减排目标和全球及国别的排放峰值问题，欧盟等发达国家以及小岛屿国家都在倡导全球排放 2015 ~2025 年达到峰值，2050 年碳排放比 1990 年减少 50% ~80% 。中国作为最大发展中国家，2010 年能源消费的 CO_2 排放约占全球的 23% ，而当前每年新增的 CO_2 排放也占全球增量的一半以上。中国碳排放达到峰值的时间将对全球碳排放的峰值年份有决定性的影响。

我国当前制定 2020 年的 CO_2 自主减排目标，紧密结合国内可持续发展的内在需求，以国内节能减排目标为主要出发点。从长远看，需要从全球长期减排目标的约束出发，制定积极的长期能源战略，强化减缓 CO_2 排放的战略目标。到 2020 年以后，随着我国工业化的基本实现，经济趋于内涵式增长，GDP 增速将明显放缓，能源转换效率和利用效率以及技术水平总体上可达当时国际先进水平，能源消费的年增长速度可望下降到与目前发达国家相当，约 2% ~3% 。届时可再生能源、核能等低碳能源技术已有较完整的工业基础和产业规模，争取尽快实现新增能源需求，主要依靠发展可再生能源和核能满足，相应 CO_2 排放趋于稳定。因此，2020 年前后，我国在实施降低 GDP 的 CO_2 强度目标的同时，可考虑实行 CO_2 排放总量控制目标，争取 2030 年前后 CO_2 排放达到峰值。峰值年份的 CO_2 排放总量争取控制在 100 亿吨上下，人均约 7 吨左右，远低于发达国家 2005 年人均 11 吨的水平。2030 年之后进一步优化能源结构，进一步应用煤炭利用的低碳清洁化技术，包括 CO_2 捕集和封存技术（CCS），可使 CO_2 排放逐渐呈下降趋势，争取 2050 年的排放量比峰值年有显著下降，实现经济增长与 CO_2 排放脱钩。

当然，未来 CO_2 排放的增长速度及到达峰值的时间和峰值排放量在很大程度上将取决于我国的战略目标和即将采取的政策和措施。如果参照发达国家的现代化过程的规律，按照我国经济社会发展的基准情景分析，到 2050 年也难以达到峰值。但如果确立一个紧迫的减排目标，加大经济转型和先进技术发展的力度，可使未来的发展轨迹尽快与基准情景相偏离，长期坚持会使其结果截然不同。国内相关研究也表明，我国 2030 ~2035 年实现 CO_2 排放达峰值的目标在技术支撑上是有可能的，关键是需要克服先进技术实施推广过程中体制、政策、资金、市场、人才等方面的障碍。

（四）加强先进能源技术的研发和产业化，抢占技术制高点，打造低碳竞争能力

实现低碳发展，需要先进能源技术创新作为支撑。先进能源技术的发展和产业化的周期长，投资大，往往需要几十年时间才能形成完备的工业体系，先进能源技术成熟且成本上具有竞争力。而且能源基础设施建成后，其寿命长达30~50年，具有“技术锁定”效应。在当前和今后能源需求较快增长的情况下，加强先进低碳能源技术研发力度和产业化步伐，可避免传统高碳技术的无节制的扩张和高排放现象长期存在。因此，需要制定支撑低碳发展的长期能源技术创新战略，以前瞻性眼光和预见意识进行超前部署。IPCC发布《可再生能源与减缓气候变化特别报告》，提出全球具有支持可再生能源发展规模不受限制的技术潜力，并在不断降低其供应成本。世界自然基金会（WWF）近期也发布报告称，到2050年可再生能源可以满足世界100%能源需求，而且经济上是可行的。未来在应对气候变化日益紧迫的进程中，可再生能源发展速度和规模或许会大大超出当前的判断和想象，因此更需要关注世界新能源技术创新的趋势。先进能源技术越来越成为国际先进技术发展的前沿和技术竞争的热点领域，掌握先进低碳技术是国家核心竞争力的体现。在低碳技术领域夺取竞争优势，也是我国在世界范围内和平崛起，由经济大国转变为经济强国的重要机遇。

能效技术和新能源技术的发展可以有效地节约能源，改善能源结构，促进CO_2减排。但从目前趋势看，仅靠这两种技术的发展还不能完全支撑全球CO_2长期减排目标的实现。因此，与煤炭等化石能源利用相结合的CO_2捕集与埋存技术（CCS）已成为大国研发的重点领域。这种技术目前由于成本高、能源利用效率低而尚处于研发和示范阶段。我国如争取到2030年前后实现CO_2排放达到峰值并开始下降，也必须考虑引进CCS技术。我国即使实施强化的节能和能源替代的政策和措施，到2050年煤炭在一次能源中比重仍难以低于1/3。如适应全球控制温升2℃目标的要求，CCS技术将成为进一步大幅减排CO_2的重要备选方案。届时有条件的燃煤电站和重要的煤化工生产基本上都需要使用CCS技术，需要捕集和埋存的CO_2年规模有可能达到20亿吨上下，安装CCS技术的燃煤电站可能达到约5亿千瓦，这样才有可能使届时的CO_2排放量能显著回落并低于2005年的排放水平。所以，我国当前必须重视CCS技术的研发，同时由于燃烧前捕集CO_2的IGCC发电技术具有CO_2捕集成本低、能效高的优势，也要加强IGCC及多联产等清洁高效煤发电技术的研发和产业化。当前我国在CCS技术的研发方面与发达国家同步开展，总体上处于世界先进水平，对我国打造未来低碳竞争力具有重要影响。要争取形成具有自主知识产权的核心技术和产业，在未来全球范围内大规模应用中占据技术优势。

总之，在全球应对气候变化背景下，我国长期能源战略必须考虑全球应对气候变化长期减排目标的制约，必须适应全球低碳发展的趋势和潮流，以全球的视野和前瞻性的布局，实现以可持续的能源发展去支撑经济社会的可持续发展和保护全球气候的目标。

四、“十二五”期间低碳发展主要任务和措施

21 世纪第一个十年，我国抓住和平发展和经济全球化的机遇期，经济发展取得了显著成效。2000～2010 年，GDP 年均增长率为 10.5%，GDP 总量也由世界第 6 位跃升为第 2 位，占世界 GDP 的比例由 3.8% 上升到 9.5% 左右。以当年现价美元计算的人均 GDP，由于经济的快速增长，人民币增值以及物价指数等原因，由 2000 年 946 美元上升到 4380 美元，由中低收入国家向中高收入国家过渡。但是，在经济快速发展的同时，也付出了较大的资源和环境的代价。能源消费同期增长 120%，而全球增长只有约 20%，能源消费的 CO_2 排放占全球比例相应由 12.9% 提高到约 23%。当前我国能源消费量的快速增长，对国内资源保障、环境容量和能源安全也带来越来越大的压力。2010 年我国石油的对外依存度已超过 55%，煤炭也成为净进口国，原煤产量达 32.4 亿吨，已超出煤炭行业科学产能的供应数值，进一步扩大产能将对生态环境和生产安全带来潜在的隐患。当前这种资源依赖型、粗放的发展方式已难以为继。“十二五”期间除继续延续“十一五”期间促进节能减排的政策措施外，将进一步在几个方面采取重大举措。

（一）努力改变投资依赖型和出口导向型的经济增长方式，促进产业结构的战略性调整

“十二五”规划的指导思想中明确指出，要以科学发展为主题，以加快转变经济发展方式为主线，并把经济结构的战略性调整作为加快转变经济发展方式的主攻方向，把建设资源节约型、环境友好型社会作为加快转变经济发展方式的重要着力点。发展方式的转变要改变当前经济增长过多地依赖于投资和出口的驱动，扩大最终消费对经济增长的驱动作用。据世界银行报告，2008 年我国资本形成占 GDP 比重为 43%，而世界平均水平仅为 22%，即使投资率较高的中等收入国家水平也只有 30%。而家庭最终消费占 GDP 的比重，我国只有 37%，而世界平均水平为 61%，中等收入国家也达 50%。投资的比重大、增长快，刺激了基础设施的建设和产能的扩张，从而加大了对钢铁、水泥等高耗能投资品的需求，使高耗能产业在 GDP 中的比重快速上升或居高不下，不利于产业结构的调整。我国出口占 GDP 的比重，2000 年为 20.1%，2008 年上升到 32%，为生产出口产品在国内消费的能源约占全国总能耗的约 1/4，我国出口产品主要是制造业的中低端产品，能耗高、增加值低，出口额的高速增长，也是促使制造业在 GDP 中比例增加和居高不下的重要因素。

改变以投资和出口为主要驱动力的经济增长方式，提高最终消费对经济增长的拉动作用，有利于降低对钢铁、水泥等高耗能投资品需求，促进产业结构的调整，使 GDP 能源强度有所下降。利用投入产出模型计算的结果表明，投资占 GDP 中的比重下降一个百分

点，相应消费增加一个百分点，GDP 能源强度可下降约 0.45 个百分点。“十二五”期间，我国将努力使居民收入增长与经济发展同步，劳动报酬增长与劳动生产率提高同步，建立扩大消费需求的长效机制，并通过深化收入分配制度改革、健全社会保障体系，扩大就业途径，提高中低收入居民的消费水平。这也将有助于提升最终消费对 GDP 增长的拉动作用，促进产业结构的调整和经济发展方式的转变。

（二）合理控制能源消费总量，限制能源消费与 CO_2 排放的过快增长

“十二五”规划中，除继续坚持制定 GDP 能源强度下降目标外，还首次制定了单位 GDP 的 CO_2 强度下降 17% 的约束性目标，同时还提出合理控制能源消费总量的设想，这是比实施 GDP 能源强度下降目标更为强有力的措施。“十二五”末的能源需求总量的数值，一方面将取决于 GDP 能源强度下降的幅度，另一方面也取决于 GDP 的年均增速。实施能源消费总量控制的目标，就需要把两者统筹协调，在实现较大幅度 GDP 能源强度下降目标的同时，合理控制 GDP 年均增速，把盲目追求 GDP 增长的数量转变到更加注重经济增长的质量和效益上来，从而抑制能源消费总量的过快增长。

“十二五”规划中，中央把 GDP 年均增长的预期定在 7% 这一适度较快的水平上，比“十一五”期间实际增速下调了 4 个百分点，体现了“十二五”期间努力转变发展方式，注重经济社会与资源环境相协调的决心和部署。如果“十二五”期间 GDP 年均增速控制在 8% 以下，在实现 GDP 能源强度下降 16% 目标的情况下，2015 年能源消费总量可控制在 40 亿吨标准煤当量以内，经过能源供应部门的努力，尚可实现较好的供需平衡。但从各省市“十二五”规划看，GDP 年均增速的预期几乎无一省市定在 8% 以下，按各省市预期增速加权平均后全国将达到约 10% 。按 GDP 年均 10% 的增速测算，即使实现 GDP 能源强度下降 16% 的目标，到 2015 年能源需求总量即将达到 43.7 亿吨标准煤当量，这将使能源供应和环境保护的制约更加得到强化，同时也给实现“十二五”规划中新能源和可再生能源等非化石能源的比重由 8.3% 提高到 11.4% 的约束性目标带来更大困难。即使实现非化石能源比例的既定目标，届时化石能源消费量也将有更大增长，相应的 CO_2 排放量也将超过 90 亿吨，在应对气候变化、减缓碳排放领域也将面临更大的压力。

从全国而言，“十二五”期间在实现 GDP 能源强度下降 16% 目标的前提下，GDP 年均增速预期每提高一个百分点，期末能源需求总量将增加近 2 亿吨标准煤。适当调低 GDP 增速预期，将其控制在 7% ~8% 合理不太高的水平上，不仅有利于控制能源需求总量的过快增长，而且也有利于降低投资的增长规模，降低对高耗能投资品需求的增长，更有效地促进产业结构调整，从而更为有助于实现 GDP 能源强度下降的目标。所以“十二五”期间，合理控制能源消费总量，将是促进发展方式转变更为强力的措施和抓手。

（三）建立碳排放统计、核算和考核体系，加强应对气候变化的能力建设

“十二五”期间国家发改委在 5 省 8 市开展了低碳建设的试点，试点省市已制定了低碳发展的行动方案，明确了应对气候变化、向低碳经济转型的目标、措施、重点领域和主

要任务，试点工作将对全国的低碳发展起到积极的引领和示范作用。

发展低碳经济，需要克服现行体制和观念的障碍，需要有良好的政策环境和支撑条件，需要政府的引导和全社会的积极参与。因此，要加强建立和健全法律、法规和政策保障体系，建立激励机制。“十二五”期间，要通过开展低碳城市建设试点工作，建立碳排放统计、核算和考核体系，改善减排信息的披露方式，做到公开透明。以当前节能减排的政策体系为基础，完善促进低碳发展的财税金融等政策体系，完善能源产品价格形成机制和资源、环境税费制度，建立地方和行业低碳发展的评估指标体系。“十二五”期间要把 GDP 的 CO_2 强度下降目标分解到各省市和行业，并进行严格的考核和问责。积极推进发展低碳经济、应对气候变化的立法，为我国实现低碳发展的长期目标提供法律保障。

（四）发挥市场机制作用，积极推进碳交易市场的建设

碳交易市场是促进温室气体减排，减少全球二氧化碳（CO_2）排放所采用的市场机制和场所。碳排放交易市场的价格信号，将企业 CO_2 排放的社会成本内部化，有利于激励企业进行技术创新，发展先进低碳技术，并将引导投资对行业和项目的选择，促进低碳新兴产业的发展。

碳市场的建立需要以地区和企业碳排放的统计、监测和核算体系为基础，碳市场的建立则会极大地促进该体系的形成和完善。这是在全球应对气候变化形势下参与国际经济、金融、贸易和技术竞争的能力建设，也是我国实施绿色、低碳发展战略的重要的制度建设。因此，在“十二五”期间，要在部分省（市）和行业积极推进建立碳交易市场的试点，并在国家层面给予积极的指导，使之逐渐成熟和健康发展。

21 世纪第二个十年，仍是我国和平发展的黄金机遇期，要在相对宽松的国际环境下，自主实现发展方式的根本性转变。由当前资源依赖型、粗放扩张的经济增长方式转变到技术创新型，内涵提高的增长方式上来；由盲目追求经济增长的数量转变到更加注重经济发展的质量和效益上，由当前模仿式、追赶型的高碳发展路径转变到自主创新型的绿色、低碳发展路径上。经济发展方式的转变意味着产业的转型和升级，也意味着技术创新能力的提升和经济技术竞争力的提升，也是我国由经济大国转变为经济强国的必由之路和根本途径。我国要争取 10 年左右时间内基本实现发展方式的转型，基本走上绿色、低碳发展轨道，以适应全球应对气候变化日益紧迫的进程和形势。

参考文献

［1］International Energy Agency. International Energy Agency Database［EB/OL］. http：//www. date. iea. org/ieastore/statisliting. asp，2010.

［2］中国统计局编．中国统计摘要［M］．北京：中国统计出版社，2011.

［3］何建坤，张希良．我国“十一五”期间能源强度下降趋势分析［J］．中国软科学，2006（4）：33－38.

［4］国家发改委气候司．应对气候变化与绿色低碳发展［C］．北京：气候变化高级别国际研讨会

会议文集，2011：1 -5.

［5］何建坤，刘滨，王宇．全球应对气候变化对我国的挑战与对策[J]．清华大学学报：哲学社会科学版，2007，22（5）：75 -83.

［6］国家发展和改革委员会能源研究所课题组．中国 2050 年低碳发展之路：能源需求暨碳排放情景分析［M］．北京：科学出版社，2010.

［7］周玲玲，顾阿伦，腾飞等．实施边界碳调节对中国对外贸易的影响[J]．中国人口·资源与环境，2010，20（8）：58 -63.

［8］马湘山，封超玲．欧盟航空排放交易系统及其对中国利益等相关方的影响[J]．中国环境管理，2010（1）：14 -20.

［9］Energy White Paper：Our Energy Future - Creating a Low CarbonEconomy［R］. Presented to Parliament by the Secretary of State for Trade and Industry by Command of Her Majesty，February 2003，http：/ / www. berr. gov. uk /files /file10719. pdf.

［10］何建坤．我国自主减排目标与低碳发展之路[J]．清华大学学报（哲学与社会科学版），2010，11（6）：122 -129.

［11］EDMC. Handbook of Energy and Economic Statistic in Japan［M］. Japan，2002：192，202.

［12］世界银行. 2010 年世界发展报告：发展与气候变化［M］．北京：清华大学出版社，2010.

［13］B. P. Statistical Review of World Energy［DB/OL］. http：/ /www. bp. com/statisticalreview，2011：40 -42.

［14］中国工程院重大咨询项目．中国能源中长期发展战略研究（综合卷）［M］．北京：中国科学出版社，2011.

［15］何建坤．我国“十二五”低碳发展的形势与对策[J]．开放导报，2011（4）：9 -12.

［16］IPCC. 可再生能源与减缓气候变化特别报告（决策者摘要）［R］．北京：中国气象局，2011.

［17］世界自然基金会．能源报告：2050 年 100% 可再生能源［R］．北京：世界自然基金会，2011.

Energy Development and Addressing Climate Change in China

He Jian - kun

(Modern Management Research Center，Tsinghua University，Beijing 100084，China)

Abstract：China's current economic and social development not only has been constrained by the bottleneck of resources andenvironment，but also has been challenged by global climate change and mitigation of carbon emissions. After promoting energyconservation and reducing CO_2

emissions vigorously, China has archived the great reduction rate of CO_2 intensity of GDP, which has caught the world's attention. However, because of rapid growth of GDP during the industrialization stage, CO_2 emissions in China willbe high and grow fast. China coordinates sustainable development and addressing global climate change to achieve the green, lowcarbon development. China will take following measures: to strengthen the strategic adjustment of industrial structure and industrialupgrade and to promote structural energy conservation; to promote energy – conservation technology, to eliminate backward productioncapacity and to improve energy efficiency; to develop new and renewable energy, to optimize energy structure and to reduce carbon ratioof energy structure. China's main objective in the near future is to significantly reduce the energy intensity of GDP and CO_2 intensity, to take efforts to reach CO_2 emissions peak in 2030 and to significantly decrease them in 2050, in order to adapt to the long – term emission reduction goal of keeping the global temperature rise of less. During Twelveth Five Year Plan period, China will take moreefforts to control the total energy consumption, to establish the statistics, accounting and evaluating systems of CO_2 emissions and to promote the carbon trading market mechanisms. All these means will also accelerate the transfer of economic development pattern.

Key Words: climate change; energy strategy; CO_2 emissions reduction; low carbon economy; sustainable development

中国化肥投入面源污染EKC验证及其驱动因素

李太平[1] 张 锋[2] 胡 浩[1]
（1. 南京农业大学经济管理学院，江苏 南京 210095；
2. 江苏省农业科学院农业经济与信息研究所，江苏 南京 210014）

【摘 要】基于1990～2008年全国各省、市、自治区的面板数据，本文首先对中国化肥投入面源污染的库兹涅茨曲线进行验证，并对经济发展过程中我国化肥投入面源污染时空演变规律的驱动因素进行理论与定量探析，以期为协调农业环境与经济增长和谐发展，进而实现中国化肥投入面源污染库兹涅茨曲线的低值超越找寻政策着力点。结果表明，中国化肥投入面源污染与宏观经济增长之间存在典型的倒U型曲线的关系。在影响中国化肥投入面源污染时空演变的诸多因素中，居民收入水平和环境需求水平的提高，有利于降低农业环境的污染程度；农民非农就业程度的不断提高、城乡二元环境管理体制、蔬菜和瓜果类等经济作物的播种面积大幅度增长和复种指数的提高是中国化肥投入面源污染不断加剧的重要原因。农业技术进步有利于降低中国化肥投入的面源污染，但由于中国农户的经营规模小以及农业科技研发、推广和应用水平低下，使得农业技术进步环境效应并未得到充分发挥。

【关键词】化肥；面源污染；EKC；驱动因素

大量权威研究表明，在诸多引致因素中，因过量和不合理施用化肥所带来的养分流失逐渐成为中国农业面源最主要的来源之一。中科院南京地理所对湖泊富营养化的研究表明，农田肥料污染的负荷平均为47%，农业面源污染物中总磷、总氮分别占滇池水污染物总负荷的46%和53%，占太湖水污染物总负荷的37%和13%。同时中国每年在粮食和

作者简介：李太平，博士，副教授，主要研究方向为农业经济理论与政策。

基金项目：中央高校基本科研业务费专项资金资助项目“我国食品安全的风险管理研究”（编号：KYZ201009）；国家社会科学基金重大招标项目“建设以低碳排放为特征的农业产业体系和产品消费模式研究”（编号：10zd&031）；江苏省普通高校研究生科研创新计划项目“近一个世纪以来中国农家经济及农户耕地利用行为研究——与Buck资料的比较”（编号：X09B—063R）。

蔬菜作物上施用的氮肥，有大约 17.4 万吨流失掉，而其中一半的氮肥从农田流入江河湖海，对当地、区域甚至全球范围的环境和生态系统功能产生严重的影响。有证据表明，化肥的过量和不合理的施用是一些地区湖泊和河流如滇池、淮河、巢湖和太湖等遭受污染和水体富营养化的主要原因之一（国家环保总局，2005 年）。

随着经济的快速发展，在未来一段时间，中国农业集约化压力仍会不断加大，如果政府不采取相关管理与规制措施控制农户过量和不合理的化肥投入，中国化肥投入的面源污染问题将会更加严重。中国化肥投入面源污染的强度和所处的经济发展阶段，使如何控制化肥投入的面源污染成为中国可持续发展的关键问题之一。尽管环境保护者和政策制定者已经认识到化肥施用对农业环境的破坏和农业可持续发展的负面影响，但人们还没有找到切实有效的控制与管理手段。因此，探寻中国化肥投入面源污染时空演变规律及其驱动因素，意义重大。

环境库兹涅茨曲线的理论假设表明，经济增长通过改变经济规模、经济结构、技术水平，改变公众和政府环境的需求弹性，促进政府制定并实施相应的环境政策和制度等方面对生态环境的变化产生一系列的影响。研究者认为，经济增长与环境质量之间的关系类似于经济发展、收入分配之间的倒 U 型关系。也就是说，随着经济的发展，环境污染水平呈现出先上升后下降的倒 U 型曲线的变化特征。那么中国化肥投入的面源污染与宏观经济增长之间是否也存在这种耦合关系？如果存在，中国化肥投入面源污染环境库兹涅茨曲线变动规律的影响因素包括哪些方面？各因素的影响机理、影响方向与作用程度如何？

一、中国化肥投入面源污染环境库茨涅茨曲线的验证

（一）理论模型

参考前人研究，本文选择如下经济增长—环境质量的回归方程来对中国化肥投入面源污染的环境库兹涅茨曲线进行模拟，模型的具体形式如下：

$$TN_{it} = \alpha_0 + \alpha_1 gdp_{it} + \alpha_2 gdp_{it}^2 + \xi_{it} \quad (1)$$

$$TP_{it} = \beta_0 + \beta_1 gdp_{it} + \beta_2 gdp_{it}^2 + \delta_{it} \quad (2)$$

式（1）、式（2）中，TN_{it}、TP_{it}分别为 i 省在 t 年化肥投入的总氮污染和总磷污染，α_0、α_1、α_2、β_1、β_2、β_0 为模型系数，gdp_{it}为 i 省在 t 年剔除通货膨胀因素（以 1990 年为基期）后的人均 GDP 数量，ξ_{it}、δ_{it}为随机误差项。可以根据模型系数的符号对中国化肥投入面源污染与经济增长之间的关系进行判别，以总氮污染为例，若 $\alpha_1 > 0$ 且 $\alpha_2 < 0$，表明化肥投入的总氮污染与经济增长之间存在 EKC 曲线的关系，也即对中国化肥投入面源污染的环境库兹涅茨曲线进行了验证。

（二）变量选择与数据来源

本文在进行化肥投入面源污染 EKC 验证时，采用的是总氮污染（TN）和总磷（TP）

污染作为化肥投入面源污染的指标。已有的关于农业面源污染定量测度的方法主要有四种：①利用自然科学领域的大量模拟和实验，构建数学模型对农业面源污染负荷进行测度。但这类方法的监测成本较高，而且相关记录和普查数据较为缺乏，因此在大尺度区域采用加总小流域模拟结果的方法是不现实的。②以综合调查数据为基础的定量分析方法。近年来，中国学者对国内重点流域和部分小流域进行了多次的非点源污染调查，在此基础上，学者构建了基于单元综合调查评价方法和清单分析方法，使之能够适用于大尺度区域的农业面源污染的测度。③寻求相应的替代指标，如利用化肥施用量或化肥施用密度指标表示化肥施用带来的面源污染，这些指标忽略了其对水环境质量的真实影响，无法在同一尺度上比较各地农业面源污染的程度。④OECD 养分平衡分析方法，该方法用氮、磷素的盈余量来表示农业活动对农业环境的污染程度。该方法具备简单易行的优点，可以在较大程度上反映农业生产活动对水环境的影响，但养分平衡法并不能反映出氮磷素是留存在土壤中还是流失到大环境中，养分的流向存在“黑箱”的问题。

因此，基于单元的综合调查评价方法在测度和分析化肥施用农业面源污染方面具有无可比拟的优点，也能够较好地适用于大尺度的农业面源污染的测度。本研究利用清单分析的思路，并充分考虑不同区域土地利用类型和化肥施用强度对面源污染影响差异性，以省（市、自治区）为基本核算单位，对中国化肥施用的面源污染程度进行测度。该方法主要评估农业生产中化肥施用产生的污染物，在降水和灌溉过程中通过地表径流和排水等途径汇入地表水体引起的氮、磷污染。它的核心思想是以农业活动为出发点，以农业统计数据为依托，以单元为核心，假设一定的化肥施用量对应一定的面源污染排放量，综合多种分析方法建立化肥施用与污染排放量之间的响应关系。同时，本文选取省际实际人均 GDP 作为衡量区域经济增长的指标，运用消费者价格指数把各年的人均 GDP 数据调整到以 1990 年为基期，将以上年为 100 的环比 CPI 换算成为以 1990 年为基期的定基比指数。其中，定基比指数的换算方法为：本年以 1990 年为 100 的定基比 CPI = 本年以上年为 100 的环比 CPI × 上年以 1990 年为 100 的定基比 CPI 指数/100，上述两方面指标的基础数据主要来源于历年《中国统计年鉴》、《中国农业统计资料》和《中国农业年鉴》。

（三）计量结果与讨论

在进行分析之前，需要对变量的平稳性进行检验，单位根检验是基于以下方程：

$$y_{it} = \rho_i y_{i,t-1} + x_{it}\delta + \upsilon_{it} \quad i = 1, 2\cdots, N; \ t = 1, 2, \cdots T \tag{3}$$

式中，N 为面板单位数量，T 为面板单位的时间跨度，x_{it} 为外生变量，包括任何固定效应或时间趋势，υ 为相互独立的异质扰动项。判别面板序列的平稳性准则为：若 $|\rho_i| < 1$，则对应的数据序列平稳，而 $|\rho_i| = 1$，则所对应的序列为非平稳数据。为了使平稳性检验的结果更可信，本文同时选择面板数据单位根检验中的 LLC 检验、Breitung 检验、IPS 检验、Fisher – ADF 检验和 Fisher – PP 检验四种方法，具体的检验结果见表 1。

表 1 各变量面板单位根检验结果

变量	LLC 检验	Breitung 检验	IPS 检验	Fisher - ADF 检验	Fisher - PP 检验
TN	-3.56133 (0.3002)	-1.11769 (0.1319)	-0.85638 (0.1959)	72.1432 (0.1002)	107.724 (0.1391)
DTN	-19.9962 (0.0000)	-12.8479 (0.0000)	-17.3876 (0.0000)	353.433 (0.0000)	752.601 (0.0000)
TP	-16.4212 (0.3321)	-3.25692 (0.1108)	-9.49257 (0.4732)	408.27 (0.2215)	423.988 (0.1085)
DTP	-25.2724 (0.0000)	-7.96804 (0.0000)	-25.6283 (0.0000)	515.99 (0.0000)	3885.71 (0.0000)
GDP	22.7164 (1.0000)	-0.90313 (-0.1832)	24.4032 (1.0000)	1.55372 (1.0000)	0.00188 (1.0000)
DGDP	-5.35609 (0.0000)	4.69337 (1.0000)	-3.8086 (0.0001)	111.018 (0.0000)	100.449 (0.0005)

检验结果表明，各变量的原始数据并不平稳，在对各变量取一阶差分后，除了 DGDP 没有通过 Breitung 检验外，其他变量均通过了数据的平稳性检验，可以对各面板数据序列进行计量分析。根据 Hausman 检验的结果，本文选择截面固定效应模型对中国化肥投入面源污染 EKC 曲线进行模拟，模型的回归结果如下：

模型的回归结果（见表 2 和表 3）验证了中国化肥投入面源污染环境库兹涅茨曲线的存在，也即人均 GDP 与化肥投入的总氮污染、总磷污染之间存在典型的倒 U 型曲线的关系，且 R^2 分别达到了 0.982413 和 0.889806，具有很强的解释力。各污染变量 EKC 曲线模拟的方程结果分别为：

表 2 中国化肥投入总氮污染 EKC 曲线模拟结果

变量	系数	t 值	P 值
C	10.44521	54.75936	0.0000
GDP	0.010714	12.00417	0.0000
GDP^2	-3.13E-08	-10.50529	0.0000
R - squared = 0.982413，Adjusted R - squared = 0.981399			
F - statistic = 969.429，Prob（F） = 0.0000			

表 3 中国化肥投入总磷污染 EKC 曲线模拟结果

变量	系数	t 值	P 值
C	0.310993	9.706887	0.0000
GDP	0.010112	11.211	0.0000
GDP^2	-4.25E-09	-8.479739	0.0000
R - squared = 0.889806，Adjusted R - squared = 0.883457			
F - statistic = 140.1388，Prob（F） = 0.0000			

总氮污染：$TN = 10.44521 + 0.010714GDP + (-3.13E-08)GDP^2$

总磷污染：$TP = 0.310993 + 0.010112GDP + (-4.25E-09)GDP^2$

上述模拟结果向我们传达了两方面准确无误的信息：

第一，伴随着经济的增长，中国化肥投入的面源污染呈现出先上升后下降的趋势。但结合我国目前经济发展所处的阶段和政府环境管理与规制政策的完善程度，这种由于化肥过量和不合理施用所带来的环境效应将会更加突出，进而对社会经济的可持续发展产生一系列不良的影响。同时，由于地区社会经济发展的不均衡性，使得各地区化肥投入面源污染所处的阶段也存在差异。虽然我们并不能改变环境污染的变化路径，但我们可以通过制定并完善农业环境管理制度实现 EKC 曲线的低值超越，实现经济与农业环境的协调发展。

第二，在化肥投入数量和化肥施用强度不断增加的前提下，中国化肥投入面源污染呈现出先上升后下降的趋势，其中最重要的原因之一可能是农户化肥施用技术的进步带来了化肥施用结构的日渐合理和化肥利用效率不断增加，降低了化肥投入的面源污染。因此，进一步提高农户化肥施用的技术水平可能是控制并降低化肥投入面源污染的关键。

为了更清晰地阐明中国化肥投入面源污染环境库兹涅茨曲线变化的决定性因素，进而找寻实现中国化肥投入 EKC 低值超越的政策着力点，本文接下来将对经济发展过程中我国农业化肥投入面源污染时空演变的驱动因素进行理论与实证分析。

二、中国化肥投入面源污染时空演变的驱动因素分析

（一）理论模型

随着经济的发展，产业结构、技术水平、制度的变革以及农产品需求数量和结构等方面都将发生相应的变化，进而对农业生产结构、耕地利用方式和农业集约化程度的变动产生影响，并在环境因子的作用下对化肥投入面源污染产生不同的影响。同时，经济发展带来人们对高质量农产品以及农业环境服务的需求增加，以及整个社会对环境的投资能力不断加强，这些因素会对生态环境的改善产生很多积极影响。

具体而言，经济发展带来居民收入水平的提高和消费结构的转变，进而对农业生产结构的变动产生影响，最终对农业化肥投入的环境效应产生影响。农业结构变动的重要内容是种植业结构的变动，它的变化将导致化肥投入数量和强度发生变化从而对农业面源污染产生不同的影响。种植业结构调整是经济发展规律的外在表现之一，是为了满足居民日益多元化农产品需求的结果，也是在耕地稀缺性增强的前提下追求单位耕地面积利润最大化的经济诉求，这必将带来耕地利用过程中农户等生产主体化肥要素投入方式与投入强度的变化，进而对农业环境的影响呈现出一定的特点。

经济发展伴随着技术进步，能够优化农业生产的要素投入品质、结构，降低化肥施用

的面源污染效应，可以有效地缓减环境压力。但我国农业技术进步不明显，农业技术推广体系不健全和农业技术使用主体的素质相对较低，使得经济发展对中国化肥投入面源污染的技术效应不能得到良好的发挥。随着经济的发展，政府的环境管理制度也将不断完善，这有助于对农户的生产行为和环境治理行为进行规范，进而有效降低化肥投入的面源污染程度。

随着农业资源稀缺程度不断提高，为了保障国家粮食安全和农产品市场稳定，农业集约化的压力不断加大，而相关政策制度的制定并不完善，这将导致化肥投入面源污染等一系列环境问题的产生。具体的逻辑思路为：①随着经济的快速发展，工业化和城市化的逐步推进，城市人口和城镇就业人口的规模迅速扩大，进而增加了对农产品的需求。同时，农产品加工部门与行业的迅速发展，农产品的中间需求增加，也会带来农产品需求数量的增加和需求强度的加大。为了满足不断增长的农产品需求，在耕地和农业劳动力日渐稀缺的环境下，化肥要素投入就成为解决问题的关键要素投入之一，施用数量的增加和施用技术的滞后，将形成面源污染效应，进而对生态环境产生日益增长的环境风险。②经济发展，城市公共建设用地和非农产业建设用地的需求大幅度增长，耕地资源开发和利用的成本降低，所以必然会出现经济发展过程中耕地快速非农化的现象。目前，即使中国实行世界上最严格的耕地保护制度，所谓的占补平衡也并不能改变这一现状。总的来说，随着耕地面积减少和耕地质量的整体下降，农业生产集约化压力的不断加大，化肥施用的面源污染也可能呈现日益加重的趋势。③伴随着经济的快速发展，非农就业机会的增加，受比较利益因素的支配，大量农业劳动力从农业流向非农产业，从农村转移到城市。这将直接增加农业劳动力的机会成本，要素相对价格的变化将促使农户在农业生产过程中更多地采用耕地集约型和劳动力节约型的手段与技术，其中，化肥投入是最能够实现上述目标的要素，它的施用量必将呈现出增长态势，对环境质量具有较大的危害。

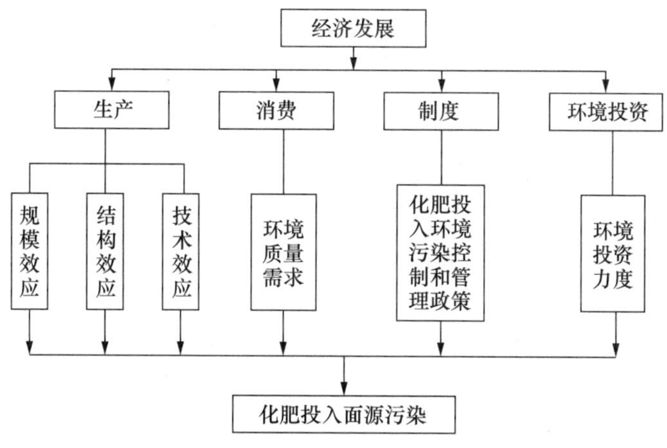

图 1 中国化肥投入面源污染时空演变驱动因素分析框架

同时，也要看到，经济发展对化肥施用面源污染的控制与改善也具有一定的正向作用。具体为，随着经济发展程度的提高，人们对农产品质量及其生产环境的需求将不断提升，也就是说，经济的发展可以使农业环境质量纳入消费者效用函数，从市场需求约束的角度诱使农业生产者和政府逐步关注农业环境质量。经济发展也为亲环境农业生产技术（如测土配方施肥技术）的使用和推广提供了强大的经济基础，最后，经济的发展将带来农民教育程度的提升，环境认知能力增强及环保意识更加深入，这些因素都能够对化肥施用面源污染的控制与改善产生积极影响。

基于上述分析，构建中国化肥投入面源污染环境库兹涅茨曲线变化规律驱动因素分析的理论模型，具体形式为：$Y_{it} = \alpha_i + \sum_j \gamma_{ji} X_{it} + \sigma$

式中，Y_{it}表示化肥施用面源污染指标，X 为各影响因素，γ 为表征各因素影响方向和影响程度的回归系数，α 为常数项，σ 为误差项，i 表示省份，t 表示时间（年份）。

（二）变量选择、指标选取和数据处理

本文主要选择 1990～2008 年中国各省（自治区和直辖市）化肥投入所带来的 TN 和 TP 污染量之和作为因变量，选取城乡二元环境管理制度、居民环境需求、农业技术进步、耕地需求程度、农民非农化程度和种植业结构等为自变量，定量研究中国化肥施用面源污染时空演变的影响因素。其中，人均 GDP 的处理与前文相同，剔除了通货膨胀因素的影响，统一调整到以 1990 年为基期；复种指数为各地区农作物总播种面积与耕地面积的比值；蔬菜瓜果类作物播种面积占比是这几类作物的播种面积除以各地区农作物播种面积的结果；农村居民收入结构是通过农村居民的工资收入除以纯收入得到；城乡居民收入差距用城乡居民收入比来衡量，其中城镇居民的收入为当年城镇居民人均可支配收入，农村居民收入为当年农村居民的人均纯收入。农业技术进步是通过采用非参数的 DEA - Malmquist 指数方法将中国农业部门的全要素生产率分为科技进步、纯技术效率和规模效率，各自变量与因变量之间的预期作用方向见表 4。

表 4　模型变量名称及其解释

变量	变量的解释	预期作用方向
城乡二元环境管理制度（X_1）	城镇居民与农村居民的收入比	+
居民环境需求（X_2）	人均 GDP	-
农业技术进步（X_3）	农业技术效率	-
耕地需求程度（X_4）	复种指数	+
农民非农化程度（X_5）	农村居民人均工资性收入/农村居民人均纯收入	+
蔬菜、瓜果类作物播种面积占比（X_6）	蔬菜和瓜果类等的播种面积/农作物播种面积	+

（三）计量方法及模型结果

1. 计量方法

本文在这部分的分析采用同时包括截面数据（省、直辖市和自治区）和时序数据（1990～2008 年）的面板数据，这是因为面板数据有着更大的数据样本数量，自由度也更大，同时，截面变量和时序变量的结合信息能够明显地减少缺省变量带来的问题。由于面板数据同时具备截面和时序的二维特性，模型的设定直接决定预设参数估计的有效性，所以首先必须对模型设定的形式进行假设检验，主要是检验模型参数在所有截面和时序样本点上是否具有相同的参数，这点对实证结果是否符合预期十分关键。本文在面板数据估计上主要考虑齐性参数模型和变截距模型，也即根据 Hausman 检验结果选择固定效应模型或随机效应模型，同时根据结果选择齐性参数方程或者变截距模型。

2. 模型结果

根据 Hausman 检验结果，本文选择截面固定效应模型进行分析，模型运行结果见表 5。分析结果表明，消费者环境需求弹性的增加和亲环境技术的采用，有利于从整体上降低化肥投入的面源污染问题；城乡收入差距变量的回归系数为正，可以解释为城乡二元环境管理体制是加剧中国化肥投入面源污染的重要原因之一；农户家庭工资性收入占家庭总收入比重越高，说明农户家庭对农业的依赖程度也就越低，往往更愿意通过增施化肥来替代农业劳动力，而由于施肥理念和技术的滞后性，这必然带来化肥投入面源污染程度的加深；复种指数是衡量农业集约化程度的重要指标，近年来，随着复种指数不断上升，同时又由于科学施肥技术的推广开发的滞后性，使得中国化肥投入面源污染的程度不断提高。随着农产品生产和需求环境的变化，农业生产结构出现了较大的变化，其中最重要的表现是诸如蔬菜、瓜果类等经济作物播种面积的迅速扩大。由于这类经济作物具有生产周期短、水肥需求量大和经济效益高等特点，这些作物播种面积的扩大逐渐成为近年来中国化肥投入数量不断增长和农业化肥投入面源污染程度不断加重的重要原因之一，模型的运行结果也证实了这一论断。

表 5 中国化肥投入面源污染驱动因素分析结果

变量	总污染
C	8.68225***
人均 GDP	0.000597***
人均 GDP 的平方	-2.73E-08***
城乡收入差距	3.554879***
农村居民收入结构	6.461987***
复种指数	0.849317**
种植结构	0.689034**

续表

变量		总污染
农业技术进步	科技进步	-1.186**
	纯技术效率	-1.945*
	规模效率	-0.216
R-squared		0.981962
Adjusted R-squared		0.980815
F-statistic		856.5954
Prob (F-statistic)		0.000000

总体看，农业技术进步能够对化肥投入面源污染进行改善，但规模效率并未通过显著性检验。影响方向与预期一致，可能是因为中国农户的耕地经营规模超小和零碎，抑制了农业技术环境改善效应的充分发挥。

三、结论及启示

本文从环境库兹涅茨曲线理论出发，利用 1990～2008 年的省际面板数据，对中国化肥投入面源污染的环境库兹涅茨曲线进行验证，并对经济增长过程中我国化肥投入面源污染时空演变规律的驱动因素进行了理论与实践分析，以实现 EKC 曲线的低值超越找寻政策着力点和抓手。

研究结论表明，中国化肥投入面源污染与宏观经济增长之间存在典型的倒 U 型曲线的关系，即随着经济的发展，中国化肥投入面源污染成先上升后下降的趋势，为了尽早实现 EKC 曲线的低值超越，需要在提高居民环境需求的同时，加大政府亲环境政策的制定和实施力度与亲环境施肥技术的开发推广力度。在影响中国化肥投入面源污染时空演变的诸多因素中，居民收入水平和环境需求水平的提高，有利于降低农业环境的污染程度；农民非农就业程度的不断提高和农民非农收入的不断增长加重了中国化肥投入的面源污染；城乡二元经济结构和环境管理政策体制，加剧了化肥投入面源污染的程度；近年来蔬菜和瓜果类等经济作物的播种面积大幅度增长，使得单位耕地面积的化肥投入强度快速加大的同时也加重了对环境的污染；复种指数不断增加，是造成化肥投入面源污染压力加剧的重要原因；农业技术进步有利于降低中国化肥投入的面源污染，但基于中国农户的超小规模经营和农业科技研发、推广和应用水平低下的现实，使得农业技术进步环境效应并未得到充分发挥。

参考文献

[1] 张维理，武淑霞，冀宏杰等．中国农业面源污染形势估计及控制对策Ⅰ．21 世纪初期中国农业面源污染的形势估计[J]．中国农业科学，2004，37（7）：1008－1017.

[2] 张维理，徐爱国，冀宏杰等．中国农业面源污染形势估计及控制对策Ⅲ．中国农业面源污染控制中存在问题分析[J]．中国农业科学，2004，37（7）：1026－1033.

[3] 朱兆良，David Norse，孙波．中国农业面源污染控制对策［M］．北京：中国环境科学出版社，2006.

[4] Zhang Linxiu，Huang Jikun，Qiao Fangbin，Rozelle Scott. Do China's Farmers Overuse Fertilizer?［J］．Journal of Agricultural Economics，Forcecoming，2006（1）：7－14.

[5] Grossman G. M. & Krueger A. B. Economic Growth and the Environment［J］．Quarterly Journal of Economic，1995，110（2）：353－377.

[6] 张晖，胡浩．农业面源污染的环境库兹涅茨曲线验证：基于江苏省时序数据的分析[J]．中国农村经济，2009（4）：50－52.

[7] 梁流涛，冯淑怡，曲福田．农业面源污染形成机制：理论与实证[J]．中国人口・资源与环境，2010，20（4）：74－80.

Authentication of the Kuznets Curve in Agriculture Non－point Source Pollution and Its Drivers Analysis

Li Tai－ping[1] Zhang Feng[2] Hu Hao[1]

（1. College of Economics & Management，Nanjing Agricultural University，Nanjing Jiangsu 210095，China；2. Agricultural Economy and Information Research Institute，Jiangsu Academy of Agricultural Sciences，Nanjing Jiangsu 210014，China）

Abstract：Based on the panel data of each provinces from 1990 to 2008，this paper authenticates Environmental Kuznets Curve hypothesis of the non－point source pollution of fertilizer input in China，then the paper analyzes the drivers of the non－point source pollution change of fertilizer input. The results show that China's chemical fertilizer input point source pollution and economic growth exists between the typical inverted U－curve relationship. China's chemical fertilizer input in influencing the spatial and temporal evolution of point source pollution of many factors，income levels and raising the level of environmental needs，help to reduce pollution in the agricultural environment; farmers increasing levels of non - agricultural employment, urban and rural environmental management system vegetables and melons and other economic crops and cropping acreage increased substantially increase fertilizer input is rising - point source pollution, an important reason. Technological advances in agriculture is conducive to reducing China's chemical fertilizer input point source pollution, but because of China's small - scale farmers and agricultural science and technology research and development, promotion and application of low level, making the environmental effects of technological advances in agriculture have not been fully realized.

Key Words: Fertilizer; non - point source pollution; EKC; Drivers

中国七大流域水环境效率动态评价

王大鹏[1]　朱迎春[2]
（1. 清华大学国情研究中心，北京　100084；
2. 中国科学技术发展战略研究院，北京　100038）

【摘　要】本文通过加强松弛变量限制，在 EPI 环境效率变化模型的基础上提出 S－环境效率变化模型，并应用该模型实证分析了我国七大流域 1998～2009 年水环境效率动态变化，揭示各流域环境效率变化的趋势及动因，为环境经济研究提供新的分析数据。通过分阶段分析，发现我国七大流域水环境效率在整个研究阶段有年均 1.53% 的改善，呈现前期效率下降，中期效率提高，后期效率持平的特点。三个阶段环境效率出现下降的流域分别为：1998～2001 年，黄河流域、淮河流域、辽河流域；2002～2005 年，长江流域、松花江流域；2006～2009 年，珠江流域、海河流域。主要结论是：①流域水环境静态效率受流域环境承载能力影响较大，而减排才是解决流域环境问题的根本途径；②问题流域的不断变换表明我国流域水环境治理存在事后治理和大灾才大治的问题，缺乏事先干预；③根据流域环境压力种类、程度与流域经济结构特点，主动而有针对性地缓解各流域环境压力，可以有效促进流域动态环境效率的发展。

【关键词】环境经济效率；流域水环境；S－环境效率变化

经过 10 年快速发展，中国国内生产总值（GDP，汇率法）由 2000 年的世界第六位上升至 2010 年的第二位，与美国 GDP 的相对差距由 8.26 倍缩小至 2009 年的 2.83 倍，人均 GNI 超过 4000 美元，进入中下等收入国家行列。但从某种程度上讲，中国经济的快速发展是以环境污染和生态破坏为代价的，每万美元 GDP 产生 CO_2 排放 9.5 吨，超过中下等国家 6.1 吨/万美元的水平，是世界平均水平的 2.02 倍，其他废水、废固等污染排放情况同样严峻。应对气候变化、保护生态环境、发展循环经济、改善生活环境都迫切需要我国建设资源节约型、环境友好型社会，实现环境经济可持续发展。因此，从环境经济效率变

作者简介：王大鹏，博士后，助理研究员，主要研究方向为环境经济。

基金项目："十一五"国家科技重大专项"国家水体污染控制与治理"子课题"水环境管理责任机制设计与试点研究"（编号：2009ZX07632－001－02）。

化（Eco - efficiency）的角度，探究我国经济发展中环境效率发展变化趋势及动因，对改善我国环境污染状况，调整产业结构有重要意义。

一、文献回顾

环境经济效率是指在某一地区使用更少环境压力承载提供满足人类需求的商品与服务。自 1992 年环境经济效率概念被世界可持续发展工商理事会（World Business Council for Sustainable Development）提出以来，越来越多的国内外学者开始关注这一话题，并尝试从定量角度测算具体的效率值。被普遍接受的计算公式是：环境经济效率 = 产品或服务的价值/污染排放造成的环境影响。

研究方法主要有两种类型。一是模糊层次分析法和因子分析法。这类分析方法或是通过专家赋权，或是基于不同环境压力对环境影响相同的前提假设，研究者主观倾向对研究结果影响较大。王波等使用因子分析对我国 2007 年大陆各省环境经济效率做了排名，但由于具体指标和数据样本选择的差异，结果与庄宇等使用 R 因子分析对我国 1999 年大陆各省所做环境经济效率的排名出入较大。

二是基于 DEA 或 Malmquist 指数方法，应用比较普遍。DEA 或 Malmquist 指数方法避免了人为赋权的问题，客观性较强，但是这类方法常以环境污染作为输入，经济增加值作为输出，输入输出对应关系不明确。

针对上述问题，Kuosmanen T. 提出了环境效率方程 EE，以此为基础模仿 Malmquist 指数构建及分解建立了 EPI 环境经济效率变化模型，并应用该方法对欧盟地区二十成员国 1990 ~ 2003 年动态环境效率变化情况进行了分析。杨文举利用这一模型计算了中国大陆 2003 ~ 2007 年各省区工业动态环境效率，并将环境效率进一步分解为环境技术变化和环境效率变化。

相对而言，国内外基于 DEA 或 Malmquist 指数方法的环境效率研究更为广泛，但仍存在有待完善之处：一是直接将 DEA 或 Malmquist 指数方法平移到环境领域，模型应用中输入输出指标的选择存在争议；二是对 Malmquist 指数或 EPI 环境经济效率的分解，模仿经济研究中技术进步与技术效率提高的分解，在环境研究领域中缺乏与其对应的实证含义；三是当少数评价单元在 DEA 或 EE 方程中始终处于效率前沿时，无法对这几个评价单元进行横向比较，同时易造成动态环境效率评价的无效；四是针对省际比较的研究较多，而针对流域对比分析的研究寥寥无几。

针对上述问题，本文在 Kuosmanen T. 研究基础上，加强假设条件，得到 S - EE 方程，实现所有评价单元的全部排序。同时基于 S - EE 方程构建 S - 环境效率变化模型，并应用此模型和 S - EE 方程对 1998 ~ 2009 年我国七大流域静态、动态水环境效率进行评价，以期在流域环境效率评价方面有所拓展。

二、模型、算法研究与探讨

（一）EPI 环境经济效率变化模型构建及分解

环境经济效率用以测算同等经济产出情况下，不同评价单元污染排放对环境产生的压力。Kortelainen 提出的测算方法基本思想是，假设有 N 个评价单元，每个评价单元的经济活动将产生经济增加值 V 和 M 种环境压力 Z。在此假定下，第 k 个评价单元的静态环境效率 EE 可以表示为：

$$
\begin{aligned}
&\min_{\omega} EE_k^{-1} = \sum_{i=1}^{M} \omega_i \frac{Z_{ki}}{V_k} \\
&s.t. \sum_{i=1}^{M} \omega_i \frac{Z_{1i}}{V_1} \geqslant 1 \\
&M \\
&\sum_{i=1}^{M} \omega_i \frac{Z_{Ni}}{V_N} \geqslant 1 \\
&\sum_{i=1}^{M} \omega_i = 1 \\
&\omega_i \geqslant 0 \quad i = 1, K, M
\end{aligned}
\tag{1}
$$

EEk（Z^s，V^s，τ）表示以τ时期的环境压力数据所在环境效率前沿为参照，第 k 个评价单元以时期 s 的环境压力数据为输入，所得相对环境效率。其结果可由线性规划计算得出：

$$
\begin{aligned}
&[EE_k(Z^s, V^s, \tau)]^{-1} = \min_{\omega} \sum_{i=1}^{M} \omega_i \frac{Z_{ki}^s}{V_k^s} \\
&s.t. \sum_{i=1}^{M} \omega_i \frac{Z_{1i}^{\tau}}{V_1} \geqslant 1 \\
&M \\
&\sum_{i=1}^{M} \omega_i \frac{Z_{Ni}^{\tau}}{V_N} \geqslant 1 \\
&\sum_{i=1}^{M} \omega_i = 1 \\
&\omega_i \geqslant 0 \quad i = 1, K, M
\end{aligned}
\tag{2}
$$

为测度第 K 个评价单元从$\tau-1$ 时期到τ时期之间的环境经济效率变化，可以以$\tau-1$ 时期或τ时期的环境前沿为参照，运用式（2）所示的线性规划来得到两个相对环境效率。

但是不同时期环境前沿所得相对环境效率结果并不一致。为综合考虑这两种情况，Kortelainen 沿用 CharnesA 和 Caves 等在计算 Malmquist 指数时所采用的思路，利用两种环境前沿下所得到的相对环境效率的几何平均值来度量第 k 个评价单元在$\tau-1$时期到τ时期之间的环境经济效率变化 EPI_k（$\tau-1$，τ）。

$$EPI_k(\tau-1,\ \tau)=\left[\frac{EE_k(Z^{\tau},\ V^{\tau},\ \tau-1)}{EE_k(Z^{\tau-1},\ V^{\tau-1},\ \tau-1)}\times\frac{EE_k(Z^{\tau},\ V^{\tau},\ \tau)}{EE_k(Z^{\tau-1},\ V^{\tau-1},\ \tau)}\right]^{1/2} \tag{3}$$

因为 EE_k（Z^s，V^s，τ）$\in$［0，1］，所以 EPI_k（$\tau-1$，τ）$\in$［0，∞］。如果 EPI_k（$\tau-1$，τ）>1，表明在$\tau-1$时期到τ时期之间，第 k 个评价单元的环境经济效率得到了改善，其值越大，环境经济效率的改善程度越大。

为探讨环境经济效率变化的源泉，Kortelainen 还仿照 Färe 等对 Malmquist 全要素生产率进行两重分解的研究，将环境经济效率变化分解成环境效率变化（ECOEFF）和环境技术进步（TECH）两个部分：

$$EPI_k(\tau-1,\ \tau)=\frac{EE_k(Z^{\tau},\ V^{\tau},\ \tau)}{EE_k(Z^{\tau-1},\ V^{\tau-1},\ \tau-1)}\times\left[\frac{EE_k(Z^{\tau},\ V^{\tau},\ \tau-1)}{EE_k(Z^{\tau},\ V^{\tau},\ \tau)}\times\frac{EE_k(Z^{\tau-1},\ V^{\tau-1},\ \tau-1)}{EE_k(Z^{\tau-1},\ V^{\tau-1},\ \tau)}\right]^{1/2}=ECOEFF_k^{\tau-1,\tau}\times TECH_k^{\tau-1,\tau} \tag{4}$$

同时，为了检验环境技术进步是否具有偏向性，Kortelainen 借鉴 Färe 等在生产率分析中的技术进步的分解思路，将环境技术进步分解成一个数量指标（MATCH）和一个偏向性指标（EBLAS）：

$$TECH_k^{\tau-1,\tau}=\frac{EE_k\ (Z^{\tau-1},\ V^{\tau-1},\ \tau-1)}{EE_k\ (Z^{\tau-1},\ V^{\tau-1},\ \tau)}\times\left[\frac{EE_k\ (Z^{\tau},\ V^{\tau},\ \tau-1)}{EE_k\ (Z^{\tau},\ V^{\tau},\ \tau)}\times\frac{EE_k\ (Z^{\tau-1},\ V^{\tau-1},\ \tau)}{EE_k\ (Z^{\tau-1},\ V^{\tau-1},\ \tau-1)}\right]^{1/2}=MATCH_k\times EBLAS_k \tag{5}$$

（二）基于 S－EE 方程的 S－环境效率变化模型构建

然而上述模型的构建基于 EE 静态环境效率的计算，实际应用中，可能因为各评价单元环境效率差异太大造成一个或几个评价单元长期处于环境前沿上，导致静态环境效率效果无意义以及环境效率变化结果无效。同时，上述模型模仿经济研究中技术进步与技术效率提高的分解，在环境研究领域中是否具有对应的实证含义尚值得商榷。本文借助 Anderson P.，Peterson N. C. 的研究，在 EE 模型中加强假设条件，将被评价单元的环境压力指标从松 弛变量中消除，可得 S－EE 静态环境效率方程$\widetilde{EE}$（Z^{τ}，V^{τ}，τ）。其基本思想是在进行第 k 个评价单元静态环境效率评价时，使第 k 个评价单元的环境压力输入被其他所有评价单元的环境压力输入线性组合替代，而将第 k 个评价单元排除在外。该方程可以由线性规划方程（6）计算得出：

$$[\widetilde{EE}_k(Z^{\tau},V^{\tau},\tau)]^{-1}=\min_{\omega}\sum_{i=1}^{M}\omega_i\frac{Z_{ki}^{\tau}}{V_k^{\tau}}$$

$$\text{s. t.} \sum_{\substack{i=1 \\ i \neq k}}^{M} \omega_i \frac{Z_{1i}^{\tau}}{V_1} \geqslant 1$$

$$M \tag{6}$$

$$\sum_{\substack{i=1 \\ i \neq k}}^{M} \omega_i \frac{Z_{Ni}^{\tau}}{V_N} \geqslant 1$$

$$\sum_{i=1}^{M} \omega_i = 1$$

$$\omega_i \geqslant 0 \quad i = 1, K, M$$

则在上述假设下，被评价单元可以越过τ时期环境效率前沿，$\widetilde{EE}_k$（Z^{τ}，V^{τ}，τ）$\in [0, \infty]$，实现全部评价单元在τ时期的有效排序。同时本文将上述$\widetilde{EE}_k$（Z^{τ}，V^{τ}，τ）引入环境效率变化模型，可得以$\tau-1$时期和τ时期环境前沿为参照的S－动态环境效率变化（S－ECOEFF）：

$$S-ECOEFF_k(\tau-1, \tau) = \frac{\widetilde{EE}_k(Z^{\tau}, V^{\tau}, \tau)}{\widetilde{EE}_k(Z^{\tau-1}, V^{\tau-1}, \tau-1)} \tag{7}$$

三、变量选取与样本数据说明

（一）评价单元的选择

根据研究目的，本文评价单元为我国七大流域，包括：长江流域、黄河流域、珠江流域、松花江流域、淮河流域、海河流域和辽河流域。

（二）输入输出指标构建

水环境经济压力输入指标的选取，应综合考虑流域内经济增量和相应环境污染两种情况。为同以往研究一致，本文采用的环境压力指标借鉴 Kortelainen 及杨文举的研究成果，同时参考流域水环境问题研究常用指标。考虑到指标代表性和数据可得性，研究采用输入指标包括单位 GDP（1998 年不变价，下同）废水排放量、单位 GDP 化学需氧量（COD）排放量。考虑到流域水环境研究的特殊性，在本次研究的输入指标中增加流域水质状况，即七大流域河流水质达标率（按评价河长统计）。输出指标仍沿用此类研究常用的单位 GDP。鉴于数据统计口径的变化，样本的分析时间为 1998～2009 年。经处理后所得环境经济压力输入指标的一般统计描述见表 1，不同流域环境压力差异较大，南方流域单位 GDP 废水排放量明显高于北方流域，但流域水质一般好于北方流域。

表1　1998～2009年中国七大流域环境经济压力指标统计描述

变量	单位GDP废水排放（万吨/亿元）	单位GDP COD排放（万吨/亿元）	水质达标率（%）
平均值	51.37	98.25	36
最大值	136.44	250.94	100
最小值	12.64	33.17	0
标准差	26.69	48.61	21

注：①从1997年起，工业废水排放及处理的统计范围由原来的对县及县以上有污染物排放的工业企业，扩大到对有污染物排放的乡镇工业企业的统计，考虑到数据统计口径的变化可能影响评价结果，本文样本的分析起始时间为1998年。②流域氨氮排放量也是常用评价指标，但我国氨氮排放量自2001年开始统计，同时个别流域该数据缺失严重，因此不作为本次研究输入指标。

资料来源：历年《中国水资源公报》、七大流域《水资源公报》、《中国统计年鉴》、《中国环境统计年鉴》、《中国水利统计年鉴》、《全国环境统计公报》、《中国水利发展统计公报》。

四、七大流域水环境效率实证分析

（一）七大流域S－动态环境效率与EPI环境效率评价结果比较

本文使用Kortelainen所提出方法对我国七大流域EPI、TECH、ECOEFF、MATECH、EBIAS、ECOEFF进行了计算，并与上述的S－动态环境效率结果进行了对比。研究发现，Kortelainen所提出方法计算得到的96个EE静态环境效率结果中，等于1.00的共60个，占全部评价结果的62.5%，导致长江流域、淮河流域和海河流域的ECOEFF结果为0，评价无效，而本文提出的模型有效避免了这一问题。

（二）七大流域的S－EE静态环境效率评价

静态环境效率是流域单位经济产值环境排放强度的综合体现，效率较低的评价单元在产生同等的经济产出时造成的环境压力较大。研究中流域水质指标的引入，同时考虑了流域环境承载能力，即环境承载能力较大的流域，可以接受较大的环境排放强度而静态环境效率不降低。本文采用S－EE模型得到七大流域1998～2009年静态环境效率评价结果（见表2）。从七大流域1998～2009年均静态环境效率来看，珠江流域、海河流域水环境情况相对其他五大流域表现较好，而辽河流域、淮河流域、黄河流域表现较差。主要原因包括两个方面：一是黄河流域、淮河流域、辽河流域，单位产值排污强度本身较大，单位GDP废水排放量，单位GDP COD排放量均较高。二是受气候条件影响，南方水系水量较大，环境承载能力较强，在同等排污量情况下，能保持较优的河流水质。海河流域虽处我国北方，河流水质劣于其他流域，但经济发达，产业结构更优越，单位 GDP 废水排放量是我国平均水平的 45.1%，单位 GDPCOD 排放量是我国平均水平的 74.5%，居七大流域最好水平。表 2 中，长江流域、珠江流域和海河流域连续十二年处于环境效率前沿，松花江流域 1999 ~ 2009 年连续十一年处于环境效率前沿。黄河流域、淮河流域和辽河流域除个别年份外，长期处于静态环境效率无效状态。

表 2　1998 ~ 2009 年七大流域 S – EE 静态环境效率评价

区域	1998 年	1999 年	2000 年	2001 年	2002 年	2003 年	2004 年	2005 年	2006 年	2007 年	2008 年	2009 年	年均
长江流域	1.64	1.69	1.33	1.09	1.04	1.06	1.12	1.12	1.00	1.02	1.03	1.46	1.22
黄河流域	1.01	1.08	1.01	0.85	0.83	0.76	0.78	0.90	0.94	0.92	1.08	0.95	0.93
珠江流域	1.00	1.17	1.17	2.33	2.00	1.95	1.84	2.07	3.30	2.86	1.21	1.01	1.83
松花江流域	0.87	1.00	1.10	1.42	1.23	1.31	1.24	1.14	1.19	1.21	1.11	1.26	1.17
淮河流域	1.27	0.89	1.02	0.90	0.89	0.89	0.93	0.91	1.03	1.05	1.04	1.09	0.99
海河流域	1.20	1.24	1.18	1.18	1.31	1.25	1.39	1.65	1.50	1.47	1.53	1.29	1.35
辽河流域	1.04	1.04	1.05	0.83	1.01	1.14	1.17	0.91	0.88	0.95	0.92	0.97	0.99
全国平均	0.80	0.94	0.87	0.74	0.86	0.84	0.90	0.94	0.92	0.96	1.00	0.95	0.89

目前，我国各地环境标准一条线，但由于环境承载能力的不同，在流域环境污染治理过程中，承载能力较小的流域更易出现环境问题。因此污染排放标准的制定还需适当考虑流域环境承载能力，对环境承载能力较低的流域，实施更为严格的污染排放标准，使高污染行业向环境承载能力较高流域流动，形成流域产业结构的环境友好型布局，避免个别流域污染问题长期难以得到解决。

（三）七大流域的 S – 动态环境效率评价

为进一步分析各流域相对自身的水环境效率变化，研究采用 S – 动态环境效率模型对七大流域和全国平均 1998 ~ 2009 年的动态环境效率变化进行了计算，结果见表 3 和图 1。我国平均水环境效率在 1998 ~ 2009 年出现年均 1.53% 的上升，表明总体上我国各流域水环境问题有所改善，单位 GDP 污染排放出现下降，河流水质有所改善。从结果来看，年均 S – 动态环境效率变化为负值的黄河流域、淮河流域、辽河流域和珠江流域，正是在这些年因污染问题和断流问题比较受关注的流域，与人们的直观认识相吻合。为进一步分析各流域动态环境效率变化情况，结合我国流域水污染防治管理体制改革状况，本文将整个研究时期按照 4 年一个阶段划分为 1998 ~ 2001 年、2002 ~ 2005 年、2006 ~ 2009 年三个部分。

表3 1998~2009年七大流域S-动态环境效率变化 单位:%

时期 区域	1998~2009年	1998~2001年	2002~2005年	2006~2009年
长江流域	5.22	13.85	-6.72	11.88
黄河流域	-0.04	-3.63	2.53	0.15
珠江流域	-0.49	17.52	7.68	-18.81
松花江流域	5.09	16.35	-3.03	5.51
淮河流域	-1.61	-11.14	-0.36	4.86
海河流域	0.71	-0.54	8.90	-5.98
辽河流域	-0.63	-7.46	2.57	1.54
全国平均	1.53	-2.03	5.92	-0.03

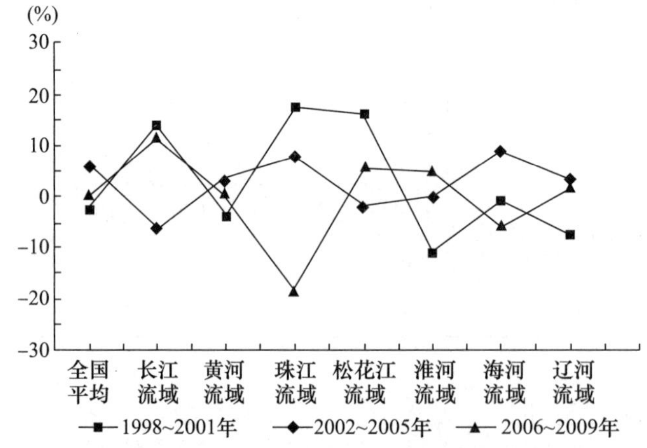

图1 1998~2009年七大流域S-动态环境效率变化

1998~2001年是我国七大流域水环境效率出现明显下降的阶段，平均水环境效率年均下降2.03%。七大流域中有四个流域出现水环境效率下降的现象，其中比较严重的是屡次出现重大环境事故的淮河流域，年均水环境效率下降11.14%。主要原因是这一时期淮河流域水质较差，劣V类水质河长占比超过50%，同时单位GDP COD排放量约为2002~2005年的两倍。水环境效率下降略低于淮河流域的是当时流域水质问题最为严重的辽河流域，年均水环境效率下降7.46%。受断流问题困扰的黄河流域年均水环境效率下降3.63%，断流造成这一时期流域河流水质状况恶劣，V类和劣V类水质河长占比超过70%。水环境效率较好的是我国珠江流域、松花江流域和长江流域，这三个流域水量相对丰沛，环境经济承载能力较强，流域水质较好，相对其他流域水环境效率的下降，上述流域年均水环境效率分别提升17.52%、16.35%和13.85%。

2002~2005年，我国七大流域年均水环境效率上升5.92%，是水环境效率提高最为明显的阶段。海河流域、珠江流域、辽河流域、黄河流域四个流域出现水环境效率提升，分别为8.90%、7.68%、2.57%和2.53%。淮河流域水环境效率与前期持平（小于

±0.5%)，仅长江流域和松花江流域两个流域出现水环境效率下降的现象。这一时期，长江中上游和松花江流域经济快速增长，但产业结构发展不合理，单位 GDP 废水排放量、单位 GDP COD 排放量分别由前期第三位上升为七大流域之首。这一时期我国各流域废水排放绝对量、COD 排放绝对量仍然较大，但增速略有减缓，七大流域水质略好于前期。受益于这一时期我国经济高增长，各流域单位 GDP 废水排放量、单位 GDP COD 排放量均出现较为明显的下降，这是整体水环境效率提高最为主要的原因。此外，2002~2005 年我国环境保护实施力度加强，集中出台了多部水环境保护相关法律法规，逐步实施了水务统一管理。各流域加强区域合作，建立各种更为灵活的管理机制，也是我国各流域水环境效率明显上升的主要原因。

2006~2009 年，我国七大流域年均水环境效率为 -0.03%，与前期持平。除珠江流域和海河流域出现水环境效率明显下降外，其他五个流域水环境效率均有不同程度提升。前期因环境问题备受关注的长江流域、松花江流域和淮河流域水环境效率明显提升，分别上升 11.88%、5.51% 和 4.86%。前期静态环境效率和动态环境效率值都比较高的珠江流域和海河流域出现水环境效率由正转负的情况，尤其是珠江流域水环境效率下降高达 18.81%。珠江流域、海河流域是我国经济较发达地区，从水环境经济压力看，2009 年珠江流域单位 GDP 污染排放程度高于全国平均水平，而海河流域水质情况不容乐观。珠江流域水资源相对丰富，但高排放、高污染的落后发展方式必将为该流域经济未来健康发展埋下隐患。

五、主要结论

本文提出 S-环境效率变化模型，并应用该模型实证分析了我国七大流域 1998~2009 年水环境效率静态和动态变化，得到如下结论：

第一，本文提出的 S-环境效率变化模型有效避免了 EPI 环境效率模型出现大量评价单元静态环境效率为 1.00 的问题，同时可以对所有评价单元各年动态环境效率变化进行有效计算，实证结果与各流域环境变化直观认识相符。

第二，从水环境静态效率评价结果来看，珠江流域、海河流域高于其他五大流域。流域水环境静态效率受流域环境承载能力影响较大，可以利用这一特点对各流域产业布局进行调整和布局，降低北方流域环境承载压力。通过降低单位 GDP 污染排放乃至污染排放绝对量可以有效改善流域静态环境效率，也是解决流域环境污染的根本途径。

第三，1998~2009 年我国七大流域水环境动态效率有年均 1.53% 的改善，但主要受益于我国经济快速增长，单位 GDP 污染排放量迅速下降，我国流域污染排放绝对量并未明显好转。七大流域水环境动态效率呈现前期下降，中期提高，后期持平的现象，表明我国流域水环境问题初步得到遏制，但改善迹象不明显，根本好转尚待时日。

第四，分阶段来看，各阶段出现环境效率下降的流域分别为：1998～2001 年，黄河流域、淮河流域、辽河流域；2002～2005 年，长江流域、松花江流域；2006～2009 年，珠江流域、海河流域。问题流域的不断更换表明我国流域水环境治理存在事后治理和大灾才有大治的问题，缺乏主动和事先干预。有关部门应该根据流域具体特点，环境压力种类、程度与各地经济结构，主动而有针对性缓解各流域环境压力，促进流域动态环境效率的有效提高。

参考文献

［1］世界银行．2010 年世界发展报告：发展与气候变化［M］．北京：清华大学出版社，2010.

［2］World Bank. World Development Indicators 2010［M］. Washington DC：World Bank Publication，2010.

［3］Huppes G.，Ishikawa M. Eco – efficiency and Its Terminology［J］. Journal of Industrial Ecology，2005，9（4）：43 – 46.

［4］Seppälä J.，Melanen M.，Mäenpää I.，et al. How Can the Ecoefficiency of a Region be Measured and Monitored?［J］. Journal of Industrial Ecology，2005，9（4）：117 – 130.

［5］Zhou P.，Ang B. W.，Poh K. L. Slacks – based Efficiency Measures for Modeling Environmental Performance［J］. Ecological Economics，2006，60（11）：1 – 8.

［6］王波，方春洪．基于因子分析的区域经济生态效率研究———以 2007 年省际间面板数据为例［J］．环境科学与管理，2010（2）：158 – 162.

［7］庄宇，杨新娟，孙万佛．环境经济效率的 R 型因子分析［J］．环境科学与技术，2006（3）：66 – 69.

［8］Korhonen P. J.，Luptacik M. Eco – efficiency Analysis of Power Plants：An Extension of Data Envelopment Analysis［J］. European Journal of Operational Research，2004（154）：43 – 46.

［9］Kuosmanen T.，Kortelainen M. Measuring Eco – efficiency of Production with Data Envelopment Analysis［J］. Journal of Industrial Ecology，2005，9（4）：59 – 72.

［10］Kuosmanen T.，Kortelainen M. Eco – efficiency Analysis of Consumer Durables Using Absolute Shadow Prices［J］. Journal of Productivity Analysis，2007（28）：57 – 69.

［11］张炳，毕军，黄和平等．基于 DEA 的企业生态效率评价：以杭州湾精细化工园区企业为例［J］．系统工程理论与实践，2008（4）：159 – 166.

［12］Kortelainen M. Dynamic Environmental Performance Analysis：A Malmquist Index Approach［J］. Ecological Economics，2008，64（7）：1 – 15.

［13］杨文举．中国地区工业的动态环境绩效：基于 DEA 的经验分析［J］．数量经济技术经济研究，2009（6）：87 – 98.

［14］Charnes A.，Cooper W. W.，Rhodes E. Measuring the Efficiency of Decision Making Units［J］. European Journal of Operational Research，1978（2）：429 – 444.

［15］Caves D. W.，Christensen L. R.，Diewert W. E. The Economic Theory of Index Numbers and The Measurement of Input，Output，and Productivity［J］. Econometrica，1982，50（6）：1393 – 1414.

［16］Färe R.，Grosskopf S.，Norris M.，et al. Productivity Growth Technical Progress and Efficiency Change in Industrialized Countries［J］. American Economic Review，1994，84（1）：66 – 83.

[17] Färe R., Grosskopf S., Lindgren B., et al. Productivity Change in Swedish Pharmacies 1980 – 1989: A Non – parametric Malmquist Approach [J]. Journal of Productivity Analysis, 1994 (3): 85 – 101.

[18] Anderson P., Peterson N. C. A Procedure for Ranking Efficient Units in Data Envelopment Analysis [J]. Management Science, 1993, 39 (10): 1261 – 1264.

[19] 汪小勇，万玉秋，姜文等. 中国跨界水污染冲突环境政策分析[J]. 中国人口·资源与环境，2011，21 (3): 25 – 29.

The Dynamic Eco – efficiency Analysis of Seven Drainage Areas of China

Wang Da – peng[1]　Zhu Ying – chun[2]

(1. Center for China Study, Tsinghua University, Beijing 100084, China;

2. Chinese Academy of Science and Technology for Development, Beijing 100038, China)

Abstract: In order to provide new analytical tools for environmental economic studies, this paper raises a new Super Eco – efficiency model (S – ECOEFF) based on the Environmental Performance Index (EPI) by strengthening relaxation variable limit and assumptions. This model is applied to analyze the dynamic environmental performance of seven drainage areas of China in 1998 – 2009, and reveal the trend and causes of the eco – efficiency changes. Results show that eco – efficiency growth has an improvement of 1.53% every year of seven drainage areas throughout the study phase, which declined at the first stage, then ascended at the second stage and kept stable in the end. The drainage areas with depressed eco – efficiency at the three stages are: Huanghe River valley, Huaihe River valley and Liaohe River valley in 1998 – 2001; Changjiang River valley and Songhuajiang River valley in 2002 – 2005; Zhujiang River valley and Haihe River valley in 2006 – 2009. The main conclusions are: ①static efficiency of water environment is greatly influenced by the carrying capacity of environment, and emission reduction is the fundamental approach to solving the water environmental problem; ②the constant transformation of drainage areas with problems shows there are some problems in the process of improving water environment, such as management after problems, great order after strike and lacking prior intervention; ③according to the type and degree of environmental pressure and the economic structure characteristics of drainage areas, active and targeted help to ease the environmental pressure can promote dynamic environment efficiency effectively.

Key Words: eco – efficiency; water environment; S – environmental performance efficiency

中国资源富集地区资源禀赋影响经济增长的机制研究

岳利萍　吴振磊　白永秀
（西北大学经济管理学院，陕西　西安　710127）

【摘　要】自然资源禀赋对经济增长来说究竟是“财富”还是“诅咒”，是一个存在争议的问题。我国资源富集地区经济发展过程中呈现了对自然资源的高度依赖，自然资源禀赋与经济增长总体上呈现负相关关系，但资源禀赋通过何种渠道影响经济增长尚缺乏理论和实证检验。本文以“条件收敛”假说为基础，构建了资源禀赋对人均收入影响的理论模型，并将自然资源对经济增长所产生的影响区分为直接效应和间接效应；在此基础上，以我国煤炭、石油、天然气和铁矿石地域分布与储量前十名的18个省（区）19年的自然资源储量以及经济社会面板数据为研究对象，在分析自然资源对经济增长所产生直接、间接和总效应大小的同时，对我国资源富集地区资源禀赋影响经济增长的渠道和机制进行了比较。研究结果显示：自然资源禀赋对我国经济增长的影响既存在正面的直接效应，也存在负面的间接效应，且间接效应大于直接效应；自然资源禀赋主要是通过影响投资、受教育水平、开放度、R&D等社会经济变量，降低了自然资源对经济增长的促进作用。

【关键词】资源富集地区；资源禀赋；经济增长；直接效应；间接效应

很多发展经济学家认为自然资源是经济增长的基础，丰富的自然资源会使经济快速增长，而经济增长迟缓的部分是资源匮乏造成的。他们把自然资源看作是经济增长潜在的动力，强调自然资源在经济发展中的积极作用。但也有事实表明自然资源与经济增长并不存在必然的正相关关系。拥有较少自然资源的经济体，如日本、韩国、新加坡和瑞士等，一直有着较高的经济增长，而尼日利亚、安哥拉和委内瑞拉等许多自然资源丰富地区的经济增长速度却不尽如人意，出现了“资源诅咒”的现象。放眼国内，我国各地区资源禀赋

作者简介：岳利萍，博士，讲师，主要研究方向为资源与环境经济学。

基金项目：国家社科基金项目（编号：09CJY036）；陕西省哲学社会科学基金项目（编号：08Z002）；陕西省软科学（编号：2010KRM22－2）；陕西省人口资源与环境经济学重点学科资助项目。

和经济发展程度差异较大，占国土面积71.4%的西部地区蕴藏着丰富的自然资源，然而，西部资源富集地区的经济增长水平却相对滞后，西部许多资源富集地区不但没有越来越富有，反而相对越来越贫困，“富饶的贫困”现象非常普遍。这不禁让人去思考我国资源富集地区是否也遭遇到了“资源诅咒”？如果存在这种现象，它又是通过何种途径制约了资源富集地区经济的增长？由此可见，将“资源诅咒”命题引入一国内部去考察不同区域发展水平的差异，极具学术意义和解释实际经济现象的价值。

一、文献综述

国外研究方面，20世纪中后期，资源导向型经济增长模式受到了质疑。Auty在1993年对产矿国经济发展问题的研究过程中，率先提出了“资源诅咒”假说，引起了国外经济学界的关注。此后，Sachs和Warner、Gylfason等、Papyrakis和Gerlagh等大量的实证研究都支持了“资源的诅咒”这一假说，自然资源财富对经济增长更多地起着阻碍而不是促进的作用。关于“资源诅咒”产生原因方面，Corden和Neary将其归结为“荷兰病”；Davis和Tilton将其归结为波动性影响；Sonin将其归结为制度弱化；Gylfason将其归结为资金误配。

国内研究方面，周殿昆、陈林生、李刚、彭水军、包群、张世秋都对我国不同经济区域的资源禀赋存量与经济增长之间的关系进行了实证检验，得到“自然资源禀赋与经济增长呈现负相关的关系”。傅允生从自然资源约束与地区经济收敛的角度分析地区资源配置力与经济竞争力之间的内在关系；丁菊红、邓可斌从政府参与的角度解释了我国不同地区自然资源禀赋与经济增长之间的关系；李天籽、罗浩、邵帅、胡健等从资源瓶颈、直接投资、创新的角度解释自然资源差异与经济增长之间的关系。徐康宁通过构建以能源资源为代表的资源丰裕度指数，考察了我国不同省份之间资源禀赋与经济增长的负相关的关系。

纵观现有研究，国外研究主要基于国家样本，结论来自于国家之间的比较，而国内研究虽普遍认同自然资源禀赋与中国经济增长之间总体上呈负相关关系，并从多个视角剖析了产生这种负面影响的原因，但缺乏对这种负相关关系大小程度的度量，对自然资源影响经济增长的判断较为模糊。

鉴于此，本文力图从以下三个方面进行探索：第一，将资源富集地区自然资源禀赋对经济增长所产生正面和负面效应进行剥离，为深入分析导致负面效应的深层次原因提供理论基础；第二，分析自然资源禀赋对资源富集地区不同社会经济变量产生的相对影响程度的大小，找出最容易受到自然资源禀赋影响的社会经济变量，为预防负面影响提供理论依据；第三，从自然资源禀赋与其他社会经济变量的角度来分析资源富集地区经济增长存在差异的原因。

二、我国不同资源禀赋地区经济发展绩效

（一）我国不同地区的资源禀赋状况

在工业化进程中，我国处于自然资源短缺与地域分布不均衡并存的阶段。为了便于比较分析，我们以《中国统计年鉴》（2009）为数据来源，以我国石油、煤炭、天然气和铁矿石 2008 年的地域分布基础储量前十名进行说明。2008 年，我国石油储量前十名的省区分别为黑龙江、新疆、山东、河北、陕西、辽宁、吉林、甘肃、内蒙古和河南；煤炭储量前十名的省区分别为山西、内蒙古、陕西、贵州、新疆、河南、山东、安徽、云南和黑龙江；天然气储量前十名的省区分别为陕西、新疆、四川、内蒙古、青海、黑龙江、重庆、吉林、山东和天津；铁矿石储量前十名的省区分别为辽宁、河北、四川、内蒙古、山东、安徽、甘肃、山西、云南和湖北。从上述比较中可以看出，东部沿海地区除山东等个别省份外，能源与矿产资源相对贫乏，尤其是经济发达的珠三角与长三角地区；资源富集地区主要集中在中西部地区。

（二）我国资源禀赋与经济增长的变动趋势

以省际层面作为微观分析基础，以 1990 ~ 2008 年煤炭、石油的储量和经济增长的数据为例，分析我国自然资源储量的地区分布与经济增长的关系。表 1 给出了 1990 ~ 2008 年省际层面不可再生资源产出和经济增长数据。从表 1 可以看出，过去 19 年经济平均增长率排名靠前的大部分是资源缺乏的东部地区。相比之下，资源禀赋较高的山西、辽宁、吉林、黑龙江等省份的经济增长却相对较为缓慢。一定程度上证明了自然资源对地区经济增长存在一定的负面影响。这种现象的存在，从表象上说明了我国部分地区已经开始出现了资源对经济增长的质量控制，即出现了“资源的诅咒”。

表 1　我国自然资源储量的地区分布与经济增长

地区	经济平均增长率（%）	原煤（10^8t）	原油（10^8t）	地区	经济平均增长率（%）	原煤（10^8t）	原油（10^8t）
北京	16.12	5.95	9.00	河南	15.39	125.62	7426.34
天津	15.67	3.00	5985.06	湖北	13.36	2.66	1234.71
河北	14.83	86.75	13771.51	湖南	13.88	20.76	0.00
山西	14.43	1051.73	0.00	广东	16.29	1.99	2748.92

续表

地区	经济平均增长率（%）	原煤（10^8t）	原油（10^8t）	地区	经济平均增长率（%）	原煤（10^8t）	原油（10^8t）
内蒙古	16.68	1481.69	4314.64	广西	13.88	8.48	142.50
辽宁	12.58	49.67	21435.65	海南	11.92	0.90	65.66
吉林	14.05	15.88	15620.84	四川	11.67	63.52	262.10
黑龙江	13.13	94.61	71049.84	贵州	13.05	150.22	0.00
上海	14.95	0.00	105.96	云南	12.73	148.23	11.65
江苏	15.58	25.80	2672.14	西藏	14.56	0.10	0.00
浙江	16.39	0.52	0.00	陕西	14.46	286.34	15553.85
安徽	13.86	135.59	112.29	甘肃	13.37	49.39	7366.57
福建	15.39	4.58	0.00	青海	13.70	17.74	4082.31
江西	14.13	8.46	0.00	宁夏	14.81	61.14	200.92
山东	15.44	97.18	37918.02	新疆	13.56	105.35	41489.98

注：①平均经济增长率 = ［（GDP_{2008} - $lnGDP_{1990}$）/19］×100%，这里的 GDP 按当年价格计算；②煤炭和石油的储量为 1990～2008 年的平均储量，根据历年《中国统计年鉴》整理所得；③重庆的数据被合并到四川省。

三、理论模型

按照 Barro、Grossman 和 Helpman 等相关理论与实证研究，一国不同区域人均收入增长率存在“条件收敛”假说，在保持相关解释变量不变的前提下，经济增长率与初始的人均收入成反比。假设某个资源富集省份 i 从初始时期 t_0 到当期 t_T 的人均增长率G_i = ［ln（Y_{iT}/Y_{i0}）］/T×100，与初始收入水平 Y_{i0}，自然资源禀赋 R_i，其他控制变量所组成的向量 M_i 之间存在相互影响关系，其公式可以表示为：

$$G_i = \alpha_0 + \alpha_1 \ln Y_{i0} + \alpha_2 R_i + \alpha_3 M_i + \varepsilon_i \quad (1)$$

参照 Papyrakis、Gerlagh，Reyer Gerlagh 的研究方法，对不同自然资源禀赋状态下，不同省份人均收入水平进行比较分析。假设两个不同状态的省份分别为 h、s，初始的收入水平都为 $\ln Y_0$，而自然资源禀赋和其他控制变量在两个不同状态下各不相同，即 $R_h \neq R_s$、$M_h \neq M_s$。假设两个不同时期二者的变化量为：$\Delta R = R_h - R_s$、$\Delta M = M_h - M_s$。则由式（1）可以推导出资源禀赋或其他控制变量的差异对人均收入产生长期效应的期望值，表示如下（取期望值主要为了消除随机扰动项的影响）：

$$E(\Delta \ln(Y_\infty)) = -(\alpha_2/\alpha_1)\Delta R - (\alpha_3/\alpha_1)\Delta M \quad (2)$$

式中，$\ln(Y_\infty) = \ln Y_\infty^h - \ln Y_\infty^s$ 表示自然资源禀赋或其他控制变量不同时所产生的长期收入效应。对式（2）进行指数化可以得到：

$$\Delta Y_\infty / Y_\infty = \exp[-(\alpha_2/\alpha_1)\Delta R - (\alpha_3/\alpha_1)\Delta M] - 1 \tag{3}$$

对于较小的（α_2/α_1）ΔR 和（α_3/α_1）ΔM 的值，式（3）可以近似于公式（4）：

$$\Delta Y_\infty / Y_\infty = -(\alpha_2/\alpha_1)\Delta R - (\alpha_3/\alpha_1)\Delta M \tag{4}$$

从式（4）可以很清楚地看出自然资源禀赋与其他控制变量对人均长期收入变化的影响。其值的大小分别为：-（α_2/α_1）和-（α_3/α_1）。假设经济增长在资源富集地区不同省份之间存在条件收敛，即 $\alpha_1<0$ 则自然资源禀赋会对人均收入产生不同的影响（见表2）。

表 2　资源禀赋对人均收入产生的不同影响

条件	$-(\alpha_2/\alpha_1)=1$	$-(\alpha_2/\alpha_1)>1$	$0<-(\alpha_2/\alpha_1)<1$	$-(\alpha_2/\alpha_1)<0$
解释	自然资源开发使当期收入每增加 1%，会带来 1% 的持久收入水平的增加	自然资源开发利用每提高 1 个单位的当期收入会使得其长期收入的增加大于 1 个单位	自然资源开发利用每增加 1 个单位的收入而产生小于 1 个单位的长期人均收入的增加	持久收入比没有自然资源开发利用时还要低
含义	资源禀赋存量的提高有利人均收入的提高，不会出现“富饶的贫困”假说	经济发展受益于自然资源的扩张，但是永久收入增加效应会小于短期的收入增加效应，可能会出现“富饶的贫困”现象	肯定会产生“富饶的贫困”现象	

式（1）中影响经济增长的其他控制变量主要包括劳动、资本、经济制度、教育文化水平、城市化水平等相关社会经济变量。研究自然资源对其他变量的影响，即 R 与 M 之间是否会存在内在相关性，可以将自然资源禀赋变量与其他变量进行线性回归，研究自然资源禀赋对社会经济变量的“挤出效应”的大小。其计量模型设定为：

$$M_i = \beta_0 + \beta_1 R_i + \mu_i \tag{5}$$

式中，M 表示投资、教育、开放度、R&D 等社会经济变量。

如果式（5）通过实证检验，即自然资源禀赋变量与其他社会经济资源变量存在较强的相关性，自然资源禀赋可以解释投资、社会制度等其他社会经济变量所存在的偏离。这种偏离反过来又阻碍经济增长，因此将这种影响称为自然资源禀赋对经济增长所产生的“间接效应”，而自然资源本身对经济增长所产生影响称为“直接效应”。为了消除自然资源变量与社会经济变量之间的多重共线性，将式（5）代入式（1），将自然资源禀赋对经济增长所产生“直接”、“间接”影响合并，并将社会经济变量中没有受到自然资源禀赋影响，但是又对经济增长产生影响的部分分离出来，表达式为：

$$G_i = (\alpha_0 + \alpha_3\beta_0) + \alpha_1 \ln Y_{i0} + (\alpha_2 + \alpha_3\beta_1) R_i + \alpha_3 \mu_i + \varepsilon_i \tag{6}$$

式中，α_2 表示自然资源禀赋对经济增长所产生的“直接效应”；$\alpha_3\beta_1$ 表示自然资源禀赋对经济增长所产生的“间接效应”；μ_i 是式（5）的残差，即社会经济变量中没有受到自然资源禀赋的影响，但是又对经济增长产生影响的部分。为了更加清楚地看出不同地区自然资源禀赋差异对经济增长差距所造成的影响可以将式（6）进行如下的转换：

$$G_i - G_a = \alpha_1[\ln Y_{i0} - \ln Y_{a0}] - (\alpha_2 + \alpha_3\beta_1)[R_i - R_a] + \alpha_3[\mu_i - \mu_a] + \varepsilon_i \tag{7}$$

式中，G_a 表示全国的平均经济增长率；$G_i - G_a$ 表示某个资源富集省份与全国平均经济增长率所存在的差距；Y_{a0}、R_a 分别表示全国的初始收入水平和自然资源平均禀赋度。通过该公式可以计算出资源富集地区不同省份的初始收入水平、自然资源禀赋、社会经济变量与全国平均水平的差异程度对其经济增长影响程度的相对作用大小。

从以上理论分析可知，资源富集地区的自然资源禀赋直接或通过传导机制间接对经济增长率和人均收入水平所造成的影响，使自然资源丰富的地区可能存在“富饶的贫困”假说。但这并不是一种必然，而且这种影响究竟有多大，自然资源究竟会对哪些社会经济变量产生多大程度的影响，只有通过实证分析才能得到较为中肯的结论。

四、实证：我国资源富集地区的面板数据分析

（一）数据与变量说明

本文以我国资源富集地区不同省份的面板数据为实证研究基础。① 数据来源于《中国经济统计年鉴》、中经网数据库及其各省份各年度的统计年鉴，重庆市在 1997 年后才成立，其数据合并到四川省。主要变量说明如下，以 1990 年为基年，资源富集地区各个省初始人均收入选用其 1990 年的人均 GDP 值（Y_{90}），当期值选用 2008 年的人均 GDP 值（Y_{08}），T = 19，以此来计算出资源富集地区各省市的平均经济增长率（G_i）。各个省自然资源禀赋度用各省能源产量表示②。控制变量主要包括可以具体量化的社会经济变量：投资（I）、受教育水平（E）、经济开放度（O）、R&D。投资是以资源禀赋较高的各个省份的人均实际投资额来表示；经济开放度是以进出口总额与 GDP 的比值来表示；R&D 是以其专利申请授予量来表示；受教育程度以中国各次人口普查中各个省份 6 岁以上人口平均

① 本文选择我国煤炭、石油、天然气和铁矿石地域分布与储量前十名的主要分布省份黑龙江、新疆、山东、河北、陕西、辽宁、吉林、甘肃、内蒙古、河南、山西、贵州、安徽、云南、四川、青海、天津、湖北 18 个省区为研究对象。

② 能源产量是根据中国科学院的折算公式：能源产量 = 原煤产量 × 0.714t/t + 原油产量 × 1.43t/t + 天然气产量 × 1.33t/1000m³ 计算得出。

受教育年数的加权平均数来表示。社会经济变量分别取1990~2008年各年度的平均值①。

（二）计量结果分析

第一步，按照式（1），利用OLS估计法，逐步加入控制变量，直到随机扰动项的影响十分小为止。大部分变量的系数T统计量在10%的显著性水平上是显著的，说明拟合效果较好。第一行中的方程（1）仅以初始收入与平均经济增长率进行回归，其系数为负数，这说明不同省份之间存在经济增长的条件收敛假说。第二行中的方程（2）加入了自

表3 自然资源禀赋与经济社会变量对经济增长影响的计量分析结果

方程	C	LnGDP	R_i	I_i	E_i	O_i	R&D	R^2
1	13.72*	-0.19***	—	—	—	—	—	0.86
	(2.75)	(-4.04)	—	—	—	—	—	
2	23.29*	-0.35***	-0.62**	—	—	—	—	0.84
	(2.26)	(-8.21)	(-4.28)	—	—	—	—	
3	24.14*	-0.28**	-0.48*	0.54**	—	—	—	0.87
	(2.14)	(-4.38)	(-3.16)	(5.03)	—	—	—	
4	25.16*	-0.35**	-0.43*	0.49**	0.56*	—	—	0.73
	(2.57)	(-3.97)	(-2.81)	(4.33)	(3.09)	—	—	
5	27.16*	-0.45**	-0.34*	0.62**	0.49*	0.47*	—	0.81
	(2.06)	(-4.96)	(-2.61)	(5.04)	(2.86)	(2.36)	—	
6	26.78*	-4.41**	-0.07*	0.49**	0.41*	0.36*	0.27*	0.75
	(2.44)	(-4.89)	(-2.36)	(4.67)	(2.02)	(2.09)	(2.20)	
7	28.31*	-0.44***	—	0.81	0.78*	0.77*	0.52*	0.89
	(2.75)	(-5.02)	—	(5.14)	(2.01)	(3.88)	(2.84)	

注：括号中的数值为T统计量，***、**、*分别表示在1%、5%和10%的显著性水平上显著。

表4 自然资源禀赋对经济社会变量的直接影响的计量分析结果

项目	没有引入初始收入				引入初始收入			
	I	E	O	R&D	I	E	O	R&D
C	1.38**	0.98*	0.43**	1.25**	2.02*	-1.74*	-0.76*	-1.22**
	(4.31)	(2.87)	(4.84)	(4.31)	(1.98)	(-2.77)	(-2.51)	(-5.47)
R	-1.31**	-2.15*	-1.86**	-2.46**	-1.53**	-2.44*	-1.85*	-2.44**
	(-4.68)	(-2.67)	(-4.85)	(-4.57)	(-4.72)	(-2.93)	(-2.61)	(-4.79)

① 社会经济变量的选择采用逐步增加的方法，直至随机扰动项的相对影响十分小为止。

续表

项目	没有引入初始收入				引入初始收入			
	I	E	O	R&D	I	E	O	R&D
$\ln Y_{90}$	—	—	—	—	-0.32	0.59*	0.52	0.71
	—	—	—	—	(-1.27)	(2.24)	(1.93)	(0.66)
D	0.53**	0.37*	0.74**	0.27	0.47**	0.41**	0.69*	0.21**
	(5.29)	(2.32)	(4.42)	(1.17)	(4.87)	(4.38)	(2.17)	(4.42)
R^2	0.809	0.811	0.802	0.827	0.796	0.763	0.734	0.785

然资源禀赋变量，其系数为负数，说明从总体上来看，资源富集地区经济增长率与自然资源禀赋度之间确实存在负相关的关系，即资源富集地区确实陷入了“富饶的贫困”的陷阱中。式（3）~式（6）是逐步增加了资本、受教育水平、开放度、R&D 等社会经济变量后的回归结果，由于各方程的回归系数都通过 10% 的显著性水平的检验，因此，这些变量都可以作为经济增长率的解释变量。与式（6）相比，式（7）没有考虑自然资源禀赋变量对经济增长的影响。R 的系数由负数变成了正数，说明在控制了投资、受教育程度等其他变量对经济增长的影响后，自然资源对经济增长产生了积极的直接影响。然而，通过对式（6）、式（7）中自变量的系数比较可知，式（7）中自变量的系数相对大一些，这反映出自然资源禀赋变量对投资、受教育水平、开放度、R&D 产生负面影响。这证明资源富集地区不同省份之间经济增长、自然资源禀赋、社会经济变量之间确实存在内在影响机制。

第二步，按照式（5）和式（6）分析我国资源富集地区资源禀赋对其他经济变量所产生的正面影响和负面影响。式（5）分析了自然资源变量对经济变量产生的直接影响，为了检验回归结果的稳定性，式（6）中又加入初始收入水平作为解释变量，两次回归结果显示，自然资源禀赋变量的回归系数至少在 10% 的显著性水平上显著，且回归系数与没有引入初始收入水平时变化不大（见表 4）。所以，按照式（5）来进行回归是正确的。

按照式（6）剥离资源禀赋对经济增长的直接和间接效应。回归结果见表 5。从表 5 可以看出，自然资源禀赋对资源富集地区经济增长所产生正面影响为 0.21，而对经济增长所产生负面影响为 -2.77，正面影响相对较小，负面影响相对较大，体现出较高的资源禀赋既推动资源富集地区经济发展，同时也阻碍了经济发展的实际状况，而且阻碍经济发展的力量相对强大。从自然资源禀赋对社会经济变量产生负面影响的比较来看，首先 R&D 是最重要的传导渠道，在总的负面影响中所占的比重为 28.52%；其次是教育，所占比重达到 26.71%；再次是投资，所占比重为 24.91%；最后是对外开放水平，所占比重 19.86%。

表 5 我国资源富集地区自然资源禀赋对经济增长的影响

变量	正面影响	α_3	β_1	负面影响 $\alpha_3\beta_1$	负面影响比重（%）
R	0.21	—	—	—	—
I	—	0.53	-1.31	-0.69	24.91
E	—	0.33	-2.23	-0.74	26.71
O	—	0.26	-2.11	-0.55	19.86
R&D	—	0.37	-2.13	-0.79	28.52
总贡献	0.21	—	—	-2.77	100.00

五、结论及启示

本文以我国资源富集地区为研究对象，通过选取我国 18 个资源富集地区 1990～2008 年的截面数据为实证研究基础，验证了自然资源的丰富程度与人均收入水平之间存在“富饶的贫困”的假说，考察了自然资源禀赋对我国资源富集地区经济增长的直接效应和间接效应，为解决我国地区经济发展不平衡问题提供一定的理论支持，通过实证分析得出的主要结论和启示如下：

第一，自然资源禀赋对经济增长的影响存在正面的“直接效应”与负面的“间接效应”，而并非是传统理论中所描述的仅存在负面的“诅咒效应”。当自然资源作为生产要素进入社会生产函数中时，本质上会对社会再生产起到促进作用，这是自然资源对经济增长的“直接效应”，会推动社会经济发展。但是，当经济增长过多地依赖自然资源禀赋时，就会使其他经济社会生产要素由于自然资源禀赋的存在而丧失了其对经济增长应有的促进作用，这就是自然资源禀赋对经济增长所带来的负面的“间接效应”，会阻碍经济社会发展。

第二，从自然资源禀赋对经济增长的“间接效应”来看，自然资源禀赋主要是通过影响投资、受教育水平、开放度、R&D 等社会经济变量，降低它们对经济增长的促进作用。基于我国资源富集地区不同省份的实证研究来看，自然资源禀赋的提高减少投资、受教育水平、开放度、R&D 支出，其中对 R&D 的负面影响最大，然后依次为教育、投资和对外开放水平。但自然资源的这些负面的“间接影响”都是后天的人为因素所导致的，只要有较好的社会制度安排就能够在一定程度上克服这种负面影响。所以，我们必须深入把握这些负面影响所存在的原因，并进行相应的制度安排来进行解决。

参考文献

［1］鲁金萍，董德坤，谷树忠等．基于“荷兰病”效应的欠发达资源富集区“资源诅咒”现象识别：以贵州省毕节地区为例［J］．资源科学，2009，31（2）：243－249.

［2］Papyrakis E.，Gerlagh R. The Resource Curse Hypothesis and its Transmission［J］. Channels Journal of Comparative Economics，2004，32（1）：181－193.

［3］关凤峻．自然资源对中国经济发展贡献的定量分析［J］．资源科学，2004，23（7）：24－29.

［4］Auty R. M. Industrial Policy Reform in Six Large Newly Industrializing Countries：The Resource Curse Thesis［J］. World Development，1994（22）：11－26.

［5］Sachs J.，Warner A. Natural Resource Abundance and Economic Growth［R］. NBER Working Paper，1995，No. 5398.

［6］Gylfason T.，Herbertsson T. T.，Zoega G. A Mixed Blessing：Natural Resources and Economic Growth［J］. Macroeconomic Dynamics，1999（3）：204－225.

［7］Corden W. M.，Neary J. P. Booming Sector and De－Industrialization in a Small Open Economy［J］. Economic Journal，1982（92）：825－848.

［8］Davis G. A.，Tilton J. E. The Resource Curse［J］. Natural Resources Forum，2005（29）：233－242.

［9］Sonin K. Why the Rich May Favor Poor Protection of Property Rights［J］. The Journal of Comparative Economics，2003（31）：715－731.

［10］Gylfason T. Natural Resources，Education，and Economic Development［J］. European Economic Review，2001（45）：847－859.

［11］周殿昆．西部大开发战略思路：资源禀赋及市场与政府作用［J］．财经科学，2000（1）：68－76.

［12］陈林生，李刚．资源禀赋、比较优势与区域经济增长［J］．财经问题研究，2004（4）：63－66.

［13］彭水军，包群．自然资源耗竭、内生技术进步与经济可持续发展［J］．上海经济研究，2005（3）：3－13.

［14］张世秋．环境资源配置低效率及自然资本“富聚”现象剖析［J］．中国人口·资源与环境，2007，17（6）：7－12.

［15］傅允生．资源约束与地区经济收敛：基于资源稀缺性与资源配置力的考察［J］．经济学家，2006（5）：33－40.

［16］丁菊红，邓可斌．政府干预、自然资源与经济增长［J］．中国工业经济，2007（7）：56－64.

［17］李天籽．自然资源丰裕度对中国地区经济增长的影响及其传导机制研究［J］．经济科学，2007（6）：66－76.

［18］罗浩．自然资源与经济增长：资源瓶颈及解决途径［J］．经济研究，2007，42（6）：141－152.

［19］邵帅，齐中英．西部地区的能源开发与经济增长［J］．经济研究，2008，43（1）：78－89.

［20］胡健，焦兵．我国石油天然气行业技术溢出效应的比较研究：从技术视角探讨“资源诅咒”问题［J］．科学学研究，2010（2）：250－255.

［21］徐康宁，韩剑．中国区域经济的“资源诅咒”效应［J］．经济学家，2005（6）：96－102.

［22］徐康宁，王剑．自然资源丰裕程度与经济发展水平关系的研究［J］．经济研究，2006，41（1）：78－89.

[23] Barro R. J., Sala-i-Martin X. Economic Growth [M]. New York: McGraw-Hill, 1995.

[24] Grossman G., Helpman E. Innovation and Growth in the Global Economy [M]. Cambridge: MIT Press, 1991.

[25] Papyrakis E., Gerlagh R. Resource Abundance and Economic Growth in the United States [J]. European Economic Review, 2007, 51 (4): 1011-1039.

Research on the Mechanism about Impact of Natural Resource Endowment on Economic Growth in Resource Rich Regions of China

Yue Li-ping Wu Zhen-lei Bai Yong-xiu

(School of Economics & Management, Northwest University, Xi'an Shaanxi 710127, China)

Abstract: It is a debatable problem that whether natural resource endowment is wealth or curse to economic growth. The economic growth process of resource-rich regions in China presents a significant dependence on natural resources, and natural resource endowment generally has a negative correlation with economic growth. However, it still lacks theoretical and empirical tests to find how resource endowment influences economic growth. Based on conditional convergence hypothesis, this paper constructs a theoretical model about the impact of the resource endowment on income per capita and categorizes the impacts of the natural resource on economic growth as direct and indirect effects. On the above mentioned basis, this paper regards the regional distribution and reservation of coal, petroleum, natural gas and iron mine in 18 Chinese provinces during the past 19 years which ranked top ten in China, as well as economic and social panel statistics as its research objects. The author analyzes the direct, indirect and overall effects of natural resources on economic growth, meanwhile compares the way and mechanism about how natural resource endowment affects economic growth in resource-rich regions of China. The result reveals that there has been both directly positive impact and indirectly negative impacts of natural resource endowment on economic growth in China, and the latter is greater than the former. By impacting the social economic variables such as investment, education level, the degree of openness and R&D, the resource endowment would degrade the speed of economic growth.

Key Words: resource-rich regions; resource endowment; economic growth; direct effects; indirect effects

资源、环境与农业发展的协调性*
——基于环境规制的省级农业环境效率排名

李谷成[1,2] 范丽霞[3] 闵 锐[1,2]
（1. 华中农业大学经济管理学院；2. 湖北农村发展研究中心；
3. 武汉工业学院经济与管理学院）

【摘 要】论文在采用单元调查评估法对中国农业分省污染排放量进行核算的基础上，应用考虑非合意产出的非径向、非角度 SBM 方向性距离函数模型对 1979～2008 年环境规制条件下分省农业技术效率进行实证评价，综合考察转型期各省农业发展与资源、环境的协调性程度。环境问题在很大程度上仍然是一个发展问题，在资源、环境的刚性约束下，加快转变农业发展方式已经刻不容缓。

【关键词】农业环境技术效率；非合意产出；SBM 模型；资源节约

改革开放 30 多年来，中国农业取得了巨大成功，不仅以占世界不到 10% 的耕地养活了占世界 20% 多的人口，而且很好地满足了转型期经济高速增长对农业发展的需要，如土地、劳动力等生产要素供给，成功消化了经济与制度双重转型给农业部门所带来的冲击。但这一成就的取得并非没有代价，除了长期受到人多地少、自然灾害频繁和可耕地面积缩减等资源禀赋条件的刚性约束外，农业部门还因为现代化学工业品的大量使用而付出了沉重的环境代价。以 2006 年 10 月至 2009 年 7 月第一次全国污染源普查为例，农业源污染物已经成为全国化学需氧量（CODcr）、总氮（TN）和总磷（TP）排放的主要来源，农业 CODcr、TN 和 TP 的排放量各为 13241. 09 万吨、2701. 46 万吨和 28147 万吨，分别占到总排放量的 43. 7%、57. 2% 和 67. 4%。与工业点源污染主要依靠事后末端治理方式不同，农业面源污染具有非点状排放特征，治理复杂，难度大。在工业污染已得到初步控制的情况下，农业源污染已成为环境保护的控制关键。

因此，农业发展目标已经不再局限于如何在资源刚性约束下确保农产品基本供需平衡和粮食安全，为国民经济增长提供传统生产要素，还必须充分考虑资源承载能力及其可能

* 感谢国家自然科学基金项目（70903027）、教育部人文社会科学研究项目（09YJC790105）、教育部博士学科点专项科研基金（20090146120004）和国家社会科学基金项目（08BJY068）对本文的研究资助。

导致的环境灾难。作为最大的发展中国家，我国农业发展任务仍然很重。除了要继续保证世界最庞大人口的食物安全，还必须不断消化未来经济高速增长过程中工业化、城市化所产生的诸多不利影响。有科学家曾提出 EPI（Environmental Performance Index，环境绩效指数[①]）的概念来评估环境政策的有效性，但 EPI 只反映环境质量，无法考虑广大发展中国家对发展的迫切要求。如果为了保护环境而牺牲发展[②]，这无异于从一个极端走向另一个极端，即从环境灾难走向环境专制，有悖于联合国所确定的“共同而有区别的责任”的基础性机制。目前，绿色 GDP 核算体系则存在现实操作性的困难。那么，如何统筹兼顾资源、环境与发展三者之间的关系呢？有什么现实可行的分析框架来评价三者的协调性程度呢？

从传统意义资源与发展的“两难困境”到现在资源、环境与发展的“三方纠结”，国家适时提出了构建“两型社会”的战略目标，试图通过统筹兼顾来实现三者和谐统一，农业部门对应提出了“两型农业”[③] 的建设目标。本文在传统数据包络分析（Data Envelopment Analys is，DEA）评价的基础上，通过引入环境因素，计算各省区农业环境技术效率，综合考察转型期各省区资源、环境与农业发展的协调性程度，这相对于 EPI 等指标具有更强包容性和解释力。随着环境约束日益达到极限，如何在发展与资源的基础上引入环境因素，兼顾三者的协调性，现有文献相对不足。本文利用基于环境技术的 DEA 模型，将农业发展、资源与环境纳入统一框架，这对从科学发展观视角考察中国农业增长模式具有重要意义。相对那些单纯只从某个角度评价的指标体系而言，本文实际上也为整个“两型”理念提供了一个合适的替代性分析框架。

一、文献综述

鉴于中国经济和农业部门的重要性，关于中国农业效率的研究吸引了众多学者的眼光，主要包括全要素生产率和（前沿）技术效率分析两方面，其中又以全要素生产率为主，如 McMillan（1989）、Lin（1992）、Wen（1993）、Fan（1991，1997）和 Xu（1999）等。不过，受完全效率假设和“索洛余值”法影响，早期研究大都直接将 TFP 增长与技术进步等同起来。随着生产前沿面方法（Production Frontier Approach，PFA）的发展，

---

① EPI 通过对各国环境卫生、环境保护、削减温室气体排放量、减少空气污染和浪费等五个方面设置一系列理想目标来综合评判世界各国与该系列理想指标的接近程度，从而最终反映各国政府保护环境的努力程度。

② 实际上，在一般发展经济学文献中，发展是一个比增长更具广泛内涵的概念，增长只是发展的必要而非充分条件。但在一般文献或媒体中，发展更多地偏重于增长的内涵。本文在此并不对增长与发展做有意区分，因为其不是本文的重点。

③ 即环境友好型和资源节约型农业，其内涵主要是指最大限度地节约农业生产要素，最大限度地减弱农业生产的外部负效应。

TFP 的内涵及求解逐渐在分析技术上得到了解决。生产前沿面方法通过构建生产单位的最优边界实现对技术进步与技术效率的区分，有助于进一步寻找 TFP 增长源泉。基于 PFA 的农业 TFP 估计文献日益增加，如 Lambert 和 Parker（1998）、Wu 等（2001）、陈卫平（2006）和李谷成（2009）等。但相对于农业 TFP 研究，本文发现基于 PFA 方法本身对农业（前沿）技术效率及其动态变化的研究却并不多，尤其是以整个农业生产作为研究对象的农业技术效率文献更显得不足（方鸿，2010）。

与传统生产函数不同，PFA 方法基于生产者行为最优化理论构建出生产前沿面（Production Frontiers）实现对生产单位的效率评价。如果某生产单位处于生产前沿面上，就认为其具有完全效率；其离生产前沿面越远，效率水平就越低，这就是所谓的技术效率①指标。已有文献对中国农业技术效率及其决定因素进行了一定讨论，这主要可以从生产前沿面的两大估计方法角度总结。

参数法以随机前沿生产函数（Stochastic Frontier Approach，SFA）为代表。Xu（1999）利用江苏水稻种植户调查数据比较传统农业与现代农业农户的技术效率差异，以验证“舒尔茨假说”。亢霞和刘秀梅（2005）估计出主要粮食作物的随机前沿生产函数，对其技术效率及变动趋势进行评价。刘璨（2004）利用安徽金寨农户数据分析了技术效率改进对农户脱贫的作用。曹暕（2005）考察了奶牛生产的技术效率及养牛规模、专业化程度和技术培训对其的作用。李谷成（2008）利用湖北的农户数据估计了家庭禀赋对技术效率的影响。SFA 沿袭传统生产函数（增长核算方法）的思想，通过确定一个合适的前沿生产函数描述生产前沿面，可以考虑随机因素的影响，但也因为需要预设生产函数具体形式和技术非效率项分布形式而受到批评，不同的预设形式往往会影响到研究结论的稳健性。

非参数法以 DEA 为代表，DEA 以更一般的微观生产理论为基础，通过线性规划技术确定生产前沿面，是一种数据驱动（Data - Driving）的方法，不需要预设具体函数形式及特定行为假设，在农业技术效率评价中应用广泛。吴方卫、孟令杰（2000）和孟令杰（2000）考察了我国农业技术效率动态变化及地区差异特征。Tian 和 Wan（2000）计算了主要稻谷作物的平均技术效率水平。李周、于法稳（2005）利用分县数据考察了西部农业技术效率的变动。Chen 和 Huffman（2006）分析了县域层面上农业技术效率的空间分布。Monchuk（2009）利用分县数据考察了工业生产、信贷资金和劳动力流动对农业技术效率的影响。方鸿（2010）测算了省级层面上农业技术效率状态，利用 DEA - Tobit 两步法分析了耕地规模、教育、科技和农产品价格对技术效率的影响。也有大量文献利用 DEA 技术对农业 TFP 进行估计，如 Malmquist 指数等。

---

① 英文为“Technical Efficiency”，一般将其翻译为技术效率。但如果单纯只从技术层面上进行理解的话，难免会有些狭隘，因为它反映了生产单位一种综合生产能力方面的含义，能够反映出生产潜力、成本控制等竞争力多方面的内容，具有非常广泛的含义。所以，也有文献将其翻译为生产效率，如王志刚、龚六堂（2006）等，这样其在字面上就具有了更为广泛的内涵。

上述研究得出了许多重要结论，大都在产出最大化或投入最小化①的情景下讨论效率问题，这尤其对我们理解农业发展与资源节约的协调性方面富于帮助。但都没有考虑环境污染对效率评价的影响。如果忽视这一点，研究结论就可能存在着偏差。已有关于农业发展与环境污染的研究，主要集中在环境库兹涅茨假说（EKC）的验证上。刘扬（2009）、杜江（2009）和李海鹏（2009）等曾利用化肥、农药使用量作为污染变量来与人均农业产出做 EKC 检验，支持了农业面源污染的 EKC 假说。但这存在至少三个问题：第一，与工业不同，农业污染源如化肥、农药等化学品恰恰是农业的重要投入，并非单纯的污染"副产品"，这种相互关系必然导致单方程 EKC 检验存在严重内生性问题，无法确保估计的一致性；第二，EKC 检验很难将资源节约纳入分析框架，无法统筹资源、环境与发展的协调性；第三，即使 EKC 是存在的，这也仅仅是对相关现象的一种描述或归纳，缺乏相应经济学基础。

因此，如果能在上述效率评价基础上纳入环境因素，则可以调控资源、环境与发展的协调性，为"两型"理念提供合适分析框架。实际上，经济学常将环境污染视作生产过程中非市场性的非合意产出（Undesirable Output），传统效率评价则仅仅考虑了市场性的合意产出（Desirable Output），其中一个重要原因在于非合意产出的非市场性质使得其价格信息无法被有效获取。现有文献已开始尝试将环境因素纳入效率评价框架，这主要有两种思路：将污染治理费用作为一种要素投入，但实证中很难将用于治理污染和用于合意产出生产的投入要素区分开来；将污染视作一种不受欢迎的非合意产出，与合意产出一同被生产出来（涂正革，2008；王兵、吴延瑞等，2008）。本文采取第二种思路，尝试利用一种新的 DEA 技术（Undesirable SBM Approach）处理非合意产出，在纳入环境污染变量后对农业分省生产效率（以环境技术效率表示）及其空间分布进行评价，统筹农业资源、环境与发展的协调性。

目前尚未发现有文献关注于纳入环境因素后的农业生产效率状况，这可能因为两方面的困难：一是农业污染排放物的价格信息无法准确获取；二是农业污染源以要素投入的形式出现，无法准确核算农业污染源的排放量。一般面源污染文献大都直接采用（人均）化肥和农药等的使用量作为农业面源污染的衡量指标，实际上化肥或农药等只是构成了农业面源污染的来源，而并非本身，只有那些没有被农作物吸收而流失到土壤和水中的部分才会构成面源污染。随着农业技术进步，农作物的吸收量实际上会发生变化，而且一般是随着单产的提高而增加的。因此，直接采用农药或化肥使用量作为度量指标肯定会存在偏差。从分析技术来看，现存文献也尚存在以下有待改进之处：首先，采取径向（Radical，从原点出发的射线型）和线性分段（Piece - wise Linear）形式的 DEA 技术，这保证了生产前沿面的凸性（不会折弯），但存在投入过度或产出不足（投入或产出的非零松弛）时，径向 DEA 会高估生产单位的效率状态；其次，需要对测度角度（投入或产出）进行

① 例如，DEA 效率评价时一般要对测度角度进行选择，包括基于产出（Out Put - oriented）或基于投入（Input - or - iented）的测度方向。

选择，这会忽视投入或产出的某一方面，效率评价结果是有偏差的；最后，无法对处于生产前沿面上的完全效率生产单位（效率值为 1）做进一步排序，即有效生产单位的排序问题。

本文试图在以下方面对现有文献的研究进行拓展：第一，应用单元调查评估方法准确核算转型期省际层面上各农业污染物的排放量（CODcr、TN 和 TP），这是环境效率评价的基础；第二，运用考虑非合意产出的 SBM 方向性距离函数模型首次评价环境规制条件下我国农业技术效率，将农业资源、环境与发展纳入一个统一框架，该方法的优势在于其并不需要污染排放物的价格信息；第三，采取非径向、非角度 SBM 模型，不但可以考虑投入和产出松弛量对效率评价的影响，而且不需要对测度角度进行选择，同时考虑投入减少和产出增加，与利润最大化假设一致；第四，对那些完全有效的生产单位，本文进一步采用超效率（Super Efficiency）DEA 模型允许其环境效率值大于或等于 1，解决了完全有效生产单位的进一步排序问题。

本文的结构是：第二部分对考虑非合意产出的 SBM 方向性距离函数模型及其非径向和非角度性质、超效率 DEA 模型进行介绍，描述其经济意义；第三部分对相关变量进行界定和数据处理，包括应用单元调查评估法对分省农业污染排放量进行核算；第四部分对相关实证结果进行讨论；第五部分是研究结论及政策含义。

二、方法与模型

（一）环境生产技术（the Environmental Production Technology）

生产过程中，生产单位除了生产人们希望获得的合意产出（如 GDP、粮食等），还会不可避免地生产一些人们不愿意获得的“副产品”（非合意产出，如 SO_2、面源污染物等）。这就需要构造出一个既包含合意产出（Desirable or Good Output，简称 g）又包含非合意产出（Undesirable or Bad Output，简称 b）的生产可能性集合；经常称之为环境生产技术。

某生产单位使用 N 种投入 $x=(x1, \cdots, xN) \in R_+^N$ 产出 M 种合意产出 $y=(y_1, \cdots, yM) \in R_+^M$ 和 I 种非合意产出 $b=(b_1, \cdots, b_I) \in R_+^I$，其环境生产技术可描述为：

$$T=[(x, y, b): x \text{ 可以生产 } (y, b)] \quad (1)$$

可用集合形式表述为：

$$P(x)=[(y, b):(x, y, b) \in T] \quad (2)$$

环境技术的生产可能性集则为：

$$T=[(x, y, b):(y, b) \in P(x), x \in R_+^N] \quad (3)$$

P（x）是一个有界的闭集，并具有以下性质：

第一，合意产出与非合意产出的联合弱可处置性（Jointly Weak Disposability）。

如果$(y, b) \in P(x)$，且$0 \leqslant \theta \leqslant 1$，则$(\theta_y, \theta_b) \in P(x)$ (4)

这表明既定投入下非合意产出的减少并非没有成本，要减少非合意产出就必须同时减少合意产出，即治理污染是需要付出代价和成本的。

存在：如果$b' < b$，$(y, b) \in P(x)$，那么$(y, b') \notin P(x)$。

第二，投入和合意产出的强可处置性（Strong or Free Disposability）。

如果$x' \leqslant x$，那么$P(x') \subseteq P(x)$ (5)

如果$(y, b) \in P(x)$，且$y' \leqslant y$，那么$(y', b) \in P(x)$ (6)

式（5）和式（6）与传统生产技术定义一致，常被用来测度技术效率。

第三，合意产出与非合意产出的零结合性（Nul－lJointness）。

如果$(y, b) \in P(x)$，且$b = 0$，则$y = 0$ (7)

在生产合意产出的同时，一定会产生非合意产出。这也保证了P（x）必定通过原点。根据Fare等（1994）的思路，环境生产技术可通过DEA方法来表达。

假设$k = 1, \cdots, K$个生产单位投入产出向量为(x^k, y^k, b^k)，则存在：

$$P(x) = \begin{bmatrix} (y,b): \sum_{k=1}^{K} zky_m^k \geqslant y_m, m = 1,\cdots,M; \sum_{k=1}^{k} zkb_i^k = b_i, i = 1,\cdots,I; \\ \sum_{k=1}^{K} zkx_n^k \leqslant x_n, n = 1,\cdots,N; zk \geqslant 0, k = 1,\cdots,K \end{bmatrix} \quad (8)$$

式（8）是一个规模报酬不变（CRTS）① 的环境生产技术，由密度向量$z_k \geqslant 0$表达，表示生产单位$k = 1, \cdots, K$在构造环境技术结构时各自的权重。同时假定：

$$\sum_{k=1}^{K} b_i^k > 0, \ i = 1, \cdots, I; \ \sum_{i=1}^{I} b_i^k > 0, \ k = 1, \cdots, K \quad (9)$$

式（9）分别表示：至少有一个生产单位在生产每一种非合意产出，每一个生产单位至少生产一种非合意产出。

（二）非径向非角度 SBM 模型（Slack－Based Measure，SBM）

基于Farrell效率测度思想的经典DEA模型（如BCC、CCR）采取的都是径向和线性分段形式的度量思路，这主要在于它的强可处置性（Strong Disposability），即该线形分段生产前沿面有时会平行于x轴或y轴。这一性质确保了生产可能性边界的凸性（不会折弯），但当存在投入过度（“拥挤”，Congestion）或产出不足，即存在投入或产出的非零松弛（Slacks）时，径向DEA评价会高估生产单位的效率状态。严格意义上的完全有效率状态应该是指既没有径向无效率也没有投入或产出的松弛，但传统径向DEA模型无法考虑“松弛量”对效率评价的影响。

Tone（2001）通过在目标函数中引入投入和产出松弛量，提出了一个非径向、非角

① 即存在$P(\lambda_x) = \lambda P(x)$，$\lambda > 0$。对于规模报酬可变（VRTS）的环境技术，需添加约束条件$\sum_{k=1}^{K} Z_k^t = 1$。

度基于松弛的（Slack - Based Measure，SBM）效率评价模型，有效解决了传统模型的这一缺陷。并进一步证明了当 CCR 有效（松弛为 0）且 SBM 效率值小于或等于 CCR 效率值时，SBM 有效。借鉴 Tone（2001，2003）的思路，本文在式（8）CRTS 条件下环境生产技术的基础上，构建包含非合意产出的非径向非角度 SBM 方向性距离函数模型。

$$\rho^* = \min\rho = \min \frac{1 - \left[\frac{1}{N}\sum_{n=1}^{N} S_n^x / x_n^{k'}\right]}{1 + \left[\frac{1}{M+I}\left(\sum_{m=1}^{M} s_m^y / y_m^{k'} + \sum_{i=1}^{I} s_i^b / b_i^k\right)\right]}$$

$$\text{s.t.} \sum_{k=1}^{K} zky_m^k - s_m^y = y_m^{k'}, m = 1, \cdots, M; \sum_{k=1}^{K} zkb_i^k + s_i^b = b_i^k, i = 1, \cdots, I;$$

$$\sum_{k=1}^{K} zkx_n^k + s_n^x = x_n^{k'}, n = 1, \cdots, N; zk \geqslant 0, s_m^y \geqslant 0, s_i^b \geqslant 0, s_n^x \geqslant 0, k = 1, \cdots, K \tag{10}$$

式（10）是一个包含非合意产出的 SBM 方向性距离函数模型，目标函数 ρ^* 分子、分母测度的分别是生产单位实际投入、产出与生产前沿面的平均距离，即投入无效率和产出无效率程度。该目标函数直接包括了投入与产出松弛量 s^x、s^y、s^b，分别表示投入过剩和产出不足，有效解决了投入产出松弛问题。ρ^* 关于 s^x、s^y、s^b 严格递减，且 $\rho^* \in [0, 1]$；当且仅当 $\rho^* = 1$ 时，生产单位完全有效率，此时 $s^x = s^y = s^b = 0$，即最优解中不存在投入过剩和产出不足。$\rho^* < 1$ 表示生产单位存在效率损失，在投入产出上存在进一步改进的空间。

式（10）除了可以考虑环境污染损失和松弛量对效率评价的影响，还具有非角度（Non - orient ed）性质①，不需要选择测度角度，兼顾投入减少和产出增加，与利润最大化假设一致。这不同于一般角度（Oriented）的（如基于投入或产出）DEA 评价模型。一般而言，角度 DEA 模型因为需要对测度角度进行选择而忽视了投入或产出的某一方面，结果并不十分准确。

（三）超效率 DEA 模型（Super DEA）

不过，一般 DEA 模型（包括 SBM 模型）存在无法对完全有效率生产单位进一步排序的问题。DEA 模型在评价生产单位的相对效率时，将生产单位分为两类：完全有效（TE = 1）和技术无效（TE < 1）。一般处于生产前沿面上的生产单位往往为多个才能够构造出有效的生产前沿面，这就会同时存在多个完全有效的生产单位，那么对于这些同时完全有效的生产单位如何进一步比较其效率高低呢？一般的 DEA 模型并没有考虑这一问题。一个办法是不再限制那些完全有效生产单位的效率值等于 1，允许其大于或等于 1，这样就可以解决完全有效生产单位排序问题。这类模型经常被称为超效率 DEA 模型。

① Cooper 等（2007）将 DEA 效率评价模型分为四类：径向的和角度的；径向的和非角度的；非径向的和角度的；非径向和非角度的。“径向的”是指评价效率时以原点作射线要求投入或产出同比例变动，“角度的”是指评价效率时需要做出基于投入（假定产出不变）最小化或基于产出（假定投入不变）最大化的测评角度选择。

在式（10）SBM方向性距离函数模型基础上，如果 $\rho_{k''}^{*}=1$，即生产单位 k″具有完全效率，则进一步构造一个排除生产单位 k″（$x^{k''}$，$y^{k''}$，$b^{k''}$）的有限生产可能性集合 P/（$x^{k''}$，$y^{k''}$，$b^{k''}$）和超效率SBM模型来估计其环境技术效率。

$$P/(x^{k''},y^{k''},b^{k''})=\left[\begin{array}{l}(x,y,b):\sum_{\substack{k=1\\k\neq k''}}^{K}zkykm\geqslant ym,m=1,\cdots,M;\sum_{\substack{k=1\\k\neq k''}}^{K}zkbki=bi,i=1,\cdots,I;\\ \sum_{\substack{k=1\\k\neq k''}}^{K}zkxkn\leqslant xn,n=1,\cdots,N;zk\geqslant 0,k=1,K(k\neq k'')\end{array}\right] \tag{11}$$

生产单位 k″的超效率DEA效率值目标函数及线性规划问题为$\pi_{k''}^{*}$：

$$\pi_{k''}^{*}=\min\pi=\min\frac{1-\left[\frac{1}{N}\sum_{n=1}^{N}s_n^x/x_n^{k''}\right]}{1+\left[\frac{1}{M+I}\left(\sum_{m=1}^{M}s_m^y/y_m^{k''}+\sum_{i=1}^{I}s_i^b/b_i^{k''}\right)\right]}$$

$$\text{s.t.}\ \sum_{\substack{k=1,\\k\neq k''}}^{K}zky_m^k-s_m^y\geqslant y_m^{k''},m=1,\cdots,M;\sum_{\substack{k=1,\\k\neq k''}}^{K}zkb_i^k+s_i^b\leqslant b_i^{k''},i=1,\cdots,I; \tag{12}$$

$$\sum_{\substack{k=1,\\k\neq k''}}^{K}zkx_n^k+s_n^x\leqslant x_n^{k''},n=1,\cdots,N;zk\geqslant 0,s_m^y\leqslant 0,s_i^b\leqslant 0,s_n^x\leqslant 0,k=1,\cdots,K(k\neq k'')$$

三、变量界定与数据处理

本文将各省份农业当成一个生产单位置于相同环境技术结构下，利用环境规制条件下SBM方向性距离函数模型对改革开放以来省际农业环境技术效率进行实证分析，将农业资源、环境与发展的协调性状况纳入一个统一框架。按照一般农业投入产出核算框架，本文确定主要投入和产出指标如下。

投入变量主要包括劳动、土地、农业机械、化肥、役畜和灌溉6个方面。劳动投入，以农林牧渔总劳动力计算，不包括农村从事工业、服务业等劳动力；土地投入，以农作物总播种面积计算，这比可耕地面积更能考虑对土地实际利用率；机械动力投入，以农业机械总动力计算，包括耕作、排灌、收获、农业运输、植物保护机械和牧业、林业、渔业及其他农业机械，不包括非农用途的农村机械；化肥投入，以本年度实际用于农业生产的化肥施用折纯量计算，包括氮、磷、钾和复合肥；役畜投入，以本年度各省大牲畜数量中农用役畜数量计算，主要是指大牲畜中实际用于农林牧渔生产的部分；灌溉投入，以每年各省实际有效灌溉面积计算。

农业合意产出变量为1978年不变价表示的农林牧渔业总产值。采用广义农业总产值，主要是因为可以与农业投入统计口径保持一致，因为现行投入口径中农业劳动力、机械投入、役畜等都是广义农业口径。曾有研究采用狭义农业总产值占广义农业总产值的比重作为权重进行分离，由于要分离的投入指标较多，这同样可能会存在一定问题。

农业非合意产出主要包括各环境污染排放变量。对中国农业污染量的核算在已有文献中并没有得到很好解决，这主要是因为农业污染具有不同于工业污染的非点源特性，难以统计和估测，一般环境年鉴或公报中没有提供农业污染量的数据，已有的研究也主要是在流域尺度上进行核算。所以，对转型期省际层面上农业污染排放量的准确核算也是本文重点和难点。通过综合比较各种核算方法及数据可获得性等因素，论文最终采用清华大学环境科学与工程系①的单元调查评估方法来核算各农业污染排放量。单元调查评估方法是基于单元调查和单元分析的一种定量分析方法，对其详细介绍可以进一步参考赖斯芸、杜鹏飞（2004）、赖斯芸（2004）以及陈敏鹏和陈吉宁（2006）等。笔者根据研究目的和第一次全国污染源普查情况（主要是《全国第一次污染源普查农业源系数手册》）对各产污单元、单元产污系数和排放系数等参数进行调整及修正。

本文所定义农业污染主要是指农业生产过程中所产生污染物 CODCr、TN 和 TP 的产生量，及其通过地表径流、农田排水和地下淋溶等途径汇入水体所产生的排放量（不估算农药和农膜污染），包括化肥流失、畜禽养殖污染、农业有机固体废弃物（农作物秸秆）和水产养殖污染四种类型。在上述四种类型基础上，本文将各类污染源分解为若干单元（Elementary Unit）（见表 1），并建立单元、污染产生量和污染排放量之间的数量关系，如式（13）。

表 1 农业非点源产污单元清单

活动	类别	单元	调查指标	排放清单
化肥（万吨）	地表径流流失 地下淋溶流失	氮肥 磷肥 复合肥	施用量 （折纯）	TN、TP
农业固体废弃物（万吨）	粮食作物 经济作物	稻谷、小麦 玉米、大豆 薯类、油料	总产量	COD_{Cr}、 TN、TP
畜禽养殖（万头、万只）	大牲畜 其他	牛 猪 羊 家禽（鸡鸭平均）	年末存栏量 年内出栏量 年末存栏量 年内出栏量	COD_{Cr}、 TN、TP
水产养殖（吨）	海洋 内河	海水养殖 淡水养殖	总产量	COD_{Cr}、 TN、TP

注：畜禽养殖中存栏量与出栏量的确定依据各自的生长周期，牛和羊的平均饲养期一般长于 1 年，所以其当年饲养量就是其年末存栏数，猪和肉禽的平均饲养期分别一般为 180 天和 55 天，所以其当年饲养量为其年内出栏数。

---

① 在此对清华大学环境科学与工程系杜鹏飞副教授的无私帮助表示衷心感谢，当然文责自负。

农业污染物排放量和排放强度的计算公式为：

$$E_j = \sum_i EU_i \rho_{ij}(1-\eta_i)C_{ij}(EU_{ij},S) = \sum_i PE_{ij}\rho_{ij}(1-\eta_i)C_{ij}(EU_{ij},S) \quad (13)$$

式中，E_j 为农业污染物 j 的排放量；EU_i 为单元 i 指标统计数；ρ_{ij}为单元 i 污染物 j 的产污强度系数；η_i 为表征相关资源利用效率的系数；PE_{ij}为污染物 j 的产生量，即不考虑资源综合利用和管理因素时农业生产造成的最大潜在污染量；C_{ij}为单元 i 污染物 j 的排放系数，它由单元和空间特征 S 决定，表征各省区环境、降雨、水文及各种管理措施对农业污染物排放的综合影响（见表 2）。

表 2 农业非点源产污单元产污强度影响参数

活动类别	影响参数
化肥	复合肥的氮、磷含量（%），氮、磷利用率（%），地表径流流失率（%），地下淋溶流失率（%）及流失量
农作物	秸秆产量比（kg/kg），秸秆的氮、磷、COD_{Cr}含量（%），流失率（%）及流失量
畜禽养殖	生长期（d/头），粪尿排放量及其 TN、TP、COD_{Cr}排泄量（kg/（头·d））折算、流失率（%）及流失量
水产养殖	养殖量、产污系数、排污系数（g/kg）

资料来源：笔者综合整理赖斯芸等（2004）、赖斯芸（2004）、陈敏鹏等（2006）和国务院第一次全国污染源普查领导小组办公室所发布的《全国第一次污染源普查农业源系数手册》等文献资料所得。

各面源产污单元的统计数据（见表 1）主要来自于官方统计年鉴表，各产污强度系数和排污系数等参数取值则通过广泛文献调研和综合比较而得。除了清华大学环境科学与工程系及其总结的各参数值外，本文还重点参照了国务院第一次全国污染源普查领导小组办公室《污染源普查农业源系数手册》中的分省各参数取值，最终建立起不同产污单元省际层面上的农业污染产污强度系数、资源综合利用系数和流失系数数据库。由于涉及参数数值过多和本文篇幅限制，不一一列举。根据产污方程式（13）和相关参数进行匡算和汇总，论文匡算了转型期中国农业分省污染排放量（COD_{Cr}、TN 和 TP）的面板数据。图 1 提供的是全国各省区农业污染物排放总量变化，可以看出各种污染物的排放量逐年都在稳步攀升之中。

考虑到西藏自治区特殊政治经济地位和资源禀赋条件，及 DEA 方法对异常数据的敏感性，该研究没有包括西藏自治区。为了保持统计口径统一，论文将 1988 年后的海南省和 1998 年后的重庆市分别纳入广东省和四川省。故本文所使用数据为 1979～2008 年中国 28 个省级行政单位的面板数据。所有数据均来自官方统计，包括历年《中国统计年鉴》、《中国农业年鉴》、《中国渔业年鉴》、《新中国 50 年农业统计资料》和《新中国 60 年农业统计资料》及一些地方年鉴等。

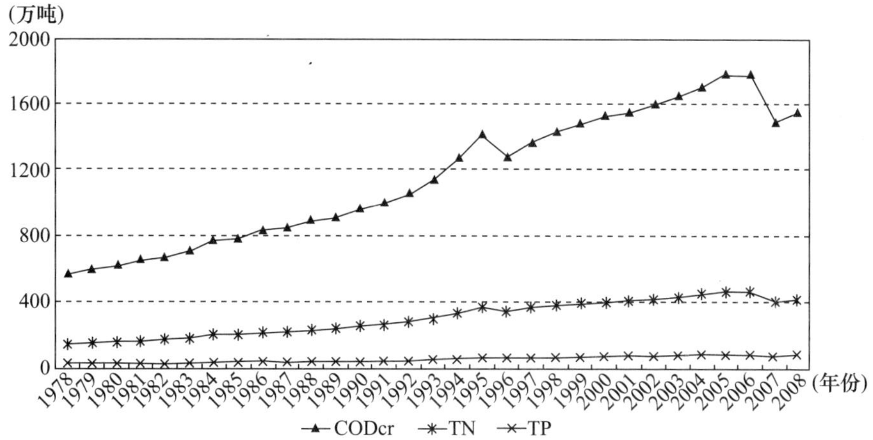

图 1　中国农业非点源污染主要污染物排放量变化示意（1978～2008 年）

四、实证分析结果与讨论

根据上文分析框架、变量界定及相关数据处理，本文对 1979～2008 年中国 28 个省份的农业环境效率（Environmental Technical Efficiency，ETE）进行实证估计，综合考察转型期省农业资源、环境与发展的协调性程度。

（一）环境技术效率变化及地区分布

1979～2008 年全国分省农业平均环境效率为 0.450，其中东部地区（0.624）最高，西部地区（0.582）次之，中部地区（0.068）最低。实证表明，从资源节约、环境保护和农业发展三者统筹兼顾来看，整个转型期的农业环境技术效率并不理想，基本处于“不及格”水平，环境污染对农业发展产生了较大效率损失，未能达到国民经济“又好又快”发展的要求。从地区分布来看，东中西地区农业环境效率差异明显。东部地区农业资源、环境与发展协调性基本“及格”；西部地区勉强可以达到“及格”水平，三者协调程度一般，可能存在某种程度的失衡；中部地区处于“不及格”水平，农业资源、环境与发展处于严重失衡状态，这在某种程度上说明了作为传统粮食主产区的中部农业大省，农业成就的取得在很大程度上可能是以牺牲环境为代价的。论文实证一方面说明了转型期我国农业发展的环境压力很大，环境问题在很大程度上也仍然是一个发展问题；另一方面也说明了我国农业发展还存在着较大的环境效率提升潜力，转变农业发展方式的空间巨大（见图 2）。

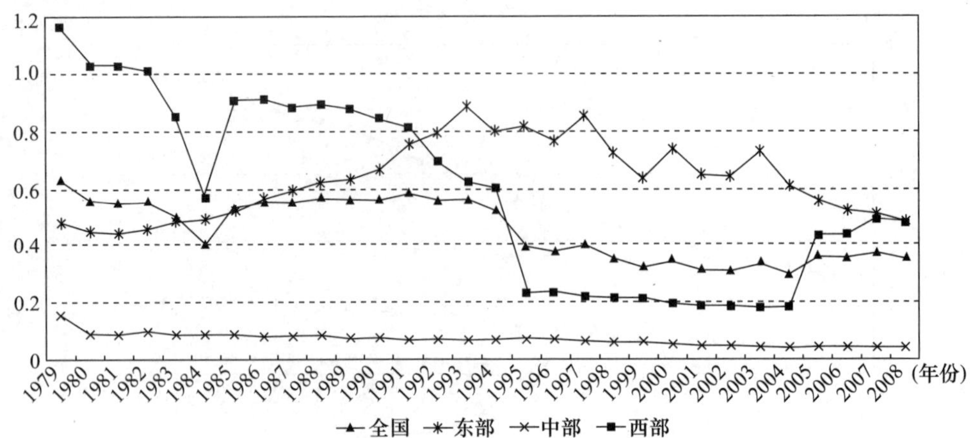

图 2　转型期中国农业生产环境技术效率变化趋势（1979～2008 年）

注：所取环境技术效率指数为各省份环境效率指数的算术平均数。其中，东部地区包括北京、天津、河北、广东、福建、江苏、辽宁、上海、浙江、山东 10 省份，中部地区包括吉林、湖北、黑龙江、湖南、山西、河南、江西和安徽 8 省份，西部地区包括内蒙古、广西、陕西、新疆、甘肃、宁夏、青海、四川、云南和贵州 10 个省份。

从环境技术效率的时间动态变化（见图 2）看，整个转型期中位于 1994～1996 年的转折点十分突出。具体而言，20 世纪 90 年代中期以来的全国农业环境技术效率下降趋势明显，直到 2004 年开始才有所改善。整个 80 年代至 90 年代中期的农业环境效率值基本处于稳定状态（0.5～0.6）。东中西地区也表现出了不同的时间动态变化特征。东部地区农业环境效率在 20 世纪 90 年代中期以前一直是稳步上升的，资源、环境与发展三者的协调性程度不断优化，但从 1994 年开始呈现恶化的趋势；中部地区农业环境效率在整个转型期不理想，一直呈低位运行态势，并且逐年下降，这说明了中部地区农业发展所面临的环境资源压力一直都很大。西部地区的农业环境效率波动较为剧烈，20 世纪 80 年代至 90 年代中前期，其环境效率虽然逐年下滑，但一直都处于较高位水平（大于 0.4）；从 1995 年开始其环境效率值开始急剧恶化（0.2 左右），这段时期农业发展所带来的环境效率损失非常严重，直到 2004 年才有所恢复。

从东中西农业环境效率的地区差距变化看，1992 年之前东部和西部地区农业环境效率的地区差距呈逐年缩小的趋势，1992 年开始两地区的农业环境效率虽然都呈恶化态势，但两者的地区差距不断扩大，主要由于西部地区农业环境效率恶化程度过于严重。直到 2004 年东、西部农业环境效率的地区差距又开始出现缩小的迹象。中部地区农业环境效率则一直处于逐年下降和恶化之中，波动较小，与东、西部地区差距常年较大，一直未出现显著改善的趋势。总体而言，转型期我国农业虽然在实现资源节约的基础上取得了巨大的成就，但是所面临的环境压力一直很大，20 世纪 90 年代中期以来表现得尤其明显。其中，中部地区农业大省农业发展所面临环境资源压力最大，如不加快农业发展方式的转变，其发展所面临的环境资源约束将可能达到极限，直至引发环境灾难。

(二) 省际农业环境效率排名及其动态变化

上述来自平均意义的研究有可能会掩盖省区之间的具体变化特征，因此论文对转型期各省份农业环境技术效率进行排名，并详细讨论这种排名的动态变化特征。因为 DEA 模型提供的实质上只是一种相对效率评价状态，即各省份相对于“最佳实践者”所构建生产前沿面的效率状况，故各省份环境效率的排序是本文进行超效率分析的重点。

表 3 提供了转型期及各子时期分阶段省级农业环境效率的排名及其变化情况。在整个转型期，以京津沪三大直辖市和福建省为代表的东部省份，以青海、宁夏和新疆为代表的西部边远省份，以及贵州、甘肃、内蒙古等西部省份分列农业环境技术效率排名的前十位，农业资源、环境与发展处于“相对较协调”状态。吉林、浙江、辽宁、山西、江西、陕西、黑龙江、云南、广西和江苏依次分列农业环境技术效率排名的第 11 ~ 20 位，农业资源、环境与发展处于“较不协调”状态，其中东北地区都在这一组。广东、湖北、安徽、湖南、四川、河北、山东和河南依次分列农业环境技术效率排名的最后 8 位，农业资源、环境与发展“极不协调”①。这些省份基本上都是我国传统意义上的农业大省，尤其以人口第一大省河南、农业产业化大省山东和水资源稀缺省份河北最为典型，农业资源、环境与发展处于严重失衡状态。

表 3 转型期各省区农业环境技术效率排名及其动态变化（1979 ~ 2008 年）

省份	1979 ~ 1980 年	“六五”	“七五”	“八五”	“九五”	“十五”	2006 ~ 2008 年	1979 ~ 2008 年
北京	5	5（0）	3（2）	4（-1）	3（1）	2（1）	3（-1）	3
天津	4	4（0）	4（0）	3（1）	2（1）	3（-1）	4（-1）	4
河北	25	25（0）	26（-1）	26（0）	26（0）	26（0）	25（1）	26
山西	11	13（-2）	12（1）	16（-4）	16（0）	17（-1）	18（-1）	14
内蒙古	13	9（4）	10（-1）	10（0）	10（0）	13（-3）	14（-1）	10
辽宁	16	14（2）	13（1）	14（-1）	12（2）	11（1）	10（1）	13
吉林	12	10（2）	11（-1）	12（-1）	13（-1）	9（4）	8（1）	11
黑龙江	10	15（-5）	15（0）	17（-2）	20（-3）	21（-1）	21（-1）	17
上海	2	2（0）	2（0）	1（1）	1（0）	1（0）	2（-1）	2
江苏	23	20（3）	20（0）	20（0）	19（1）	20（-1）	20（0）	20
浙江	15	12（3）	14（-2）	11（-3）	11（0）	12（-1）	13（-1）	12
安徽	20	21（-1）	21（0）	23（-2）	23（0）	23（0）	23（0）	23
福建	8	8（0）	8（0）	8（0）	7（1）	6（1）	6（0）	7
江西	14	16（-2）	16（0）	15（1）	15（0）	15（0）	19（-4）	15

① 因为从上一节的总体分析中可以看出，我国农业环境技术效率的整体状况都不是很理想，农业资源、环境与发展失衡状态明显，所以论文将全国 28 个省区大致分为“相对较协调”、“较不协调”和“极不协调”三大组。

续表

省份	1979~1980 年	"六五"	"七五"	"八五"	"九五"	"十五"	2006~2008 年	1979~2008 年
山东	28	27（1）	28（-1）	27（1）	27（0）	27（0）	26（1）	27
河南	27	28（-1）	27（1）	28（-1）	28（0）	28（0）	28（0）	28
湖北	21	22（-1）	23（-1）	22（1）	22（0）	22（0）	22（0）	22
湖南	22	24（-2）	24（0）	24（0）	24（0）	24（0）	24（0）	24
广东	24	23（1）	22（1）	21（1）	21（0）	16（5）	17（-1）	21
广西	17	19（-2）	19（0）	19（0）	18（1）	18（0）	15（3）	19
四川	26	26（0）	25（1）	25（0）	25（0）	25（0）	27（-2）	25
贵州	7	7（0）	7（0）	7（0）	8（-1）	10（-2）	12（-2）	8
云南	18	18（0）	18（0）	18（0）	17（1）	19（-2）	16（3）	18
陕西	19	17（2）	17（0）	13（4）	14（-1）	14（0）	11（3）	16
甘肃	9	11（-2）	9（2）	9（0）	9（0）	8（1）	9（-1）	9
青海	1	1（0）	1（0）	2（-1）	5（-3）	5（0）	1（4）	1
宁夏	3	3（0）	5（-2）	5（0）	4（1）	4（0）	5（-1）	5
新疆	6	6（0）	6（0）	6（0）	6（0）	7（-1）	7（0）	6

注：在进行环境效率排名时，所取环境技术效率指数为各省份相应时间段内环境效率指数的算术平均数。括弧内数据表示各省区效率排名相对于上一时间段的相应变化，正数表示排名进步位数，负数表示排名退步位数，零表示效率排名没有发生变化。

从分阶段农业环境技术效率排名的动态变化看，各省份的排名变化并不十分明显，基本与整个转型期的排名状况保持一致，只有少数省份排名变化较大。其中，陕西、广东和辽宁在整个转型期的环境技术效率排名上升一直较为明显，广西则在 2006~2008 年的排名进步较大。黑龙江、山西和内蒙古的环境效率排名退步明显，尤其是黑龙江的效率排名一直处于退步之中，近些年来，江西和贵州的效率排名退步较大。另外，青海的排名波动幅度较大，在经历了"八五"、"九五"时期的一定退步后，近三年来又回到榜首。

（三）生产前沿面及最佳实践者

除了关注省际之间的环境效率排名之外，环境技术效率文献一般还会对环境规制条件下哪些生产单位处于生产前沿面上而成为环境技术的"最佳实践者"较感兴趣，即究竟是哪些生产单位处在生产可能性边界上而获得了最佳环境效率状态，这是主导环境技术创新和推动前沿技术进步的必要条件。因此，论文希望在前文分析的基础上能够进一步识别出转型期我国农业环境技术的最佳实践者，究竟是哪些省份在主导着农业环境技术的创新，这同样具有重要政策含义。在标准 DEA 文献中，一般取效率值等于 1 时，该生产单位处于生产可能性边界上，本文采用的是超效率 DEA 模型，可以对那些具有完全效率的生产单位进一步进行效率评价和排序。因此本文中农业环境技术的最佳实践者省份除了效

率值为 1 的生产单位，还包括那些效率值大于 1 的生产单位。转型期各时间段构成农业环境技术生产可能性边界的最佳实践者省份分布情况如表 4 所示。

表 4　转型期中国农业环境技术的最佳实践者省份（1979～2008 年）

时期	东部	中部	西部
1979～1980 年	上海（2）、天津（2）、北京（2）	—	青海（2）、宁夏（2）
“六五”	上海（5）、天津（5）、北京（5）	—	青海（5）、宁夏（5）
“七五”	上海（5）、北京（5）、天津（5）	—	青海（5）、宁夏（5）
“八五”	上海（5）、北京（5）、天津（5）	—	宁夏（5）、青海（4）
“九五”	上海（5）、天津（5）、北京（5）	—	宁夏（5）
“十五”	上海（5）、北京（5）、天津（5）	—	宁夏（5）、青海（1）
2006～2008 年	上海（3）、北京（3）、天津（3）	—	青海（3）、宁夏（3）
合计	上海（30）、北京（30）、天津（30）	—	宁夏（30）、青海（20）

注：括弧内数据表示相应省份在各时间段充当农业环境技术最佳实践者省份的次数，在充当次数相同的情况下，东中西各地区内以相应时间段平均环境技术效率的高低进行排序。

从表 4 可以看出，环境规制条件下构成生产前沿面的最佳实践者省份分布相对稳定。东部地区以上海、北京和天津三直辖市为代表，加上西部地区以宁夏、青海边远省份为代表，在转型期绝大多数年份构成了我国农业环境技术的生产前沿面；但是青海的充当次数稍少，并且 1995～2004 年落在了生产前沿面的内部，而上述其他省区则一直都处在生产前沿面上，中部地区各省份在整个转型期都没有能够成为农业环境技术的最佳实践者，一直落在生产前沿面的内部。这与前文分析结论是一致的，我国绝大部分农业大省的环境技术创新并不理想，其农业发展成就的取得很有可能是以牺牲环境和较大的资源消耗所取得的。东部三大直辖市有可能通过发展都市型等新型现代农业，宁夏、青海西部边远省份则因为地广人稀、农业环境尚未被污染等原因而成为农业环境技术的创新者，处于环境技术效率的“第一集团军”当中。一般的农业 TFP 估计文献也经常发现，以三大直辖市为代表的东部地区和一些西部边远省份的农业 TFP 增长及前沿技术进步速度都要快于其他省份，尤其快于中部地区的农业大省，如 Wu（2001）、陈卫平（2006）和李谷成（2010）等。本文上述发现与这些文献基本上具有一致性。

五、研究结论及政策含义

实证表明，转型期我国农业环境技术状况并不理想，环境污染对整个农业发展产生了较大效率损失，未能达到国民经济“又好又快”发展的要求，其中东部地区优于西部地区，西部地区要优于中部地区，中部地区农业发展与资源、环境的失衡特征最为明显。从农业环境技术效率的动态变化来看，整个转型期以20世纪90年代中期为转折点的痕迹十分明显，从那时开始，整个环境技术效率状态恶化得十分严重，直到2004年开始才有所恢复。地区之间的动态变化也大致表现出了相类似的特征，只有中部地区农业环境效率常年比较糟糕，一直未出现显著改善的迹象。

按照农业发展、资源与环境的协调性程度，大致可以将各省份划分为“相对较协调”、“较不协调”和“极不协调”三组。其中，北京、天津、上海、青海、宁夏、新疆、福建、贵州、甘肃和内蒙古“相对较协调”；吉林、浙江、辽宁、山西、江西、陕西、黑龙江、云南、广西和江苏相对“较不协调”；广东、湖北、安徽、湖南、四川、河北、山东和河南则处于“极不协调”状态。从具体排名来看，绝大部分省区农业环境效率排名相对较稳定，变化并不大。只有陕西、广东和辽宁的环境技术效率排名进步较明显，黑龙江、山西和内蒙古的排名则退步较明显。从构成农业环境技术生产前沿面的“最佳实践者”来看，东部地区的京津沪三大直辖市和西部地区的宁夏、青海在转型期绝大多数年份构成了我国农业环境技术的生产前沿面，其他省份则落在了生产前沿面的内部，成为农业环境技术的“追赶者”。

政策含义表明，转型期我国农业虽然取得了巨大的发展成就，但其所面临的环境资源压力一直也很大，资源节约、环境保护和农业发展的整体协调性状况并不理想，存在着某种程度的失衡。这一失衡状况在20世纪90年代中期以来表现得尤为明显，其中又以中部地区传统农业大省最为典型。整个实证一方面说明了环境问题在很大程度上也仍然是一个发展问题，资源、环境刚性约束条件下加快转变我国农业发展方式已经刻不容缓；另一方面说明了我国农业发展还存在着很大的环境效率提升潜力，转变农业发展方式的空间很大。其中，处于环境技术效率“第一集团军”的省区，尤其是那些充当农业环境技术“最佳实践者”的省区，其农业发展模式应该成为绝大部分省区农业学习和努力的方向。

当然，本文还存在一定不足之处。对农业污染排放量的准确核算是一个相对困难的实证问题，尤其是本文所涉及转型期时间跨度较长。另外，随着畜禽规模化养殖比例越来越高，这已经成为一个重要的污染源，并具有一定点污染特征；农药残留、农膜污染等也是重要的农业污染源。本文只是重点对农业非点源污染排放量（COD_{Cr}、TN和TP）进行了核算，并没有考虑到其他污染物，这有可能会在一定程度上影响到农业环境效率评价的准确性。因此，根据本文研究结论讨论相关政策建议时仍需要采取一种审慎态度，本文只是朝着相关文献方向做出自己的努力。

参考文献

［1］Chen，Z.，W.，Huffman. Measuring County Level Technical Efficiency of Chinese A Griculture：A Spatial Analysis［C］. Book Chapter，in China's Agricultural Development，Edited by X－Y. Dong. S Song，X. Zhang，Ashgat e Publishing Limited，U K，2006.

［2］Cooper，W. W.，L. M. Seiford，and K. Tone. Data Envelopment Analysis［M］. Kluwer Academic Publishers（Second Edition），Boston，2007.

[3] Fan, Shenggen. Effects of Technological Change and Institutional Ref orm on Production Growth in Chinese Agriculture [J] . American Journal of Agricultural Economics, 1991 (73): 266 -275.

[4] Fan, Shenggen and Philip G. Pardey. Research, Productivity, and Outp ut Growth in Chinese Agriculture [J] . Journal of Development Economics, 1997 (53): 115 -1371.

[5] Fare R. , S. Grosskopf, and C. Lovell. Production Frontier [M] . Cambridge University Press, Cambridge, 1994.

[6] Lambert, D. K. and E. Parker, Productivity in Chinese Provincial Agriculture [J] . Journal of Agricultural Economics; 1998, 49 (3): 378 -392.

[7] Lin, Justin Yifu. Rural Reforms and Agricultural Growth in China [J] . American Economic Review, 1992, 82 (1): 34 -51.

[8] Mc Millan John, John Whalley, Lijing Zhu. The Impact of China's Economic Reformson Agricultural Productivity Growth [J] . The Journal of Political Economy, 1989, 97 (4): 781 -807.

[9] Tian, W. and G. Wan. Technical Efficiency and Its Determinants in China's Grain Production [J] . Journal of Productivity Analysis, 2000 (13): 159 -174.

[10] Tone, K. A Slacks - based Measure of Efficiency in Data Envelopment Analy sis [J] . European Journal of Operational Research, 2001 (130): 498 -509.

[11] Tone, K. Dealing with Undesirable Outputs in DEA: A Slacks - based Measure (SBM) Approach [R] . GRIPS Research Report Series, 2003.

[12] Wen, G. J. , Total Factor Productivity Change in China's Farming Sector: 1952 - 1989 [J] . Economic Development and Cultural Change, 1993 (42): 1 -41.

[13] Wu Shunxiang, David Walker, Stephen Devadoss, and Yao - chi Lu. Productiv ity Growth and its Components in Chinese Agricultureafter Ref or ms [J] . Review of Development Economics, 2001, 5 (3): 375 -391.

[14] Xu Xiao song and Scott R. Jeffrey. Efficiency and Technical Progress in Traditional and Modern Agriculture: Evidence from Rice Production in China [J] . Agricultural Economics, 1998 (18), 157 -165.

[15] Xu, Y. , Agricultural Productivity in China [J] . China Economic Review, 1999, 10 (2): 108 -121.

[16] 曹暕，孙顶强，谭向勇．农户奶牛生产技术效率及影响因素分析[J]．中国农村经济，2005 (10)。

[17] 陈敏鹏，陈吉宁，赖斯芸．中国农业和农村污染的清单分析与空间特征识别[J]．中国环境科学，2006 (6)．

[18] 陈卫平．中国农业生产率增长、技术进步与效率变化：1990 -2003 年[J]．中国农村观察，2006 (1)．

[19] 杜江，刘渝．中国农业增长与化学品投入的库兹涅茨假说及验证[J]．世界经济文汇，2009 (3)．

[20] 方鸿．中国农业生产技术效率研究：基于省级层面的测度、发现与解释[J]．农业技术经济，2010 (1)．

[21] 亢霞，刘秀梅．我国粮食生产的技术效率分析[J]．中国农村观察，2005 (4)．

[22] 赖斯芸，杜鹏飞，陈吉宁．基于单元分析的非点源污染调查评估方法[J]．清华大学学报（自然科学版），2004，44 (9)．

[23] 赖斯芸. 非点源污染调查评估方法及其应用研究 [D]. 清华大学环境科学与工程系硕士学位论文，2009.

[24] 李谷成，冯中朝，占绍文. 家庭禀赋对农户家庭经营技术效率的影响冲击——基于湖北省农户的随机前沿生产函数实证[J]. 统计研究，2008 (1).

[25] 李谷成. 技术效率、技术进步与中国农业生产率增长[J]. 经济评论，2009 (1).

[26] 李谷成，冯中朝. 中国农业全要素生产率增长：技术推进抑或效率驱动[J]. 农业技术经济，2010 (5).

[27] 李周，于法稳. 西部地区农业生产效率的 DEA 分析[J]. 中国农村观察，2005 (6).

[28] 刘玲玲等. 中国农村金融发展研究——2007 汇丰—清华经管学院中国农村金融发展研究报告 [M]. 北京：清华大学出版社，2008.

[29] 褚保金，卢亚娟，张龙耀. 信贷配给下农户借贷的福利效果分析[J]. 中国农村经济，2009 (6).

[30] 易纲. 农户借贷情况问卷调查分析报告 [M]. 北京：经济科学出版社，2009.

[31] Diagne A., Determinants of Household Access to and Particip ation in Formal and I nf ormal Credit Markets in Malawi [R]. Food Consumption and Nutrition Division Discussion Paper No. 67. Washington, DC, 1999.

[32] 李海鹏，张俊飚. 中国农业面源污染与经济发展关系的实证研究[J]. 长江流域资源与环境，2009 (6).

[33] 刘扬，陈劭锋，张云芳. 中国农业 EKC 研究：以化肥为例[J]. 中国农学通报，2009，25 (16).

[34] 刘璨. 1978 - 1997 年金寨县农户生产力发展与消除贫困问题研究[J]. 中国农村观察，2004 (1).

[35] 孟令杰. 中国农业生产技术效率动态研究[J]. 农业技术经济，2000 (5).

[36] Monchunk, D. C. 中国农业生产非效率的影响因素分析[J]. 世界经济文汇，2009 (2).

[37] 涂正革. 环境、资源与工业增长的协调性[J]. 经济研究，2008 (2).

[38] 王兵，吴延瑞，颜鹏飞. 环境管制与全要素生产率增长：APEC 的实证研究[J]. 经济研究，2008 (5).

[39] 王志刚，龚六堂，陈玉宇. 地区间生产效率与全要素生产率增长率分解 (1978 - 2003) [J]. 中国社会科学，2006 (1).

[40] 吴方卫，孟令杰，熊诗平. 中国农业的增长及效率 [M]. 上海：上海财经大学出版社，2000.

The Coordination of Agricultural Development with Environment and Resource

Abstract: Using the Unit Investigation and Evaluation Method to evaluate the Non - point

Source Pollution of each province, this paper applies the Slacks – Based Measure directional distance function approach dealing with undesirable outputs to calculate the agricultural environmental technical efficiency accounting for environm ental regulations in provincial level of China from 1979 to 2008. By this way, the paper investigates the coordination of agricultural development with environment and reso urces comprehensively in the transformational period of China, The environment problem in China is still a development problem, and it's urgent to transform the agricultural development mode now.

Key Words: Agricultural Environmental Technical Efficiency; Undesirable Outputs; SBM Approach; Resource Conservation

自然资源开发、内生技术进步与区域经济增长

邵 帅 杨莉莉

【摘 要】本文通过一个产品水平创新的四部门内生增长模型，对自然资源开发活动如何影响区域技术进步和经济增长的内在机制进行了理论阐释，讨论了资源诅咒效应的发生条件和作用机制，并利用我国省际层面的静态和动态面板数据模型对理论命题进行了实证检验。

【关键词】自然资源开发；技术进步；内生增长；资源诅咒；生产要素配置效率

一、引言

传统的经济学理论一般认为良好的自然资源禀赋，尤其是丰富的矿产资源是工业化起步的基础和经济增长的引擎，而一些国家的发展历程也恰恰对此给出了很好的证明。如 Habakkuk（1962）研究发现，美国工业化的成功与其矿产资源的开采和生产是分不开的，更加丰富的自然资源禀赋可以用来帮助解释 19 世纪美国经济为什么会赶超英国；Watkins（1963）利用大宗产品理论（Stapletheory）阐明了资源开发和出口在加拿大成为发达工业

作者简介：邵帅、杨莉莉，上海财经大学财经研究所，邮政编码：200433，电子信箱：shaoshuai8188 × 126. com。作者按姓氏拼音字母排序。

基金项目：本文得到国家社会科学基金重大项目（11&ZD037）、国家社会科学基金重点项目（10AZD015）、国家自然科学基金项目（71003068）、上海市教育委员会科研创新重点项目（11ZS70）、上海市哲学社会科学规划课题（2010BJB011）、上海市“晨光计划”（10CG36）、上海市高校选拔培养优秀青年教师科研专项基金、上海财经大学优秀博士学位论文培育基金、上海财经大学研究生科研创新基金项目及上海财经大学“211 工程”重点学科建设项目的资助。本文的初稿曾入选第九届中国经济学年会、第十一届中国青年经济学者论坛、厦门大学全国博士生学术论坛、上海市社会科学界第九届学术年会及第六届上海青年经济学者论坛，作者感谢与会者的有益评论，同时感谢匿名审稿人的宝贵意见，文责自负。

国历程中所发挥的重要作用。但是，自 20 世纪中后期以来，基于大部分资源导向型增长模式的失败和很多资源贫乏的国家和地区却取得了令人瞩目的发展成果的事实，这种观点逐渐被颠覆。以 Sachs 和 Warner（1995，2001）为代表的一些学者通过实证考察发现，相当多的资源丰裕国家和地区，非但没有从资源的大规模开发中受益，反而陷入资源优势陷阱而导致经济增长步履维艰甚至停滞不前（Gylfason，2001；Papyrakis 和 Gerlagh，2004a；Gylfason 和 Zoega，2006；等等）。对此现象的研究衍生出近二十年来经济学的一个重要发现和热点研究方向——“资源诅咒”学说，即指一国或地区的经济由于对自然资源过度依赖而引起一系列不利于长期经济增长的负面效应，最终拖累经济增长的一种现象。后来，一些学者将资源诅咒命题拓展到一国内部区域层面进行考察，如 Papyrakis 和 Gerlagh（2007）研究发现资源诅咒问题也存在于美国这样一个高度发达的国家。国内学者通过省际面板数据也证实了资源诅咒效应在我国区域层面同样存在（徐康宁和王剑，2006；邵帅和齐中英，2008；邵帅和杨莉莉，2010 等）。

自然资源财富为什么会趋于阻碍而不是促进经济增长呢？学者们从不同角度提出了众多的理论解释。从区域内生经济增长的角度来看，其中挤出效应不失为一种更具普遍性的解释，其含义为自然资源开发活动可以通过“挤出”经济增长的促进行为而制约经济增长（Sachs 和 Warner，2001）。在相关研究中，被关注较多的增长促进行为主要是储蓄投资（Papyrakis 和 Gerlagh，2006）和人力资本积累（Gylfason，2001）。但在内生增长理论中，创新和技术进步被视为促进经济增长的关键性要素之一，创新的效率和技术进步的速度对区域经济增长起着至关重要的作用，而现有文献对创新行为与技术进步在资源诅咒发生过程中所具有的影响重视不够。Sachs 和 Warner（2001）较早对此给予了关注，他们指出较高的资源租会吸引创新者和企业家从事初级产业部门的生产而限制了他们的创新行为和企业家行为，最终导致整个经济缺乏推动力。但遗憾的是，他们并未对这一假说进一步解释。在相关理论研究方面，目前仅见 Papyrakis 和 Gerlagh（2004b）、邵帅和齐中英（2009a，2009b）开展了一些探索性研究工作。但这些研究在解释力上存在着结论单向性的局限，即单就资源开发如何对经济增长产生限制作用而提出了解释，对于少数国家和地区（如挪威、博茨瓦纳及我国山东等）是如何成功规避资源诅咒这一问题，却无法给出合理解答。因此，尚缺乏将两种相悖的现象纳入同一机制框架中进行机理阐释的研究。另外，相关研究在模型设定上也比较简化而与现实情况差距较大，如 Papyrakis 和 Gerlagh（2004b）、邵帅和齐中英（2009a）均未将劳动力这一现实中最基本的生产要素引入资源开采部门的生产函数中。

有鉴于此，本文从一国内部区域层面的视角，将自然资源开发部门引入 Romer 的产品水平创新 R&D 模型，建立一个以资源开发为导向的四部门区域内生增长模型，对自然资源开发、内生技术进步与区域经济增长之间的内在联系进行动态经济分析，并对得到的主要理论命题进行实证考察。

通过理论结合实证的系统分析，本文试图解答以下问题：①资源开发活动与区域技术进步和长期经济增长之间有何内在联系？②资源开发活动为何易于对资源丰裕地区的长期经济增长表现出抑制效应？这种抑制效应是如何产生的？③如何才能成功地规避资源诅咒？

二、理论模型

考察一国内部以资源开发为导向的小型分散区域经济，包含四个部门：创新（R&D）部门、中间产品部门、制造业部门和资源开发部门。不考虑人口增长，经济中存在着 L 个同质的代理人，均可提供一单位的劳动。劳动力在制造业部门、资源开发部门和 R&D 部门之间可以无成本地自由流动，并假设一国内部同质的最终产品和资源型产品的价格均由国内市场统一外生给定。

整个经济体系的运行机制是这样的：R&D 部门使用投入的劳动力结合已有的技术知识存量进行研发，然后将新研发出来的中间产品设计方案注册为永久性专利，并出售给下游的中间产品生产商；中间产品生产商使用购来的设计方案和物质资本生产中间产品并将其出售给下游的制造业部门；制造业部门生产商使用购买来的中间产品同时雇用一定数量的劳动生产，一种既可用于消费也可进行物质资本积累的最终产品；资源开发部门则使用自然资源和一定数量的劳动力并结合外溢的技术来生产一种资源型产品，并将产品向区域外输出换回等价值的最终产品用于生产和消费。

（一）生产技术与消费者偏好

1. 制造业部门

该部门代表性厂商的生产函数采用规模报酬不变的柯布—道格拉斯形式：

$$M = (\gamma L)\alpha\int_0^A x_i^{1-\alpha}di \tag{1}$$

式中，$\alpha(0<\alpha<1)$为产出弹性；M、x_i 分别表示最终产品的产量和第 i 种中间产品的投入量；L 和 γ 分别表示劳动力总量和劳动力用于最终产品生产的份额。每种中间产品 i 代表着一种独特的设计，$i\in[0,\ A]$，A 即代表了技术知识的总体存量，为避免整数约束，设 A 是连续而非离散的。

2. 中间产品部门

在区间$[0,\ A]$上分布着无数个具有垄断力量的中间产品生产商，每个厂商只生产一种中间产品，而且两两不同，即任意两种中间产品间不存在直接的替代或互补关系，其垄断力量来源于厂商拥有生产该种中间产品所需要的设计方案。每一种中间产品设计方案虽然是非竞争性的，即设计方案的功效不会因使用次数和人数而下降，但设计方案的使用具有永久排他性，任何一种中间产品只能由购买了该种中间产品设计图的中间产品厂商生产。按照 Romer(1990)的设定，中间产品部门的生产函数是线性的，即 $x_i=y_i$（y_i 为生产第 i 种中间产品所投入的最终产品数量）。不考虑资本的折旧，经济体系中的物质资本存

量为 $K = \int_0^A x_i di$。在任何时点上经济中物质资本存量的净增加等于总产出 Y 与总消费 C 之差，因此物质资本的积累方程为：

$$\dot{k} = Y - C = M + P_R R - C \tag{2}$$

式中，P_R 为资源型产品的价格，R 为资源型产品的产量。

3. R&D 部门

沿袭 Romer 的思想，R&D 部门开发新的中间产品品种或设计方案，研发产出取决于该部门的研发人员投入和已有的技术知识存量，但不需要物质资本，其生产函数为：

$$\dot{A} = \varphi A(1 - \gamma - \upsilon)L \tag{3}$$

式中，$\dot{A}$ 表示技术知识的增量；$(1-\gamma-\upsilon)L$ 为 R&D 部门从事研究开发的人员数量；$\varphi(0<\varphi)$ 为 R&D 部门的生产率参数。将式(3)变形即可得到技术知识的增长率：

$$\dot{A}/A = \varphi(1 - \gamma - \upsilon)L \tag{4}$$

4. 资源开发部门

本文中的“自然资源开发”是指矿产资源的开采活动以及将其作为原料所进行的初级再生产活动。与之对应，本文设定的“资源开发部门”是指以采矿业、资源初级加工业、以资源消耗为主的高耗能工业等资源型产业部门(不包括资源的深加工业)，将其视为自然资源开发活动的主体，并将其产出统称为资源型产品。这与张复明和景普秋(2008)的界定基本一致。

在资源诅咒作用机制的研究中，大部分文献要么将自然资源视为“意外之财”(Windfalls)而对其开采成本忽略不计(如 Matsen 和 Torvik，2005；Papyrakis 和 Gerlagh，2006；等等)，要么将自然资源作为生产要素直接引入最终产品生产函数而未考虑一个专门的资源开发部门(如 Gaitan 和 Roe，2005；Gylfason 和 Zoega，2006；等等)。显然，这两种模型设定均过于简化而与现实情况差距较大。与上述研究不同，本文假定存在一个专门从事资源开发活动即生产资源型产品的部门，其主要生产要素为劳动力与自然资源，① 将其生产函数设定为更具一般性的固定替代弹性(CES)生产函数形式：

$$R = \mu A[(1-\lambda)D^{\beta} + \lambda(\upsilon L)^{\beta}]^{\frac{\omega}{\beta}} \tag{5}$$

式中的几个重要参数 μ、λ、D、ω 和 β，均有一定的经济学含义，其参数值的大小对区域经济的运行具有重要的影响。

(1) μ 的经济学含义。考虑到现实中资源型产业与一般的制造业相比往往属于技术含量和技术进步率均较低的产业部门（如 Sachs 和 Warner，2001；Papyrakis 和 Gerlagh，2004b；等等），而制造业部门对技术的需求更大，其技术应用范围更广，技术溢出效应

① 虽然资本要素的引入可使资源开发部门的生产函数更具一般性，且对于模型的结果不会产生本质影响，但却会增加模型推导和分析过程的复杂性，更重要的是，这种设定会淡化一般制造业部门与资源型产业部门在产业特征上的差别，从而在一定程度上影响理论模型的解释力。因此，为突出重点及简化分析，本文将资源开发部门设定为一个资源—劳动密集型的部门，将自然资源和劳动力视为其典型生产要素。

也更强。虽然制造业部门中不同行业间的技术进步水平有所差异，但从工业化进程看，整体上存在资源型产业部门向制造业部门、技术含量低的制造业部门向技术含量高的制造业部门演进的趋势。与制造业相比，资源型产业往往属于规模报酬不变或递减的部门，技术创新相对缺乏，对劳动力技能要求不高；而制造业部门往往是规模报酬递增的部门，对技术创新比较敏感，对劳动力技能的要求也较高，且具有“边干边学”的特征（张复明和景普秋，2008），本文所设定的制造业部门主要就是指能够代表工业化演进方向的技术含量较高的制造业部门。因此，本文沿袭大多数文献的假定，将资源开发部门视为低技术含量和低技术进步部门。此外，考虑到现实中资源开发部门作为初级原材料供应部门，与制造业部门存在着一定的产业关联，两者之间在技术上存在着一定的交流和影响，即存在技术的外溢效应。但由于技术势能差的存在，这种外溢效应往往是沿着制造业部门向资源开发部门的方向进行的，且由于技术吸收能力的限制，资源开发部门对于外溢技术的接受和应用具有明显的时滞性。基于以上考虑，本文部分遵循了 Sachs 和 Warner（1995）的假设，即认为制造业部门对资源开发部门存在技术知识的外溢，但资源开发部门对于这些外溢技术的吸收和应用具有一定的滞后性。因此，本文在资源开发部门的生产函数中引入一个技术滞后参数 μ（$0<\mu<1$），以反映资源开发部门的技术吸收能力。显然，在其他条件不变的情况下，μ 值越大，说明资源开发部门对于外溢技术的吸收能力越强，而 μA 即真正被资源开发部门实际利用的那部分技术。

（2）λ 的经济学含义。λ（$0<\lambda<1$）为劳动产出弹性参数，即劳动收入在总收入中所占的相对份额参数，反映了资源开发部门的经济结构，而（$1-\lambda$）为资源生产要素的产出弹性参数。

（3）D 的经济学含义。D（$D>0$）为资源要素的投入量，反映了区域经济对自然资源要素的依赖程度。显然，当其他条件不变时，D 值越大，说明区域经济对资源要素的依赖度越大。本文主要关注的就是资源依赖程度对区域经济所产生的影响。

（4）ω 的经济学含义。一般认为资源型产业部门往往属于规模报酬不变或递减的部门（如张复明和景普秋，2008 等），因此规模报酬率 $0<\omega\leqslant 1$。

（5）β 的经济学含义。β（$-\infty<\beta<1$）为劳动力与资源要素之间的替代弹性参数，容易证明，替代弹性 $\varepsilon=1/(1-\beta)$。在其他情况不变时，$\beta(\varepsilon)$ 值越大，意味着生产过程中的要素替代性对要素相对价格的变化越敏感，也就表明要素市场相对越完善、要素配置相对越有效；反之，β（ε）值较小，则意味着地区整体要素配置效率低下，或者说经济单位并没有追求利润最大化，生产中的要素选择存在严重偏差（樊潇彦和袁志刚，2005）。

5. 消费者偏好

假设存在着生存无穷期的 L 个同质的代理人，其在无限时域上的标准固定弹性效用函数为 $U(c)=\int_0^{\infty}\frac{c^{1-\sigma}-1}{1-\sigma}e^{-\rho t}dt$。其中 $c=C/L$ 表示代理人的瞬时消费；$\rho>0$ 为消费者的主观时间偏好率；$\sigma\geqslant 0$ 为边际效用弹性，是跨期替代弹性的倒数。

代理人的收入来自于工资和个人资产的时间收益，每个代理人均面临的财富预算约束

为 $\dot{a}=w+ra-c$。其中 w 为工资水平，a 为个人拥有的净资产，r 为实际利率。

容易通过建立汉密尔顿函数的最优化方法推出 Ramsey 规则：

$$\dot{c}/c=(r-\rho)/\sigma \tag{6}$$

（二）竞争市场动态均衡分析

1. 均衡条件

将最终产品的价格单位化为 1，即 $P_M=1$，中间产品 x_i 的价格为 p_i，资源型产品价格为 P_R，中间产品设计方案的专利价格为 P_A，各部门劳动力工资率为 w_j（$j=M, A, R$）。在平衡增长路径上，均衡条件为：①消费者效用最大化；②最终产品生产商利润最大化；③中间产品生产商利润最大化；④R&D 部门利润最大化；⑤资源型产品生产商利润最大化；⑥所有市场出清。

2. 各部门代理人行为

（1）制造业部门。该部门厂商通过选择雇佣劳动力和使用中间产品的数量以实现利润最大化：$\max\limits_{\gamma, x_i}(\gamma L)^{\alpha}\int_0^A x_i^{1-\alpha}di-w_M\gamma L-\int_0^A p_i x_i di$，由该式可以推出制造业部门厂商的利润最大化条件：

$$w_M=\alpha(\gamma L)^{\alpha-1}\int_0^A x_i^{1-\alpha}di=\alpha M/\gamma L \tag{7}$$

$$p_i=(1-\alpha)(\gamma L)^{\alpha}x_i^{-\alpha} \tag{8}$$

式（8）为第 i 种中间产品的反需求函数：$p_i=p_i(x_i)$。由式（8）可以看出，中间产品生产商所面对的需求函数是向右下方倾斜的，这意味着存在由中间产品的垄断生产而带来的垄断利润。

（2）中间产品部门。该部门生产商购买 R&D 部门开发出来的一个新的中间产品设计方案所花费的支出为固定成本，其生产 x_i 单位的中间产品需付出的可变成本为 rx_i，而其获得的总收入为 p_ix_i，视 r 为既定，则其生产决策规划为 $\max\limits_{x_i}\pi_i=p_i(x_i)x_i-rx_i$（$\pi_i$ 为利润），该式的一阶条件为：

$$p_i=r/(1-\alpha),\ \forall i\in[0, A] \tag{9}$$

式（9）结合式（8）可以推出：

$$r=(1-\alpha)^2(\gamma L)^{\alpha}x_i^{-\alpha} \tag{10}$$

式（9）和式（10）表明，在均衡条件下，所有中间产品都具有相同的价格并对称地投入到制造业部门，从而所有的中间产品生产商都具有相同的需求函数和利润水平，即对于任意的 $i\in[0, A]$ 和 $j\in[0, A]$，$x_i=x_j$ 成立，均可记为 x，因此 $\pi_i=\pi_j$，$p_A^i=p_A^j$，可分别记为 π 和 p_A。

这样，可知在每个时点上，中间产品生产商的垄断利润为：

$$\pi=\frac{\alpha}{1-\alpha}rx \tag{11}$$

由于中间产品部门可以自由进出，有无数个中间产品生产商竞相购买一个中间产品设计方案，所以在均衡状态时，垄断利润会完全转化为中间产品生产技术的专利价格（即中间产品垄断性市场的进入成本）P_A，也就是说 P_A 等于垄断生产者未来期间所能获得垄断利润的贴现值，即非套利条件为 $P_A = \int_t^{\infty} e^{-\int_t^{\iota} r(s)ds}\pi(\iota)d\iota$，当均衡状态时 P_A 为常量，因此上式对时间求导可得$\pi(t) - r(t)\int_t^{\infty} e^{-\int_t^{\iota} r(s)ds}\pi(\iota)d\iota = 0$，由此可进一步推出：

$$rP_A = \pi \tag{12}$$

上式所表达的含义为：在任一时点，超过边际成本的瞬时超额收入必须恰好足以弥补设计专利初始投资的利息成本。

在均衡状态时，由物质资本市场出清条件可知 $K = \int_0^A x_i di = Ax$。这样，制造业部门在均衡时的产出可变形为：

$$M = (\gamma L)^{\alpha} Ax^{1-\alpha} = (A\gamma L)^{\alpha} K^{1-\alpha} \tag{13}$$

式（13）结合式（10）、式（11）和式（12）可推出中间产品设计方案的专利价格为：

$$P_A = \alpha(1-\alpha)M/rA \tag{14}$$

（3）R&D 部门。R&D 部门面临的生产决策规划问题为 $\max\limits_{1-\gamma-\upsilon} P_A\varphi A(1-\gamma-\upsilon)L - w_A(1-\gamma-\upsilon)L$，该式的一阶条件说明在均衡条件下研究者的工资水平等于其边际产出：

$$w_A = \varphi P_A A \tag{15}$$

（4）资源开发部门。资源型产品生产商面临的生产决策规划问题为$\max\limits_{\upsilon}$（$1-\tau$）$P_R\mu A[(1-\lambda) D^{\beta} + \lambda (\upsilon L)^{\beta}]^{\frac{\omega}{\beta}} - w_R\upsilon L$。其中$0<\tau<1$为资源税率，是一个外生参数，表明中央政府因拥有自然资源的所有权，对以自然资源为主要原材料的资源开发部门征收税率为τ的资源税，其产生的税负成本由资源开发部门承担（不考虑税收的转移支付）。显然，τ值越大，意味着政府从资源型产品生产商所获得的收入中所抽取的部分就越多，资源型产品生产商所需负担的资源使用成本就越高。上式的一阶条件可以推出资源开发部门劳动力的工资水平：

$$w_R = (1-\tau)\lambda\omega P_R(\mu A)^{\frac{\beta}{\omega}} R^{1-\frac{\beta}{\omega}}(\upsilon L)^{\beta-1} \tag{16}$$

3. 平衡增长路径

劳动力在各部门间无成本地自由流动而产生的劳动力套利行为使得均衡条件下制造业部门、资源开发部门和 R&D 部门具有相等的工资水平，由式（7）、式（15）和式（16）可得：

$$P_A\varphi A = \frac{\alpha M}{\gamma L} = (1-\tau)\lambda\omega P_R(\mu A)^{\frac{\beta}{\omega}} R^{1-\frac{\beta}{\omega}}(\upsilon L)^{\beta-1} \tag{17}$$

令 $k = K/AL$，$c' = C/AL$，可以将式（17）转化为有效人均形式：

$$\alpha\gamma^{\alpha-1}k^{1-\alpha} = (1-\tau)\lambda\omega P_R\mu[(1-\lambda)D^{\beta} + \lambda(\upsilon L)^{\beta}]^{\frac{\omega}{\beta}-1}(\upsilon L)^{\beta-1} \tag{18}$$

由式（10）和式（13）可知利率水平取决于制造业部门产出与物质资本存量之比：

$$r = (1-\alpha)^2 M/K = (1-\alpha)^2\gamma^{\alpha}k^{-\alpha} \tag{19}$$

结合式（14）、式（17）和式（19）可推出制造业部门劳动力的投入份额为：

$$\gamma=(1-\alpha)M/\varphi LK=[(1-\alpha)/\varphi L]^{\frac{1}{1-\alpha}}k^{\frac{\alpha}{\alpha-1}} \tag{20}$$

令 g_z 为变量 z 的增长率。由平衡增长路径的性质可知，消费 C、资本 K、最终产品产出 Y 与技术 A 具有相同的增长率，即 $g_Y=g_K=g_C=g_A$，且物质资本的回报率及劳动力在各部门间的分配恒定，即 r、γ 和 υ 均为常量。这样，由式（5）和式（19）可分别推出 $g_R=g_A$、$g_M=g_K$，并可由此进一步推出 $g_Y=g_M=g_R=g_K=g_c=g_A$ 和 $g_k=g_{c'}=0$。再由式（6）结合式（4）可得：

$$(r-\rho)/\sigma=\varphi(1-\gamma-\upsilon)L \tag{21}$$

这样，式（18）~式(21）就组成了一个关于稳态变量 r、k、γ 和 υ 的方程组。通过进一步求解可推导出各主要变量的稳态解及技术和经济（总产出）增长率的表达式：

$$r=(1-\alpha)^2[(1-\alpha)/\varphi L]^{\frac{\alpha}{1-\alpha}}k^{\frac{\alpha}{\alpha-1}}$$

$$\gamma=[(1-\alpha)/\varphi L]^{\frac{1}{1-\alpha}}k^{\frac{\alpha}{\alpha-1}}$$

$$g_Y=g_A=(1-\alpha)^2[(1-\alpha)/\varphi L]^{\frac{\alpha}{1-\alpha}}k^{\frac{\alpha}{\alpha-1}}\sigma^{-1}-\rho\sigma^{-1}$$

$$k=(1-\alpha+\sigma)^{\frac{1-\alpha}{\alpha}}[(1-\upsilon)\sigma\varphi L+\rho]^{\frac{\alpha-1}{\alpha}}(1-\alpha)^{\frac{1}{\alpha}}(\varphi L)^{-1}$$

其中资源开发部门的劳动力投入份额 υ 的解为隐性解，由以下方程给出：

$$(1-\upsilon)\sigma\varphi L+\rho=(1-\alpha)(1-\alpha+\sigma)\alpha^{\frac{\alpha}{1-\alpha}}(1-\tau)^{\frac{\alpha}{\alpha-1}}$$

$$(\lambda\omega P_R\mu)^{\frac{\alpha}{\alpha-1}}[(1-\lambda)D^{\beta}+\lambda(\upsilon L)^{\beta}]^{(\frac{\omega}{\beta}-1)\frac{\alpha}{\alpha-1}}(\upsilon L)^{\frac{(\beta-1)\alpha}{\alpha-1}}$$

（三）比较静态分析

通过以上五个公式容易看出，在分权经济条件下，当其他经济环境参数给定时，平衡增长路径上的制造业部门劳动力投入份额、经济与技术增长率都与有效人均资本存量 k 有关，k 又与资源开发部门的劳动力投入份额 υ 有关，而 υ 的取值又受到了资源依赖度 D 的限定。也就是说，资源依赖度 D 是决定区域经济体系演化趋势的决定性因素。可以通过比较静态分析来考察其对各主要经济变量所产生的影响及作用机制。由表 1 给出的比较静态分析结果可以推出以下命题。

命题 1：当其他条件不变时，若 β < ω，有效人均物质资本积累水平和从事资源开发活动的劳动力份额随资源依赖度的增加而提高，而实际利率水平、从事制造业生产的劳动力与从事创新活动的研发者份额则随资源依赖度的增加而降低；若 ω < β，情况正相反。

命题 2：当其他条件不变时，技术和经济增长率随资源依赖度的增加而提高、不变或降低，当且仅当要素替代弹性参数 β 大于、等于或小于规模报酬率 ω。

表 1　比较静态分析

偏导	条件	$\chi=k$	$\chi=r$	$\chi=\upsilon$	$\chi=\gamma$	$\chi=1-\gamma-\upsilon$	$\chi=g_Y=g_A$
$\partial\chi/\partial D$	$\beta\leqslant0$	>0	<0	>0	<0	<0	<0
	$0<\beta<\omega\leqslant1$	>0	<0	>0	<0	<0	<0
	$0<\omega<\beta<1$	<0	>0	<0	>0	>0	>0
	$\beta=\omega$	=0	=0	=0	=0	=0	=0

可见，资源诅咒效应发生与否，主要取决于资源开发部门的生产要素配置情况。当资源开发部门的生产要素配置效率不佳而低于其生产规模报酬水平时，区域经济对自然资源的依赖程度越大，越多的劳动力就会被吸引到技术贡献率较低的资源开发部门。虽然短期来看，这可以直接增加物质财富的积累，但同时也会导致物质资本回报率降低，即相同物质资本投入水平下最终产品的产出降低，并导致从事制造业生产的劳动力与从事创新活动的研究者数量相对减少，从而降低了对技术进步具有积极贡献的制造业部门和 R&D 部门的产出与增长水平，削减了新技术的需求和创新的动力，进而对区域经济增长的源泉——创新产生了挤出效应，最终导致区域技术进步和长期经济增长的步伐放缓，资源诅咒效应就会显现出来。反过来，当资源开发部门中的生产要素配置效率较为理想或高于其生产规模报酬水平时，即使在资源开发部门存在规模报酬递减和资源要素投入量较大的情况，物质资本的回报率也会趋于增加，劳动力也会趋于流向对创新产生积极作用的制造业部门和 R&D 部门，从而促进技术进步水平的提高，使区域经济增长步入良性轨道，规避了资源诅咒的发生。

比较静态分析结果还可以得知，当 $\beta \leqslant 0$，即要素替代弹性 $\varepsilon \leqslant 1$ 时，生产要素的配置效率一定低于生产规模报酬水平 ω（$0<\omega \leqslant 1$），此时如果资源依赖度较大，那么资源诅咒效应一定会发生。而当 $\beta>0$，即 $\varepsilon>1$ 时，经济体系存在两种状态。一种状态条件为 $\beta<\omega$，即 $1-\omega>1/\varepsilon$，此时资源诅咒现象同样会发生；另一种状态 $\beta>\omega$，即 $1-\omega>1/\varepsilon$ 出现时，资源诅咒才可能被避免。而由于经济系统往往处于动态过程，出现 $\beta=\omega$ 状态的概率很低，因此暂且可将这种情况忽略。如果粗略地将 $\beta \leqslant 0$ 和 $0<\beta<1$ 情况出现的概率均视为 1/2，而在 $0<\beta<1$ 时，$\beta<\omega$ 和 $\beta>\omega$ 情况出现的概率也均为 1/2，那么出现 $\beta>\omega$，也就是不会发生资源诅咒的概率就为 1/4。因此，从以上讨论的结果看，资源丰裕地区发生资源诅咒的概率是规避资源诅咒概率的三倍。另外，从地方政府的主观发展行为看，如前文所述，资源丰裕地区往往容易在资源型产品直接带来的可观收益的吸引下，产生短视的发展行为，有意或无意地倾向于扶持技术贡献率偏低的资源开发部门的发展，造成对长期经济增长的关键性因素——创新行为的重视和投入不足，进而导致经济增长后劲不足。因此，一旦中央和地方政府对于资源丰裕地区的宏观发展政策的制定及产业结构演进的引导不够谨慎或者缺乏长远性战略眼光，就非常容易使资源开发活动对区域技术进步产生不利影响，导致资源丰裕地区经济陷入资源优势陷阱而遭遇资源诅咒问题。

三、计量实证

本部分就资源开发活动能否对区域创新活动产生挤出效应主要取决于生产要素配置效率的大小这一核心命题展开实证检验。在现有研究中，在我国整体省际层面上对资源开发与创新行为的关系进行专门的实证考察，并将生产要素配置效率考虑其中的文献尚未见报道。

（一）计量模型与指标数据

根据前文的理论分析，本文建立如下基本面板数据回归模型：

$$Z_t^i = \alpha_0 + \alpha_1 ED_t^i + \alpha_2 X_t^i + \alpha_3 MI_t^i + \varepsilon_t^i \tag{22}$$

式中，被解释变量 Z 为技术创新变量，ED 为能源依赖度变量，MI 为市场化程度，X 为其他控制变量，i 对应于各个省份截面单位，t 代表年份，$\alpha_0 - \alpha_3$ 为待估参数，ε 为随机扰动项。

考虑到能源作为国民经济生产和经济增长的最基本驱动力，往往可以产生相对较高的经济租，其在工业化进程和区域经济发展中具有特别突出和重要的战略性地位。因此，本文以能源依赖度作为代理指标来度量区域经济对自然资源的依赖程度。参照邵帅和齐中英（2008）的做法，对煤炭采选业、石油和天然气开采业、石油加工及炼焦业、电力和热力生产和供应业、燃气生产和供应业五大能源工业的工业产值进行加总，得到能源工业总产值，再算出其占工业总产值的比重，即可借此反映出各省区的能源依赖度。

对于创新活动的度量，大多数文献仅对创新投入或创新产出进行了单一角度的考察。但根据前文的理论分析，资源开发活动会通过影响研发部门人员的投入水平而影响技术知识的产出水平，即资源开发活动对创新投入和创新产出均会产生影响。因此，本文分别选取投入型指标——平均每千人口中从事科技活动人员数（表示为 RD）和产出型指标——平均每百名科技活动人员拥有被授权的专利数量（表示为 PA），分别从创新投入和创新产出两个方面进行更为全面的考察。

根据本文的理论命题，生产要素的配置效率是决定资源开发活动对区域技术进步和经济增长产生何种影响的关键性因素。因此，必须将其作为基本控制变量引入回归模型，以通过观察其对分析结果的影响从而对理论命题进行较为稳健的验证。然而生产要素配置效率是一个较为抽象的概念，度量起来存在一定的困难。但由经济学理论可知，市场机制是推动生产要素流动和促进资源配置的基本机制，而生产要素替代弹性往往反映在市场机制对要素配置作用的深度上，也就是说，当一个地区的市场机制较为完善、市场化程度较高时，生产要素的市场流动性就比较强，生产要素的配置效率也比较高。因而，利用市场化程度作为一个替代性变量来反映生产要素的配置效率情况是一种比较符合逻辑的可行办法。因此，本文参照王文剑等（2007）的做法，将非国有单位职工占职工总数比重作为度量市场化程度的近似替代指标。①

本文还选取了以下三个对区域技术进步水平可能产生重要影响的因素作为控制变量引入回归模型：首先，人力资本无疑是实现创新和技术进步的一个必不可少的因素。本文选取大专学历以上人口占 6 岁及 6 岁以上人口的比重作为区域人力资本存量水平的度量指标，表示为 HC。其次，研发资本投入也是影响创新和技术进步的一个重要因素。在我

① 其他常用的度量指标还有非国有企业工业产值比重和非国有经济固定资产投资比重，但经检验发现这两个指标与其他解释变量的相关系数较高，容易引起多重共线性，因此将其舍弃。

国，政府财政科技投入是区域科技资源配置的一种重要手段，很多时候甚至会成为区域科技经费投入的主要来源。再次，本文选取科学事业费占财政总支出的比重作为区域研发投入的度量指标，用来反映地方政府对创新活动的投入强度，表示为 SE。最后，在经济全球化和我国大力实行对外开放政策的背景下，外商直接投资通常也被视为区域技术创新的一个不可忽视的影响因素而被广泛关注。使用按人民币对美元年平均汇率（中间价）折算成人民币表示的实际利用外资占 GDP 比重来对其进行度量，表示为 FDI。

本文选择 1997 ~ 2007 年全国 30 个省市区的面板数据作为研究样本（西藏的数据缺失较多，故将其从样本中剔除）。数据来源于《中国统计年鉴》、《中国工业经济统计年鉴》、《中国科技统计年鉴》、《中国经济普查年鉴》、《中国人口统计年鉴》及各省市区统计年鉴。①

（二）分析结果及讨论

（1）静态面板估计。本文首先采用静态面板数据模型进行实证分析。静态面板数据模型的参数估计形式主要有混合最小二乘法、固定效应和随机效应三种，在进行参数估计前，需要先通过 F 检验、BP 拉格朗日乘数检验和 Hausman 检验来对其进行筛选，② 确定出每个模型适用的参数估计形式，然后再利用 Driscoll - Kraay 标准误估计法和可行的广义最小二乘法（FGLS）分别对固定效应模型和随机效应模型进行稳健型估计，以纠正可能出现的残差异方差和自相关问题。

首先，在不考虑控制变量的条件下进行实证考察，结果见表 2。可以看出，能源依赖度对创新投入以及创新产出均表现为非常显著的负相关，说明资源（能源）开发具有对创新活动产生挤出效应的可能性。但在加入反映要素配置效率的市场化程度变量后，能源依赖度与创新投入的关系变为显著水平较低的正相关，而与创新产出的负相关系数不但变得不再显著，其绝对数值也明显变小，说明市场化程度及其所反映的生产要素配置效率的改善，具有避免或缓解上述挤出效应的趋势。

下面进一步在加入控制变量的条件下进行稳健性估计。由表 3 报告的结果可知，在依次引入人力资本、研发投入和 FDI 三个控制变量的过程中，能源依赖度与创新投入以及创新产出均一直在 1% 的显著水平上保持正相关，且数值变动不大，说明资源（能源）开发活动确实对我国的区域创新活动具有挤出效应。而在加入市场化程度变量后，能源依赖度与创新投入的相关系数变为一个显著水平较低的正值，与创新产出的负相关性变得不再显著，其系数绝对值也有所减小。这与表 2 报告的结果一致，说明市场化程度及其所反映的生产要素配置效率的改善，确实可以在一定程度上避免或缓解资源开发活动对区域创新活动所可能产生的挤出效应。

---

① 本文对数据进行了一些初步的统计分析，结果显示，各解释变量的方差膨胀因子值均小于 2，且变量间的相关系数均未超过 0.5，因此在参数估计时无须考虑多重共线性的问题。

② 限于篇幅，下文仅报告了 Hausman 检验结果，有兴趣的读者可以向作者索取其他设定检验结果。

表 2　静态面板估计结果

解释变量	被解释变量：RD		被解释变量：PA	
	(1)	(2)	(3)	(4)
ED	-0.027545[a] (0.003944)	0.005081 (0.013196)	-0.053598[a] (0.007261)	-0.003546 (0.003117)
MI		0.144328[a] (0.015255)		0.127680[a] (0.007900)
常数项	3.753545[a] (0.181027)	-1.630966[b] (0.677571)	4.285909[a] (0.184858)	-1.051108[a] (0.220528)
R2	0.3017	0.2368	0.2431	0.4698
Hausman 检验值（P）	4.0378（0.045）	1.7859（0.409）	10.5895（0.001）	0.7537（0.686）
模型设定	固定效应	随机效应	固定效应	随机效应

注：系数下方括号内数值为其标准差；a、b、c、d 分别表示 1%、5%、10%、15% 的显著水平。以下各表同。

从表 2 和表 3 中还可以看出，市场化程度与创新投入和创新产出的正相关性一直保持在 1% 的显著水平上，说明市场化程度和要素配置效率的提高对区域创新活动具有明显的促进作用。其他三个控制变量对创新活动也均表现出了积极影响，其中研发投入对创新投入和创新产出均表现出明显的促进作用；相比之下，人力资本对创新投入的贡献更为显著，而 FDI 对创新活动的积极影响并不显著。

表 3　静态面板稳健性估计结果

解释变量	被解释变量：RD				被解释变量：PA			
	(1)	(2)	(3)	(4)	(5)	(6)	(7)	(8)
ED	-0.032022[a] (0.008027)	-0.033460[a] (0.005224)	-0.026165[a] (0.007911)	0.004470 (0.010079)	-0.055889[a] (0.005255)	-0.063004[a] (0.015593)	-0.057091[a] (0.011461)	-0.022801 (0.022803)
HC	0.397874[a] (0.019301)	0.784428[a] (0.023177)	0.365964[a] (0.019784)	0.129250[a] (0.031227)	0.069843[a] (0.017151)	0.09549[b] (0.047389)	0.046010 (0.038824)	0.010441 (0.104596)
SE	—	0.692853[a] (0.241696)	0.364467[a] (0.078740)	0.648206[a] (0.123187)	—	0.583840[a] (0.192213)	0.758626[a] (0.189764)	0.526878[a] (0.134082)
FDI	—	—	0.013004 (0.024878)	0.000354 (0.024955)	—	—	0.030876 (0.036010)	0.012227 (0.049088)
MI	—	—	—	0.088598[a] (0.012011)	—	—	—	0.094714[a] (0.019331)
常数项	1.621333[a] (0.255565)	-1.035457[a] (0.213425)	1.364444[a] (0.273575)	-1.019260[b] (0.478048)	3.943403[a] (0.320745)	3.508742[a] (0.423193)	3.442512[a] (0.352951)	0.063352 (0.762181)
R^2	0.4937	0.8733	0.5146	0.9789	0.1476	0.653	0.4598	0.3769

续表

解释变量	被解释变量：RD				被解释变量：PA			
	(1)	(2)	(3)	(4)	(5)	(6)	(7)	(8)
Hausman 检验值（P）	0.8004 (0.670)	128.6463 (0.000)	8.7447 (0.068)	156.9333 (0.000)	1.6370 (0.441)	31.9357 (0.000)	55.2790 (0.000)	6.1176 (0.295)
模型设定	随机效应	固定效应	随机效应	固定效应	随机效应	固定效应	固定效应	随机效应

（2）动态面板估计。相关研究基本均采用静态面板模型进行实证分析，但在很多情况下，模型中的解释变量具有潜在的内生性问题，即与被解释变量之间存在双向因果关系而导致其与随机扰动项相关，这时无论使用最小二乘法，还是固定效应或随机效应得到的估计结果均是有偏的。因此，为了得到更加稳健的分析结果，本文进一步在式（22）中加入被解释变量的滞后项作为解释变量，建立如下动态面板模型，并采用 Blundell 和 Bond（1998）提出的被广泛用于处理内生性问题的系统广义矩估计（SYS - GMM）方法进行参数估计。

$$Z_t^i = \beta_0 + \beta_1 Z_{t-1}^i + \alpha' Y_t^i + \mu_t^i \tag{23}$$

式中，Y_t^i 为式（1）中所有解释变量组成的向量集，α 为解释变量的参数组成的向量集。

表 4 和表 5 分别报告了不考虑控制变量的动态面板估计结果和加入控制变量的稳健性估计结果。可以看出，所有模型的残差均存在一阶序列相关但不存在二阶序列相关，Hansen 检验结果则说明各模型均不存在工具变量过度识别的问题，因此，工具变量的构造总体上均是合理有效的。

表 4　动态面板估计结果

解释变量	被解释变量：RD		被解释变量：PA	
	(1)	(2)	(3)	(4)
RD_{t-1}	1.031832[a] (0.0005442)	1.007685[a] (0.001795)	—	—
PA_{t-1}	—	—	0.9267957[a] (0.0029753)	0.7281827[a] (0.0035559)
ED	-0.0010707[a] (0.0001638)	0.0023954[a] (0.000515)	-0.0102189[a] (0.0010012)	0.0008509 (0.0016936)
MI	—	0.0152701[a] (0.0002797)	—	0.0615774[a] (0.0010344)
常数项	0.0612101[a] (0.0061102)	-0.4352283[a] (0.0166227)	0.7225061[a] (0.0335753)	-0.9629324[a] (0.0354268)

续表

解释变量	被解释变量：RD		被解释变量：PA	
	(1)	(2)	(3)	(4)
AR（1）检验值（P）	-2.01（0.045）	-2.01（0.045）	-2.53（0.011）	-2.54（0.011）
AR（2）检验值（P）	1.32（0.186）	1.29（0.195）	1.55（0.120）	1.77（0.076）
Hansen 检验值（P）	26.36（0.999）	26.32（0.999）	29.15（0.997）	28.98（0.996）

表 5　动态面板稳健性估计结果

解释变量	被解释变量：RD				被解释变量：PA			
	(1)	(2)	(3)	(4)	(5)	(6)	(7)	(8)
RD_{t-1}	1.031169[a] (0.002322)	1.033311[a] (0.002760)	1.032276[a] (0.002701)	1.028670[a] (0.002805)	—	—	—	—
PA_{t-1}	—	—	—	—	0.905413[a] (0.004544)	0.874528[a] (0.006777)	0.688261[a] (0.005480)	0.508920[a] (0.009222)
ED	-0.003940[a] (0.000398)	-0.003370[a] (0.000498)	-0.001043[b] (0.000436)	-0.000631 (0.000471)	-0.009310[a] (0.000921)	-0.007543[a] (0.001083)	-0.004937[a] (0.000166)	0.007983[d] (0.004812)
HC	0.018354[a] (0.001482)	0.010863[a] (0.001564)	0.007008[a] (0.001437)	0.006466[a] (0.001901)	0.033470[a] (0.001074)	0.020918[a] (0.000609)	0.039406[a] (0.003106)	0.058262[a] (0.008540)
SE	—	0.083685[a] (0.003233)	0.081810[a] (0.003104)	0.067960[a] (0.003615)	—	0.478308[a] (0.008880)	0.527387[a] (0.017728)	0.314336[a] (0.012888)
FDI	—	—	0.024549[a] (0.002675)	0.023046[a] (0.002287)	—	—	0.125774[a] (0.009572)	0.023776[d] (0.016009)
MI	—	—	—	0.003521[a] (0.000339)	—	—	—	0.094366[a] (0.002986)
常数项	0.068650[a] (0.005915)	0.034896[a] (0.009833)	-0.044266[a] (0.011426)	-0.149587[a] (0.009505)	0.531130[a] (0.032049)	0.420161[a] (0.047311)	1.339709[a] (0.071714)	-2.434690[a] (0.206161)
AR（1） 检验值（P）	-2.08 (0.037)	-2.14 (0.032)	-2.13 (0.033)	-2.13 (0.033)	-2.43 (0.015)	-2.50 (0.012)	-2.45 (0.014)	-2.54 (0.011)
AR（2） 检验值（P）	0.82 (0.414)	0.468 (0.642)	0.38 (0.700)	0.50 (0.617)	1.36 (0.172)	1.31 (0.189)	1.55 (0.122)	1.33 (0.183)
Hansen 检验值（P）	26.47 (0.998)	26.94 (0.998)	27.07 (0.998)	25.80 (0.999)	28.12 (0.997)	26.53 (0.999)	27.86 (0.998)	28.27 (0.997)

动态面板与静态面板的估计结果基本一致。表 4 的结果显示，在不考虑控制变量的条件下，能源依赖度对创新投入和创新产出均表现出非常显著的挤出效应。表 5 的结果则显示，在依次加入人力资本、研发投入和 FDI 后，这种挤出效应依然稳健，能源依赖度系数的相伴概率基本保持在 1%（仅表 5 模型（3）中为 5%）的水平，但系数的绝对数值呈

逐渐下降趋势，说明上述变量也可能会在一定程度上缓冲资源开发对创新活动所产生的挤出效应。而最关键的影响因素还在于反映要素配置效率的市场化程度，无论是否考虑控制变量，只要将市场化程度变量加入模型，能源依赖度对创新的负效应都会明显被削弱（如表5的模型（4））或消除（如表4的模型（4）），甚至还会表现出显著的积极影响，如表4模型（2）的结果显示，能源依赖度与创新投入在1%的显著水平上正相关。

以上结果很好地验证了前文所提出的两个理论命题，即资源开发易于对区域创新活动产生挤出效应而引起资源诅咒问题，但在市场化程度和生产要素配置效率提高的调节性影响下，这种挤出效应完全可以被缓解或消除，甚至可以被转化为积极的促进作用。而市场化程度本身对创新投入和创新产出均具有明显的积极影响，无论在静态面板模型还是在动态面板模型中，其系数显著水平一直保持在1%。一方面，市场化能够通过改善生产要素和资源配置效率，实现要素和资源在各产业部门间的合理分配，促进区域经济的协调健康发展；另一方面，市场化还可以通过市场激励机制增强企业开展技术创新的动力，促进新产品和新技术的开发和应用，加速技术进步的过程而有力地推动区域经济增长。因此，提高市场化程度和要素配置效率是解决资源诅咒问题的一剂良药。

与静态面板估计结果不同的是，动态面板估计得到的参数值大多偏小，其最可能的原因是动态面板估计考虑了被解释变量滞后期对当期的影响。无论从数值大小还是显著程度来看，这种影响均非常明显，其影响程度超过了模型中的其他任何变量，这在很大程度上反映出技术进步是一个依赖于人力资本投入和技术知识积累的渐进过程。虽然区域人力资本总体存量、财力投入、技术扩散和溢出效应，以及要素配置效率等因素可以加速创新和技术进步的过程，但创新和技术进步更主要是通过技术知识不断积累的一个螺旋演进上升的动态过程，技术知识存量及研发部门的人力资本投入水平在实现创新和技术进步的过程中发挥着至关重要的作用。本文的动态面板估计结果也恰恰对此给出了很好的证明，即在各变量中，前一期的人力资本投入和技术（专利）产出均对当期的投入和产出产生了最为主要的影响。这一结果同时也与Romer（1990）提出、本文沿袭的“研发产出取决于R&D部门的研发人员投入和已有的技术知识存量”这一理论设定相符。另外，静态面板模型中的人力资本（主要指产出方程）和FDI变量的系数并不显著，但在动态面板模型中其系数的显著性却提高至1%，说明这两个变量存在着明显的内生性问题，使得静态面板的估计结果是有偏差的。因此，动态面板SYS－GMM估计得到的分析结果具有更高的稳健性和可信度。

四、结论与政策启示

本文实证分析结果表明，能源依赖度对我国区域创新投入和创新产出均表现出显著的挤出效应，但市场化程度及其所反映的生产要素配置效率的改善，完全可以将这种挤出效应缓解甚至消除，并且将其转化为积极的促进作用。对我国的资源丰裕地区而言，如何才能规避或者缓解资源开发活动所带来的资源诅咒效应呢？本文提出以下几点政策思路：

（1）推进市场化改革进程，优化生产要素配置效率。本文的结果显示，提高市场化程度和要素配置效率是规避和解决资源诅咒问题的一个有效途径。生产要素配置效率是决定资源开发活动如何影响区域技术进步和经济增长的关键性因素，而生产要素的替代弹性往往反映在市场机制对要素配置作用的深度上。因此，首先需要推进资源丰裕地区市场化改革进程，提高其对外开放程度，增强生产要素的市场流动性，优化生产要素的投入结构，同时还要注重提高资源利用效率。

（2）提高技术创新能力。既然资源开发易于对创新活动产生挤出效应，那么就应该有意识地大力提高资源丰裕地区的创新能力。

（3）促进区域产业结构的优化调整。在提高要素配置效率和区域创新能力的基础上，资源丰裕地区还必须适时地进行产业结构的优化调整。

参考文献

[1] 樊潇彦，袁志刚．“宏观投资效率”研究：一个理论和实证的探索［C］．第五届中国经济学年会参会论文，2005.

[2] 邵帅，齐中英．西部地区的能源开发与经济增长———基于资源诅咒假说的实证分析[J]．经济研究，2008（4）．

[3] 邵帅，齐中英．基于资源诅咒学说的能源输出型城市 R&D 行为研究[J]．财经研究，2009a（1）．

[4] 邵帅，齐中英．资源输出型地区的技术创新与经济增长[J]．管理科学学报，2009b（6）．

[5] 邵帅，杨莉莉．自然资源丰裕、资源产业依赖与中国区域经济增长[J]．管理世界，2010（9）．

[6] 王文剑，仉建涛，覃成林．财政分权、地方政府竞争与 FDI 的增长效应[J]．管理世界，2007（3）．

[7] 徐康宁，王剑．自然资源丰裕程度与经济发展水平关系的研究[J]．经济研究，2006（1）．

[8] 张复明，景普秋．资源型经济的形成：自强机制与个案研究[J]．中国社会科学，2008（5）．

[9] Blundell, R., and S. Bond. Initial Conditions and Moment Restrictions in Dynamic Panel Data Models [J]. Journal of Econometrics, 1998, 87 (1), 115 – 143.

[10] Gaitan, B., and T. L. Roe. Natural Resource Abundance and Economic Growth in a Two Country World [J]. Economic Development Center Working Papers No. 05 – 1, University of Minnesota, 2005.

[11] Gylfason, T. Natural Resources, Education, and Economic Development [J]. European Economic Review, 2001, 45 (4 – 6).

[12] Gylfason, T., and G. Zoega. Natural Resources and Economic Growth: The Role of Investment [J]. World Economy, 2006, 29 (8).

[13] Habakkuk, H. J. American and British Technology in the Nineteenth Century, Cambridge [M]. MA: Cambridge University Press, 1962.

[14] Matsen, E., and R. Torvik, Optimal Dutch Disease [J]. Journal of Development Economics, 2005, 78 (2), 494 – 515.

[15] Papyrakis, E., R. Gerlagh. The Resource Curse Hypothesis and Its Transmission Channels [J]. Journal of Comparative Economics, 2004a, 32 (1), 181-193.

[16] Papyrakis, E., and R. Gerlagh. Natural Resources, Innovation, and Growth [J]. FEEM Working Paper, Fondazione Eni Enrico Mattei, 2004b (4): 129.

[17] Papyrakis, E., and R. Gerlagh. Resource Windfalls, Investment, and Long-termIncome [J]. Resources Policy, 2006, 31 (2).

[18] Papyrakis, E., and R. Gerlagh. Resource Abundance and Economic Growth in the United States [J]. European Economic Review, 2007, 51 (4), 1011-1039.

[19] Romer, P. M., Endogenous Technological Change [J]. Journal of Political Economy, 1990, 98 (5): S71-102.

[20] Sachs, J. D., and A. M. Warner. Natural Resource Abundance and Economic Growth [J]. NBER Working Paper No. 5398, National Bureau of Economic Research, Cambridge, MA. 1995.

[21] Sachs, J. D., and A. M. Warner. Natural Resources and Economic Development: The Curse of Natural Resources [J]. European Economic Review, 2001, 45 (4-6): 827-838.

[22] Watkins, M. H. A Staple Theory of Economic Growth [J]. Canadian Journal of Economics and Political Science, 1963, 29 (2).

Natural Resource Exploitation, Endogenous Technological Progress and Regional Economic Growth

Shao Shuai Yang Li li

(Institute of Finance and Economics, Shanghai University of Finance and Economics)

Abstract: Through a four-sector endogenous growth model based on product-adding innovations, this paper puts systematically forward a theoretical interpretation on how natural resource exploitation affects regional technological progress and economic growth, and discusses the appearance condition and mechanism of resource curse. Further, we also verify empirically theoretical propositions by using static and dynamic panel data at the China's cross-province level.

Key Words: Natural Resource Exploitation; Technological Progress; Endogenous Growth; Resource Curse; Allocation Efficiency of Production Factors

第二节

英文期刊论文精选

Name of Article: The Problem of the Commons: Still Unsettled after 100 Years

Name of Journal: American Economic Review

Author: Robert N. Stavins

Publication Date: February 2011

Key Words: Commons; Renewable Resources; Environmental Quality; Global Climate Change

Abstract: The problem of the commons is more important to our lives and thus more central to economics than a century ago when Katharine Coman led off the first issue of the American Economic Review. As the US and other economies have grown, the carrying capacity of the planet—in regard to natural resources and environmental quality – has become a greater concern, particularly for common property and open – access resources. The focus of this article is on some important, unsettled problems of the commons. Within the realm of natural resources, there are special challenges associated with renewable resources, which are frequently characterized by open – access. An important example is the degradation of open access fisheries. Critical commons problems are also associated with environmental quality. A key contribution of economics has been the development of market – based approaches to environmental protection. These instruments are key to addressing the ultimate commons problem of the twenty – first century – global climate change.

文章名称：公地问题：一个100年后仍未解决的问题

期刊名称：美国经济评论

作　　者：罗伯特·史蒂文森

出版时间：2011年2月

关键词：公地；可更新资源；环境质量；全球气候变化

内容摘要：与100年前卡斯仁·考曼（Katharine Coman）推出了美国经济评论第一期时的时代相比较，今天，公地问题与人们生活息息相关，因此也更成为经济学的核心问题。随着美国和其他经济体的增长，深入考虑自然资源与环境质量，地球承载力已经引起更多的关注，尤其对共有产权以及公共资源而言，更是如此。本文关注的核心是一些重要的、尚未解决的公地问题。在自然资源领域，通常可以共有的可更新资源面临着特殊的挑战。其中，一个重要的例子就是共有渔场的退化。环境质量也与关键的公地问题紧密联系。经济学的关键贡献之一是发展出环境保护的市场化方法。这些工具是解决21世纪最后的公地问题——全球气候变化的关键。

Name of Article: Environmental Accounting for Pollution in the United States Economy

Name of Journal: American Economic Review

Author: Nicholas Z. Muller, Robert Mendelsohn, William Nordhaus

Publication Date: August 2011

Key Words: Environmental Externalities; Environmental Accounting; Air Pollution

Abstract: This study presents a framework to include environmental externalities into a system of national accounts. The paper estimates the air pollution damages for each industry in the United States. An integrated – assessment model quantifies the marginal damages of air pollution emissions for the US which are multiplied times the quantity of emissions by industry to compute gross damages. Solid waste combustion, sewage treatment, stone quarrying, marinas, and oil and coal – fired power plants have air pollution damages larger than their value added. The largest industrial contributor to external costs is coal – fired electric generation, whose damages range from 0. 8 to 5. 6 times value added.

文章名称：美国经济的环境污染核算

期刊名称：美国经济评论

作　　者：尼古拉斯·Z. 穆勒，罗伯特·孟德尔森，威廉·诺德豪斯

出版时间：2011 年 8 月

关键词：排污权交易；污染减排；电业重构

内容摘要：本文提供了将环境外部性纳入国民账户体系的框架，估计了美国不同产业的空气污染破坏值。同时，采用综合评价模型，量化了美国空气污染排放的边际破坏值，再乘以美国不同产业的排放量，得到了总破坏值。结论表明，固体污染物排放、水处理、石材加工、油气开采、石油冶炼、煤电厂空气污染造成的价值破坏大于创造的价值。环境外部成本最大的产业是煤电产业，造成的环境破坏值是创造产值的 0. 8 ~5. 6 倍。

Name of Article: Consumer Search and Dynamic Price Dispersion: An Application to Gasoline Markets

Name of Journal: RAND Journal of Economics

Author: Ambarish Chandra, Mariano Tappata

Publication Date: November 2011

Key Words: Consumer Search; Price Dispersion; Retail Gasoline Industry

Abstract: This article studies the role of imperfect information in explaining price dispersion. We use a new panel data set on the U. S. retail gasoline industry and propose a new test of temporal price dispersion to establish the importance of consumer search. We show that price rankings vary significantly over time; however, they are more stable among stations at the same street intersection. We establish the equilibrium relationships between price dispersion and key variables from consumer search models. Price dispersion increases with the number of firms in the market, decreases with the production cost, and increases with search costs.

文章名称：消费者搜寻与动态价格扩散：汽油市场的一个应用

期刊名称：兰德经济学

作　　者：安姆巴瑞思·W. 钱德勒，玛丽安诺·塔普塔

出版时间：2011 年 11 月

关键词：消费者搜寻；价格扩散；汽油零售业

内容摘要：本文研究了不完全信息在解释价格扩散中的作用，采用美国汽油产业零售面板数据，重新检验了临时价格扩散对消费者搜寻的重要性。研究表明，价格排序随着时间变化显著波动，然而，在同一条街区交口处的加油站，汽油价格却较稳定。本文建立了价格扩散与消费者搜寻模型关键变量的均衡联系，价格扩散随着市场中企业数量的增加而增加，随着生产成本增加而下降，随搜寻成本增加而增加。

Name of Article：The Allocative Cost of Price Ceilings in the U. S. Residential Market for Natural Gas

Name of Journal：Journal of Political Economy

Author：Lucas W. Davis，Lutz Kilian

Publication Date：April 2011

Key Words：Allocative Cost；Price Ceilings；Natural Gas

Abstract：A direct consequence of restricting the price of a good for which secondary markets do not exist is that，in the presence of excess demand，the good will not be allocated to the buyers who value it the most. We demonstrate the empirical importance of this allocative cost for the U. S. residential market for natural gas，which was subject to price ceilings during 1954 – 89. Using a household – level，discrete continuous model of natural gas demand，we estimate that the allocative cost in this market averaged ＄3. 6 billion annually，nearly tripling previous estimates of the net welfare loss to U. S. consumers.

文章名称：美国天然气零售市场价格上限的配置成本

期刊名称：政治经济学杂志

作　　者：卢卡斯·W. 戴维斯，鲁斯·克里安

出版时间：2011 年 4 月

关键词：配置成本；价格上限；天然气

内容摘要：限制不存在二级市场的商品的价格，直接的结果是，在过度需求的情况下，商品不会配置到出价最高的消费者手中。本文验证了美国天然气零售市场中配置成本的重要性，该市场在 1954 ~ 1989 年受价格上限政策约束。本文采用家庭层面的天然气需求离散—连续模型，估计市场配置成本为年均 36 亿美元，接近以前估计的美国消费者净福利损失的三倍。

Name of Article: The Demarcation of Land and the Role of Coordinating Property Institutions

Name of Journal: Journal of Political Economy

Author: Gary D. Libecap, Dean Lueck

Publication Date: June 2011

Key Words: Land Demarcation; Property Rights; Land Values

Abstract: We use a natural experiment in nineteenth – century Ohio to analyze the economic effects of two dominant land demarcation regimes, metes and bounds (MB) and the rectangular system (RS). MB is decentralized with plot shapes, alignment, and sizes defined individually; RS is a centralized grid of uniform square plots that does not vary with topography. We find large initial net benefits in land values from the RS and also that these effects persist into the twenty – first century. These findings reveal the importance of transaction costs and networks in affecting property rights, land values, markets, and economic growth.

文章名称：土地分配制度与协调产权制度的作用

期刊名称：政治经济学杂志

作　　者：嘉里·D. 利比坎普，迪恩·鲁克

出版时间：2011 年 6 月

关键词：土地分配；产权；土地价值

内容摘要：本文采用 19 世纪俄亥俄州的自然实验，分析了两种土地分配体制（分片划界和集中连片）的经济效果。分片划界法的地块形状、连线、规模均不同，而集中连片法下的地块是集中的、标准的方块，不随地貌而改变。本文发现，集中连片制度初始净收益较大，而且直到 21 世纪，这一效应仍然未变。这一发现揭示了交易成本、网络化在影响产权、土地价值、市场与经济增长方面的重要性。

Name of Article: Climate Change Economics and Discounted Utilitarianism

Name of Journal: Ecological Economics

Author: Ulrich Hampicke

Publication Date: December 2011

Key Words: Climate Change Economics; Discounted Utilitarianism

Abstract: In the recent debate on climate change economics triggered by the Stern Review and his opponents, fundamental methodological issues emerge. It becomes obvious that different choices for some variables in the models applied lead to vastly different conclusions. Specifically, the choice of the pure time discount rate δ decides on whether immediate strong action (in the Stern Review) or a more moderate response (as in Nordhaus' writings) is the right strategy facing the climate change challenge. This contribution critically comments the use of both δ and η, the elasticity of marginal utility with respect to income, as "adjustment screws" in models of climate economics. Often, the models remain ambiguous as to whether they apply empirical or normative variables; facts and value judgments are not sufficiently distinguished. Furthermore, Discounted Utilitarianism appears to be a questionable fundament for climate change economics. From a non - utilitarian, specifically a Rawlsian point of view, it is pointless to maximize the utility an abstract, eternally - long lived phantasm "humanity" where no human individuals are distinguished. The more persuading position in climate economics is to postulate a duty to do everything in order to avoid serious evil for future generations.

文章名称：气候变化经济学与贴现效用主义

期刊名称：生态经济学

作　　者：尤里奇·汉姆匹克

出版时间：2011 年 12 月

关键词：气候变化经济学；贴现效用主义

内容摘要：在斯特恩·瑞福和对手引发的有关气候变化经济学的讨论中，出现了基本的方法论问题。显而易见的是，所采用的模型中某些变量的不同选择，会导致截然不同的结果。尤其重要的是，选择纯时间贴现率决定了面对气候变化时，究竟是直接的激进行动（由斯特恩·瑞福倡导）还是较适度的反应（如诺德豪斯文中所提出）是恰当的策略。本文直接评论了在气候变化模型中使用纯时间贴现率以及边际效用对收入的弹性作为“调整导向”的问题。模型是采用经验变量还是规范变量，往往含糊不清；事实判断和价值判断没有区分清楚。更进一步，作为气候变化经济学的基础，贴现效用主义似乎存在问题。从非效用论，尤其是罗尔斯式的观点看，最大化一个抽象的、长久存在的“人性”，而人类个体却无法区分，是没有针对性的。在气候变化经济学中，更有说服力的办法是，假定存在这样的义务，即要尽其所能避免对后代的严重罪恶。

Name of Article: International Emission Permit Markets with Refunding
Name of Journal: European Economic Review
Author: Hans Gersbach, Ralph Winkler
Publication Date: August 2011
Key Words: Climate Change Mitigation; Global Refunding Scheme; International Permit Markets; International Agreements; Tradeable Permits

Abstract: We propose a blueprint for an international emission permit market such as the EU trading scheme. Each country decides on the amount of permits it wants to offer. A fraction of these permits is freely allocated, the remainder is auctioned. Revenues from the auction are collected in a global fund and reimbursed to member countries in fixed proportions. We show that international permit markets with refunding lead to outcomes in which all countries tighten the issuance of permits and are better off compared to standard international permit markets. If the share of freely allocated permits is sufficiently small, we obtain approximately socially optimal emission reductions.

文章名称：具有再融资功能的国际排放限额市场
期刊名称：欧洲经济评论
作　　者：汉斯·伯恩巴克，拉斐尔·温克勒
出版时间：2011 年 8 月
关键词：气候变化调整；全球再融资项目；国际限额市场；国际协议；可交易限额

内容摘要：本文为国际排放限额市场（例如欧盟排放项目）设计了蓝图。每个国家决定各自提供的排放限额量。这些限额的一部分自由分配，其余进行拍卖。拍卖所得收入纳入全球环境基金，在成员国之间按照固定比例进行再分配。本文研究表明，具有再融资功能的国际排放限额市场，会促使各国收紧限额发放，而与标准的国际排放市场相比较，会改善绩效。如果自由分配的份额足够小，则可以趋近社会最优减排量。

Name of Article: Oil Rents, Corruption, and State Stability: Evidence from Panel Data Regressions

Name of Journal: European Economic Review

Author: Rabah Arezki, Markus Brückner

Publication Date: October 2011

Key Words: Oil Rents; Corruption; State Stability; State Participation

Abstract: We examine the effects of oil rents on corruption and state stability exploiting the exogenous within – country variation of a new measure of oil rents for a panel of 30 oil – exporting countries during the period 1992 – 2005. We find that an increase in oil rents significantly increases corruption, significantly deteriorates political rights while at the same time leading to a significant improvement in civil liberties. We argue that these findings can be explained by the political elite having an incentive to extend civil liberties but reduce political rights in the presence of oil windfalls to evade redistribution and conflict. We support our argument documenting that there is a significant effect of oil rents on corruption in countries with a high share of state participation in oil production while no such link exists in countries where state participation in oil production is low.

文章名称：石油租金、腐败与国家稳定：来自面板数据回归的经验

期刊名称：欧洲经济评论

作　　者：拉巴·阿斯基，马库斯·布鲁克那

出版时间：2011 年 10 月

关键词：石油租金；腐败；国家稳定；国家参与

内容摘要：本文利用来自 30 个石油输出国 1992～2005 年的面板数据，分析了石油租金的外生国家间差异，分析了石油租金对腐败与国家稳定的影响。研究发现，石油租金的增加，显著地正向影响腐败，显著地恶化了政治权利，同时导致了市民自由的显著改善。该结论可以解释为，石油租金能减少再分配与冲突的不利影响，政治精英有动力扩展公民权利，并减少政治权利。进一步，研究结论与有关事实相契合。在国家参与石油生产份额很高的案例中，石油租金严重影响腐败，而在国家很少介入石油生产的情况下，石油租金与腐败之间无明显联系。

Name of Article：Pressure Cookers or Pressure Valves：Do Roads Lead to Deforestation in China?

Name of Journal：Journal of Environmental Economics and Management

Author：Xiangzheng Deng，Jikun Huang，Emi Uchida，Scott Rozelle，John Gibson

Publication Date：January 2011

Key Words：Deforestation；Road；Land Use

Abstract：The effect of roads on forests is ambiguous. Many studies conclude that building and upgrading roads increases pressure on forests but some find that new and better roads may reduce the rate of deforestation. In this paper we use satellite remote sensing images of forest cover in Jiangxi Province，China，to test whether the existence and the size of roads（ranging from express ways to tertiary roads）in 1995 affected the level of forest cover in 2000 or the rate of change between 1995 and 2000. Although simple univariate OLS regressions show that forest levels are lower and deforestation rates higher either when there is a road，or when there is a higher quality road，these results are not robust. Controlling for all of the covariates and also using recently developed covariate matching techniques to estimate treatment effects，we find that roads in China' s Jiangxi Province can most safely be described as having no impact to the level of forests and no impact on the rate of deforestation.

文章名称：压力锅还是压力阀：修路造成中国滥砍滥伐吗?

期刊名称：环境经济与管理

作　　者：邓向正，黄季焜，艾米·内田，斯科特·罗泽尔，约翰·吉宾斯

出版时间：2011 年 1 月

关键词：滥砍滥伐；道路；土地利用

内容摘要：修路对森林滥砍滥伐的影响问题，在有关文献中一直存在争论。一些研究认为，修路或者道路改造造成了森林压力，但另一些研究认为，这些措施会减少滥砍滥伐现象。本文采用中国江西省森林覆盖的遥感图像数据，检验 1995 年道路对 2000 年森林覆盖或者覆盖率变化的影响。结果发现，尽管单变量最小二乘回归分析表明，存在道路或者路况较好的地区，森林覆盖率低，滥砍滥伐较为严重，但这些结论是不稳健的。本文控制所有共变变量，采用最新发展的共变匹配技术来估计有关效果，结果表明，在中国江西省，道路对森林覆盖率或者滥砍滥伐没有影响。

Name of Article: No Sympathy for the Devil

Name of Journal: Journal of Environmental Economics and Management

Author: Richard D. Horan, Richard T. Melstrom

Publication Date: November 2011

Key Words: Bioeconomics; Disease Control; Translocation

Abstract: Pathogens are a significant driver of biodiversity loss. We examine two wild life disease management strategies that have seen growing use, sometimes in combination: (i) trapping – and – culling infectious animals (disease control), and (ii) trapping – and – trans locating healthy animals to a reserve, with possible future reintroduction. A reserve can improve conservation when there is no disease. But, when infection exists, we show investing in the reserve may counteract disease control. We find jointly pursuing both strategies is sub – optimal when there serve is costly to maintain. Numerically, we examine management of Devil Facial Tumor Disease, which has generated extinction risks for Tasmanian Devils. Disease control (though not eradication) is generally part of an optimal strategy, although a reserve is also optimal if it can be maintained costlessly. This implies preserving the original population by addressing in situ conservation risks, rather than trans locating animals to a reserve and giving up on the original population, is generally the first – best.

文章名称： 不要同情恶魔

期刊名称： 环境经济与管理

作　　者： 理查德·D. 霍兰，理查德·T. 迈尔斯特姆

出版时间： 2011 年 11 月

关键词： 生物经济学；疾病控制；动物转移

内容摘要： 病菌是生物多样性损失的一个重要因素。本文研究了两项野生动物疾病管理策略，该策略已在实践中（混合）使用：猎捕并消灭感染动物（疾病控制）；将健康动物转移到保护区，待时机成熟再放归原地。如果没有发病，保护区可以改善野生动物保护效率。但是，如果动物已经感染，加大保护区投资可能削弱疾病控制。研究表明，如果保护区维持成本过高，同时采用两种策略就是次优的。从数值分析结果看，我们分析了袋獾面部肿瘤的特点，该病种造成塔斯马尼亚恶魔的灭绝风险。尽管保护区维护成本低也可能是最优策略，但是疾病控制通常是最优策略的一部分。这意味着，通过解决景点保护风险以保护种群，而不是将野生动物转移到保护区，从而放弃原种群，通常是最优的选择。

Name of Article: Forest Tenure Reform in China: A Choice Experiment on Farmers' Property Rights Preferences

Name of Journal: Land Economics

Author: Ping Qin, Fredrik Carlsson, Jintao Xu

Publication Date: August 2011

Key Words: Forest Tenure Reform; Choice Experiment; Property Rights Preferences

Abstract: Decentralization experiments are currently underway in the Chinese forestry sector. However, researchers and policy makers tend to ignore a key question: what do forest farmers really want from reform? This paper addresses this question using a survey – based choice experiment to investigate farmers' preferences for various property rights attributes of a forestland contract. We found that farmers are highly concerned with the types of rights provided by a contract. Reducing perceived risks of contract termination and introducing a priority right for the renewal of an existing contract significantly increases farmers' marginal willingness to pay for a forest contract.

文章名称：中国林权改革：林农产权偏好的选择实验

期刊名称：土地经济学

作　　者：秦平，弗里德瑞克·卡尔森，徐晋涛

出版时间：2011 年 8 月

关键词：林权改革；选择实验；产权偏好

内容摘要：中国林业部门正在进行分权实验。然而，研究者与政策制定者往往忽略的关键问题是林农真正希望从改革中得到什么？本文采用调研选择实验方法，研究了林农对林地合同不同产权特征的偏好。研究发现，林农非常关心合同提供的产权类型。研究表明减少可预见的合同终止风险，让合同持有者优先续租，显著增加了林农合同支付的边际意愿。

Name of Article: Do Agricultural Land Preservation Programs Reduce Farmland Loss?: Evidence from a Propensity Score Matching Estimator

Name of Journal: Land Economics

Author: Xiangping Liu, Lori Lynch

Publication Date: May 2011

Key Words: Agricultural Land Preservation Program; Farmland Loss; Propensity Score Matching Estimator

Abstract: More than 80 governmental entities concerned about sprawl, open space, and farmland have implemented purchase of development rights (PDR) programs preserving 2.23 million acres at a cost of $ 5.47 billion. Are PDR programs effective in slowing the rate and acres of farmland loss? Employing propensity score matching methods and a 50 – year, 269 – county data set for six Mid – Atlantic states, we find empirical evidence that PDR programs have had a statistically significant effect on farmland loss. Having a PDR program decreases a county's rate of farmland loss by 40% to 55% and decreases farmland acres lost by 375 to 550 acres per year.

文章名称：农地保护工程减少了农地损失吗?：来自倾向值匹配估计的经验

期刊名称：土地经济学

作　　者：刘向平，劳瑞·林琪

出版时间：2011 年 5 月

关键词：农地保护工程；农地损失；倾向值匹配估计

内容摘要：关注城市扩张、公共空间与农地的 80 多家政府机构已经开展了发展权购买工程，斥资 54.7 亿美元保护 223 万英亩土地。发展权购买工程能有效减低农地损失率与损失面积吗？本文采用亚特兰大州中部 50 年 269 个县的数据，使用倾向值匹配方法，证明了发展权购买工程对农地损失的统计效果显著。引入发展权购买项目，减少了样本县 40% ~55% 的农地损失率，每年农地面积损失减少 375 ~550 英亩。

Name of Article: Market Power in an Exhaustible Resource Market: The Case of Storable Pollution Permits

Name of Journal: The Economic Journal

Author: Matti Liski, Juan - Pablo Montero

Publication Date: March 2011

Key Words: Exhaustible Resource; Market Power; Storable Pollution Permits

Abstract: Motivated by the structure of existing pollution permit markets, we study the equilibrium path that results from allocating an initial stock of storable permits to an agent, or a group of agents, in a position to exercise market power. A large seller of permits exercises market power no differently than a large supplier of an exhaustible resource. However, whenever the large agent's endowment falls short of his efficient endowment - allocation profile that would exactly cover his emissions along the perfectly competitive path - market power is greatly mitigated by a commitment problem, much like in a durable - goods monopoly. We illustrate our theory with two applications: the US sulphur market and the international carbon market that may eventually develop beyond the Kyoto Protocol.

文章名称：可耗竭资源市场的市场权利：可储存污染限额案例

期刊名称：经济学杂志

作　　者：马蒂·里斯克，珍—潘博勒·曼特若

出版时间：2011 年 3 月

关键词：可耗竭资源；市场权利；可储存限额

内容摘要：受现行污染限额市场结构启发，本文研究了执行市场权利时，将初始可储存限额向代理商或者一组代理商分配而导致的均衡路径。限额的大卖家执行市场权利时，与可耗竭资源供应商并无区别。然而，若大代理商的禀赋低于有效率禀赋——即在完全竞争路径下的排放分配状况，则市场权利会遭遇执行问题的阻碍，正如恒久商品垄断的情形一样。本文通过两个应用阐述文中理论：美国的硫化物市场以及在东京协议基础上发展起来的国际碳排放市场。

Name of Article: The Quality of Political Institutions and the Curse of Natural Resources

Name of Journal: The Economic Journal

Author: Antonio Cabrales, Esther Hauk

Publication Date: March 2011

Key Words: Natural Resources; Political Institutions; Voting Model

Abstract: We propose a theoretical model to explain empirical regularities related to the curse of natural resources, which emphasizes the behavior and incentives of politicians. We extend the standard voting model to give voters political control beyond the elections. This gives rise to a new restriction that policies should not give rise to a revolution. Our model clarifies when resource discoveries might lead to revolutions, namely, in countries with weak institutions. It also suggests that for bad political institutions human capital depends negatively on natural resources, while for high institutional quality the dependence is reversed. This finding is corroborated in cross－section regressions.

文章名称：政治制度的质量与自然资源的诅咒

期刊名称：经济学杂志

作　　者：安特尼奥·坎伯瑞丽思，艾斯彻·豪克

出版时间：2011 年 3 月

关键词：自然资源；政治制度；选举模型

内容摘要：本文建立理论模型，强调了政客行为与激励的作用，解释了自然资源诅咒的经验一致性问题。本文扩展了标准的选举模型，使选民不但可以通过选举控制政客，而且还可以通过其他措施控制。由此产生的新约束是，政治不会促使革命发生。本文的模型阐述了在制度能力弱的国家，资源发现可能导致革命。同样，模型分析表明，政治制度差的国家，人力资本与自然资源负相关，而在政治制度好的国家，出现相反的相关关系。模型发现得到了跨部门数据回归结果的支持。

Name of Article: Do the Commons Help Augment Mutual Insurance among the Poor?

Name of Journal: World Development

Author: Yoshito Takasaki

Publication Date: March 2011

Key Words: Commons; Mutual Insurance; Self - insurance

Abstract: Poor people rely on local commons not only for self - insurance, as commonly found, but also for mutual insurance, depending on resources and shocks. This paper demonstrates that this conjecture holds among cyclone victims in the Pacific Islands. On one hand, households increase coastal fishing and handicraft selling, but not forest - product gathering, to smooth income against own crop damage. On the other hand, households with undamaged housing intensify fishing to help other kin - group members with damaged housing. These distinct patterns of using commons as insurance are explained by distinct forms of risk sharing against these two shocks.

文章名称：公地有助于促进穷人共同保险吗？

期刊名称：世界发展

作　　者：原田淑人·高崎

出版时间：2011 年 3 月

关键词：公地；共同保险；自保

内容摘要：穷人利用地方公地，不但是为了实现自保（这是常见的认识），而且是为了共同保险——这取决于资源与冲击。通过太平洋岛屿的飓风受灾者案例，本文证明了这一猜想成立。一方面，居民通过增加捕鱼和手工艺销售，平抑了来自作物受损的收入；另一方面，住宅没有受损的居民通过增加捕鱼以帮助房屋受损的亲戚族人。利用公地来保险的不同模式，通过应对两类冲击的风险分担形式可以得到解释。

Name of Article：Equity and Distributional Implications of Climate Change

Name of Journal：World Development

Author：Anil Markandya

Publication Date：June 2011

Key Words：Climate Change；Equity；Distribution

Abstract：This paper looks at the climate change problem from an equity perspective. It compares utilitarian approaches with ones based on rights or capabilities. It argues that few of the proposals that have been discussed in the literature have an ethical basis，while those that do have a number of problems. The paper looks at the practicalities of addressing the equity problem in international negotiations. Two specific dimensions of the equity problem in the context of climate change are explored further in the paper：those relating to uncertainty and those relating to discounting.

文章名称：气候变化的平等与分配含义

期刊名称：世界发展

作　　者：阿尼尔·马康德雅

出版时间：2011 年 6 月

关键词：气候变化；公平；分配

内容摘要：本文从公平角度看待气候变化问题。本文将功利主义方法与基于权利和能力的方法进行了比较。文献中讨论的建议不具有伦理基础，但确实带来了很多问题。本文在国际协调中看待解决公平问题的实践性。气候变化的公平问题通过两个维度进行了探讨：与不确定性有关的问题以及与贴现有关的问题。

Name of Article：Optimal Taxation with Joint Production of Agriculture and Rural Amenities

Name of Journal：Resource and Energy Economics

Author：Georges Casamatta，Gordon Rausser，Leo Simon

Publication Date：September 2011

Key Words：Joint Production；Agricultural Good；Rural Amenities；Taxation；Redistribute

Abstract：We show that，when there is joint production of an agricultural good and rural amenities，the first－best allocation of resources can be implemented with a tax on the agricultural good and some subsidies on the production factors（land and labor）. The use of a subsidy on the agricultural good can only be explained by the desire of the policymaker to redistribute income from the consumers to the farmers.

文章名称：农业与农村环境联合生产下的最优税收

期刊名称：资源与能源经济学

作　　者：乔治·卡萨马塔，戈登·劳泽，里奥·西蒙

出版时间：2011 年 9 月

关键词：联合生产；农产品；农村环境；税收；再分配

内容摘要：本文研究表明，考虑农产品与农村环境的联合生产特征，资源的最优配置可以通过实施农产品税收与生产要素（土地与劳动）补贴而实现。对农产品的补贴仅仅可以解释为政策制定者试图实现从消费者向农场主的收入再分配的愿望。

Name of Article: The Effects of Environmental Policies on the Abatement Investment Decisions of a Green Firm

Name of Journal: Resource and Energy Economics

Author: Enrico Saltari, Giuseppe Travaglini

Publication Date: September 2011

Key Words: Environmental Policies; Pollution Abatement; Ecological Uncertainty

Abstract: This paper focuses on environmental policies aimed at rising investment in pollution abatement capital. We assume that ecological uncertainty, i. e. , uncertainty over the dynamics of pollution, affects firm investment decisions. Capital irreversibility is not postulated but endogenized using a quadratic adjustment cost function. Using this framework, we study the effects of environmental policies considering taxes on polluting inputs and subsidies to reduce the cost of abatement capital. Environmental policies promoted to enforce abatement capital may generate the unexpected result of reducing the abatement investment rate.

文章名称：环境政策对绿色企业减排投资决策的影响

期刊名称：资源与能源经济学

作　　者：恩里科·萨尔塔瑞，朱塞佩·特万格尼

出版时间：2011 年 9 月

关键词：环境政策；污染减排；生态不确定性

内容摘要：本文分析了提高污染减排资本投入的环境政策。研究假定生态不确定性（即污染动态的不确定性）影响企业决策。资本不可逆不仅仅是假设给出，而是采用季节调整成本函数以外生化处理。在这一框架下，本文研究了税收增加污染投入和补贴减少减排成本的环境政策效应，旨在强化减排资本投入的环境政策，可能产生未预期的结果，即减少减排投资率。

Name of Article: On Conflict over Natural Resources

Name of Journal: Ecological Economics

Author: Rafael Reuveny, John W. Maxwell, Jefferson Davis

Publication Date: February 2011

Key Words: Natural Resource; Game; Conflict

Abstract: This paper considers a game theoretic framework of repeated conflict over natural resource extraction, in which the victory in each engagement is probabilistic and the winner takes all the extracted resource. Every period, each contesting group allocates its capabilities, or power, between resource extraction and fighting over the extracted amount. The probability of victory rises with fighting effort, but a weaker group can still win an encounter. The victorious group wins all of the extracted resources and converts them to power, and the game repeats. In one model, groups openly access the resource. In a variant of the model, the stronger group can access a larger part of the resource than its rival, while in a second variant of the model the advantage of the dominant group is made more decisive than in the first two models. Our models generate outcomes that mimic several aspects of real - world conflict, including full military mobilization, defeats in one or repeated battles, victories following defeats, changes in relative dominance, and surrender. We examine comparative dynamics with respect to changes in the resource attributes, resource extraction, initial power allocation, fighting capabilities, and power accumulation. The policy implications are evaluated, and future research avenues are discussed.

文章名称：自然资源的冲突

期刊名称：生态经济学

作　　者：拉斐尔·鲁文，约翰·W. 马克斯维尔，杰斐逊·戴维斯

出版时间：2011 年 2 月

关键词：气候变化；适应性调整；森林

内容摘要：本文建立了自然资源开采的重复冲突博弈理论框架，每一个回合以一定的概率获胜，则胜利者获取所有的资源。在每一个阶段，每一个竞争群体在资源开采与争夺开采量之间分配其能力。获胜的概率随着争夺努力的增加而增大，但弱势小组同样会赢得对手。获胜小组获得所有的开采资源，并将资源转化为权力，博弈重复进行。在模型 1 中，小组开放式地开采资源。在模型 2 中，强势小组会获得较大的份额。在模型 3 中，占优小组的优势变得更具有决定性。不同的模型产生了不同结果，模拟了真实世界冲突的几个特征：全部武力动员、屡战屡败、转败为胜、实力转变、投降。我们检验了资源特征、资源开采、初始能力分配、抢夺能力与能力累积变化的比较动态。最后，本文评估了有关政策，讨论了未来研究的方向。

Name of Article: Towards a Unified Scheme for Environmental and Social Protection: Learning from PES and CCT Experiences in Developing Countries

Name of Journal: Ecological Economics

Author: Luis C. Rodríguez, Unai Pascual, Roldan Muradian, Nathalie Pazmino, Stuart Whitten

Publication Date: September 2011

Key Words: Unified Scheme; PES; CCT

Abstract: Environmental protection and poverty alleviation in the developing world are usually heralded as joint objectives. However, these two goals are often associated with different sectoral policy instruments. While so - called payments for environmental services (PES) are increasingly being promoted for environmental protection, poverty alleviation is increasingly addressed by conditional cash transfers (CCT) program. These instruments although aimed to achieve distinct objectives have a number of similarities and challenges in their design and implementation phases. This paper elaborates on these similarities and develops a unifying generic framework that is used to discuss the extent to which both approaches could be unified.

文章名称：环境保护与社会保护的联合项目：来自发展中国家的环境服务付费与有条件的现金转移项目的经验

期刊名称：生态经济学

作　　者：路易斯·C. 罗德里格斯，尤奈·帕斯考尔，罗尔丹·穆拉迪恩，纳瑟莉·彭米路，斯图亚特·怀特恩

出版时间：2011 年 9 月

关键词：联合项目；环境服务付费；现金转移工程

内容摘要：在发展中国家，环境保护与削减贫困通常是联合目标。然而，这两个政策往往与不同部门的政策工具相关。尽管所谓的环境服务付费不断被用于环境保护，而扶贫却不断通过有条件的现金转移工程实现。尽管这些工具试图实现截然不同的目标，但在设计与执行阶段具有很多类似的特征及挑战。本文详细分析了这些类似性，发展了一个联合框架，以讨论不同方法统一的程度。

第三章　资源与环境经济学学科 2011 年图书精选

第一节

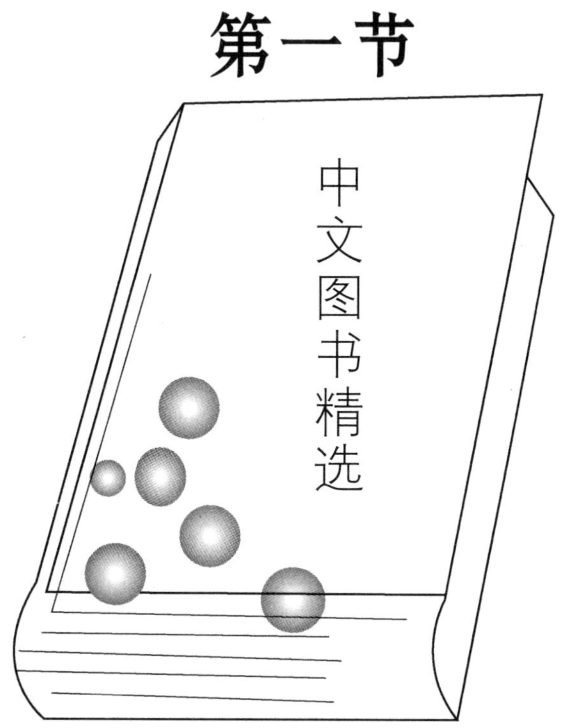

书名：二氧化碳减排的经济学分析

作者：曾贤刚

出版社：中国环境科学出版社

出版时间：2011 年 4 月

从 20 世纪 90 年代开始，以全球变暖为主要特征的气候变化问题已被列为全球性十大环境问题之首，受到国际社会越来越多的关注，成为各国共同面临的重大挑战。在应对气候变化问题上，中国坚持《联合国气候变化框架公约》及其《京都议定书》确定的共同但有区别的责任原则，主张发达国家应该率先承担减排义务，并向发展中国家提供资金援助和技术转让，同时也主张发展中国家通过促进可持续发展为应对气候变化做出努力。

为了更好地应对气候变化，中国已经制定和实施了《应对气候变化国家方案》，明确提出到 2020 年非化石能源占一次能源消费比重达到 15% 左右，碳强度相比 2005 年下降 40% ~45%，森林面积比 2005 年增加 4000 万公顷，森林蓄积量增加 13 亿立方米。而且中国政府也已将应对气候变化纳入经济社会发展规划，并继续采取强有力的措施。

二氧化碳减排不仅是一个技术问题，而且是一个经济问题。本书从经济学视角对二氧化碳减排进行了深入分析。主要内容包括：二氧化碳减排与我国经济发展的关系、各省区二氧化碳减排潜力、主要产业二氧化碳减排潜力分析、二氧化碳减排中企业行为分析、二氧化碳减排中居民行为分析、二氧化碳减排中各国策略行为分析、二氧化碳减排中国际资金机制、二氧化碳减排的政策选择与政策组合等。

低碳发展不可回避成本问题。随着关闭落后产能空间的缩小，政府需要在提高能源效率、调整产业结构、发展可再生能源等方面做更多工作，因此实现难度更大、成本也更高。为降低二氧化碳减排成本，政府需要建立节能减排的长效机制，更多地采用市场机制和经济手段实现碳排放强度降低的目标。在这种形势下，从经济学视角对二氧化碳减排进行全面系统的分析已迫在眉睫，这对于我国二氧化碳减排路径的选择以及国际合作策略具有非常重要的意义。这也是本书的价值所在。

此外，书中提出，解决二氧化碳排放的负外部性，不仅需要国际间的合作，还需要政府、企业及个人的共同参与，并就政府、企业以及个人对二氧化碳减排的态度、作用和影响进行了详细的论述，因此具有现实的指导意义。

书名：黄河生态系统保护目标及生态需水研究
作者：连煜　王新功　王瑞玲等
出版社：黄河水利出版社
出版时间：2011 年 4 月

黄河流域地跨三个气候带，流经高原、山地、丘陵、平原等多种地貌单元，景观类型丰富多样。但受流域水资源短缺、水土流失和人类活动干扰影响，黄河水域和湿地生态系统的水生生物资源较为贫乏，保护性湿地的面积、功能和空间分布密度较小，相对其他主要江河流域生态系统而言，在系统基础生产力、生物多样性、抗性与活力等方面，都呈现为较低水平。

在黄河治理尤其是流域水资源的治理、开发和保护工作中，河流生态的保护日益受到管理者和公众的关注。国家相关部门和黄河流域各省区根据自然生态保护的要求，在重要保护群落和生境层面上已相继开展了保护性基地生态系统的调查与研究工作，并划定了包括以湿地保护及鱼类种质资源保护为目标的自然保护区和种质资源保护区。对重要生态保护目标的调查、研究和自然保护区划定与管理等措施的实施，对黄河流域生态系统的修复、保护和良性维持，起到了积极的作用。

本书根据景观生态学的生态系统干扰和平衡理论，从河流生态系统的角度和大尺度景观生态学的观点，构建了河流复合生态系统的研究平台。从流域层面对主要保护目标进行了识别和筛选，分析了流域重要生态目标单元的生态功能和作用，系统地研究了黄河生态系统板块—廊道—基质模式的稳定性和生态功能，探讨了河流景观结构与格局的稳定和发展、景观结构生态异质性和干扰影响的控制问题，以及重要生态目标构建和维持对黄河生态系统影响的性质、程度、范围及其意义，获得了基于流域层面的黄河生态保护优先序。从水资源支撑条件和生态干扰影响的角度，研究并揭示了变化水资源和人为适度干预对生态系统景观与结构功能的影响，提出了以实现黄河健康为目标的河流生态空间布局的适宜规模与保护策略，以及满足黄河生态安全的生态水量需求。

全书共分十一章，主要介绍了黄河流域生态系统特征及敏感生态单元，黄河流域湿地格局及动态演变，黄河流域湿地空间布局适宜性分析，黄河主要典型湿地生态功能及水资源需求研究、黄河鱼类水资源需求研究等有关内容。

黄河水资源和水生态管理与决策的科学化，亟须获得流域层面生态保护的系统研究成果支持。本书的研究成果对流域管理机构的水资源管理、水生态保护与修复工作有重要借鉴作用，对促进黄河健康目标的实现有重要的生态学意义。

书名：生态文明与马克思主义经济理论创新
丛书名：可持续性经济科学系列丛书
作者：李欣广
出版社：中国环境出版社
出版时间：2011 年 10 月

自 20 世纪 80 年代《我们共同的未来》正式提出了可持续发展的概念与理论之后，全世界各国学者从理论形态上，如何精确地表述可持续发展，如何准确地把握它的本质内涵及其价值取向，似乎成为世界性的难题。但这并不影响可持续发展已经成为 21 世纪世界现代文明发展的战略纲领。

本书从马克思主义的自然历史观来考察可持续发展文明观。可持续发展文明观实现了人类中心主义和生态中心文明的辩证整合，而又在相当程度上向生态中心主义倾斜，是一种人、社会与自然复合生态系统的生态整体主义世界观。或者说，它是一种生态经济社会整体和谐协调发展文明观，“在本质上是生态文明发展观。然而，可持续发展概念与理论自从提出后 20 多年，‘它更多地被人们视作走出经济发展的误区，克服工业文明弊端的一种新的发展战略和发展模式’。换言之，‘可持续发展所推动的变革仅仅被理解为工业文明自身的变革，而不是要超越工业文明的文明变迁’。因此，停留在这个层次去定位和实践可持续发展，它就被功利化了，使其仅具有一种表层或工具意义。这样，可持续发展文明观的本质是生态文明发展观的深层内涵被遮蔽，指导人类实践活动的根本观念不能转变，因而，无论是当今世界，还是当代中国，都仍然使现代文明无法摆脱生态不可持续发展的困境。”（引自刘思华著《生态马克思主义经济学原理》第 457－458 页）。

因此，人类社会的生态环境问题对马克思主义经济学的发展要求，同时也从可持续经济发展及相关社会环境问题方面提出其发展要求。作者以生态文明范畴为视角，对马克思主义经济学开辟新领域展开研究，尝试对马克思主义经济学部分原理开展创新探索，根据可持续经济发展及相关社会环境问题提出的发展要求，对中国特色社会主义建设的现实问题从生态文明的视角进行理论新概括。

全书共十三章节，主要内容包括生态文明——一个新的文明形态、生态文明的发展观——可持续经济发展、生态文明中生产力的有选择发展、生态文明视野中的经济形态、生态文明视野中的基本经济学概念、生态文明视野中的生产关系、生态文明中的社会再生产、生态文明视野中的价值系统、生态文明观与社会主义文明建设、生态文明的生活方式与商业文化、生态文明视野中的社会公平发展以及生态文明与国际经济关系剖析。

书名：中国资源·经济·环境 绿色核算综合分析 1992~2002
作者：雷明等
出版社：北京大学出版社
出版时间：2011 年 6 月

自 1992 年里约世界环境发展大会以来，可持续发展日益成为国际社会的广泛共识。在联合国《21 世纪议程》的指导下，包括中国在内的世界上许多国家和地区纷纷制定并实施了国家和地方的 21 世纪议程及行动计划，为推动本国和本地区可持续发展，实现全球可持续发展战略，进行了积极的努力和有益的探索。10 多年过去了，如何对里约会议以本国和全球的可持续发展状况及相关政策做出客观现实评价，是当前摆在我国和世界各国面前的一个亟待解决而又具有重要理论和现实意义的问题。

本书是在国家社会科学基金、教育部人文社会科学基金的大力支持下，历经多年完成的一部学术专著。本书的研究内容就是针对中国在里约会议十年（1992~2002）中，从资源能源经济环境综合核算角度对这一问题所取得的又一研究成果。基于作者前一部学术专著《中国资源经济环境绿色核算（1992~2002）》（雷明等，2010），在中国绿色核算的基础上，本书从可持续发展的高度，运用投入产出模型、经济计量模型、多元统计模型、可计算一般均衡模型等模型分析工具，对自 1992 年里约世界环发大会以来十年期间，中国社会经济发展状况及相关政策如绿色税费政策、水资源政策、可持续就业政策、外商直接投资（FDI）可持续利用政策、地区及地区间生态补偿政策、排行权交易政策以及环境与经济协调发展综合政策等展开了深入分析和评价，并在此基础上对我国未来可持续发展走势做出了分析判断，并给出了相关政策建议。

全书研究内容重点围绕里约十年中国社会经济发展状况及相关政策展开，具体包括：①绿色税费核算分析，包括中国环境税费改革及中国绿色税费投入产出核算分析；能源消费税对社会经济与能源环境影响分析；燃油税及其开征对产品价格影响分析及最优燃油税税率分析；碳税对区域经济环境和能源消耗的影响。②水资源核算分析，包括我国工业用水及水价核算分析；宁夏地区水资源核算分析。③可持续就业核算分析，包括行业吸纳就业能力研究；城镇化及其对就业的影响分析：城镇化与农村剩余劳动力的转移；城镇化对行业发展的影响分析。④外商直接投资可持续利用核算分析，包括外商直接投资对经济增长影响分析；外商直接投资对环境影响分析；外商直接投资对地区收入差距影响分析。⑤区域间生态补偿核算分析，包括区域间生态补偿税分析；二氧化硫排污权交易分析。⑥地区绿色核算分析，包括宁夏地区绿色投入产出核算分析、退耕还林核算分析以及宁夏地区可持续发展制度创新与设计分析，其中包括宁夏地区经济与环境的可持续发展评估和宁夏最优环境标准的选样分析。⑦综合核算分析，包括中国资源—能源—经济—环境综合核算分析（1992～2020年）；中国环境与经济协调发展路径分析。

书名： 发展的格局：中国资源、环境与经济社会的时空演变
作者： 中国 21 世纪议程管理中心可持续发展战略研究组
出版社： 社会科学文献出版社
出版时间： 2011 年 2 月

本书对过去 60 年来我国资源环境利用、产业发展、社会建设的时空演变格局及其驱动力进行了深入分析。作者认为，地理环境与自然资源赋存对中国发展格局的形成具有框架性制约作用，省际空间的经济社会功能非均衡性显著提升，生态环境的风险不断加大；当前，中国发展的格局正在由“逆自然区位优势”向“顺自然区位优势”转变，绿色化与实质均衡化成为中国发展格局演进的方向。

书名：资源节约型、环境友好型农业生产效率研究
作者：乌东峰　贺正楚
出版社：中国财政经济出版社
出版时间：2011 年 10 月

尽管我国农业已经取得了粮食产量多年连增的成果，但面临的问题也不容忽视。最突出的有三个问题：第一，农业的生产成本不断上升，土地租金、劳动力价格、投入品价格、农村购买服务的价格也都节节上升，成本上升就会导致价格不断上升。第二，主要大宗农产品价格高于国际市场造成的压力。第三，对于农业资源的压力，以及各种各样的农产品对农村环境又造成环境问题。只有彻底解决这些问题，才能保持农村农业可持续发展，因此必须转变农业发展方式。如何实现转变，2015 年中央一号文件里已经做出了详细部署，其中将大力发展资源节约型、环境友好型的农业放在很重要的地位，强调未来农业发展不能片面地追求产量、毁坏环境，损害子孙后代的发展基础。因此，发展资源节约型、环境友好型农业与建设现代农业的要求目标是一致的，也与当前农业农村面临的突出问题直接相关。

本书以资源节约型、环境友好型农业的评价研究为主线，初步回答了如何对两型农业发展状况和生产效率进行评价的问题。为此，本书主要解决了两大问题：一是建立了评价两型农业发展状况的指导性指标体系，以之作为普遍适用的评价指标，可以对我国两型农业发展状况进行评价；二是对省、市、县、村四级行政区域的两型农业生产效率进行了评价，其评价经验有较好的借鉴意义。

全书主要研究内容如下：一是对我国两型农业发展的方向性思路进行了研究，初步勾勒了我国两型农业的理论框架。提出我国两型农业发展要创造性地继承和发展欧美国家近似的两型农业建设经验，要立足于具有我国特色、结合区域特点和各地农业传统。二是建立了评价两型农业发展状况的指导性指标体系，设计的两型农业评价指标系统由 3 大目标层、10 个准则层和 80 个评价指标组成。三是评价了我国 31 个省市两型农业发展水平。在收集了全国 31 个省市多年的相关 80 个指标值数据后，选择了熵值法、因子分析法两种评价方法进行评价。评价结果表明，我国两型农业综合发展指数呈现出明显的阶梯分布，同一阶梯内各省市发展程度也存在显著差异。造成这一现象的原因既有各省市先天的资源环境因素，也有生态农业发展过程中的后天影响。四是评定了我国省、市、县、村四级区域的两型农业生产效率。运用 DEA 评价模型，结合实际事例，对省、市、县、村四级区域的两型农业生产效率进行了评价。五是对现行的传统农业与两型农业的桥接及其对策进行了探讨。

书名： 中国农村发展中的能源、环境及适应气候变化问题
作者： 林而达　杜丹德　孙芳等
出版社： 科学出版社
出版时间： 2011 年 9 月

全书共分为八章。首先分析了我国农村发展中的能源问题，即我国农村能源的现状（包括农村能源的种类、消费方式等）；农村能源发展存在的问题；不同用途的农村能源未来的发展趋势以及未来农村能源建设的政策建议。其次研究了由农村能源问题所引发的农村环境问题，如农村能源发展产生的传统污染物增加带来的环境问题；污染物传输引起的环境问题，如臭氧对作物产量的影响；农村能源发展衍生的气候变化问题等，进而研究如何提高我国农村能效、实现能源可持续利用、发展低碳经济的国家机遇与挑战；如何采用市场机制解决农村能源问题引发的环境问题，以及农村能源、适应气候变化与粮食安全的对策。最后根据以上科学研究，提出相关的政策建议：发展可再生能源等新型能源开发利用对策；发展低碳经济是解决农村能源、环境问题以及气候变化问题的主要途径；采用市场机制和国际贸易手段解决农村能源问题的可行性案例研究；提高我国农村能源建设速度。

本书的创新之处在于，在详细阐述影响中国农村能源发展的关键驱动力和发展趋势的基础上，剖析了农村新清洁能源发展、农村环境保护以及农村地区减缓和适应气候变化三者之间的逻辑关系，展望新能源和传统能源资源的开发前景以及可再生和非可再生能源的供应蓝图，并提出了符合中国经济发展趋势的以市场刺激机制为侧重点的政策框架建议，为中国在"十二五"期间全面推动节能减排以及将低碳经济、绿色经济纳入国家发展规划提供了科学的参考。

书名： 可持续发展与环境经济政策

丛书名： 现代经济管理学科的前沿方法和技术创新：中国经济核算的理论、方法与实证研究丛书

作者： 孙允午　汤宏波

出版社： 上海财经大学出版社

出版时间： 2011 年 11 月

《可持续发展与环境经济政策》以可持续发展理论为指导，首先，从时、空二维角度，对我国经济增长与环境质量变动的关系进行实证，推定了我国整体乃至各地区环境与经济增长变动关系所处的现实阶段。其次，建立环境经济现代增长模型，探索实现可持续增长的环境经济政策选择，并根据我国环境、经济的真实情况，应用绿色国民经济核心数据，结合国家"十一五"规划，以煤炭消耗和相关污染为例，对我国未来环境、经济动态发展状况进行了预测；对如何综合运用环境经济政策工具，发挥政府宏观调控职能，促进环境、经济一体化长期可持续发展进行了模拟研究；并结合我国环境经济政策现状，对如何进一步完善我国环境经济政策体系提出了建议。

本书是上海财经大学"十一五"、"211 工程"重点学科平台建设项目课题研究成果。

书名：基于虚拟水的区域发展研究
作者：韩宇平　雷宏军　潘红卫
出版社：中国水利水电出版社
出版时间：2011 年 6 月

虚拟水理论的提出和发展，突破了实体水资源的局限，丰富了水资源领域的研究内容。虚拟水战略作为一种节约水资源、解决全球水资源短缺的途径，越来越受到专家和学者的关注。从虚拟水角度评价区域水安全状况及水资源承载力状况，将为区域农业种植结构优化、产业结构调整、水资源分配方案确定、水资源战略及贸易体制的制定提供重要的依据。

河南省郑州市是个水资源短缺且发展迅速的地区，水资源紧缺问题是制约郑州市经济发展的关键因素。如何调整产业结构，优化水资源配置，提高水资源管理能力，对解决水资源问题，实现社会、经济和水资源的可持续发展有重要意义。

本书共分十章，研究重点包括以下方面内容：一是对国内外的虚拟水有关理论研究进行概述。二是从虚拟水的角度，利用 CROPWAT 软件和双作物系数法，计算了郑州市 1998 ~ 2005 年、2015 年、2020 年主要农产品的虚拟水含量，分析了郑州市的城乡居民虚拟水消费量及虚拟水贸易量（净出口量）。三是建立了基于虚拟水的区域水安全评价模型和水资源承载力评价模型，在对现状及未来郑州市水安全及水资源承载力评价的基础上，分析导致区域水资源不合理利用的虚拟水生产结构不合理问题，提出了基于自身产业结构调整的虚拟水战略，制定了不同的产业结构调整方案，并对其经济、生态效益及虚拟水消费与产业系统协调度进行模拟评价。四是综合分析各方案，提出了保障郑州市社会经济可持续发展的区域产业结构最优化方案。

本书在对虚拟水理论研究的基础上，提出有创新性的几点结论。一是计算出郑州市主要农产品的单位质量虚拟水含量、虚拟水结构，结果表明，从虚拟水产出结构看郑州市虚拟水有一定的比较优势。二是虚拟水消费的计算结果表明，以中、低耗水产品为主，区域虚拟水消费总量小于虚拟水产出；郑州市虚拟水产出大于可更新的水资源供给量；郑州市是虚拟水净出口城市，虚拟水出口以中、高耗水产品为主，可见郑州水资源相对短缺的主要原因是水资源输出引起的；郑州市虚拟水产出和消费均以中、低耗水产品为主，虚拟水净输出却以中、高耗水产品为主，从区域水资源可持续利用和产业结构耗水协调两方面讲，郑州市虚拟水生产结构不合理，中、高耗水产品虚拟水产出比例仍然偏大，所以有必要对产业结构进行优化调整。

书名：生产率的绿色内涵：基于生态足迹的资源生产率和全要素生产率计算

作者：孟维华

丛书名：循环经济与中国绿色发展丛书

出版社：同济大学出版社

出版时间：2011 年 3 月

我国经济增长过程中，资本和自然资源投入对经济增长的贡献呈现逐年增加的趋势，尤其是进入 2000 年以后，这种趋势更为明显。同时，劳动力对经济增长的贡献较低，而且呈现逐年递减的趋势。这里明显存在着资本、生态足迹对就业机会的排斥。经济增长的方式仍以粗放型为主，靠低端经济活动而制造的低成本、低价格占领更多的国际市场份额，从而拉动经济快速增长。作者认为，目前我国国民经济发展遇到的最大障碍是经济增长的低效率。

采用何种方法衡量生产率的发展，始终是经济学家追求的目标之一。传统的思路是劳动生产率，这诱导了资本对劳动的替代。另外，由于环境、资源因素在生产函数中未能体现，容易引起对环境资源的滥用。本书中，作者以生态足迹作为自然资源要素投入的度量指标，以衡量基于生态足迹的生产率。

全书共分十章，第一章为导言，第二章、第三章对经济学的自然资源观和生产率的研究进行了综述，第四章至第九章分别探讨了生产率的计算方法、用生态足迹表征自然资源投入量、生态足迹的计算、基于生态足迹的资源生产率、基于生态足迹的全要素生产率、基于生态足迹的生产率探讨等问题，第十章为结论与讨论。

书名：中国草原生态问题调查
作者：韩俊等
丛书名：中国经济论丛·新农村建设专辑
出版社：上海远东出版社
出版时间：2011 年 7 月

近年来，国家为保护和改善草原生态环境，实施了一系列草原生态治理政策，对于遏制草原生态退化趋势起到了积极作用。然而，我国草原地区生态环境恶化局面仍未改观。2006 年以来，国务院发展研究中心农村经济研究部组织多方专家开展了“国家草原治理项目效果评估与草原生态治理政策完善”的研究工作，在调研成果基础上编撰完成了本书。

本书分两篇。上篇为综合研究篇，主要对中国草原生态退化趋势及成因进行分析，对草原治理政策和项目进行了总体梳理和评述，并结合国际经验讨论中国草原治理的成就，分析了中国草原治理政策中的不足，就进一步完善中国草原生态治理政策提出了建议。下篇是专题和案例研究篇，主要是课题组在内蒙古、甘肃省牧区完成的专题研究和以田野调查为依托完成的成果汇总，涉及草原生态治理与贫困问题调查、草原禁牧舍饲政策调查、牧区教育发展情况调研、生态移民状况调查、生态恢复禁牧区生态补偿试点调查、生态治理政策与牧区发展情况调查、网围栏对生态治理的作用、草场承包经营情况调查、牧区人口转移政策的实施效果、牧区妇女健康调查等，披露了课题组对内蒙古、新疆、甘肃和青海 4 个省（自治区）40 个牧业村（嘎查）、432 个牧户的实地调查的重要发现，其中包含了大量第一手调查资料，可作为制定草原政策法规、草原管理、研究草原问题的重要参考资料。

书名： 水资源与环境经济协调发展模型及其应用研究
作者： 汪党献　王浩　倪红珍等
出版社： 中国水利水电出版社
出版时间： 2011 年 5 月

水资源是经济、社会、生态、环境耦合系统中最具敏感性的控制因素，任何水资源规划，特别是流域水资源规划，都不能脱离经济、社会、生态、环境耦合系统的发展背景，立足于大系统进行水资源规划和水资源问题研究是必由之路。水资源短缺是黄河流域经济社会与生态环境协调发展的瓶颈要素，本书以面向人类—自然耦合的水资源系统分析理论与方法体系为基础，综合应用动态投入产出及水资源投入产出技术、多目标分析集群决策技术、整体模型技术、情景生成与方案评估技术等，在构建的综合决策模拟平台下，定量比较并全面揭示了黄河流域水资源承载能力、黄河流域水资源统一调度的宏观效应、外流域调水的宏观效果、节水与治污的作用、节水与调水技术经济比较等重大决策问题。本书研究成果是对黄河流域水资源与经济社会协调发展进行多目标、多场景、多视角的方案研究，提出黄河流域水资源可持续利用及保障经济社会可持续发展的战略对策，为黄河流域水资源管理提供决策依据。

本书共分为十章。①绪论部分，主要讲述变化环境下的水资源问题、科学发展观下的水资源可持续利用与人水和谐理念下的协调发展；②水资源属性与服务功能；③水资源与环境经济协调发展研究的重大问题；④水资源与环境经济协调发展研究框架；⑤水资源与环境经济协调发展模型系统；⑥黄河经济与水资源利用现状评价；⑦黄河流域水资源—环境经济投入产出分析模型；⑧黄河流域水资源系统模拟模型的设置与实现；⑨黄河水资源与环境经济协调发展情景方案研究；⑩黄河水资源与环境经济协调发展对策与建议。

本书的创新之处在于，针对流域层面上最严格水资源管理的要求，基于面向人类—自然耦合的水资源系统分析理论与方法体系，利用多学科综合技术和复杂系统整体论观点，提出了能够完整地描述经济社会系统、水资源系统、生态环境系统之间的相互作用、复杂关系的数学模拟模型体系，并以黄河流域为例，针对黄河水资源问题与特点进行了应用研究，回答了黄河流域水资源与经济、社会、生态、环境的协调发展的一系列重大问题。

书名：生态环境损失预测及补偿机制：基于煤炭矿区的研究
作者：秦格
出版社：中国经济出版社
出版时间：2011 年 2 月

人类通过经济活动获取生存所需要的物质资料，早期人类主要是本能地利用环境，采集和捕食所必需的生活物质，并以生理代谢过程与环境进行物质和能量的交换，人类的经济水平融于天然食物链之中，人类对环境的影响主要是人口的自然增长及乱捕乱采而引起的局部物种减少和物质资料的短缺。此时，人与环境的影响处于原始状态的协调。后来，人类开始利用简单的工具自觉地改造自然，由于生产方式具有一定的天然生态性，从总体上说，生态环境与经济的发展还可以保持基本协调发展。但是进入工业化阶段以后，情况则发生巨大的变化，一方面，大量矿藏的开发和利用，使得地圈与大气圈之间产生强烈的物质流和能源流；另一方面，工业生产消耗大量物质资料，产生大量的废物进入生态环境，几十万种人工合成化学物质进入水圈与大气圈，超过了地球本身的调节能力，打破了上亿年来地球表面形成的生态平衡。

全书采用理论研究与实证分析相结合的研究方法，依据生态系统演化机理，以煤炭矿区为研究对象，创造性地对其生态环境损失情况进行了测度分析，提出其生态环境演化机理。同时，建立了煤炭矿区环境损失系统动力学模型，对其环境损失进行动态仿真，以此为依据，在矿产资源权益理论的指导下，依据因地制宜的矿区生态恢复规划，利用环境资源估价方法，汇总估算各项生态补偿工程的工程费用，预测矿区生态环境补偿的成本，并科学评估了生态恢复后的环境补偿效益。全书立论严谨，行文务实，为生态环境补偿的形成机制、管理机制、控制机制等各方面提供了可供借鉴的政策建议。

全书共分为七章。从全书内容结构看，重点包括煤炭矿区生态环境损失研究、煤炭矿区生态环境补偿预测分析、煤炭矿区生态环境补偿的效益分析、构建煤炭矿区生态环境补偿机制研究等，虽然是针对煤炭矿区生态环境补偿机制，但对各类生态环境补偿机制的研究具有很大的借鉴作用：探索生态环境补偿的思路相同，都需要对生态环境损失进行界定和预测；贯彻生态补偿的资本运作思路相同，都需要将社会成本内部化，通过征税的形式来解决生态补偿的资本金问题；实行生态环境补偿的组织方式相同，都需要建立适应不同情况的生态补偿运营管理和监督机构。专著研究兼顾了生态环境补偿机制研究的普遍性，又体现了不同类型生态环境补偿的特殊性。

本书的创新之处在于，在生态环境损失预测研究中，作者以补偿目的研究生态环境的损失，参阅了大量相关文献，按照演绎推理的逻辑关系，提出煤炭矿区生态系统应符合生态系统演化的一般规律，阐述了煤炭矿区生态系统演化的机理。

书名： 自由贸易的环境效应研究：基于中国工业进出口贸易的实证分析

作者： 陈红蕾　朱卫平

出版社： 经济科学出版社

出版时间： 2011 年 5 月

本书采用规范研究和经验分析相结合的方法，针对“自由贸易的环境效应”展开了较为系统、深入的研究。首先，论证了环境比较优势的产生及其对贸易模式和环境利益的影响。其次，从“污染避难所效应”与“要素禀赋效应”以及“环境三效应”和贸易隐含污染的国际间转移等视角，分析了自由贸易环境效应的作用机理。再次，应用投入产出分析法并借鉴“环境三效应”原理，分别测算了中国工业进出口贸易隐含三废污染排放量及含污贸易条件等指标，并估计了出口贸易的“环境三效应”、交互效应和净效应。最后，运用一组联立方程模型，对中国经济增长、贸易开放、外商直接投资与环境污染的互动关系进行了实证研究，进一步探讨了中国贸易开放的环境效应。

本书探讨了自由贸易对环境的影响及其作用机理，有几点创新之处。首先，将“污染避难所假说”和“要素禀赋假说”应用于对自由贸易环境效应的研究，将由 PHH 决定的贸易模式产生的环境影响定义为“污染避难所效应”，将 FEH 决定的贸易模式产生的环境影响定义为“要素禀赋效应”；其次，在扩展的 H－O 理论框架下，运用一般均衡的分析方法，研究南北贸易中 PHE 和 FEE 对贸易国及全球环境的影响。此外，从贸易隐含污染及其为载体的国际间污染转移的视角对环境效应进行分析，运用雷布津斯基定理对环境比较优势进行分析等也具有一定的新意。

书名：经济资源的可持续性运行与发展
作者：贾华强　刘思华
出版社：中国环境科学出版社
出版时间：2011 年 10 月

经济资源的可持续性运行与发展是可持续性经济科学系列丛书之一。本书共九章，内容包括绪论、可持续人力资源及其运行、可持续金融资源及其运行、可持续物质资源及其运行、可持续生态资源及其运行、可持续信息资源及其运行、可持续分配资源及其运行等。

书名：生态农业建设的微观行为与政策调控：基于四川省的实证研究
作者：漆雁斌　杨庆先　曹正勇等
出版社：中国农业出版社
出版时间：2011 年 7 月

本书是基于循环、绿色、生态与低碳的国际潮流、中国经济转型方向和农业现代化模式进行研究的。基于微观视角，从农户、企业、农民专业合作社及地方政府四个方面，运用行为经济学、博弈论的理论和方法，对影响四川生态农业发展的基础要素进行了研究，其研究视角和方法都有创新。在大量的调查研究和深入的微观分析基础上，对四川生态农业建设的绩效进行了总体评估，对四川生态农业发展的障碍因素进行了全面、深入的分析。最后提出了促进四川生态农业建设的对策与建议。

全书共分七章，第一章，引言部分，主要阐述在全球经济发展转型——循环化、绿色化、生态化、低碳化的背景下，中国农业经济发展方式发生着深刻转变，朝着生态与低碳模式农业方向发展。第二章介绍四川省生态农业建设概况。第三章讨论四川生态农业建设中利益主体行为特征分析，对农户、企业、农民专业合作经济组织及政府行为进行分析论述。第四章主要讨论生态农业建设中利益主体行为选择的博弈分析，如农户—政府之间、农户企业之间以及农户与农民专业合作经济组织之间的博弈。第五章是对生态农业建设中农户行为评价，采用“压力状态—响应”（PSR）框架模型和层次分析法，对农户行为的压力进行分析评价。第六章采用评价指标体系与评价方法评价生态农业建设绩效，并对生态农业建设中的障碍因素分析。第七章给出促进四川生态农业建设的对策与建议。

书名： 上海市能源环境核算的实证研究：基于低碳经济的思考

作者： 王德发 陈慧琴

出版社： 上海财经大学出版社

出版时间： 2011 年 3 月

本书在可持续发展观点的支持下，以上海为对象核算能源消耗及其对环境和经济的影响，内容包括上海市能源平衡表的编制、上海市工业能源投入产出表的编制和分析、上海环境社会核算矩阵的编制、上海环境一般均衡模型（CGE）和基于 PanelData 模型的上海市能源消费影响因素研究。通过一系列的研究分析，为测算上海市的能源消耗及碳排放情况提供借鉴。

全书由五章构成。第一章是地区能源平衡表的编制，介绍了地区能源平衡表的编制原则和方法，并以上海 2006 年情况为基础，编制 2006 年上海市能源平衡表；第二章是上海市工业部门能源—环境—经济投入产出核算应用研究，首先提出编制的思路与方法，并进行实证计算分析；第三章是上海市环境社会核算矩阵，提出编制社会核算矩阵 SAM 的基本原理和方法、设计与编制，SAM 的扩展，以及数据处理及其结论与展望；第四章是以环境 CGE 模型为基础，就上海环境 CGE 模型的构建、数据处理及参数估计、模型求解算法及使用软件介绍以及模型的应用进行讨论；第五章是基于 PanelData 模型的上海市能源消费影响因素研究。

书名：草原持续利用经营模式与产业组织优化研究
作者：张立中　辛国昌　陈建成
出版社：中国农业出版社
出版时间：2011 年 5 月

草原长期超载过牧等人为因素是导致草原退化的主要因子，气候暖干化等自然因素是次要因子。在此基础上，本书借鉴畜牧业发达国家草原资源持续利用的经验，结合市场需求，依据草产品和畜产品的比较优势，以及草原资源基础和产业基础，遵循经济效益、生态效益和社会效益协调统一的原则，按温性草甸草原、温性典型草原、温性荒漠草原、青藏高寒草原、新疆组合型草原等不同草原类型区，分别构建了包括草产业和草原畜牧业的发展方向、草原合理载畜量、牲畜的适度经营规模、草原合理利用方式、草原保护与建设、模式设计、保障措施等内容的草原持续利用经营模式；针对草产品和畜产品产业链中存在的主要问题，提出促进产业分工，调整产业组织规模结构，完善产业组织治理结构，协调产业组织运营，大力发展专业合作经济组织的机制与路径，并进行产业组织方式的优化。

全书共有十二章，分别是：①草原资源利用及产业组织发展现状与评价；②草原退化的影响因子及治理措施测度；③草原资源持续利用及产业组织发展国际经验借鉴，其中就典型国家草原持续利用的主要经验，以及对经营模式选择及产业组织优化的启示进行介绍；④草原资源持续利用经营模式选择的基本思路；⑤温性草甸草原持续利用经营模式；⑥温性典型草原持续利用经营模式；⑦温性荒漠草原持续利用经营模式；⑧新疆农牧结合草原持续利用经营模式；⑨青藏高寒草原保护性持续利用经营模式；⑩草原畜牧业规模化经营路径；⑪草业产业化发展方略，对草业产业化经营方式选择及利益主体的权责进行界定，并提出草业产业化的核心环节和推进草业产业化的配套措施；⑫草原牧区合作经济组织及其运行机制构建。

书名：气候变化下的水资源：脆弱性与适应性
作者：郝璐　王静爱
出版社：中国环境出版社
出版时间：2011 年 12 月

气候变化与人类活动对水循环及水资源安全的影响已经成为当代水科学面临的主要问题。因此，从气候变化和人类活动两方面深入分析典型地区水资源脆弱性变化以及转折的特点、程度、响应及可能后果，不仅是目前水科学界必须回答的问题，同时也是国家重大发展战略需求。

本书是国家“973”项目“北方干旱化与人类适应”的子课题的研究成果，分为上篇和下篇。上篇为理论与方法，主要阐述了水资源系统理论，分别介绍了 SWAT 分布式水文模型以及 WEAP 水资源评估和规划系统模型的特点、原理、技术与方法，SWAT - WEAP 耦合模型的构建；另外还介绍了趋势分析方法以及数字流域技术。下篇为应用与实证，选择了位于西辽河上游的老哈河流域为研究区，首先在全面收集研究区自然地理、社会经济、遥感影像等资料基础上，结合数字流域理论与技术，运用组件式 GIS 技术，建立了老哈河数字流域可视化地理信息平台；其次对气候变化与人类活动（包括土地利用、覆被变化）在水资源系统变化中的作用进行动态辨识及检测；再次利用 SWAT - WEAP 耦合模型，以水短缺量为脆弱性指标，模拟分析了气候变化下人类不同开发、利用和管理方式对水资源系统脆弱性的影响；最后在此基础上，综合考虑水资源“供给端”与“需求端”，构建区域可持续发展的水资源适应模式。

书名：国际水资源管理经验及借鉴
丛书名：可持续发展系列
作者：中国 21 世纪议程管理中心
出版社：社会科学文献出版社
出版时间：2011 年 8 月

总体上看，我国是全球水问题最严重的国家之一。人多水少、水资源时空分布不均匀、水资源和生产力布局不匹配，是我国长期存在的突出水情；干旱缺水、洪涝灾害等频繁发生，是制约我国经济社会可持续发展的突出因素。近年来，在全球气候变化、经济社会快速发展等因素影响下，许多新的水问题接踵而至，包括干旱、洪涝频发、城市内涝与供给短缺并存等。在长期应对干旱和洪涝等水资源问题中，国际上积累了许多经验，探索出了多种多样的应对模式，这些对于应对当前我国水问题具有重要的借鉴意义。

本书重点从干旱、洪涝、城市水资源、流域水资源几个方面介绍了相关的国际经验及对我国的启示。主要内容包括：①国际干旱应对经验与借鉴，选择有不同干旱特点和致灾环境的国家，对其干旱综合应对及其支撑技术进行了剖析，表明国际干旱管理已经由过去被动的危机管理和应急抗旱模式向主动的风险管理、资源可持续利用、生态环境保护、信息化决策支持等方向转变。②国际洪涝灾害应对经验与借鉴中，主要对全球典型的 8 个流域案例进行剖析，对降低洪涝灾害的工程性措施、非工程性措施两个方面国际经验进行总结。并借鉴国际经验，提出当前我国洪涝灾害预防和应对的重点。③国际城市水资源管理经验及借鉴，重点对日本、美国、法国、意大利的洪水预警，美国和日本的防洪法律法规建设进行介绍；在城市水资源供给安全保障方面，重点介绍了美国、日本、德国等的雨水利用技术，以色列和新加坡的中水回用、海水淡化技术等。④国际流域综合管理经验及借鉴。主要从管理内容、管理体制、流域立法、协商机制、公众参与等方面贯穿一体化管理的理念，对我国改变目前流域管理中普遍存在的地区分割与部分分割状况进行分析，很有借鉴意义。

全书共分为六章，分别是中国水问题基本特征与新形势、国际干旱综合应对及其对中国的启示、国际洪涝灾害管理及其对中国的启示、国际城市水资源管理实践及其对中国的启示、国际流域综合管理及其对中国的启示、中国主要水问题综合应对及关键科学问题。

本书深入分析了国外各国水资源管理经验和教训，结合我国水资源利用现状及问题，总结了国际经验对我国的借鉴意义，具有很强的现实意义。

第二节

英文图书精选

Title：Economics and the Challenge of Global Warming
Author：Charles S. Pearson
Publisher：Cambridge University Press
Publication Date：2011

书名：经济学与全球变暖的挑战
作者：Charles S. Pearson
出版社：Cambridge University Press
出版时间：2011 年

内容提要：本书全面分析了经济学在应对全球变暖——21 世纪的核心经济问题时的作用。本书没有专门针对气候变化的技术细节，而是为广泛的读者提供最新的理论以及经验进展。目标读者群包括所有具有一些经济学概念知识，并对经济学如何形成气候政策具有深入兴趣的人士。本书围绕三个核心问题展开：第一，成本—收益分析能否指导我们设定全球变暖的目标？第二，哪些应对策略以及政策是成本有效的？第三，最困难的是，穷国与富国，南方与北方之间能否形成全球协议？尽管经济概念在分析中至关重要，但是却置于可行的伦理与政治框架中。本书可视为后东京协议时代的前导。

本书包括十章。第一章是起始章，简要评论了全球变暖的科学解释以及适度气候变化的全球努力，为不熟悉当今气候变化问题以及政策初衷的读者提供了背景知识。第二章讨论在分析全球变暖问题以及设计政策时，成本—收益分析是否是恰当的方法。第三章专门讨论了贴现问题。该问题常常用以区分经济学家以及环境学家，但是在全球变暖问题研究中经济学家对此也存在激烈争论。第四章讨论了成本—收益分析的货币值问题。第五章讨论了解决全球变暖问题的策略政策空间，包括加速发展、适应性、技术的作用、“绿色悖论”以及地质工程的极端反应。第六章讨论了化解全球变暖目标的意义，以及政府用以减少温室气体排放的政策工具。第七章讨论了气候政策与贸易政策的交互作用。第八章将全球变暖视作提供全球公共产品中的复杂问题。第九章讨论了气候政策的演化，以及后东京协议时代的可能方向。第十章提供了阶段的总结，给出了主要的结论，展望了可能的前景。

《经济学与全球变暖的挑战》一书的创新之处包括：第一，指出了全球变暖对经济学的重要作用，关注贴现、代际效率、代际公平，将经济系统置于环境矩阵中并分析其互动，在次优环境中设计政策工具、在极端不确定和潜在的巨灾事件下形成政策、理解共谋理论以及全球公共物品提供等问题，成为经济学的重要议题；第二，通过大量分析，指出了经济学解决全球变暖问题的贡献以及进一步努力的方向；第三，组织、整合气候变化经济学领域的研究进展，并为此领域的认识提供详细的解释。

Title：Econometric Analysis of Carbon Markets：The European Union Emissions Trading Scheme and the Clean Development Mechanism

Author：Julien Chevallier

Publisher：Springer Science + Business Media B. V.

Publication Date：2011

书名：碳市场的计量经济分析：欧盟排放交易项目与清洁发展机制

编者：Julien Chevallier

出版社：Springer Science + Business Media B. V.

出版时间：2011 年

内容提要：《碳市场的计量经济分析：欧盟排放交易项目与清洁发展机制》对计量经济学与碳金融领域的研究人员与从业人员（交易经理、能源与商品交易商、量化分析师、咨询师等）具有参考价值。本书将碳市场界定为用来规制温室气体排放（包括二氧化碳）的环境市场，诸如欧盟排放交易计划（European Union Emissions Trading Scheme，EU ETS）和京都议定书（Kyoto Protocol）（更准确地应称为清洁发展机制，Clean Development Mechanism，CDM）。

本书包括六章。第一章和第二章介绍了时间序列计量中计量学的基础知识，使初学者可以看懂碳市场的有关原理。第一章回顾了国际气候政策，简要介绍了排放交易的机制以及欧洲碳市场的主要特征，并介绍了碳定价的描述性统计技术。第二章在线性模型背景下分析了碳价的影响因素，主要包括机构决策、能源价格与极端气候事件。

第三至第六章从时间序列计量经济学基础转向高年级本科生或者研究生学期论文与学位论文所需要的碳市场高级计量经济研究。第三章针对一个重要话题：新设立的排放补贴和已存在的宏观经济环境之间存在什么联系？首先在 GARCH 模型框架下分析期权/债券市场与碳交易市场之间的联系；其次在要素模型中引入宏观经济学、金融市场和商品市场环境；最后采用非线性检验、门槛模型与马尔科夫机制转换模型对工业生产的影响进行了研究。

第四章集中于清洁发展机制问题，或者称为缺乏后京都议定书下的世界碳定价问题。本章首先描述了机制合同，然后详细介绍了采用向量自回归、格兰杰因果、协整与Zivot - Andrews 结构变化检验的分析结果。在 GARCH 模型框架下，引入微观结构变量，研究了欧洲碳汇市场与清洁发展机制之间的套汇策略，以解释“EUA - CER 展期”的存在性。

第五章讨论了风险规避策略与资产管理问题。本章首先概述了与碳资产有关的风险因素；其次基于商品市场模型与线性回归技术，详细介绍了二氧化碳现货与期货价格之间的风险溢价；再次通过能源部门燃料转换影响因素的计量经济分析，描述了碳价风险管理策略；最后，采用标准的均值—共变最优化技术，详细揭示了碳价的资产管理技术。

第六章包含了更高级的计量经济技术。本章检验了碳价波动是否随着二氧化碳期货市场合同到期而上移。为了测量波动性，采用了三种方法：GARCH 模型、净承载成本法与实现波动性法。在回归分析中，考虑到季节性与流动性问题，检验了所谓的萨缪尔森假设。

通过分析欧盟碳排放交易计划与清洁发展机制，《碳市场的计量经济分析：欧盟排放交易项目与清洁发展机制》对碳市场进行了详细的计量经济研究，采用一系列计量经济技术来分析全球碳市场的演变与扩张。在众多的此类研究著作中，深入细致的经验分析是并不多见的。此外，本书提供了碳排放交易以及在碳市场中如何实践的一系列知识，从以经济学观点来看的碳市场标准事实，到定价策略、风险管理与资产管理。对于发展中国家而言，在碳交易市场的发展演变中，可以采用本书中的有关分析技术解释未来环境监管中的国家与地区计划。

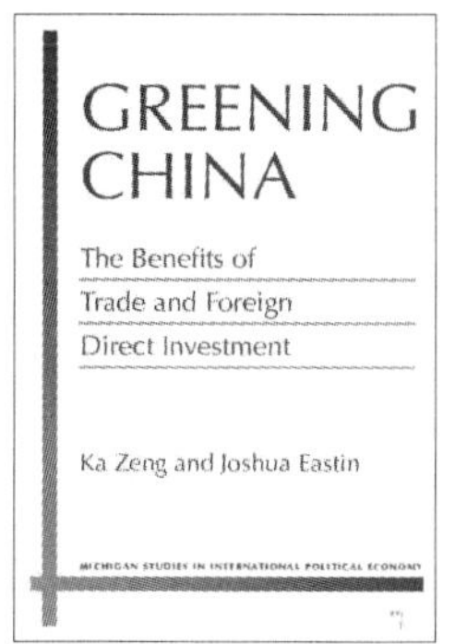

Title: Greening China: The Benefits of Trade and Foreign Direct Investment

Author: Ka Zeng and Joshua Eastin

Publisher: The University of Michigan Press

Publication Date: 2011

书名：清洁中国：贸易与外商直接投资的收益

编者：Ka Zeng and Joshua Eastin

出版社：The University of Michigan Press

出版时间：2011 年

内容提要：针对贸易自由化与外商直接投资（或者经济全球化）对环境保护的影响问题，环保主义者、政策制定者以及学术界进行了深入探讨。一方面，许多经济学家和全球化的支持者认为，通过增加母国财富，自由贸易与外商直接投资的经济收益，抵消了与此相伴的环境破坏，在他们看来，国民财富的增加增强了公民的经济能力，促进了更高水平的国内环保投资；另一方面，环保主义者与贸易批判者认为，贸易壁垒的消除，外商直接投资的增加，会增加环境污染——尤其对不愿或者无力开展严格环境监管的欠发达国家而言，更是如此。他们认为，为了保持在全球市场中的竞争力，发展中国家的政府倾向于降低环境监管标准，从而吸引外商投资的增加，保持出口市场中的竞争力。中国是这场争论中的关键国家。然而，分析家却很少出示来自中国的经验证据。尤其值得关注的是，伴随持续高速经济增长，以及不断融入世界经济，中国有能力影响全球生态以及全球环境协商机制。本书试图通过广泛的、多维度的经验研究，分析贸易与投资增加对中国环境的影响，以填补这一空白。

《清洁中国：贸易与外商直接投资的收益》一书包括八章。第一章是导论，介绍了研究的背景以及思路，给出了研究的设计以及内容安排。第二章通过评述发展中国家全球化对环境影响的理论争论，给出了关键的论点。第三章介绍了中国国家层面以及不同省份环境保护的现状，概述了中国环境问题的严重性，中国当局应对环境问题的监管制度以及执行办法，以及中国政府对来华外商投资企业环境行为的监管。

第四章对如下问题进行了经验评价：第一，外国投资者是否被吸引到中国的污染天堂？第二，国际经济一体化对不同省份间环境保护行为的差异产生了什么影响？研究发现，较之于环保水平较低的省份，环保水平较高的省份吸引到更多的外商投资。此外，统计检验表明，通过贸易与外商直接投资更多融入国际经济的省份，由于自我监管以及环境技术的引入，相应的污染排放较低。

第五章进一步检验了贸易与外商直接投资对中国环境的影响，如何受到出口国环境标准或者外商投资母国环境标准的影响。本章支持了贸易提升环境假设，同样也证明了投资提升环境假设。

第六章通过调研几个产业的企业经理，补充了第三至五章的发现。调研结论支持本书的论点，通过引入流行的公司环境标准以及监管标准到中国企业的主要出口市场，引入外商直接投资母国的环境标准到投资国际市场，贸易与外商直接投资确实产生了棘轮效应。

第七章通过亚洲纸浆和纸业的案例研究，补充了量化分析的结论。亚洲纸浆和纸业在印度尼西亚注册，公司驻地为新加坡，在环境问题上声誉不佳。在本案例中，投资者所在国印度尼西亚的环境标准对新加坡而言是有害的，但来自发达国家出口市场的压力，迫使该公司逐渐改善环境行为。

第八章给出了理论结论以及政策建议。

《清洁中国：贸易与外商直接投资的收益》一书的主要创新之处在于：第一，揭示了融入世界市场带来的外部压力如何影响本国环保措施，给出了影响的路径；第二，通过经验研究，批判了向下竞争假设或者污染天堂假设，提出严格环境监管仅仅是影响企业投资决策的一个因素，跨国公司的环境行为出现相反的结果；第三，由于中国是全球最大的发展中国家，对全球生态以及环境协商机制具有重要影响，本书的发现具有全球性的意义。

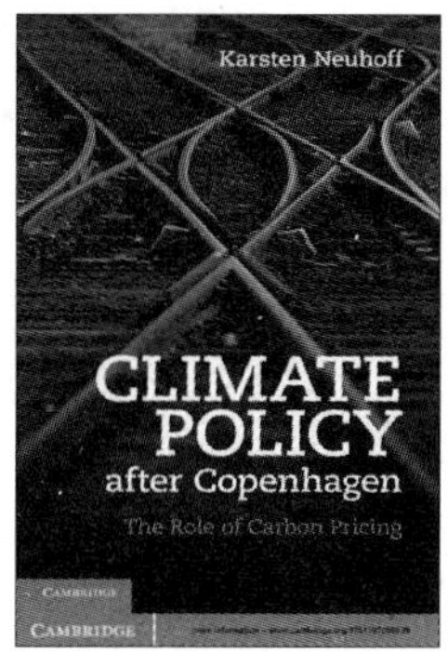

Title: Climate Policy after Copenhagen: The Role of Carbon Pricing

Author: Karsten Neuhoff

Publisher: Cambridge University Press

Publication Date: 2011

书名：哥本哈根协定之后的气候政策：碳定价的作用

编者：Karsten Neuhoff

出版社：Cambridge University Press

出版时间：2011 年

内容提要：哥本哈根协定（2009）强调了低排放发展策略。它邀请发展中国家提交设想的国家适度减排行动计划书，用以实施减排策略。协定规划了技术合作与金融机制，为执行减排计划提供国际支持。发达国家承诺，2010～2012 年，提供约 300 亿美元支持，到 2020 年金融支持不设上限。不断强调低碳发展，同样要求国内政策框架进行调整。只要监管框架提供了相应的计划、标准以及必要的支持措施，新技术就可能进入减排市场。同样，如果投资者可以接受相应的风险，那么就会对低碳发展进行投资。尤其重要的是，需要考虑新部门与新技术的延迟，以及未来收入流的不确定性。补贴、税收、关税与碳定价计划的政策选择，共同决定了收入流，在很大程度上落入国家与地区政策制定者的权限范围之内。通过优化特定环境，这些问题可以得到国内政治支持。

《哥本哈根协定之后的气候政策：碳定价的作用》以碳定价为例，介绍了执行气候政策的国内经验，讨论了设计国际气候合作的含义。碳定价特别适合于该问题的分析，可以实现多重目标。在国内层面，可以将生产、消费与投资引导到低碳型发展策略上。而在国际层面，碳定价被视为发达国家执行减排目标，为发展中国家的减排行动提供资金的一种机制。更进一步，不同层面之间是相互作用的。然而，由于许多工业品是全球销售的，单边的碳定价仅仅会造成生产的重新布局以及排放的重新布局，而不是减排。

从碳定价的视角，本书探讨了如何设计国际气候合作机制，支持低碳型发展政策在国内实施。国际合作创造了行动与责任的共同认识，提供了将长期气候变化目标转化为短期政策与项目的外部机制，为发展中国家减排与适应行动提供支持。最后，有必要引入国际协调机制，确保来自全球不同部分的努力共同合作，实现全球气候目标。

《哥本哈根协定之后的气候政策：碳定价的作用》包括八章。第一章是导论，主要介绍本书的背景、基本思路以及内容。

第二章探讨了气候政策组合的作用。在哥本哈根协定下，全球气候政策的目标从边际减排转向适应低碳型发展，需要重新评价福利经济学的第一基础定理所需的假定是否满足。创新与干中学、不同主体与技术之间的互动、前定设施造成的路径依赖，均违反了福利经济学定理，因此，碳定价不足以形成有效率的结果，但仍然是必要的。政策框架的改变，直接改变产品和服务的直接价格，在一个社会的穷人和富人、城市和农村之间具有分配效果。对于政策变化的实际分析，包括了实施相应政策工具的过程，以及设计详细方案的细节。

第三章以限额交易为例，讨论了碳定价的执行问题。有关各方可以接受限额交易，各国协调机制支持限额交易，给出了排放价格。本章回顾了欧盟计划的经验，并集中于在欧盟排放转移机制下设定上限与补贴分配。排放交易的优点以及不足之处，均在本章进行了讨论。

第四章评价了低碳型发展策略的投资反应。低碳型发展需要现有新技术、设施以及商业发展模式的扩散，需要明确的、有信贷支持的长期政策，哥本哈根协定中资产高达 13 万亿美元的 18 个机构出具声明证实了这一点。然而，在评估投资项目时，许多投资者仍然担心碳定价信号不够稳健，并且碳价可能会随着经济与政治发展而下跌。因此，低碳型发展计划本质上不是一个官僚主义的工具，而是共享理念的过程，讨论恰当政策行动的平台，从而便利于低碳投资。

第五章讨论了通过各种类型的国际气候合作，促进低碳型发展的国内政策框架。适度的气候变化反应需要全球尺度的行动，否则就无法达到设定的目标。因此，全球气候合作的驱动力仍然来自于所有国家通过国内努力来支持减排。问题是，国际碳市场如何支持国际合作以及国内的减排努力。若要有效地合作，必须管理不同的风险。

第六章讨论了全球碳市场与碳税，显示了全球碳价的不统一。不对称碳价的存在，会引起对碳泄露的担忧：高碳价会促使一些产业转移生产地，到低碳价或者根本就没有碳价的国家去投资。第六章详细讨论了与此有关的政策问题。

第七章讨论了如何向发展中国家提供国际支持，来实施低碳型增长。本章主要关注了清洁发展机制的作用，以及在执行中存在的问题。

第八章总结了近年来国际与国内气候政策的迅速变化。变化显示，从简单的碳定价机制转向满足特定国家和特定部门，需要政策组合。

《哥本哈根协定之后的气候政策：碳定价的作用》一书的创新之处在于：第一，详细分析了国际气候政策所依据的理论基础变化，以及相应的理论依据；第二，从实践角度详细展示了国际气候政策所需的市场反应以及国内政策框架，为碳定价政策的完善提供了现实的依据。

Title: Environmental Inequalities Beyond Borders: Local Perspectives on Global Injustices
Author: JoAnn Carmin and Julian Agyeman
Publisher: The MIT Press
Publication Date: 2011

书名：跨边界的环境不平等：全球不公的地区观点
编者：JoAnn Carmin and Julian Agyeman
出版社：The MIT Press
出版时间：2011 年

内容提要：资源耗竭与加工制造相伴的跨国实践的兴起，污染物与废弃物跨界流动的增加，为理解全球经济、环境与社会之间的关系提供了新的空间。多年来，很多国家出现了国外勘探、开发与投资的不平等现象。然而，技术进步使环境退化与不平等的肇事者再也不会涉足外国石油业，甚至在一些情况下，从来不会意识到他们对世界其他地区造成了破坏。尽管碳排放长期以来被视为跨国界的现象，然而将电子垃圾运送到发展中国家，或者气候变化的作用，已经改变了问题的尺度与空间性质。本书展示了空间上的多层次制度的动态互动，勾画了全球不平等在地区层面作用的方式。尤其重要的是，本书将空间与制度视角相统一，解释异国需求与消费造成的社会与环境不平等如何形成、被理解以及其经历等。

本书分为三个主题部分。第一部分——消费与跨界不平等的兴起，解释了异国的消费与生产如何决定并威胁本国的环境质量。第一章将全球北方国家的消费与温室气体排放作为理解南非德班的环境与社会负担的研究起点。通过考虑对气候适应计划的采取与实施，第二章总结了德班相应空间如何不平等。第三章集中于石油与天然气的国外需求产生的不平等，分析了奥戈尼人针对尼日尔河流域的石油开采而产生的环境正义诉求。第四章讨论了投资对斐济的影响，经济多样性对当地人口的利弊。本章延续了前述章节的有关论点，认为只有环境政策与会计体系有助于产业部门与不同层级政府部门之间的沟通与协调，才会产生环境正义。

第二部分——不平等通过国际捐赠机构的扩大，包含三章，每章均审视了国际制度与协定如何在实际上促进并扩大了不平等。第五章分析了国外基金援助支持的环境项目如何勾画了厄瓜尔多的环境议程，从而边缘化了专门关注环境正义有关问题的机构的增长与行动。第六章研究了旨在保护当地居民和社区免遭剥削的国际协议，总是难以达到预定的目标。第七章专注于委员会与组织的结构与过程，提出协议组织不可能对非政府组织成员的诉求做出反应，因而不可能解决或者支持环境正义问题。

本书前两部分解释了环境不平等如何通过他国的需求和国际机构的行动而形成并放大，第三部分——全球不平等的网络化反应，集中分析了政府与民间团体应对全球压力的方式。第八章分析了中国在南方国家石油开采中，面对不同的非政府组织网络而最终环境标准的差异。第九章通过评价绿色革命以及随后的世界银行与国际货币基金组织在拉美的需求私有化政策，提出跨国动员可以影响环境正义的改变。第十章进一步讨论了跨国网络，提出地方团体仍有时间来试图解决不理想的公司实践与不满意的土地利用。第十一章进一步分析了跨国环境正义运动的兴起。

第四部分是结论。第十二章——跨界环境平等的思考，总结了前述章节展示的主要趋势。

《跨边界的环境不平等：全球不公的地区观点》一书的主要创新点在于：第一，通过大量的案例研究，揭示了环境不平等的来源以及形成机理，为理解全球环境不平等问题提供了理论解释。第二，所提出的环境正义网络机制，对于发展中国家解决来自国际资本的环境破坏问题，形成国际环境公害产生的制度对抗机制，具有重要的启示意义。

Title: India's Waters: Environment, Economy, and Development

Author: Mahesh Chandra Chaturvedi

Publisher: CRC Press/Taylor & Francis Group

Publication Date: 2011

书名：印度水问题：环境，经济与发展

编者：Mahesh Chandra Chaturvedi

出版社：CRC Press/Taylor & Francis Group

出版时间：2011 年

内容提要：本书研究了印度政府推行的水资源开发战略以及未来发展，从国际视角研究会对该问题理解有所贡献。研究印度水资源开发，还存在另外一个重要原因。要满足印度人口不断增加与经济快速增长的水资源需求，需要进一步地进行水资源开发。需要既从技术角度，也从社会经济与环境影响角度，规划进一步的水资源开发。作者的研究表明，要满足未来的水资源需要，印度水资源的概念、政策、技术、规划、管理与制度需要革命。

本书包括十四章。第一章是导论，介绍了研究的背景、思路以及内容。第二章概述了印度开展水资源开发的物理环境，预示了水资源开发的潜力。第三章则从历史角度详细地回顾了印度的水资源开发问题，评价了部门的潜力。要迎接未来挑战，理解水资源开发创新的现状以及未来潜力，是十分重要的。在此背景下，随后的章节中研究了水资源开发问题。第四章研究了饮用水卫生这一经常被忽略的水资源管理问题，对饮用水与环境问题进行了专门探讨。第五章则对灌溉用水、水电开发与洪水管理等多用途项目进行了关注，同时也考虑了经济发展的水资源需要。第六章与第七章讨论了水资源开发所需的法律与制度问题，对技术层面的分析进行了补充。第八章研究了印度河盆地的水资源开发问题。第九章则关注了恒河—布拉马普特拉河—梅克纳河盆地的水资源开发问题。两个盆地均位于喜马拉雅山—印度—甘加盆地，但是在物理、水文与文化方面存在较大差异。第十章研究了中心河盆地与半岛河盆地的水资源开发，两个盆地具有很强的类似性。对印度水资源管理而言，地下水开发、流域管理与专管区开发至关重要。社会公众与规划机构逐渐认识到了地下水的重要性。第十一章对此进行了研究。第十二章研究了不同流域水资源之间的联系。第十三章则研究了不同流域水资源的转移以及商业开发。第十四章对全书进行了总结。

《印度水问题：环境，经济与发展》一书的主要创新之处在于对印度水资源开发进行了系统的研究。本书的研究既有历史的回顾，又有国际化的视角；既考虑了水资源开发的地理水文特征，又兼顾了经济社会影响。就印度水资源开发问题而言，本书给出的研究是比较全面而透彻的。对于发展中国家的水资源管理问题研究，本书具有一定的参考价值。

Title: Climate Change and Global Energy Security: Technology and Policy Option
Author: Marilyn A. Brown and Benjamin K. Sovacool
Publisher: The MIT Press
Publication Date: 2011

书名：气候变化和全球能源安全：技术与政策选择
编者：Marilyn A. Brown and Benjamin K. Sovacool
出版社：The MIT Press
出版时间：2011 年

内容提要：本书是有关全球能源安全与气候变化的技术选择及政策分析的专著。通过跨学科视角，本书讨论了能源安全与气候变化所涉及的技术变化，并对既有政策的局限与未来优化方向进行了探讨。

本书包括九章。第一章是导论，讨论了能源安全与气候变化的关系，讨论了五个影响未来一代的五个挑战。

第二章讨论了全球经济的四个资源密集型部门——电力生产、交通、农林业、废物处理与水供应，全球温室气体排放的大部分与此有关，是气候变化的重要主题。本章从全球化角度描述了这些相互联系的部门的发展趋势，勾画了发展中国家与发达国家的经验；描述了气候变化的科学解释以及结果，强调了所需要的能源转型、气候技术与政策；探讨了解决气候变化与能源安全挑战的政策冲突与互补性。

由于几乎所有的人类活动都会产生温室气体，因此限制温室气体排放的技术数量众多，类型多样。第三章集中于加强能源安全与缓解气候变化的各种可能技术方案。由于难以预测目前处于实验室研究阶段的哪项技术会更成功，本章关注目前经过实践被证明有效的、实施效果最好的技术方法。

围绕全球气候变化问题的大多数科学和政策对话均集中于减少温室气体排放。第四章扩展了现有讨论，将地球工程方法——旨在去除大气中的二氧化碳，反射阳光以降低地球温度，以及适应性方法包括在内。与第三章介绍的缓解技术方法不同的是，地球工程法更富有探测性与不确定性，更具有伦理与科学的复杂性。尽管如此，由于缺乏证据支持全球各国会在未来几十年减少温室气体排放，因此，有人认为，地球工程法更可靠一些。同样，应该采取措施减少人类与生态系统应对全球气候变化的脆弱性。这些适应性行动既可以是预防性的，也可以是应激性的。稳定并减少温室气体排放是可行的，但是看起来很难在 21 世纪末实现。人们开始将注意力转向改变气候的方式，以及适应气候变化结果的方法。

第五章列举了全球市场中阻碍气候友好型技术迅速采用的严重障碍。全面理解这些障碍，是发展有效策略的基础，可以缩小成本有效、技术可行与社会可接受之间的社会技术差距。本章首先介绍了市场失灵、公共物品与政策失灵的概念，讨论了 20 种障碍与阻力类型，最后详细论述了“碳锁定”概念，以及对推行气候友好型技术与项目的阻碍作用。

第六章解释了公共政策介入的具有最终说服力的原理——预防性原则，并与环境政策制定中较常用的概念“风险范式”进行了分析比较。本章对公共政策机制进行了分类，总结了评估政策的不同方法——成本收益分析、成本有效性分析以及各种混合方法。本章讨论了碳定价的潜力与局限，限额交易计划的动态，以及碳定价如何与电力供应、交通、农林业、废物处理以及水供应部门的其他政策相配套。

由于能源与气候问题以及空间的多维度相联系，第七章提出，类似的多维尺度可以用来执行能源气候政策。此外，政策成功的关键在于将利益相关者（如政府监管者、企业领导与非政府组织）捆绑在一起。多中心方法，混合了多尺度，融入了多重利益群体，可以把握地方、地区与全球行动的利益，减少行动成本——在某些情况下消除成本。首先，本章讨论了全球行动的五种利益：一致性、规模经济、平等、环节扩散、最小化成本；其次，讨论了地方行动的五种优势，即多样性、灵活性、可计量性、简单性、积极联系，解释了多中心主义的益处，或者如何正确设计政策来合理运用全球行动与地方行动的优势，同时避免其劣势；最后，总结了多尺度治理面临的挑战。

第八章提供了 8 个案例研究，经验例证增强了能源安全与减少温室气体排放的成功方法：丹麦的能源政策与风能发电，德国的上网电价补贴政策，比利时的乙醇项目，新加坡的道路拥堵定价与车辆暂停政策，孟加拉乡村夏克提分配小规模可更新能源技术，中国的节能灶项目，巴西的奥埃西斯项目（目标是防治毁林开荒，改善水质）、美国的有毒物质释放清查政策（追查有毒污染物）。这些方法同时解决了社会与技术壁垒，依赖多中心行动尺度，迅速实现了目标。这些政策显示了主动行动的类型，以便实现未来能源的安全与可持续。

第九章给出了结论。本章强调了能源安全与气候变化的社会技术特征，提出要努力革新技术，改变人类行为，共同塑造有价值的改变。本章总结了必须实施的一些能源与气候政策变化，进一步解释了多中心方法更易成功推动这些变化的原因，政府、私人、企业与机构应该共同致力于实现改变。

《气候变化和全球能源安全：技术与政策选择》一书的主要创新之处在于明确承认世界能源安全与气候变换挑战出现与技术、政策与社会的交叉部分，即社会技术问题。第一，没有分别集中于技术、壁垒与政策，而是考虑几者之间的互动；第二，在全球尺度上讨论技术、壁垒与政策问题；第三，扩展到全球经济的四个资源密集型部门——电力生产、交通、农林业、废物处理与水供应，在更宽泛的视角上考虑能源与气候问题；第四，选择了大量的不同国别案例研究，为能源与气候问题提供了经验支撑。

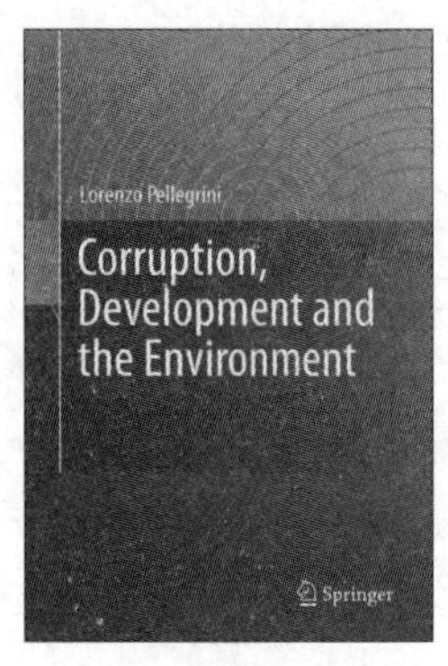

Title: Corruption, Development and the Environment
Author: Lorenzo Pellegrini
Publisher: Springer
Publication Date: 2011

书名：腐败，发展与环境
编者：Lorenzo Pellegrini
出版社：Springer
出版时间：2011 年

内容提要：本书旨在从广泛的视角探讨腐败如何影响经济增长与环境，教育与自然资源的不均等发展问题也在本书中有所考虑。

全书分为八章。第一章，导论。本章介绍了全书的研究目标以及主要框架。第二章，腐败的经济分析。本章检索了界定腐败的各种方法，讨论了相关的概念。进一步地，本章讨论了部分定义的政策含义，讨论了测量问题。第三章，腐败的原因：跨国分析以及扩展结论的述评。本章给出了影响各国腐败水平的因素的有关文献，并进行了述评。第四章，腐败对增长的影响效果及其传递渠道。本章通过对投资、学校教育、贸易开放与政治暴力的计量经济分析，估计了腐败影响增长率的传递渠道。第五章，腐败，民主与环境政策：有关争论的经验研究。本章对影响环境政策松紧的因素进行了经验研究。第六章，腐败与环境政策在前述章节分析的基础上，本章将有关腐败影响的证据引入政策环境中。第七章，巴基斯坦丛林的作用：斯瓦特地区腐败与森林管理的案例研究。本章采用巴基斯坦斯瓦特地区的案例，分析了地区层面的制度变革如何控制腐败和提高管理效率。第八章，结论与研究展望。本章强调了与本书发现有关的政策结论，总结出未来研究的有关领域。

本书的创新之处包括：第一，对腐败影响发展以及环境问题进行了理论述评与经验检验，为问题的分析提供了较完整的框架。第二，通过案例研究分析了腐败对环境管理的影响，并给出了地方制度改革背景下资源管理制度变革中如何控制腐败的制度解释。

Title: Advanced Analytics for Green and Sustainable Economic Development: Supply Chain Models and Financial Technologies

Author: Zongwei Luo

Publisher: Business Science Reference/IGI Global

Publication Date: 2011

书名：绿色可持续经济发展的高级分析

编者：Zongwei Luo

出版社：Business Science Reference/IGI Global

出版时间：2011 年

内容提要：绿色可持续发展趋势已经成为主要经济体的核心问题。可持续发展的绿色分析需要高级分析工具，以分析分散于不同角落的大数据，在可持续经济发展中应对风险，识别机遇。高级分析是高价值决策的核心，目标是在绿色经济中构建可持续竞争优势。本书包括一系列研究论文，集中于创新技术与工具的不同方面，试图阐述全球可持续发展的一些紧迫问题。

本书包括十二章。第一章，低碳经济：金融与技术模式。本章针对低碳经济所需的新型政策、伙伴关系以及工具，分析与此有关的金融以及技术模式问题。第二章，碳市场与投资，一个通风瓦斯的案例研究。采用中国四川省一个通风瓦斯的案例研究，本章得出该项目净现值为正，生态安全项目投资提高了生态安全，改善了公司的财务环境。第三章，欧盟碳交易计划下的公司融资与联营（2005~2007 年）。本章从公司层面分析了欧盟碳交易计划引入以及执行后的融资与联营问题。第四章，请关注差距！——比较世界银行与发展中国家贫困消费者的可更新能源投资策略。本章分析了世行要求投资策略与发展中国家之间的巨大差距。第五章，全球金融部门的选择，地方补偿货币与时间支持货币。本章探讨新型的货币与汇率体系，试图为金融市场的脆弱性增加稳定因素与竞争力。第六章，低碳经济与发展中国家：尼泊尔林业案例。本章采用尼泊尔卡莱地区社区林案例分析，证明了减少毁林与森林退化碳排放工程更有利于穷人，有助于改善其生计。第七章，美国低碳氢能经济的转型——转型管理的作用。本章描述了美国氢能经济的转型，并概括了转型的五大特征。其余几章关注的内容为：第八章，清洁技术企业创业与增长中克服财务约束的经营套期策略；第九章，存货金融风险分型与测量：以碳交易为例；第十章，闭路供应链系统模型；第十一章，自行车交通系统设计；第十二章，数据中心技术路线图。

《绿色可持续经济发展的高级分析》一书的创新之处包括：第一，高级分析提供了创新性概念、方法、工具以及应用方法，有助于优化与实践有关的绿色可持续经济发展决策；第二，从全球、国际、国家不同尺度，精心选择案例，分析了可持续发展的供应链模式与金融技术。

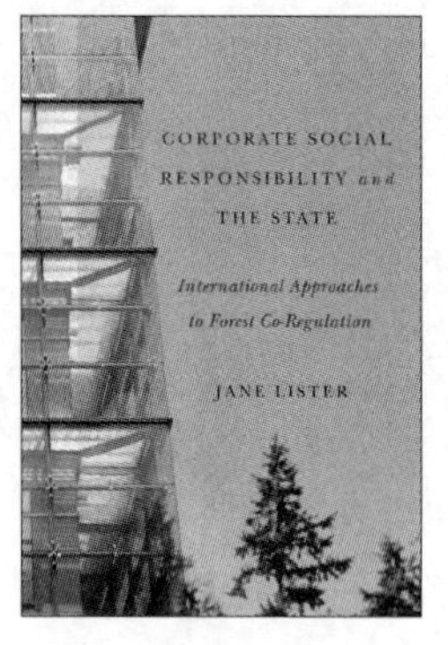

Title: Corporate Social Responsibility and the State: International Approaches to Forest Co – Regulation
Author: Jane Lister
Publisher: UBC Press
Publication Date: 2011

书名：公司社会责任与国家：森林共管的国际方法
编者：Jane Lister
出版社：UBC Press
出版时间：2011 年

内容提要：本书通过评估政府对广泛认可的公司社会责任——森林证书的反应，评价了公共部门在公司社会责任中的作用。集中于森林证书的分析，不仅因为它是公司社会责任的成熟案例，而且因为证书的模式以及政策分类令人迷惑：如果证书旨在填补欠发达热带地区治理的欠缺，为什么 90% 的证书却集中于管理完善的北方发达国家？为什么社会责任标准被治理问题专家与政策制定者描述为一种非政府的市场机制，却包括了公共森林法，并且政府直接介入了发证过程？

本书分为七章，讨论了一个中心论点：公司社会责任共同管理框架发展的同时，政府介入了森林发证，将私人权威纳入政策框架以加强森林管理。第一章介绍了研究的主题，给出了主要论点，评论了研究目标以及范围。第二、三章为后续三个案例评价提供了背景与理论基础。其中，第二章针对公司社会责任理论，第三章则针对森林证书。第四、五、六章逐一给出了加拿大、美国与瑞典的三个经典研究案例。第七章综合了案例研究的发现，评估了公司社会责任共管的局限与潜力，给出了未来研究的方向。

《公司社会责任与国家：森林共管的国际方法》一书的创新之处包括：第一，从森林共管问题出发，通过加拿大、美国与瑞典的案例研究，揭示了森林证书既不是纯粹的非政府治理机制，也不是纯粹的市场驱动治理机制。证书作为共管森林治理系统，引入了公私双方的治理权威。第二，在公司社会责任共管的案例研究评价中，引入了三个新的分析工具：治理类型，共管治理系统矩阵，政府的社会责任反应共管谱系，从而在多中心共管治理体系中分析了公共部门和私人部门如何共同作用。

Title: Environmental Management in Practice
Author: Elzbieta Broniewicz
Publisher: InTech
Publication Date: 2011

书名：实践中的环境管理
编者：Elzbieta Broniewicz
出版社：InTech
出版时间：2011 年

内容提要：近年来，环境管理问题越来越引起人们的关注。在可持续管理框架下，中央与地方政府越来越意识到需要合理规制，减少对环境的负面影响。环境管理可以在不同层面展开，从全球层面（例如气候变化），经由国家与地区层面（如环境政策），最后到微观层面。

本书包括三部分，分为二十二章。第一部分讨论国家与地区层面的环境管理，包括第一至八章。作者给出了许多话题：交通系统，环境成本，地区发展指数，包括了来自世界不同地区的案例研究。第二部分包括第九至十五章，讨论了不同产业的环境管理问题。内容包括建筑业、给排水与造纸业的可持续商业实践，包括了很多机构的案例研究。第三部分包括第十六至二十二章，集中于环境管理的技术层面，主要针对水管理、废弃物管理以及废水管理。

《实践中的环境管理》一书的创新之处在于：第一，对于国家和地区层面的环境管理实践给出了丰富的经验素材，为理解地区层面的环境管理实践提供了丰富的案例支撑；第二，对产业层面的环境管理实践的讨论，从另一个侧面与中观层面相验证，深化了对环境管理实践的认识。

Title：International Economics of Resource Efficiency：Eco – Innovation Policies for a Green Economy

Author：Raimund Bleischwitz，Paul J. J. Welfens and ZhongXiang Zhang

Publisher：Springer – Verlag Berlin Heidelberg

Publication Date：2011

书名：资源效率的国际经济学：绿色经济的生态创新政策

编者：Raimund Bleischwitz，Paul J. J. Welfens and ZhongXiang Zhang

出版社：Springer – Verlag Berlin Heidelberg

出版时间：2011 年

内容提要：在后危机时代，全球各国越来越重视可持续增长，尤其值得关注的是，新型经济体国家对空气清洁、饮水健康与流动可得性的需求，较之于以前更加强烈。然而，亚洲主导型自然资源需求的增长及其影响不可低估。预测未来市场对自然资源需求以及影响，在目前来看尚存在很多不确定性。同时，自然资源的国际宏观经济学也面临困难。由此，资源效率、绿色增长、逆增长等话题成为各界讨论的中心。

本书内容与上述话题有关，共包括十九章。第一章回顾了可持续经济学，从理论与经验视角阐述了资源利用与经济绩效之间的关系。值得注意的是，本章提出了可能的“绿色新交易”方案，有助于促进生态创新领域的投资。第二章发展出全球可持续指数，将可持续性概念扩展到更宽泛的创新性可持续概念。全球可持续指数反映了环境压力、经济绩效与生态技术能力，以更准确的方式来评价全球可持续性。本章在全球尺度评价了可持续性状况，并提出了有关政策。第三章讨论了促进环境可持续性系统创新的概念、政策与政治经济。第四章分析了为什么自然资源问题需要可持续性视角，给出了绿色经济所需的一些关键金属材料以及相应的权衡。第五章回顾了当前金属市场经济学，从股票市场的经验对该市场给出了分析结论。第六章讨论了新兴工业化国家绿色发展的竞争力以及飞跃，强调了可持续技术必要的吸收能力与技术竞争力。第七章分析了美国提出的碳关税的政策含义以及中国的反应。第八章讨论了中国经济的现代化模式。第九章分析了荷兰能源转换的创新性方法，其特点是强调参与方之间的对话，而不是靠自上而下的政策推动。第十章揭示了一个转型国家的物质资料增长以及相应的环境负担，结果显示，经济增长与对生活质量的需求，超过了总体的效率收益，导致了资源消费的增长。第十一章分析了家庭消费的反弹效应，揭示了不同参数假设对系数量化的影响，以及其合理区间。第十二章评述了反弹效应的有关文献，指出现有文献没有给出清晰的结论。第十三章则区分了直接反弹效应与间接反弹效应，讨论了其大小比较。第十四章采用动态系统视角，基于代理人多层次方法给出了有关创新、增长与减排效果的发现。第十五章同样基于模型分析给出了有关二氧化碳减排与资源效率提升的发现。第十六章探讨了资源效率提升潜力上限问题，并进行了量化评估。第十七章审视了澳大利亚造纸产业与木材加工产业，分析了不同技术改进的不同情境，以及经济与生态绩效的结构性变化。第十八章分析了特殊稀有金属问题，此类金属是诸如信息技术、电子、汽车滤网、新兴清洁技术等高技术应用的主要领域。第十九章介绍了经合组织在绿色增长方面的努力以及分析方法，讨论了金融危机之后新政策的走向。

《资源效率的国际经济学：绿色经济的生态创新政策》一书的创新之处包括：第一，明确提出了资源经济学、国际经济学与政策分析在未来会更紧密地连接在一起；第二，提出在后续研究中，应该开展绿色创新及其资源效率进展方面的经验研究，有关生产、消费与废物处理外部性问题的经验研究也应引起重视；第三，提出可持续性研究以及转型管理研究需要发展新视野，从产品设计到不同社会财富的新模式，再到评价适宜策略实验的工具，以及在国际层面的学习过程与制度变迁，均需要进行创新。

Title: Water on Tap: Rights and Regulation in the Transnational Governance of Urban Water Services

Author: Bronwen Morgan

Publisher: Cambridge University Press

Publication Date: 2011

书名: 笼头中的水: 城市水务跨国治理的权力与规制

编者: Bronwen Morgan

出版社: Cambridge University Press

出版时间: 2011 年

内容提要: 本书关注全球范围的水资源获取权之争以及相应的政策安排。水获取权之争的核心问题是全球南方与北方之间的分配争议, 并集中于水获取权的社会维度。本书要解决的核心问题是: 如何运用权力与规制来解决再分配与认可的需求——饮用水获取权社会抗议的核心问题?

本书包括六章。第一章, 权力, 规制与争论: 跨国界治理的冲突中心方法。本章给出了分析视角, 将权力与规制相结合, 将该方法与跨国界治理的社会法律方法相结合, 并通过细致的案例研究展示了该方法。第二至五章每章基于不同的国家背景, 从地方、国家、跨国不同尺度描述了水权行动者的实践, 涉及南非、智利、新西兰、玻利维亚、阿根廷和法国六个国家。第六章从部门视角, 通过案例研究, 将六个背景下的要素整合到一个特殊的焦点——法律, 论证了法律支撑市场、保持开放政治空间、构成伙伴关系的作用。

《笼头中的水: 城市水务跨国治理的权力与规制》一书的创新之处在于: 第一, 本书从权力与规制的视角来分析水公共物品提供中的模式选择以及效率问题, 对该问题提供了新的分析视角; 第二, 通过大量的案例研究, 对地区、国家以及跨国层面的水权纠纷与协调机制进行了经验分析, 对有关理论视角进行了验证; 第三, 采用解释性治理方法, 挖掘治理案例中的内部正式制度结构, 抛弃了共存的具体化概念, 对问题具有更好的解释力。

Title：Climate Management Issues：Economics，Sociology，and Politics
Author：Julie Kerr Gines
Publisher：CRC Press/Taylor & Francis Group，LLC
Publication Date：2011

书名：气候管理：经济学，社会学与政治学
编者：Julie Kerr Gines
出版社：CRC Press/Taylor & Francis Group，LLC
出版时间：2011 年

内容提要：气候变化实际上是复杂的集成问题，不但包括自然的物理、化学规律，同样影响了生命形式与生态系统、人类生活方式、文化价值、政治制度、经济构成、健康问题与人类价值。简而言之，它影响到我们生活各个方面的根本组成部分。正是因为这一点，《气候管理：经济学，社会学与政治学》展示了与气候变化紧密相关的问题，从科学基础展开论述，并把有关知识运用到气候变化的社会学、政治与经济影响。

本书包括十四章。第一部分提供了气候变化的物理科学特征，分为三个中心类型：气候系统（第一章）、温室气体（第二章）与生态系统效应（第三章）；第二部分探讨了气候变化的社会联系及其后果（第四章），分析了人类心理以及媒体对社会的影响（第五章）；第三部分讨论了国际组织、可再生能源效率伙伴以及其他国际合作机构的作用（第六章），探讨了不同国家以及国际社会的可持续进程（第七章），关注了气候变化的政治议程（第八章）以及社会政治影响（第九章）；第四部分则讨论了气候变化对军事的影响（第十章），以及气候变化的经济社会含义（第十一章），讨论了主要的经济政策工具（第十二章）；第五部分转向气候研究、模型、数据分析的作用以及最新进展（第十三章），并展望了未来的问题以及研究方向（第十四章）。

《气候管理：经济学，社会学与政治学》的可能创新之处在于：第一，本书可为读者提供气候变化问题复杂联系的新视角，并意识到适应气候变化的有关决策应该在严重的破坏发生之前及早做出；第二，作者丰富的学科经验以及多学科的视角，使本书与同类专著相比较，在理论的理解以及经验验证方面，更具有透彻的理解力；第三，对气候变化问题的最新研究进展进行了深入的把握，并对未来研究方向进行了准确的把握。

Title: Carbon Coalitions: Business, Climate Politics, and the Rise of Emissions Trading

Author: Jonas Meckling

Publisher: The MIT Press

Publication Date: 2011

书名：碳联盟：商业，气候政治与排放交易的兴起

编者：Jonas Meckling

出版社：The MIT Press

出版时间：2011 年

内容提要：本书关注全球环境政治中的企业能力之争。企业在形成全球环境政治议程以及结果中的能量有多大？企业影响力的来源是什么？在过去的 30 年，企业在全球环境政治中成为关键的影响因素：在跨国谈判中充当院外势力，影响公众话语，提供环境技术。但是，企业能力也面临着限制：如来自政府和环境组织的限制，商业社区的分工造成的冲突，环境政策的分配效应造成的冲突。因此，国际气候政策在很大程度上是消除或者竞争企业联盟优势的结果。企业无法防治强制的排放控制，但可以转而成功地影响规制方法有利于市场化气候政策。

《碳联盟：商业，气候政治与排放交易的兴起》一书包括九章。第一章是导论，介绍碳交易的兴起，显示了市场化环境政策的总体趋势。第二章提供了理论框架，研究全球环境政治中企业联盟的影响。企业联盟为公司提供了能力，使它们可以影响政治资源与策略的制定。第三章将排放贸易视为一种政策工具，分析了它的发展史以及碳汇市场的状况。进一步，本章分析了气候政策如何影响不同的产业与公司。第四章通过案例研究，分析了东京协议后排放贸易的国际化。本章提出，在形成东京协议之前就出现了商业联盟。第五章关注欧洲气候政治，探讨了自下而上的联盟形成过程，支撑了全欧洲的排放交易计划。第六章分析了美国气候政治中碳交易的兴起，以及非政府组织商业联盟的出现。第七章总结了企业在碳交易兴起之后作用的经验结论与分析发现，同时根据经验结论重新考虑了潜在的可能解释。

《碳联盟：商业，气候政治与排放交易的兴起》一书，从企业联盟的视角对碳交易中的非正式制度安排进行了揭示，为深入了解国际碳排放交易的制度背景、组织制度、制度变迁提供了全新的解释。通过对碳联盟的分析，有助于理解各国以及全球碳排放交易的影响机理、作用过程以及绩效，为各国完善碳排放交易机制与相关政策提供了基础性支撑。

Title：Water Finance：Public Responsibilities and Private Opportunities

Author：Neil S. Grigg

Publisher：John Wiley & Sons，Inc.

Publication Date：2011

书名：水金融：公共责任与私人机遇

编者：Neil S. Grigg

出版社：John Wiley & Sons，Inc.

出版时间：2011 年

内容提要：水产业的组织形式与看起来类似的产业（如电力产业）不同。大电力供应商主要包括投资者所有企业——如爱迪生国际，以及政府企业——如田纳西峡谷管理局。同样，电力产业的小供应商包括合作社、小城市电力管理局与电力区。电力供应商做了大量工作以吸引消费者，从提供大发电机到设施照明，供应商有很大的经营空间。监管机构主要考虑电价、安全性以及环境影响。在水产业中，水商品的销售与电力销售类似，还提供废水处理、防洪、灌溉与泄洪等其他服务。此外，水产业还服务于水循环以及环境用水需要。甚至河水流经城市和其他设施，水产业还要考虑到灾害管理与泄洪问题。水产业的这些不同侧面，使它与仅仅提供商品服务有所不同，实际上要更复杂一些。

本书分为三部分，共二十三章。第一部分介绍水产业的结构，包括第二章到第九章。本部分从第二章开始，在详细介绍了水产业后，转而讨论水处理部门：水供应、废水处理、工业用水、防洪、灌溉与泄洪，以及被称为水流管理的环境部门。本部分同样考虑了大坝与地下水系统。有关水处理的章节讨论了水消费者，包括如城市开发、土地整理与洪区平整等用地部门。种植业需要灌溉与泄洪，水使用量巨大，环境影响大。随着可再生能源的快速发展，水资源需求不断增加，使能源用水强度不断增大。可再生能源的主要形式是水能，它与跨流域调水一起控制地表径流。耗水量大的产业，定点用水制造业与瓶装水产业，与水产业中的公共产业一样重要。

第二部分包括七章——从第十章到第十六章，涉及水产业的驱动力以及有关问题，如政府介入、私有化、立法与监管、财务结构、饮水与健康、劳动力容纳量。这些内容分别在有关章节介绍，力图解释新兴的水产业如何适应社会趋势。

第三部分介绍水产业的产品和服务供应商，包括第十七章到第二十三章。服务内容主要包括设备与服务类型，按照规模从大型供水设施到为私人家庭所使用的小型系统。除了常见的与水有关的产品与服务之外，本部分讨论了水产业和水商品企业的金融服务，一些企业家设计这些服务以开发与销售大量的水产品。

《水金融：公共责任与私人机遇》一书的创新之处在于：本书对饮用水安全进行了很多关注，对解决此类问题提出了公私伙伴关系的解决思路，将公共目标与私人企业的资金、技术、服务项结合，为解决水产业的发展问题提供了符合国际潮流的方案。

Title: Greening Public Budgets in Eastern Europe, Caucasus and Central Asia
Author: OECD
Publisher: OECD Publishing
Publication Date: 2011

书名：东欧、高加索与中亚地区的公共预算绿化
编者：OECD
出版社：OECD Publishing
出版时间：2011 年

内容提要：本书旨在帮助东欧、高加索与中亚地区国家的环境管理当局利用当前财政改革的潜在收益。东欧、高加索与中亚地区的一些国家正在引入多年期预算，按照需求计划以及优先性配置资源，促进资金提供的可预测性与稳定性，并整合不同的融资渠道。环境部门被整合入中期预算程序的程度，是本书要关注的核心问题。

本书包括六章。第一章为分析环境部门的中期预算提供了背景，主要关注如何给予中期支出框架以转向多年期预算。本章对中期支出框架的主要假设进行了简要评述，给出了分析的主要方法。第二章分析了地区与国际背景。首先回顾了该地区的宏观经济与环境状况，讨论了过去十年来在大多数国家开展的集中于中期预算改革的财政改革；然后专门分析了该地区环境部门的治理结构，以及准备多年期支出项目的规范。第三章分析了公共环境支出的趋势。本章分析了地区十国 2006 ~2009 年的环境支出趋势，为有关结论提供了基础。第四章讨论了预算计划与管理办法，主要集中于预算制定与执行中的法律的作用。本章基于调研数据，讨论了中期预算办法以及与所在国年度预算的联系。第五章讨论了环境部门的预算计划与管理办法。首先，本章讨论了设计与执行多年期环境项目的主要挑战；其次，分析了对环境的捐赠支持，讨论了捐赠支持整合多年期预算的方式；最后，本章讨论了环境部门准备有效的多年期项目以及财政部门监管项目的能力。第六章总结了研究的主要发现以及结论。尽管设计与执行围绕年度预算的中期支出框架非常困难，需要大量的时间与精力，但本章却认为，中期预算计划的规则与程序为环境部门改善财务计划与管理程序提供了机会，从而成功获得足够的预算资源来执行多年期项目。

《东欧、高加索与中亚地区的公共预算绿化》一书的几类目标读者为：①环境部门，本书有助于增加对现代预算制度的知识与理解，以便项目可以更好地融入国家项目与预算；②中央规划部门，通常不熟悉环境项目的原则与潜在收益；③捐赠机构，尽管进行直接的预算支持，但希望支持伙伴国，确保在预算分配过程中，环境部门未被边缘化。本书提供的数据分析以及调研支持，对了解环境部门的预算支持以及执行，讨论环境部门如何在财政预算中开展竞争，具有重要的价值。

Title: Environmental Change in Lesotho: An Analysis of the Causes and Consequences of Land – Use Change in the Lowland Region
Author: Pendo Maro
Publisher: Springer
Publication Date: 2011

书名：莱索托的环境变化：低地区土地利用变化的原因与结果分析
编者：Pendo Maro
出版社：Springer
出版时间：2011 年

内容提要：本书针对莱索托低地区土地利用变化的原因与结果，在地方层面对人类—环境互动进行了深度分析，试图解释土地利用决策、土地利用与地面植被变化的内部联系以及效果。

本书分为七章。第一章是导论。本章简要介绍了非洲南部与土地利用和地面植被变化有关的主要问题，讨论了研究的目标、假设与重要性，进行了文献述评，界定了有关概念。

第二章回顾了有关土地利用与地面植被变化的有关文献，对人口—土地退化—贫困的主导模式进行了述评。本章认为，人口—土地退化—贫困不是唯一的原因。本章在半干旱地区背景下讨论土地利用与地面植被变化问题，关注的要素包括：人口状况、制度与政策、土地产权的性别差异、气候变化—土地退化的讨论。在上述分析的基础上，提出了研究的理论框架。

第三章研究了莱索托特殊的环境、社会、政治与经济特点，以及该国的土地利用与植被变化情况，并专门关注低地区。本章给出了莱索托案例的宏观与微观背景。

第四章选择两个低地区的村庄，评价了对土地利用变化的认知。本章采用多标准方法，分析了土地使用者与经理人的认知状况，深度了解了当地人员对土地利用决策、地面植被及其变化的知识。案例研究结果表明，在相对较小的地区理解当地知识，可以阐释当地土地使用者与经理人的行动与行为，了解当地知识与土地利用变化的常见认识之间的分歧，有助于开发可持续土地利用管理政策与行动。

第五章研究了土地利用变化的村庄模式。本章采用分类比较技术分析土地利用的变化。本章给出了分析发现，建立了低地区村庄土地利用变化的一般模式，揭示了变化的类型、方向、大小以及方位，提出了低地区土地利用分类计划。

第六章讨论了低地区土地利用变化的原因与结果。本章质疑了通常认为的低地区移民导致土地利用变化的观点。同样，本章检验了农民对土地质量的认识与土地利用决策之间的可能联系。进一步，本章还检验了政策与制度因素对土地利用决策的影响。本章详细批判了这些假设。作为结论，本章阐述了不同要素之间的联系，以及与土地利用变化的联系与结果。

第七章是结论，总结研究的结论并给出有关政策建议。

《莱索托的环境变化：低地区土地利用变化的原因与结果分析》一书以不同尺度案例进行了土地利用决策、土地利用与地面植被变化的内部联系以及效果的研究。本书对土地利用变化研究问题的理解，提供了坚实的案例基础与扎实的经验事实。

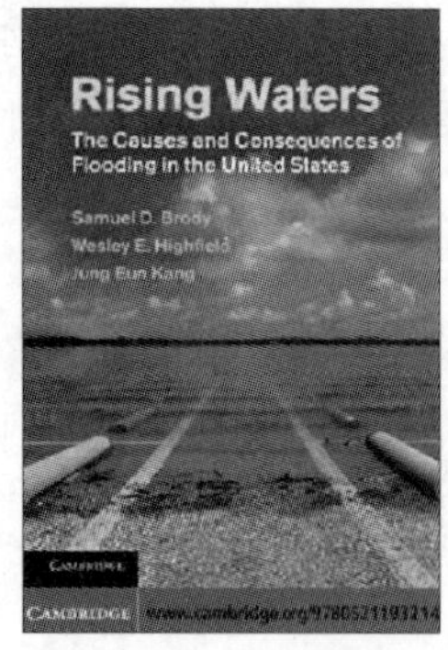

Title：Rising Waters：The Causes and Consequences of Flooding in the United States

Author：Samuel D. Brody，Wesley E. High eld，and Jung Eun Kang

Publisher：Cambridge University Press

Publication Date：2011

书名：水位上涨：美国洪灾的原因与后果

编者：Samuel D. Brody，Wesley E. High eld，and Jung Eun Kang

出版社：Cambridge University Press

出版时间：2011 年

内容提要：本书综合讲述了洪灾、洪灾影响及其政策含义。通过将不同的数据库与分析相结合，本书为读者提供了经验支持，以理解洪灾在多大程度上影响人们的生活，以及消除洪灾影响的可行办法。为了实现这一目标，本书将概念、案例研究与统计模型相结合，形成了在未来解决洪灾问题的全面视角。本书尤其关注得克萨斯州与佛罗里达州的经验研究，但研究发现与结论对其他地区的类似问题具有启示意义。

本书共包括四部分。第一部分审视了美国洪灾的影响。第二章从国家视角在多尺度上分析了洪灾破坏的趋势以及成因。本章回顾了洪灾状况的已有研究，并用新数据对最新洪灾破坏进行了分地区估计。第三章集中分析了得克萨斯州与佛罗里达州研究区域的当地社区，提供了财产损失、人员伤亡、保险金额与实体危害等的详细信息。本章将读者的注意力引至特定的地理区域，为本书后续部分确立了典型目标。在对两个州以及研究区域洪灾破坏的趋势与现状进行分析之后，第四章特别分析了与消除洪灾有关的法律与政策框架。本章特别关注了 NFIP 和 FEMA 的社区评级办法，以及特定地方性减灾机构的作用。

第二部分集中于影响洪灾程度、财产损失与人员伤亡的主要因素。第五章为解释洪灾的原因与后果、理解在地方层面化解风险的政策含义提供了分析基础。尤为重要的是，本章识别并讨论了影响洪灾与洪灾损失的主要因素，包括自然环境、社会经济因素、建筑环境以及减缓措施。第六章集中分析了自然发生的、湿地缓冲洪水的程度，以及人类对洪水的影响。首先，本章回顾了美国湿地开发的政策与管理的发展；其次，讨论了目前的审批过程，以及适应不同开发条件的许可证；最后，本章基于对得克萨斯州与佛罗里达州研究区域的调查，回顾了美国 13 年期湿地开发空间模式、不同类型湿地的变迁以及颁发湿地开发许可证对洪灾与洪水破坏的贡献。第七章集中于社区评级办法作为非工程型控制措施的作用。在回顾了该项目之后，本章分析了研究区采取地方性控制措施的程度，解释了执行政策与减少洪灾财产损失之间的关系。本章同样汇报了两个州对规划者与管理者进行的调研结论，主要调研的问题是特定政策在地方层面执行的效果。第八章分析了社区背景与发展要素对洪灾的影响。经验分析证明，结构性控制（如大坝与河堤）很有效果；不断增加的城市开发，使防水层很有效果；诸如社区财富与教育的社会经济变量，诸如人口数、人口增长与房屋密度的人口变量，均产生了特定的影响。

第三部分集中分析了学习对研究区减少洪灾负面影响的作用。通过采用纵观方法，本部分阐述了社区、机构与家庭层面的政策学习与调整。第九章调查了政府政策变化的驱动力以及伴随购买保险家庭调整的驱动力。采用量化模型，本章证明了社区面对持续洪灾后改善防控能力的程度，以及地方与家庭为什么愿意做出调整。由于应对持续发生的洪灾时出现政策变化与学习，以及背景特征的复杂性，第十章补充了案例研究的定性发现。基于文献的几个案例，以及对研究区域规划官员的访谈，深化了前述章节统计分析的结论。

本书的第四部分讨论了研究发现的政策含义，提供了一套综合规划建议，以改善当地社区减少美国洪灾损失的能力。在第十一章与第十二章中本书对得克萨斯州与佛罗里达州研究的结论扩展到一般的沿海社区，集中于发挥地方主动性，提出了 21 世纪防控洪水的政策框架。本章同样提出了未来需要研究的问题，以促进美国在未来构建更富有弹性的社区。

《水位上涨：美国洪灾的原因与后果》一书将定性研究与定量研究相结合，对美国得克萨斯州与佛罗里达州的洪灾意愿与影响进行了深入分析，并提出了富有针对性的研究结论。本书的研究结论对我国洪灾防控政策的制定有一定的借鉴意义。

Title: Quality and Legitimacy of Global Governance: Case Lessons from Forestry
Author: Timothy Cadman
Publisher: Palgrave Macmillan
Publication Date: 2011

书名：全球治理的质量与合法性：林业案例
编者：Timothy Cadman
出版社：Palgrave Macmillan
出版时间：2011 年

内容提要：本书的写作起源于对森林管理制度变迁的观察。首先，本书基于森林管理的变革，给出了分析框架，试图综合许多有关全球制度变化的理论。其次，本书描述了过去 20 年来森林管理的演化。最后，本书试图在一系列案例研究中来分析全球治理制度的发展。

本书的中心论点是：治理制度越审慎，越有参与性，则它的质量越高，制度的合法性越强。滥砍滥伐是本书关注的中心环境问题，充当了研究的案例。在全球市场体系中，存在着寻求对抗滥砍滥伐和调节森林管理的制度，但依然忽视了环境极限的存在，希求有限世界中生产的持续增加。

对抗滥砍滥伐的很多制度安排，均有一个核心目标——促进可持续林业管理，即在确保森林木材产量不断增加的同时，保持其环境与社会功能。该目标通过跨国组织与私人项目（如森林证书）实现。要反映出当代治理的复杂性，森林管理通过很多不同的模式实现，既存在国家模式，也存在非国家模式。本书选择了四个森林管理的全球性制度来论证本文的中心论点。四个制度均具有社会、经济和环境利益，全球、国际、地方层面的互动安排，以及治理模式的独特性。这些案例包括森林管理委员会、森林认证支持方案、国际标准化组织 14000 系列与联合国森林论坛。在这四个制度中，非政府机构森林管理委员会的评分值最高。需要强调的是，并不是因为森林管理委员会具有内在的优越性，而是因为其治理办法的结构、程序性互动的质量要优于其他制度。上述内容分别在第三至六章进行讨论。

第七章对四个案例的治理安排进行了系统比较，强调了其异同，讨论了制度类型与绩效的联系。第八章是结论章，总结了案例研究，再次审视了分析框架，评价了治理理论的发展。

《全球治理的质量与合法性：林业案例》一书对林业管理的全球性治理制度进行了深入的探讨，并抽象为全球治理的质量与合法性这一理论问题。本书为森林管理问题的分析提供了一种范例，对类似资源管理问题具有一定的启示意义。

第四章　资源与环境经济学学科 2011 年会议综述

本章对2011 年国内召开的资源与环境经济学学科相关的会议进行了梳理，2011 年共召开重要会议 11 次，主要议题侧重于生态文明、生态安全、加快经济发展方式转变环境挑战与机遇、循环经济、水战略、水土保持与生态修复、环境资源与生态保育等。具体的会议分别是：①2011 生态文明贵阳会议；②2011 欧亚经济论坛生态安全会议；③“2011城市水业战略论坛”；④“2011 中国水战略与水安全”高层论坛；⑤“第十三届海峡两岸水土保持与生态修复”学术研讨会；⑥“第十二届海峡两岸三地环境资源与生态保育”学术研讨会；⑦第九届中国水论坛；⑧中国环境科学学会 2011 年学术年会；⑨第十三届中国科协年会循环经济发展论坛；⑩第四届海峡两岸能源经济学术研讨会；⑪中国林学会经济林分会 2011 年学术年会。

第一节　生态文明与生态安全学术会议

一、2011 生态文明贵阳会议

2011 生态文明贵阳会议于 2011 年 7 月 16 ~ 17 日在贵阳国际会展中心举行。会议以“通向生态文明的绿色变革——机遇和挑战”为主题，由全国政协人口资源环境委员会、科学技术部、环境保护部、住房和城乡建设部、北京大学、贵州省人民政府主办，中共贵阳市委、贵阳市人民政府、生态文明贵阳会议秘书处承办，中国人民外交学会、中国气象学会、中国市长协会、中国工程院、联合国开发计划署驻华代表处、联合国教科文组织、联合国环境规划署协办。

中共中央政治局常委、全国政协主席贾庆林做出重要批示，高度评价生态文明贵阳会议的战略定位、办会宗旨、研讨内容及为生态文明建设做出的积极贡献，指出生态文明贵阳会议作为交流生态文明建设理念、展示生态文明建设成果的一个长期性、制度性的平台。联合国秘书长潘基文为会议发去贺信。全国政协副主席郑万通致辞。英国前首相托尼·布莱尔作视频讲话，爱尔兰前总理、爱中合作理事会终身名誉主席伯蒂·埃亨，全国政协副主席、香港特别行政区首任行政长官董建华，中国工程院院士徐匡迪等做了演讲。国家有关部委领导，著名大学校长、科学家和专家学者，部分城市负责人，知名企业家、媒体负责人及联合国有关机构官员等近千名海内外嘉宾出席会议，围绕低碳经济、绿色发展和生态文明，突出讨论转变经济发展方式，深入探讨绿色就业、绿色产业、绿色消费、绿色运输、绿色贸易等战略性、前瞻性问题。

会议举办了科学论坛、技术论坛、教育论坛、企业家论坛、高新产业金融论坛、跨国公司论坛、城市规划典型案例和最佳实践论坛、绿色文明与媒体传播论坛、森林碳汇论坛、共建低碳生态城市论坛、生态修复论坛、青年先锋圆桌会、电视高峰论坛等专题论坛。其中由生态文明贵阳会议组委会主办、中国矿业大学协办的生态修复论坛以“生态修复—西部开发的严峻命题”为主题，与会人员围绕“西部矿产资源开发的生态环境问题”、“西部生态修复的理念和原则”、“生态修复与西部开发战略的协调机制”、“生态修复与生态文明建设”、“国外先进经验和启示”5 个方面的问题进行了交流。来自德国的专家介绍了鲁尔矿区生态环境治理的成功经验。与会人员认为，在今后的西部开发中，要遵循生态规律，倡导绿色开采，科学限定产能，大力发展循环经济，同时要建立健全机制，确立生态修复的规范标准，增强财政对生态建设的投资力度，促进相关技术的应用和推广，加强监管，确保资源开发和生态建设双受益。

会议充分肯定了中国在建设生态文明，应对气候变化方面做出的巨大努力和取得的显著成就。会议强调，生态文明贵阳会议举办三年来，始终立足于生态文明建设，致力于推动经济发展方式转变，对低碳经济、绿色发展等焦点和热点问题进行持续探讨，已经成为跨领域、跨行业、跨部门、跨国界合作的重要桥梁，成为交流各方经验和信息、总结各类实践和典型案例、展示各地生态文明建设成果的重要窗口，极大传播了生态文明理念，展示了生态文明、绿色发展的成果，探索了建设生态文明、发展绿色经济的路径和方法。2011 生态文明贵阳会议实现了全国会议与专业论坛、会议与展览、国内与国际的结合，无论是层次、规模还是影响力，都有了明显提升，日益显示出会议的旺盛生命力。

经充分讨论和深入交流，形成以下三点重要共识：第一，始终坚持以生态文明理念引领经济社会发展，推动新型工业化与生态文明建设互动双赢。第二，加强生态文明建设的综合研究和专题研究。第三，坚持把建设生态文明、推动可持续发展作为一项长期战略。

会议期间，举办了全国生态文明建设成果展暨中国·贵阳节能环保产品和技术展，环保部、贵州省以及杭州、贵阳等 46 个城市和 140 多家企业集中展示生态文明建设在清洁能源、低碳技术、固体废弃物处理、污泥和水处理等技术和产品方面的最新成果；举办全国低碳发展现场交流会、第一届全国生态文明建设试点经验交流会，分享了发展低碳经济、建设生态文明的成功做法和美好前景。会议还举行名人生态环保公益活动，倡导践行低碳、绿色生活方式。

二、2011 欧亚经济论坛生态安全会议

2011 年 9 月 23 ~24 日，国际生态安全合作组织、欧亚经济论坛执委会、欧洲 PA 国际基金会在陕西省西安市召开 2011 欧亚生态安全会议。近年来，全球性自然灾害与突发性生态灾难接踵而至，美国墨西哥湾、中国渤海和英国北海漏油事故的发生，给海洋生态带来严重破坏。会议为欧亚各国政府机构、非政府组织、学术机构、金融部门、企业集团搭建一个国际多边合作的高端对话平台，共同探讨如何在全球资源稀缺和生态危机日益加剧的背景下承担“共同但有区别的责任”。

2011 欧亚生态安全会议为期两天，分开幕式与主题会议两大部分。

2011 欧亚生态安全会议主办方之一、国际生态安全合作组织总干事蒋明君博士认为，当前全球已经进入资源稀缺时代，生态安全已成为全球迫在眉睫的时代主题。在世界多极化和经济全球化深入发展、国际形势复杂多变的新形势下，欧亚各国的发展既面临前所未有的机遇，也面临新情况、新挑战。如何处理好发展与稳定的关系，如何解决欧亚国家经济结构矛盾，如何保障和改善民生，如何推进经济与生态的协调发展，是摆在欧亚各国政党、政府和人民面前的现实课题。

主题会议围绕“资源稀缺与可持续发展”、“气候变化与生态安全”以及“生态安全与企业社会责任”三个议题展开讨论。会议目标是，从国家发展战略对生态安全定位，吸引包括欧亚国家政党、议会、政府机构，非政府组织，学术机构，金融部门，企业集团，共同应对气候变化、资源稀缺与生态危机，共同推动欧亚地区经济、社会、生态的平衡发展。会议发布成果性文件——《2011 欧亚生态安全会议共识》。会议代表呼吁各国政府建立国家生态安全与气候变化综合协调机构，加强沟通合作，解决生态危机。

2011 欧亚生态安全会议的一大亮点是由全体嘉宾审议通过《2011 欧亚生态安全会议共识》，提请欧亚各国政党将生态安全、气候变化纳入党的纲领；建议各国议会实施生态安全立法；建议各国政府将生态安全、气候变化纳入国家教育体系和国家长远发展的战略构想。同时，呼吁欧亚各国政府建立国家生态安全与气候变化综合协调机构，以领导和协调应对自然灾害、解决生态危机，实施灾害预警、紧急救援救助、自然灾害评估和生态修复等工作。

第二节　水资源战略与生态保护学术会议

一、“2011 城市水业战略论坛”

2011 年 3 月 24 ~25 日，由清华大学和中国水网联合主办的“2011 城市水业战略论坛”在北京友谊宾馆举行，700余行业管理者、政策专家和企业家等相关水业人士参与。本次论坛也是清华大学百年校庆系列活动之一。该论坛围绕“战略性新兴产业背景下的转型与升级”的主题展开，探讨城市水业政策走向，聚焦行业市场竞争热点。论坛设置多个单元，主要有：“政策与规划：影响水业发展政策环境”、“新机遇下如何确定领先企业的企业战略”、“引领中国水务方向的发展模式”、“污水处理与排水体制”、“水务金融”、“总裁论坛”、“水价博弈”等。

其中，在政策与规划方面，环境保护部和水利部等行业管理者分别就“十二五”污染物减排规划、“十二五”环境产业和环境服务业发展思路、最严格水资源管理制度的理论和实践相关问题进行了解读。清华大学水业政策研究中心主任、相关企业家和产业协会负责人分别对水业发展所面临的服务升级与转型、中小城镇排水和污水处理模式的困境与出路以及以色列的水务服务模式等问题进行了主题发言。

在论坛各单元讨论中，各知名水务企业领军者共议企业发展战略，探讨引领中国水务方向的发展模式、污水处理与排水体制、技术提供以及污泥处理的新市场模式。由于多家水务企业的相继上市引发资本市场热潮，论坛特设“水务金融”单元。联合国工业发展组织和一些重要基金组织的投融资专家共同就中国环境产业所面临的资本融资机遇，挑战及应对策略；环境企业引入战略投资的时机，谈判策略及风险控制；战略投资基金对企业成长的价值增长效应话题展开对话。论坛还举办了“2010水业年度评选”颁奖盛典。

二、“2011中国水战略与水安全”高层论坛

2011年4月15~16日，由中国工程院和水利部联合主办的“2011中国水战略与水安全”高层论坛在清华大学举行。水利部部长陈雷、中国工程院院长周济致辞，全国人大财经委员会副主任委员汪恕诚讲话。水利部副部长胡四一作特邀报告，清华大学党委书记胡和平致辞并作特邀报告，中国水利学会理事长敬正书致辞。中国工程院原副院长沈国舫出席论坛。多位中国工程院和中国科学院的院士作特邀报告。

陈雷在致辞时强调了2011年中央一号文件的重大现实意义和深远历史影响。周济在致辞中强调了科技和自主创新在转变经济发展方式中的作用，并重点解读了2011年的中央一号文件精神，明确了水利是国家基础设施建设的优先领域，农田水利是农村基础设施建设的重点任务，严格水资源管理是加快转变经济发展方式的战略举措。汪恕诚指出“十二五”期间要更加注重科学发展。强调了节水、优化水资源配置尤其是生态用水，以及保护地下水的重要性。胡四一认为，在未来的水资源研究中，要高度重视宏观战略问题的探索，在更大的时空尺度上研究水、生态系统、社会经济之间的关系；要高度重视自然科学、工程技术，以及社会、人文科学的交叉、融合与渗透，综合性、创造性地解决中国水问题；要高度重视新技术特别是信息技术的应用，以水利信息化带动和实现水资源可持续利用，不断强化解决中国水问题的科技支撑。从水文水资源、防汛抗旱减灾、水环境与水生态、水利工程建设管理、农村水利、河湖治理、水土保持和流域重大水利科技问题八

个方面的科技需求入手，为水资源可持续利用提供坚实的科学基础和实施依据。

本次论坛设水能开发与低碳经济、水资源高效利用与可持续发展、洪涝防治与江河治理、水管理与水安全和水利教育与科技创新五个议题，包括 28 位中国工程院和中国科学院院士在内的来自全国各地 150 余名代表出席会议，清华大学、中国水科院等单位师生 300 余人参加会议。

三、“第十三届海峡两岸水土保持与生态修复”学术研讨会

根据海峡两岸水土保持科技交流机制，2011 年 6 月 18 ~ 25 日，由中国科学院水利部水土保持研究所、台湾屏东科技大学与中国科学院水利部成都山地灾害与环境研究所联合主办的“第十三届海峡两岸水土保持与生态修复”学术研讨会在台湾召开。中科院水土保持所、水利部水土保持监测中心、国际泥沙研究中心、水利部水土保持司派出代表，与来自中国科学院的 8 人共同赴台参加了此次研讨会。

研讨会围绕生态退化机理与修复、水土保持与全球变化、水土保持与区域生态经济发展、开发建设中的水土保持、水土保持与植被建设、水土保持新技术与新方法六个主题进行了广泛的学术交流。会后，承办单位屏东科技大学组织与会代表和专家考察了高雄县六龟、甲仙乡莫拉克风灾复建工程，屏东县雾台、玛家乡凡那比风灾复建工程，台东县太麻里溪、大武、大乌莫拉克风灾复建工程，卑南溪风沙治理区，龙泉堰塞湖整治工程，金针山与永安农村建设和卑南乡宝朗水土保持户外教室等。本次学术交流促进了海峡两岸相关领域研究进展的沟通，加强了海峡两岸之间在水土保持与生态环境方面的交流与合作。

四、“第十二届海峡两岸三地环境资源与生态保育”学术研讨会

2011 年 7 月 2 ~ 9 日，第十二届海峡两岸三地环境资源与生态保育学术研讨会在江西省南昌市召开。本次会议由中国环境资源与生态保育学会主办，江西农业大学、江西省科学技术协会、中国科学院地理科学与资源研究所、江西省水利厅等单位承办，台湾中国文化大学地理系、香港中文大学地理与资源管理学系、广东省生态环境与土壤研究所、江西省水土保持研究所等单位协办，特别受到中国科学院海峡科技交流中心的支持和资助。来自海峡两岸三地 40 余个单位共 180 多名环境资源与生态保育领域的专家和学者参加了会议，其中来自台湾宝岛的专家和学者代表 36 名。会议开幕式由江西农业大学金志农副校长主持，来自各地的会议注册代表和江西农大师生共计 500 多人参加了此次会议。

会议设置了四个分会场，来自海峡两岸三地的专家和学者围绕“资源—环境—生态前沿成果为和谐发展服务”的主题，分别从“退化生态系统恢复重建理论与实践”、“湖泊、河流湿地资源利用与保护”、“生态工程建设的新理念、新形式与功能提升”、“流域

管理与区域可持续发展”、“资源—环境—生态和谐发展的社会支持体系（法律、政策、文化、教育）”和“地质灾害的发生机理、评估与应对措施体系”等方面的理论和技术问题，进行充分交流和研讨。在四个分会场中特别设置了研究生专场进行相关学术论文讨论，并邀请资深专家组成评审小组，评选出优秀研究生论文，分别设置一等奖、二等奖和三等奖，以鼓励海峡两岸三地青年学者之间的合作和交流。大会共交流学术论文 123 篇，其中学生专场交流学术论文 39 篇，评选优秀研究论文 20 篇。

会议期间还安排了参观江西农业大学校史馆、土壤矿物岩石馆等交流活动，并举办了海峡两岸三地学生联谊活动。

五、第九届中国水论坛

2011 年 8 月 2 ~3 日，由中国自然资源学会水资源专业委员会等单位主办、由中国科学院寒区旱区环境与工程研究所、兰州大学和中国科学院新疆生态与地理研究所共同承办的第九届中国水论坛在兰州召开。来自国内 100 多所高校、科研机构及相关企事业单位的 300 多名代表参加。此外，来自联合国教科文组织、英国曼彻斯特大学、挪威奥斯陆大学等国外机构的学者也出席了本届论坛。

中国科学院寒区旱区环境与工程研究所副所长丁永建研究员主持大会开幕式。多位院士出席论坛开幕式并做主题演讲。本届论坛共有 7 个大会特邀报告，分别为：秦大河院士《IPCC 气候评估新进展》、刘昌明院士《维护良性水循环，和谐水资源的利用与保护》、王浩院士《实行最严格的水资源管理制度理论基础与技术支撑》、王光谦院士《流域水沙过程模拟的计算技术》、张建云院士《气候变化对我国水资源安全的影响评估研究》、傅伯杰研究员《景观生态学与生态水文过程研究》、贺缠生教授《流域科学与水资源管理》，9 个大会主题报告，分会场专题报告 129 人次。

本届中国水论坛以“水与区域可持续发展”为主题，重点研讨“干旱区内陆河流域水与生态”、“冰冻圈对水/生态及可持续发展影响”、“气候变化与区域水循环”、“水与农业”、“水资源转化与地下水资源可持续利用”、“水与灾害”、“城市化过程中的水问题”、“区域生态水文过程的人文因素”、“同位素水文学”、“水文信息学”10 个主要专题。大会设置了五个分会场，即：《干旱区内陆河流域水与生态/冰冻圈对水、生态及可持续发展影响/区域生态水文过程的人文因素》、《水与农业/城市化过程中的水问题》、《同位素水文学/气候变化与区域水循环》、《水资源转化与地下水资源可持续利用/水与灾害/水文信息学》、《青年报告专场》。论坛立足于西北地区典型的水问题，从多学科交叉、多学科视野对“中国水问题”进行深入研讨，以期为经济、社会、环境科学发展过程中的水支撑研究提供科学依据和智力支持。

第三节 资源与环境学术年会

一、中国环境科学学会 2011 年学术年会

以“加快经济发展方式转变环境挑战与机遇”为主题的中国环境科学学会 2011 年学术年会于 2011 年 8 月 18～19 日在新疆维吾尔自治区乌鲁木齐市召开。全国政协副主席、中国环境科学学会名誉会长阿不来提·阿不都热西提向大会发来贺信。全国政协人口资源环境委员会副主任、中国环境科学学会理事长王玉庆，环境保护部党组成员、办公厅主任胡保林出席开幕式并致辞。

王玉庆指出，加快转变经济发展方式，最根本的是要依靠科技的力量，最关键的是大幅度提高自主创新能力。我国已进入以保护环境优化经济发展的新阶段，环境科技事业迎来了前所未有的发展机遇。广大环境科技工作者应认清肩负的重大责任和光荣使命，更加自觉、积极地提高自主创新能力，在为环保中心工作服务、提高环境科技支撑能力方面更加奋发有为，做出新的成绩。胡保林指出，为进一步做好“十二五”环保工作，我们将紧紧围绕主题主线新要求，坚持绿色发展，以改革创新为动力，统筹推进排污总量削减、环境质量改善、环境风险防范和城乡环境公共服务均等化，以解决影响科学发展和损害群众健康的突出环境问题为重点，探索一条代价小、效益好、排放低、可持续的环境保护新道路。

近千位来自全国各地的环保专家、学者参加了此次会议。会议同期还举办环境学院、环境研究院（所）长沙龙。

二、第十三届中国科协年会循环经济发展论坛

2011 年 9 月 21～23 日“第十三届中国科协年会”在天津举行，主题为“科技创新与战略性新兴产业发展”。年会邀请了党和国家领导人、国内外著名科学家、中国科协和天津市有关领导等特邀来宾，学术交流分会场代表、天津市部分科技工作者以及港、澳、台有关科技团体代表和专家学者等共计 2400 余人出席。

年会举办了多个学术论坛，其中与生态经济密切相关的第十三届中国科协年会循环经济发展专题论坛于 2011 年 9 月 20 日在子牙循环经济产业区举行。由中国科学技术协会、天津市人民政府主办，静海县人民政府、天津子牙循环经济产业区管委会承办，中国可持续发展研究会协办。来自各科学研究机构和研究会各专业委员会代表，北京、天津等知名高校的代表，全国各地知名企业代表和新闻媒体参加了专题论坛。静海县县委书记孙文魁

致辞。重点介绍了子牙循环经济产业区在发展循环产业、转变经济发展方式、实现可持续发展方面取得的成效和经验。

此次论坛的主题是围绕天津市循环经济发展现状，分析制约循环经济产业发展原因，研讨再生资源回收体系建立、循环经济子牙模式的发展等相关政策法规的出台及各类物资循环利用问题，为天津市循环经济的发展建言献策。论坛内容包括：天津再生资源回收体系的建立与循环经济子牙模式的研究；支撑天津子牙循环经济产业区发展的金融财税政策与产业政策的研究；天津子牙“城市矿山”基地参与再生资源国际大循环与产学研技术合作机制的研究等。

本次论坛邀请多位专家学者分别就资源循环科学理念与工程创新，循环经济立法研究与节能减排制度安排，提高资源产出率、深入推进循环经济，以及“十二五”时期培育和发展城市矿山示范基地的思路与对策等内容做了主题演讲。

会议期间，与会代表观看了园区宣传片、规划片，组织参观了园区展厅和企业，并分别举行了学术分论坛和企业分论坛活动。同时，子牙循环经济产业区还进行了招商推介和宣传，与参会企业进行了项目对接洽谈。

三、第四届海峡两岸能源经济学术研讨会

2011 年 10 月 22 ~ 23 日，第四届海峡两岸能源经济学术研讨会在杭州市浙江大学科技园隆重举行。本次研讨会会议主题是“人口城市化与低碳社会转型”。研讨会由浙江大学社会科学研究院主办，浙江大学公共管理学院、浙江大学非传统安全与和平发展研究中心、北京理工大学能源与政策研究中心、浙江阳光时代律师事务所共同承办；台湾中国文化大学、中国科学院科技政策与管理科学研究所和台湾中华经济研究院等两岸学术研究机构协办。

九届、十届全国人大常委会副委员长、人口学家蒋正华教授出席会议，并为大会做了“两岸清洁能源开发合作研究”的学术主题演讲。对未来海峡两岸清洁能源的合作前景，尤其是新能源产业的合作发展模式等问题做了分析和展望。多所大学和研究机构的教授也做了大会演讲。

会议共收到论文六十余篇，其中台湾代表 45 名、大陆代表 31 名，就能源、经济、社会、环境与气候变化等问题进行了深入而广泛的交流。会议在两个分论坛共举行了 8 场专题研讨会，涉及能源、经济与环境模型，能源价格、能源体制与低碳经济转型，能源安全及相关法律保障，可再生能源开发等。

两岸能源会议筹委会决定第五届海峡两岸能源经济研讨会将于 2013 年在台湾召开。此外，为使两岸学者尤其是中青年学者的交流与合作更加深入，筹委会拟设立海峡两岸能源经济与管理学术合作交流基金，该基金将资助海峡两岸学者合作完成课题申请，并为第五届海峡两岸能源经济研讨会议高水平的学术交流做研究储备。

四、中国林学会经济林分会 2011 年学术年会

中国林学会经济林分会 2011 年学术年会于 2011 年 11 月 25 ~27 日在云南省昆明市隆重召开。本次会议的主题为：经济林产业与区域经济发展。来自全国 24 个省（市、自治区）的 221 名代表参加了会议。大会由中国林学会经济林分会主办，西南林业大学、云南省林业厅、中南林业科技大学承办，云南省林业科学研究院、云南省林业技术推广总站协办。大会开展了广泛的学术交流，邀请了 4 位专家教授作特邀报告，特别邀请到尹伟伦院士作专题报告，来自全国经济林战线的 18 位专家也作了专题报告。本次会议还举办了首次全国经济林研究生论坛，11 位博士和硕士研究生在大会上进行了学术交流。全体与会者还参观了西南林业大学林学院科研教学实习基地。

第五章　资源与环境经济学学科 2011 年文献索引

第一节　中文期刊索引

[1] 邵帅．自然资源开发、内生技术进步与区域经济增长[J]．经济研究，2011 (S2)：112－123.

[2] 张伟．基于环境绩效的长三角都市圈全要素能源效率研究[J]．经济研究，2011 (10)：95－109.

[3] 姜子昂．天然气利用对我国低碳经济发展的贡献分析[J]．管理世界，2011 (1)：68－69.

[4] 王建明．公众低碳消费模式的影响因素模型与政府管制政策——基于扎根理论的一个探索性研究[J]．管理世界，2011 (4)：58－68.

[5] 宋马林．环境库兹涅茨曲线的中国"拐点"：基于分省数据的实证分析[J]．管理世界，2011 (10)：168－169.

[6] 王晓霞．湿地水资源保护实证研究[J]．管理世界，2011 (8)：57－65.

[7] 周海燕．异质性能源消耗与区域经济增长的实证研究[J]．管理世界，2011 (10)：174－175.

[8] 王克强．中国农业水资源政策一般均衡模拟分析[J]．管理世界，2011 (9)：81－91.

[9] 杨文举．基于 DEA 的绿色经济增长核算：以中国地区工业为例[J]．数量经济技术经济研究，2011 (1)：19－34.

[10] 龚健健．中国高能耗产业及其环境污染的区域分布——基于省际动态面板数据的分析[J]．数量经济技术经济研究，2011 (2)：20－36，51.

[11] 岳书敬．基于低碳经济视角的资本配置效率研究——来自中国工业的分析与检验[J]．数量经济技术经济研究，2011 (4)：110－123.

[12] 朱承亮．环境约束下的中国经济增长效率研究[J]．数量经济技术经济研究，

2011（5）：3－20，93.

［13］李谷成．资源、环境与农业发展的协调性——基于环境规制的省级农业环境效率排名［J］．数量经济技术经济研究，2011（10）：21－36，49.

［14］庄贵阳．低碳经济的内涵及综合评价指标体系构建［J］．经济学动态，2011（1）：132－136.

［15］李虹．中国化石能源补贴与碳减排——衡量能源补贴规模的理论方法综述与实证分析［J］．经济学动态，2011（3）：92－96.

［16］郑宝华．基于低碳经济的中国区域全要素生产率研究［J］．经济学动态，2011（10）：38－41.

［17］周力．产业集聚、环境规制与畜禽养殖半点源污染［J］．中国农村经济，2011（2）：60－73.

［18］于法稳．近10年中国生态经济理论提升及实践发展——中国生态经济会2010年学术年会综述［J］．中国农村经济，2011（5）：93－96.

［19］葛继红．农村面源污染的经济影响因素分析——基于1978～2009年的江苏省数据［J］．中国农村经济，2011（5）：72－81.

［20］崔静．生长期气候变化对中国主要粮食作物单产的影响［J］．中国农村经济，2011（9）：13－22.

［21］李虹．低碳经济背景下化石能源补贴改革对中国城乡居民生活的影响与对策［J］．农业经济问题，2011（2）：89－93.

［22］黄飞雪．生态补偿的科斯与庇古手段效率分析——以园林与绿地资源为例［J］．农业经济问题，2011（3）：92－97.

［23］虞锡君．长三角地区农用土壤污染防治的制度创新探讨［J］．农业经济问题，2011（3）：21－26.

［24］饶静．我国农业面源污染现状、发生机制和对策研究［J］．农业经济问题，2011（8）：81－87.

［25］田昕加．基于循环经济的林业产业生态化模式构建——以伊春市为例［J］．农业经济问题，2011（9）：86－89.

［26］李建华．农村经济结构变化对农业能源效率的影响［J］．农业经济问题，2011（11）：93－99.

［27］黄祖辉．农业碳足迹研究——以浙江省为例［J］．农业经济问题，2011（11）：40－47.

［28］马力．生态公益林建设带来的就业机会价值评估［J］．林业经济，2011（1）：86－89.

［29］胡鞍钢．保护天然林资源为后代积累生态资产——伊春林业建设调研报告［J］．林业经济，2011（1）：18－24，75.

［30］曹小玉．中国森林生态效益市场化补偿途径探析［J］．林业经济，2011（1）：

16 – 19.

［31］陈晨．北京市森林资源与经济增长关系实证分析［J］．林业经济，2011（6）：78 – 81，93.

［32］李林．欧洲近自然林业的借鉴与启示——赴德国、奥地利林业考察报告，国家林业局［J］．林业经济，2011（7）：88 – 91.

［33］张新兵．基于湿地保护的低碳经济发展模式初探——以江苏太湖三山岛为例［J］．林业经济，2011（7）：33 – 36.

［34］闫平．生态系统价值评估的经济学思考［J］．林业经济，2011（8）：70 – 74.

［35］孙小兵．中国林产品贸易生态足迹研究［J］．林业经济，2011（10）：52 – 55.

［36］盛春光．黑龙江省森工林区森林碳汇价值评估［J］．林业经济，2011（10）：43 – 46，60.

［37］陈积敏．生态功能要素的影响与分析——以南京老山国家森林公园为例［J］．林业经济，2011（11）：77 – 80.

［38］田国双．森林生物多样性资产价值系统构建研究［J］．林业经济，2011（11）：74 – 86.

［39］王春能．澳大利亚森林可持续经营与应对气候变化［J］．林业经济，2011（12）：90 – 92.

［40］吕洁华．森林生态经济系统良性循环机理研究［J］．中国林业经济，2011（2）：5 – 7，17.

［41］郑义．造纸企业减排行为的影响因素分析［J］．中国林业经济，2011（5）：42 – 45.

［42］韩哲英．林业绿色供应链战略环境分析［J］．中国林业经济，2011（5）：5 – 9.

［43］张敏．色季拉山国家森林公园生态旅游环境容量评价［J］．林业经济问题，2011（1）：51 – 55.

［44］简盖元．基于碳汇价值的森林最优轮伐期分析［J］．林业经济问题，2011（1）：70 – 75.

［45］田昕加．基于循环经济的林业产业生态化［J］．林业经济问题，2011（2）：98 – 101.

［46］侯成成．生态补偿与区域发展关系研究的进展及展望［J］．林业经济问题，2011（3）：279 – 282.

［47］简盖元．森林碳生产的属性分析［J］．林业经济问题，2011（4）：342 – 345.

［48］曹玉昆．天然林保护工程政策对中国现行林业政策的影响分析［J］．林业经济问题，2011（5）：377 – 391.

［49］李英．森林生态区位价值评估初探——以龙江森工集团为例［J］．林业经济问题，2011（5）：383 – 396.

［50］韦佳培．农民对农业生产废弃物的价值感知及其影响因素分析——以食用菌栽

培废料为例[J]．中国农村观察，2011（4）：77－85.

[51] 冯伟．我国农作物秸秆资源化利用的经济分析：一个理论框架[J]．生态经济，2011（1）：94－96，115.

[52] 潘明麒．洞庭湖湿地生态系统管理的策略选择[J]．生态经济，2011（2）：44－48.

[53] 吕少宁．黄河源区玛曲草原草场退化原因调查分析[J]．生态经济，2011（2）：166－170.

[54] 王淑军．人工湿地生态系统服务分类及其价值评估——以临沂市武河湿地为例[J]．生态经济，2011（2）：375－378.

[55] 鲁传一．水能资源开发生态补偿的测算方法与标准探讨[J]．生态经济，2011（3）：27－33.

[56] 刘秉儒．荒漠草原区农户和社区自愿参与土地退化防治行动机制构建——以贺兰山东麓生态移民村为例[J]．生态经济，2011（3）：34－36.

[57] 屈燕妮．自然资源对经济增长的影响——诅咒还是福音：一个研究综述[J]．生态经济，2011（4）：61－65.

[58] 计军平．碳足迹的概念和核算方法研究进展[J]．生态经济，2011（4）：76－80.

[59] 杨俊．生态脆弱地区农户耕地利用结构及投入要素配置优化——基于塔吉特—总绝对方差最小模型的大别山区农户实证[J]．生态经济，2011（5）：47－51.

[60] 刘金鹏．中国农业秸秆资源化技术及产业发展分析[J]．生态经济，2011（5）：136－141.

[61] 王立国．基于终端消费的旅游碳足迹测算——以江西省为例[J]．生态经济，2011（5）：121－124，168.

[62] 彭利民．基于生态足迹模型的山东半岛区域可持续发展研究[J]．生态经济，2011（5）：95－99.

[63] 韦惠兰．气候变化背景下的中国自然保护有效管理问题研究[J]．生态经济，2011（7）：138－141，158.

[64] 王西琴．湖州市环境库兹涅茨曲线转折点分析[J]．生态经济，2011（7）：57－60.

[65] 杨朝兴．基于主体功能区战略的山区生态经济研究——以河南省山区为例[J]．生态经济，2011（7）：68－70.

[66] 类淑霞．基于土地利用变化的区域土地生态安全动态评价——以北京市朝阳区为例[J]．生态经济，2011（7）：38－42.

[67] 金良．基于土地利用的草原生态系统服务价值评估[J]．生态经济，2011（8）：145－147.

[68] 田信桥．湿地保护政策比较：韩国经验与中国智慧[J]．生态经济，2011（8）：

164－169.

[69] 邓培雁．川蔓藻的重要生态服务功能评述[J]．生态经济，2011（9）：171－173，177.

[70] 张继承．基于环境经济效益分析的再生资源产业政策选择[J]．生态经济，2011（9）：107－112.

[71] 姜冬梅．草原牧区生态移民的贫困风险研究——以内蒙古苏尼特右旗为例[J]．生态经济，2011（11）：58－64.

[72] 赵庆建．复杂生态系统网络：生态与社会经济过程集成研究的新视角[J]．生态经济，2011（11）：30－33.

[73] 谭琪．我国地方新能源产业激励政策创新体系研究[J]．生态经济，2011（11）：108－111，114.

[74] 卢慧．青海湖流域生态系统服务功能与价值评估[J]．生态经济，2011（11）：145－147.

[75] 张艳芳．三峡库区水环境生态补偿的法律思考[J]．生态经济，2011（12）：188－190.

[76] 陈瑜琦．从土地资源利用的角度看待生物能源发展[J]．中国土地科学，2011（4）：20－25.

[77] 陶军德．近30年黑龙江省水田规模与分布变化及其对气候变化的响应[J]．中国土地科学，2011（4）：26－30.

[78] 廖和平．重庆市耕地保护区域补偿标准研究[J]．中国土地科学，2011（4）：42－48.

[79] 郭杰．土地利用系统健康评价[J]．中国土地科学，2011（4）：71－77，96.

[80] 李双成．区域生态补偿与土地生态安全[J]．中国土地科学，2011（5）：39－41.

[81] 郭旭东．成都市耕地保护基金制度刍议[J]．中国土地科学，2011（5）：42－43，61.

[82] 郧文聚．土地整治加强生态景观建设理论、方法和技术应用对策[J]．中国土地科学，2011（6）：4－9，19.

[83] 陈百明．土地生态整治与景观设计[J]．中国土地科学，2011（6）：10－14.

[84] 龙开胜．经济增长与土地违法的库兹涅茨曲线效应分析[J]．中国土地科学，2011（7）：13－18.

[85] 许倍慎．湖北省潜江市土地生态脆弱性时空分析[J]．中国土地科学，2011（7）：80－85.

[86] 王辉．采煤塌陷区生态环境动态补偿机理与规划实践[J]．中国土地科学，2011（8）：80－85.

[87] 李焕．生态用地配置对土地集约利用影响的通径分析——以浙江省开发区为例

[J]．中国土地科学，2011（9）：42－47.

[88] 许申来．基于生态安全的北京房山山区多目标生态修复与重建[J]．中国土地科学，2011（10）：82－88.

[89] 徐艳．关于耕作层土壤剥离用于土壤培肥的必要条件探讨[J]．中国土地科学，2011（11）：93－96.

[90] 蔡银莺．消费者需求意愿视角下的农田生态补偿标准测算——以武汉市城镇居民调查为例[J]．农业技术经济，2011（6）：43－52.

[91] 张兵．农业适应气候变化措施绩效评价——基于苏北 GEF 项目区 300 户农户的调查[J]．农业技术经济，2011（7）：43－49.

[92] 龚琦．现代农业发展与湖泊资源环境保护[J]．农业技术经济，2011（8）：39－44.

[93] 王成金．工业经济发展的资源环境效率评价与实证——以广东和广西为例[J]．自然资源学报，2011（1）：97－109.

[94] 王蕾．自然保护区生态补偿定量方案研究——基于“虚拟地”计算方法[J]．自然资源学报，2011（1）：34－47.

[95] 韩永伟．黑河下游重要生态功能区植被防风固沙功能及其价值初步评估[J]．自然资源学报，2011（1）：58－65.

[96] 徐慧．江苏省沿海地区耕地系统能值分析高效持续利用评价[J]．自然资源学报，2011（2）：247－257.

[97] 刘佳骏．中国水资源承载力综合评价研究[J]．自然资源学报，2011（2）：258－269.

[98] 战金艳．江西省林地面积变化原因探析[J]．自然资源学报，2011（2）：335－343.

[99] 李平星．基于最小费用距离模型的生态可占用性分析——以广西西江经济带为例[J]．自然资源学报，2011（2）：227－236.

[100] 张义丰．首都生态经济区的提出及其战略构想[J]．自然资源学报，2011（3）：389－400.

[101] 杨奇勇．基于 GIS 上网盐渍土改良区耕地土壤适宜性评价[J]．自然资源学报，2011（3）：477－485.

[102] 朱文泉．藏西北高寒草原生态资产价值评估[J]．自然资源学报，2011（3）：419－428.

[103] 戚瑞．基于水足迹理论的区域水资源利用评价[J]．自然资源学报，2011（3）：486－495.

[104] 杨丽韫．太湖流域安吉县城绿地系统水生态服务功能[J]．自然资源学报，2011（4）：599－608.

[105] 蒙古军．基于土地利用变化的区域生态安全评价——以鄂尔多斯市为例[J]．

自然资源学报，2011（4）：578－590.

［106］赖元长．退耕还林工程对四川盆周低山丘陵区生态系统服务价值的影响［J］．自然资源学报，2011（5）：755－768.

［107］马欣．气候变化对我国水稻主产区水资源的影响［J］．自然资源学报，2011（6）：1052－1064.

［108］何希吾．我国需水总量零增长问题研究［J］．自然资源学报，2011（6）：901－909.

［109］元媛．河北省 38°N 生态样带生态系统服务功能时空变化［J］．自然资源学报，2011（7）：1166－1179.

［110］贺三维．基于 PSR 和云理论的农用地生态环境评价——以广东省新兴县为例［J］．自然资源学报，2011（8）：1346－1352.

［111］刘伟．区域环境——经济系统物质流域能流分析方法及实证研究［J］．自然资源学报，2011（8）：1435－1445.

［112］黄湘．西北干旱区典型流域生态系统服务价值变化［J］．自然资源学报，2011（8）：1364－1376.

［113］王文国．四川省水资源生态足迹与生态承载力的时空分析［J］．自然资源学报，2011（9）：1555－1565.

［114］李浩．跨流域调水生态补偿机制探讨［J］．自然资源学报，2011（9）：1506－1512.

［115］胡和兵．城市化对流域生态系统服务价值空间异质性的影响——以南京市九乡河流域为例［J］．自然资源学报，2011（10）：1715－1724.

［116］方瑜．海河流域草地生态系统服务功能及其价值评估［J］．自然资源学报，2011（10）：1694－1706.

［117］赵卫．后发地区生态承载力及其评价方法研究——以海峡西岸经济区为例［J］．自然资源学报，2011（10）：1789－1800.

［118］蔡亚庆．中国各区域秸秆资源可能源化利用的潜力分析［J］．自然资源学报，2011（10）：1637－1646.

［119］周德成．退耕还林工程对黄土高原土地利用/覆被变化的影响——以山西省安塞县为例［J］．自然资源学报，2011（11）：1866－1878.

［120］司今．森林水源涵养价值核算方法评述与实例研究［J］．自然资源学报，2011（12）：2100－2109.

［121］杨育红．小流域面源污染减控措施优化管理［J］．生态与农村环境学报，2011（2）：11－15.

［122］吴军．气候变化对物种影响研究综述［J］．生态与农村环境学报，2011（4）：1－6.

［123］蔡延江．免耕对华北平原潮土 N_2O 和 CO_2 排放的影响［J］．生态与农村环境学

报，2011（5）：1－6.

［124］李君．中国农业源主要污染物产生量与经济发展水平的环境库兹涅茨曲线特征分析[J]．生态与农村环境学报，2011（6）：19－25.

［125］蔡银莺．武汉城乡人群对农田生态补偿标准的意愿分析[J]．中国环境科学，2011（1）：170－176.

［126］李欢．生活垃圾处理的碳排放和减排策略[J]．中国环境科学，2011（2）：259－264.

［127］曾贤刚．我国城镇居民对 CO_2 减排的支付意愿调查研究[J]．中国环境科学，2011（2）：346－352.

［128］谢花林．基于景观结构的土地利用生态风险空间特征分析——以江西兴国县为例[J]．中国环境科学，2011（4）：688－695.

［129］刘晓曼．基于环境一号卫星的自然保护区生态系统健康评价[J]．中国环境科学，2011（5）：863－870.

［130］张军以．基于PSR模型的三峡库区生态经济区土地生态安全评价[J]．中国环境科学，2011（6）：1039－1044.

［131］王妍．环境与经济形势的景气分析研究[J]．中国环境科学，2011（9）：1571－1577.

［132］吴璇．天津滨海新区生态系统服务评估及空间分级[J]．中国环境科学，2011（12）：2091－2096.

［133］胡春华．环鄱阳湖区蔬菜地土壤中有机氯农药分布特征及生态风险评价[J]．农业环境科学学报，2011（3）：487－491.

［134］吕军．气候变化对我国农业旱涝灾害的影响[J]．农业环境科学学报，2011（9）：1713－1719.

［135］王友华．气候变化对我国棉花生产的影响[J]．农业环境科学学报，2011（9）：1734－1741.

［136］张树杰．气候变化对我国油菜生产的影响[J]．农业环境科学学报，2011（9）：1749－1754.

［137］潘根兴．气候变化对中国农业生产的影响[J]．农业环境科学学报，2011（9）：1698－1706.

［138］潘根兴．应对气候变化对未来中国农业生产影响的问题和挑战[J]．农业环境科学学报，2011（9）：1707－1712.

［139］刘彤．我国的主要气象灾害及其经济损失[J]．自然灾害学报，2011（2）：90－95.

［140］宋国利．乐清湾湿地生态服务功能及价值测算[J]．自然灾害学报，2011（3）：120－124.

［141］于飞．贵州省农业生态安全性评价[J]．自然灾害学报，2011（4）：

165 – 171.

［142］ 畅明琦．基于支持向量机的水资源安全评价［J］．自然灾害学报，2011（6）：167 – 171.

［143］ 孙志威．基于对数平均迪氏指数法的天津市能源消费碳排放分解分析［J］．环境污染与防治，2011（1）：83 – 91.

［144］ 孙娟．北京市“十二五”期间主要水污染物减排对策研究［J］．环境污染与防治，2011（1）：102 – 104.

［145］ 沈军．城市面源污染治理中的公众参与现状与对策探讨［J］．环境污染与防治，2011（2）：99 – 104.

［146］ 叶维丽．江苏省太湖流域水污染物排污权有偿使用政策评估研究［J］．环境污染与防治，2011（8）：95 – 98.

［147］ 孟晋晋．福建省永定县经济发展与环境质量的关系研究［J］．环境污染与防治，2011（2）：102 – 104.

［148］ 于鲁冀．河南省水环境生态补偿机制及实施效果评价［J］．环境污染与防治，2011（4）：87 – 90.

［149］ 陈泽军．浙江省城市能源效率评估研究［J］．环境污染与防治，2011（6）：97 – 102.

［150］ 陈清华．基于最佳管理实践的规模化水产养殖污染管理［J］．环境污染与防治，2011（10）：90 – 93，109.

［151］ 唐克勇．环境产权视角下的生态补偿机制研究［J］．环境污染与防治，2011（12）：87 – 92.

［152］ 薄夷帆．环境规划对经济发展的影响因素研究［J］．环境污染与防治，2011（12）：98 – 102.

［153］ 郭宝东．湿地生态系统服务价值构成及价值估算方法［J］．环境保护与循环经济，2011（1）：67 – 70.

［154］ 冯欣．农村水环境污染现状及治理对策［J］．环境保护与循环经济，2011（5）：40 – 42.

［155］ 谢高地．中国生态资源的可持续利用与管理［J］．环境保护与循环经济，2011（9）：4 – 7.

［156］ 包晓斌．沿海湿地可持续利用与管理策略［J］．环境保护与循环经济，2011（10）：4 – 6.

［157］ 刘风章．干旱荒漠区油田开发与生态系统服务功能研究［J］．油气田环境保护，2011（3）：60 – 63.

［158］ 刘倩．水资源经济价值影响因素的分析［J］．环境保护科学，2011（1）：45 – 48.

［159］ 张嘉治．环境质量改善对沈阳市经济发展的促进作用［J］．环境保护科学，

2011（6）：75－77.

［160］郝芳华．中国耕地资源面临的挑战与可持续利用对策［J］．环境保护，2011（4）：30－33.

［161］赵丽萍．资源利用和环境业绩与财务评价体系的重建［J］．环境保护，2011（8）：14－17.

［162］宋国君．中国农村水环境管理体制建设［J］．环境保护，2011（9）：26－29.

［163］滕飞．加强温室气体管理制度建设积极应对气候变化［J］．环境保护，2011（11）：12－15.

［164］孙振清．低碳发展的重要保障——碳管理［J］．环境保护，2011（12）：40－41.

［165］黄颖．政府主导的生态效益补偿研究［J］．环境保护，2011（13）：41－42.

［166］王元刚．中日恶臭污染管理方式比较及其借鉴［J］．环境保护，2011（Z1）：95－96.

［167］刘兴元．草地生态系统服务功能及其价值评价方法研究［J］．草业学报，2011（1）：167－174.

［168］侯向阳．中国草原适应性管理研究现状与展望［J］．草业学报，2011（2）：262－269.

［169］贾幼陵．草原退化原因分析和草原保护长效机制的建立［J］．中国草地学报，2011（2）：1－6.

［170］徐柱．中国草原生物多样性、生态系统保护与资源可持续利用［J］．中国草地学报，2011（3）：1－5.

［171］张存厚．锡林郭勒草地畜草平衡分析［J］．中国草地学报，2011（3）：87－93.

［172］皇甫江云．我国西南地区草地资源特点及其可持续发展途径［J］．中国草地学报，2011（3）：100－106.

［173］王红兵．影响土壤侵蚀的社会经济因素研究进展［J］．地理科学进展，2011（3）：268－274.

［174］李广东．中国耕地保护机制建设研究进展［J］．地理科学进展，2011（3）：282－289.

［175］吴文婕．干旱区绿洲城市化发展与耕地保护协同性分析——以张掖市甘州区为例［J］．地理科学进展，2011（5）：621－626.

［176］赵兴国．区域资源环境与经济发展关系的时空分析［J］．地理科学进展，2011（6）：706－714.

［177］宋伟．2007年中国耕地资源安全评价［J］．地理科学进展，2011（11）：1449－1455.

［178］蒋金荷．中国碳排放特征及发展低碳经济的对策分析［J］．经济研究参考，

2011（5）：6－14.

［179］肖金成．京冀水资源补偿机制研究［J］．经济研究参考，2011（46）：15－25.

［180］潘仁飞．能源结构变化与中国碳减排目标实现［J］．经济研究参考，2011（59）：3－6，23.

［181］史立山．我国新能源开发利用状况和发展目标［J］．煤炭经济研究，2011（2）：4－7.

［182］颉茂华．能源类企业环境保护投资效率评价［J］．煤炭经济研究，2011（4）：32－36，61.

［183］刘志雄．我国能源消费、经济增长与碳排放的关系研究［J］．煤炭经济研究，2011（4）：37－41，65.

［184］庄贵阳．低碳经济的内涵及综合评价指标体系构建［J］．经济学动态，2011（1）：132－136.

［185］李虹．中国化石能源补贴与碳减排——衡量能源补贴规模的理论方法综述与实证分析［J］．经济学动态，2011（3）：92－96.

［186］汤吉军．气候变化的行为经济学研究前沿［J］．经济学动态，2011（7）：143－148.

［187］尹显萍．能源消费、节能潜力与中国对外贸易［J］．经济管理，2011（2）：14－22.

［188］魏敏．基于低碳经济视角的绿色旅游发展模式研究［J］．经济管理，2011（2）：102－108.

［189］张为付．我国碳排放轨迹呈现库兹涅茨倒 U 型吗？——基于不同区域经济发展与碳排放关系分析［J］．经济管理，2011（6）：14－23.

［190］方时姣．以生态文明为基点转变经济发展方式［J］．经济管理，2011（6）：24－28.

［191］燕群．基于气候因子修正的农用地集约利用评价研究［J］．北京大学学报（自然科学版），2011（1）：120－126.

［192］张雪花．基于能值——生态足迹整合模型的城市生态评价方法研究——以天津市为例［J］．北京大学学报（自然科学版），2011（2）：334－352.

［193］李双成．东北三省主要粮食作物虚拟水变化分析［J］．北京大学学报（自然科学版），2011（3）：505－512.

［194］谢旭轩．应用匹配倍差法评估退耕还林政策对农户收入的影响［J］．北京大学学报（自然科学版），2011（4）：759－767.

［195］唐秀美．北京市土地利用生态系统服务价值综合评估研究［J］．北京大学学报（自然科学版），2011（5）：853－862.

［196］易志斌．旅游业对目的地资源环境影响计量模型及实例分析［J］．北京大学学报（自然科学版），2011（5）：863－867.

[197] 靳毅．近50年来毛乌素沙地草地生态脆弱性评价——以内蒙古乌审旗为例[J]．北京大学学报（自然科学版），2011（5）：909－915.

[198] 蒙古军．区域生态风险评价：以鄂尔多斯市为例[J]．北京大学学报（自然科学版），2011（5）：935－943.

[199] 高阳．基于能值改进生态足迹模型的全国省区生态经济系统分析[J]．北京大学学报（自然科学版），2011（6）：1089－1096.

[200] 李波．基于土地功能的土地资源承载力研究——以北京市海淀区为例[J]．北京师范大学学报（自然科学版），2011（4）：424－427.

[201] 王强．基于水资源约束的张家口坝上生态经济发展研究[J]．北京师范大学学报（自然科学版），2011（6）：618－624.

[202] 张浩．城乡梯度带生态空间组织模式与生态功能区划研究——以大杭州都市为例[J]．复旦学报（社会科学版），2011（2）：231－237.

[203] 宋柯．长治湿地公园生态旅游环境容量研究[J]．复旦学报（社会科学版），2011（5）：576－582.

[204] 陈雅敏．面向LCA的土地利用生态影响评价指标研究[J]．复旦学报（社会科学版），2011（5）：592－596.

[205] 刘婷．多级网格环境下的土地利用统计方法[J]．中山大学学报（自然科学版），2011（3）：118－122.

[206] 彭文英．北京市农村环境基础设施现状问题及村民需求分析[J]．中国人口·资源与环境，2011（12）：104－107.

[207] 柳敏．北京市湿地面积动态变化及其驱动因子分析[J]．中国人口·资源与环境（专刊），2011（3）：571－574.

[208] 贾绍凤．变革中的中国水资源管理[J]．中国人口·资源与环境，2011（10）：102－106.

[209] 杨光梅．草原牧区可持续发展的生态经济路径[J]．中国人口·资源与环境（专刊），2011（3）：444－447.

[210] 王科明．干旱地区土地利用结构变化与生态服务价值的关系研究——以酒泉市为例[J]．中国人口·资源与环境，2011（3）：124－128.

[211] 吴郁玲．耕地集约利用影响因素的协整分析[J]．中国人口·资源与环境，2011（11）：67－72.

[212] 刘桂环．官厅水库流域生态补偿机制研究：生态系统服务视角[J]．中国人口·资源与环境（专刊），2011（12）：61－64.

[213] 杨欣．国内外农田生态补偿的方式及其选择[J]．中国人口·资源与环境（专刊），2011（12）：472－476.

[214] 薛建良．基于环境修正的中国农业全要素生产率度量[J]．中国人口·资源与环境，2011（5）：113－118.

[215] 杨俊. 基于环境因素的中国农业生产率增长研究[J]. 中国人口·资源与环境, 2011 (6): 153-157.

[216] 郑长德. 基于空间计量经济学的碳排放与经济增长分析[J]. 中国人口·资源与环境, 2011 (5): 80-86.

[217] 曲福田. 土地利用变化对碳排放的影响[J]. 中国人口·资源与环境, 2011 (10): 76-83.

[218] 卢小丽. 基于生态系统服务功能理论的生态足迹模型研究[J]. 中国人口·资源与环境, 2011 (12): 115-120.

[219] 王圣. 江苏省沿海地区经济发展与碳排放相关性研究[J]. 中国人口·资源与环境, 2011 (6): 170-174.

[220] 梁流涛. 农村生态资源的生态服务价值评估及时空特征分析[J]. 中国人口·资源与环境, 2011 (7): 133-139.

[221] 余庆年. 气候变化移民: 极端气候事件与适应——基于对 2010 年西南特大干旱农村人口迁移的调查[J]. 中国人口·资源与环境, 2011 (8): 29-34.

[222] 魏建. 山东省耕地资源与经济增长之间的关系研究[J]. 中国人口·资源与环境, 2011 (8): 158-163.

[223] 孙能利. 山东省农业生态价值测算及其贡献[J]. 中国人口·资源与环境, 2011 (7): 128-132.

[224] 汤吉军. 市场结构与环境污染外部性治理[J]. 中国人口·资源与环境, 2011 (3): 1-4.

[225] 陈敏鹏. 适应气候变化的成本分析: 回顾与展望[J]. 中国人口·资源与环境 (专刊), 2011 (12): 280-285.

[226] 严立冬. 水资源生态资本化运营探讨[J]. 中国人口·资源与环境, 2011 (12): 81-84.

[227] 王士春. 土地质量对农业劳动生产率的影响——来自六省县级数据的经验证据[J]. 中国人口·资源与环境 (专刊), 2011 (3): 330-333.

[228] 逯元堂. 我国产业结构调整的环境成效实证分析[J]. 中国人口·资源与环境 (专刊), 2011 (3): 69-72.

[229] 高峰. 我国区域工业生态效率评价及 DEA 分析[J]. 中国人口·资源与环境 (专刊), 2011 (3): 318-321.

[230] 李娟伟. 协调中国环境污染与经济增长冲突的路径研究*——基于环境退化成本的分析[J]. 中国人口·资源与环境, 2011 (5): 132-139.

[231] 何建坤. 中国的能源发展与应对气候变化[J]. 中国人口·资源与环境, 2011 (10): 40-48.

[232] 袁吉有. 中国典型脆弱生态区生态系统管理初步研究[J]. 中国人口·资源与环境 (专刊), 2011 (3): 97-99.

[233] 李太平. 中国化肥面源污染 EKC 验证及其驱动因素[J]. 中国人口·资源与环境, 2011 (11): 118-123.

[234] 肖士恩. 中国环境污染损失测算及成因探析[J]. 中国人口·资源与环境, 2011 (12): 70-74.

[235] 王大鹏. 中国七大流域水环境效率动态评价[J]. 中国人口·资源与环境, 2011 (9): 20-25.

[236] 吴建国. 中国生物多样性保护适应气候变化的对策[J]. 中国人口·资源与环境(专刊), 2011 (3): 435-439.

[237] 钱文婧. 中国水资源利用效率区域差异及影响因素研究[J]. 中国人口·资源与环境, 2011 (2): 54-60.

[238] 岳利萍. 中国资源富集地区资源禀赋影响经济增长的机制研究[J]. 中国人口·资源与环境, 2011 (2): 153-159.

[239] 高天明. 不同灌溉量对退化草地的生态恢复作用[J]. 中国水利, 2011 (9): 20-23.

[240] 鹿强. 干旱区农业灌溉用水定额研究[J]. 中国水利, 2011 (21): 45-46.

[241] 夏利亚. 土壤重金属污染及防治对策[J]. 能源环境保护, 2011 (4): 54-58.

[242] 何建兵. 太湖生态补偿方法及机制研究[J]. 水电能源科学, 2011 (12): 104-107.

[243] 方国华. 基于生态足迹模型的区域水资源生态承载力研究[J]. 水电能源科学, 2011 (10): 12-14.

[244] 黄国如. 农业非点源污染负荷核算方法研究[J]. 水电能源科学, 2011 (11): 28-32.

第二节　外文期刊索引

[1] Agliardi, Elettra. Sustainability in Uncertain Economies [J]. Environmental & Resource Economics, 2011, 48 (1): 71-82.

[2] Ahmed, Rasha and Kathleen Segerson. Collective Voluntary Agreements to Eliminate Polluting Products [J]. Resource and Energy Economics, 2011, 33 (3): 572-588.

[3] Akram, Agha Ali and Sheila M. Olmstead. The Value of Household Water Service Quality in Lahore, Pakistan [J]. Environmental & Resource Economics, 2011, 49 (2): 173-198.

[4] Alberini, Anna and Milan Šcasnÿ. Context and the Vsl Evidence from a Stated Prefer-

ence Study in Italy and the Czech Republic [J] . Environmental & Resource Economics, 2011, 49 (4): 511 -538.

[5] Alevy, Jonathan E. , John A. List and Wiktor L. Adamowicz. How Can Behavioral Economics Inform Nonmarket Valuation?: An Example from the Preference Reversal Literature [J]. Land Economics, 2011, 87 (3): 365 -381.

[6] Allcott, Hunt. Rethinking Real - Time Electricity Pricing [J] . Resource and Energy Economics, 2011, 33 (4): 820 -842.

[7] Al - Ubaydl, Omar and Min Lee. Can Tailored Communications Motivate Environmental Volunteers? A Natural Field Experiment [J] . American Economic Review: Papers & Proceedings, 2011, 101 (3): 323 -328.

[8] Ami, Dominique, Frédéric Aprahamian, Olivier Chanel and Stéphane Luchini. A Test of Cheap Talk in Different Hypothetical Contexts the Case of Air Pollution [J] . Environmental & Resource Economics, 2011, 50 (1): 111 -130.

[9] Anderson, Barry and Corrado Di Maria. Abatement and Allocation in the Pilot Phase of the Eu Ets [J] . Environmental & Resource Economics, 2011, 48 (1): 83 -103.

[10] Anderson, Soren T. , Ryan Kellogg; James M. Sallee and Richard T. Curtin. Forecasting Gasoline Prices Using Consumer Surveys [J] . American Economic Review: Papers & Proceedings, 2011, 101 (3): 110 -114.

[11] Anselin, Luc and Nancy Lozano - Gracia. Accounting for Spatial Effects in Economic Models of Land Use Recent Developments and Challenges Ahead [J] . Environmental & Resource Economics, 2011, 48 (3): 487 -509.

[12] Arguedas, Carmen and Daan P. van Soest. Optimal Conservation Programs, Asymmetric Information and the Role of Fixed Costs [J] . Environmental & Resource Economics, 2011, 50 (2): 305 -323.

[13] Arnot, Chris D. , Martin K. Luckert and Peter C. Boxall. What Is Tenure Security?: Conceptual Implications for Empirical Analysis [J] . Land Economics, 2011, 87 (2): 297 -331.

[14] Auffhammer, Maximilian and Ryan Kellogg. Clearing the Air? The Effects of Gasoline Content Regulation on Air Quality [J] . American Economic Review, 2011, 101 (6): 2687 - 2722.

[15] Auffhammer, Maximilian, Antonio M. Bento and Scott E. Lowe. The City - Level Effects of the 1990 Clean Air Act Amendments [J] . Land Economics, 2011, 87 (1): 1 -18.

[16] Baldursson, Fridrik Mar and Jon Thor Sturluson. Fees and the Efficiency of Tradable Permit Systems an Experimental Approach [J] . Environmental & Resource Economics, 2011, 48 (1): 25 -41.

[17] Balikcioglu, Metin, Paul L. Fackler and Robert S. Pindyck. Solving Optimal Timing

Problems in Environmental Economics [J] . Resource and Energy Economics, 2011, 33 (3): 761 - 768.

[18] Balmford, Andrew, Brendan Fisher, Rhys E. Green, Robin Naidoo, Bernardo Strassburg; R. Kerry Turner and Ana S. L. Rodrigues. Bringing Ecosystem Services into the Real World an Operational Framework for Assessing the Economic Consequences of Losing Wild Nature [J]. Environmental & Resource Economics, 2011, 48 (2): 161 - 175.

[19] Barassi, Marco R. , Matthew A. Cole and Robert J. R. Elliott. The Stochastic Convergence of Co_2 Emissions a Long Memory Approach [J] . Environmental & Resource Economics, 2011, 49 (3): 367 - 385.

[20] Bateman, I. J. , R. Brouwer, S. Ferrini, M. Schaafsma, D. N. Barton, A. Dubgaard, B. Hasler, S. Hime, I. Liekens, S. Navrud, et al. Making Benefit Transfers Work: Deriving and Testing Principles for Value Transfers for Similar and Dissimilar Sites Using a Case Study of the Non - Market Benefits of Water Quality Improvements across Europe [J] . Environmental & Resource Economics, 2011, 50 (3): 365 - 387.

[21] Bateman, Ian J. , Georgina M. Mace, Carlo Fezzi, Giles Atkinson and Kerry Turner. Economic Analysis for Ecosystem Service Assessments [J] . Environmental & Resource Economics, 2011, 48 (2): 177 - 218.

[22] Becker, Randy A. On Spatial Heterogeneity in Environmental Compliance Costs [J] . Land Economics, 2011, 87 (1): 28 - 44.

[23] Beladi, Hamid and Reza Oladi. Does Trade Liberalization Increase Global Pollution [J]. Resource and Energy Economics, 2011, 33 (1): 172 - 178.

[24] Bell, David R. and Ronald C. Griffin. Urban Water Demand with Periodic Error Correction [J] . Land Economics, 2011, 87 (3): 528 - 544.

[25] Benchekroun, Hassan and Cees Withagen. The Optimal Depletion of Exhaustible Resources: A Complete Characterization [J] . Resource and Energy Economics, 2011, 33 (3): 612 - 636.

[26] Bergh J. C. J. M. Van Den. Energy Conservation More Effective with Rebound Policy [J]. Environmental & Resource Economics, 2011, 48 (1): 43 - 58.

[27] Bernard, Jean - Thomas, Denis Bolduc and Nadège - Dé sirée Yameogo. A Pseudo - Panel Data Model of Household Electricity Demand [J] . Resource and Energy Economics, 2011, 33 (1): 315 - 25.

[28] Blomendahl, Ben H. , Richard K. Perrin and Bruce B. Johnson. The Impact of Ethanol Plants on Surrounding Farmland Values: A Case Study [J] . Land Economics, 2011, 87 (2): 223 - 232.

[29] Blomquist, Glenn C. , Mark Dickie and Richard M. O' Conor. Willingness to Pay for Improving Fatality Risks and Asthma Symptoms : Values for Children and Adults of All Ages

[J]. Resource and Energy Economics, 2011, 33 (2): 410 –425.

[30] Boman, Mattias, Leif Mattsson, Göran Ericsson and Bengt Kriström. Moose Hunting Values in Sweden Now and Two Decades Ago the Swedish Hunters Revisited [J] . Environmental & Resource Economics, 2011, 50 (4): 515 –530.

[31] Botzen W. J. W. Bounded Rationality and Public Policy a Perspective from Behavioural Economics [J] . Environmental & Resource Economics, 2011, 49 (2): 305 –308.

[32] Braden, John B. , Xia Feng and DooHwanWon. Waste Sites and Property Values a Meta –Analysis [J] . Environmental & Resource Economics, 2011, 50 (2): 175 –201.

[33] Brécard, Dorothée. Environmental Tax in a Green Market [J] . Environmental & Resource Economics, 2011, 49 (3): 387 –403.

[34] Bréchet, Thierry and Stéphane Lambrecht. Renewable Resource and Capital with a Joy –of – Giving Resource Bequest Motive [J] . Resource and Energy Economics, 2011, 33 (4): 981 –994.

[35] Breffle, William S. , Edward R. Morey and Jennifer A. Thacher. A Joint Latent – Class Model Combining Likert –Scale Preference Statements with Choice Data to Harvest Preference Heterogeneity [J] . Environmental & Resource Economics, 2011, 50 (1): 83 –110.

[36] Bretschger, Lucas, Roger Ramer and Florentine Schwark. Growth Effects of Carbon Policies: Applying a Fully Dynamic Cge Model with Heterogeneous Capital [J] . Resource and Energy Economics, 2011, 33 (4): 963 –980.

[37] Brey, Raul, Olvar Bergland and Pere Riera. A Contingent Grouping Approach for Stated Preferences [J] . Resource and Energy Economics, 2011, 33 (3): 745 –755.

[38] Briggs R. J. Prices Vs. Quantities in a Dynamic Problem Externalities from Resource Extraction [J] . Resource and Energy Economics, 2011, 33 (4): 843 –854.

[39] BrittGroosman, NicholasZ. Muller and Erin O' Neill – Toy. The Ancillary Benefits from Climate Policy in the United States [J] . Environmental & Resource Economics, 2011, 50 (4): 585 –603.

[40] Brown, Gardner, Trista Patterson and Nicholas Cain. The Devil in the Details Non – Convexities in Ecosystem Service Provision [J] . Resource and Energy Economics, 2011, 33 (2): 355 –365.

[41] Brown, Laura K. , Elizabeth Troutt, Cynthia Edwards, Brian Gray and Wanjing Hu. A Uniform Price Auction for Conservation Easements in the Canadian Prairies [J] . Environmental & Resource Economics, 2011, 50 (1): 49 –60.

[42] Buitenzorgy, Meilanie and Arthur P. J. Mol. Does Democracy Lead to a Better Environment Deforestation and the Democratic Transition Peak [J] . Environmental & Resource Economics, 2011, 48 (1): 59 –70.

[43] Burton, Diana M. , Irma A. Gomez and H. Alan Love. Environmental Regulation Cost

and Industry Structure Changes [J] . Land Economics, 2011, 87 (3): 545 -557.

[44] Busch, Christopher B. and Colin Vance. The Diffusion of Cattle Ranching and Deforestation Prospects for a Hollow Frontier in Mexico's Yucatán [J] . Land Economics, 2011, 87 (4): 682 -698.

[45] Bushnell, James B. and Erin T. Mansur. Vertical Targeting and Leakage in Carbon Policy [J] . American Economic Review: Papers & Proceedings, 2011, 101 (3): 263 -267.

[46] Butsic, Van, David J. Lewis and Lindsay Ludwig. An Econometric Analysis of Land Development with Endogenous Zoning [J] . Land Economics, 2011, 87 (3): 412 -432.

[47] Butsic, Van, Ellen Hanak and Robert G. Valletta. Climate Change and Housing Prices Hedonic Estimates for Ski Resorts in Western North America [J] . Land Economics, 2011, 87 (1): 75 -91.

[48] Caffera, Marcelo and Carlos A. Chávez. The Cost - Effective Choice of Policy Instruments to Cap Aggregate Emissions with Costly Enforcement [J] . Environmental & Resource Economics, 2011, 50 (4): 531 -557.

[49] Caputo, Michael R. A Nearly Complete Test of a Capital Accumulating, Vertically Integrated, Nonrenewable Resource Extracting Theory of a Competitive Firm [J] . Resource and Energy Economics, 2011, 33 (3): 725 -744.

[50] Cardenas, Juan Camilo. Social Norms and Behavior in the Local Commons as Seen through the Lens of Field Experiments [J] . Environmental & Resource Economics, 2011, 48 (3): 451 -485.

[51] Carlsson, Fredrik, Mitesh Kataria and Elina Lampi. Do Epa Administrators Recommend Environmental Policies That Citizens Want [J] . Land Economics, 2011, 87 (1): 60 -74.

[52] Carpio, Carlos E. , Octavio A. Ramirez and Tullaya Boonsaeng. Potential for Tradable Water Allocation and Rights in Jordan [J] . Land Economics, 2011, 87 (4): 595 -609.

[53] Carson, Richard T. and Jordan J. Louviere. A Common Nomenclature for Stated Preference Elicitation Approaches [J] . Environmental & Resource Economics, 2011, 49 (4): 539 -559.

[54] Casamatta, Georges, Gordon Rausser and Leo Simon. Optimal Taxation with Joint Production of Agriculture and Rural Amenities [J] . Resource and Energy Economics, 2011, 33 (3): 544 -553.

[55] Cattaneo, Cristina, Matteo Manera and Elisa Scarpa. Industrial Coal Demand in China: A Provincial Analysis [J] . Resource and Energy Economics, 2011, 33 (1): 12 -35.

[56] Chamblee, John F. , Peter F. Colwell, Carolyn A. Dehring and Craig A. Depken. The Effect of Conservation Activity on Surrounding Land Prices [J] . Land Economics, 2011, 87 (3): 453 -472.

[57] Chandra, Ambarish and Mariano Tappata. Consumer Search and Dynamic Price Dis-

persion: An Application to Gasoline Markets [J]. RAND Journal of Economics, 2011, 42 (4): 681-704.

[58] Chau, Nancy H. and Weiwen Zhang. Harnessing the Forces of Urban Expansion: The Public Economics of Farmland Development Allowances [J]. Land Economics, 2011, 87 (3): 488-507.

[59] Chevallier, Julien, Yannick Le Pen and Beno ît Sévi. Options Introduction and Volatility in the Eu Ets [J]. Resource and Energy Economics, 2011, 33 (4): 855-880.

[60] Chiabai, Aline, Chiara M. Travisi, Anil Markandya, Helen Ding and Paulo A. L. D. Nunes. Economic Assessment of Forest Ecosystem Services Losses Cost of Policy Inaction [J]. Environmental & Resource Economics, 2011, 50 (3): 405-445.

[61] Ciaian, Pavel and d'Artis Kancs. Interdependencies in the Energy - Bioenergy - Food Price Systems: A Cointegration Analysis [J]. Resource and Energy Economics, 2011, 33 (1): 326-348.

[62] Coman, Katharine. Some Unsettled Problems of Irrigation [J]. American Economic Review, 2011, 101 (1): 36-48.

[63] Constantatos, Christos and Markus Herrmann. Market Inertia and the Introduction of Green Products Can Strategic Effects Justify the Porter Hypothesis [J]. Environmental & Resource Economics, 2011, 50 (2): 267-284.

[64] Coria, Jessica. Environmental Crises' Regulations, Tradable Permits and the Adoption of New Technologies [J]. Resource and Energy Economics, 2011, 33 (3): 455-476.

[65] Criado, C. Orda's and J. - M. Grether. Convergence in Per Capita Co_2 Emissions: A Robust Distributional Approach [J]. Resource and Energy Economics, 2011, 33 (3): 637-665.

[66] Cullinan, John. A Spatial Microsimulation Approach to Estimating the Total Number and Economic Value of Site Visits in Travel Cost Modelling [J]. Environmental & Resource Economics, 2011, 50 (1): 83-110.

[67] Dalgaard, Carl-Johan and Holger Strulik. Energy Distribution and Economic Growth [J]. Resource and Energy Economics, 2011, 33 (4): 782-797.

[68] Dam, Lammertjan. Socially Responsible Investment in an Environmental Overlapping Generations Model [J]. Resource and Energy Economics, 2011, 33 (4): 1015-1027.

[69] Dasgupta, Partha. The Ethics of Intergenerational Distribution Reply and Response to John E. Roemer [J]. Environmental & Resource Economics, 2011, 50 (4): 475-493.

[70] David, Maia, Alain-Désiré Nimubona and Bernard Sinclair-Desgagné. Emission Taxes and the Market for Abatement Goods and Services [J]. Resource and Energy Economics, 2011, 33 (1): 179-191.

[71] Davis, Graham A. The Resource Drag [J]. International Economics and Economic Policy, 2011, 8 (2): 155-176.

[72] Davis, Lucas W. and Lutz Kilian. The Allocative Cost of Price Ceilings in the U. S. Residential Market for Natural Gas [J] . Journal of Political Economy, 2011, 119 (2): 212 -241.

[73] Deacon, Robert T. , David Finnoff and John Tschirhart. Restricted Capacity and Rent Dissipation in a Regulated Open Access Fishery [J] . Resource and Energy Economics, 2011, 33 (2): 366 -380.

[74] Deininger, Klaus, Daniel Ayalew Ali and Tekie Alemu. Impacts of Land Certification on Tenure Security, Investment, and Land Market Participation: Evidence from Ethiopia [J] . Land Economics, 2011, 87 (2): 312 -334.

[75] Dekker, Thijs, Roy Brouwer, Marjan Hofkes and Klaus Moeltner. The Effect of Risk Context on the Value of a Statistical Life a Bayesian Meta - Model [J] . Environmental & Resource Economics, 2011, 49 (4): 597 -624.

[76] Dijkstra, Bouwe R. , Edward Manderson and Tae - Yeoun Lee. Extending the Sectoral Coverage of an International Emission Trading Scheme [J] . Environmental & Resource Economics, 2011, 50 (2): 243 -266.

[77] Duflo, Esther, Michael Kremer and Jonathan Robinson. Nudging Farmers to Use Fertilizer: Theory and Experimental Evidence from Kenya [J] . American Economic Review, 2011, 101 (6): 2350 -2390.

[78] Editorial. Technologies, Preferences, and Policies for a Sustainable Use of Natural Resources [J] . Resource and Energy Economics, 2011, 33 (4): 881 -892.

[79] Eggert, H. and M. Greaker. Trade, Gmos and Environmental Risk Are Current Policies Likely to Improve Welfare [J] . Environmental & Resource Economics, 2011, 48 (4): 587 -608.

[80] Ekins, Paul, Philip Summerton, Chris Thoung and Daniel Lee. A Major Environmental Tax Reform for the Uk Results for the Economy, Employment and the Environment [J] . Environmental & Resource Economics, 2011, 50 (3): 447 -474.

[81] Elofsson, Katarina. Delegation of Decision - Rights for Wetlands [J] . Environmental & Resource Economics, 2011, 50 (2): 285 -303.

[82] Engel, Stefanie and Charles Palmer. Complexities of Decentralization in a Globalizing World [J] . Environmental & Resource Economics, 2011, 50 (2): 157 -174.

[83] Escaleras, Monica and Charles A. Register. Natural Disasters and Foreign Direct Investment [J] . Land Economics, 2011, 87 (2): 346 -363.

[84] Eyckmans, Johan and Cathrine Hagem. The European Union's Potential for Strategic Emissions Trading through Permit Sales Contracts [J] . Resource and Energy Economics, 2011, 33 (1): 247 -267.

[85] Ferraro, Paul J. and Merlin M. Hanauer. Protecting Ecosystems and Alleviating Pover-

ty with Parks and Reserves "Win – Win" or Tradeoffs [J]. Environmental & Resource Economics, 2011, 48 (2): 269 – 286.

[86] Finney, Miles M., Frank Goetzke and Mann J. Yoon. Income Sorting and the Demand for Clean Air Evidence from Southern California [J]. Land Economics, 2011, 87 (1): 19 – 27.

[87] Fischer, Carolyn. Market Power and Output – Based Refunding of Environmental Policy Revenues [J]. Resource and Energy Economics, 2011, 33 (1): 212 – 230.

[88] Fischer, Carolyn, Edwin Muchapondwa and Thomas Sterner. A Bio – Economic Model of Community Incentives for Wildlife Management under Campfire [J]. Environmental & Resource Economics, 2011, 48 (2): 303 – 319.

[89] Fisher, Brendan, Stephen Polasky and Thomas Sterner. Conservation and Human Welfare Economic Analysis of Ecosystem Services [J]. Environmental & Resource Economics, 2011, 48 (2): 151 – 159.

[90] Folmer, Henk and Olof Johansson – Stenman. Does Environmental Economics Produce Aeroplanes without Engines on the Need for an Environmental Social Science [J]. Environmental & Resource Economics, 2011, 48 (3): 337 – 361.

[91] Framstad N. C. A Remark on R. S. Pindyck: "Irreversibilities and the Timing of Environmental Policy" [J]. Resource and Energy Economics, 2011, 33 (3): 756 – 760.

[92] Fujiwara, Kenji. Losses from Competition in a Dynamic Game Model of a Renewable Resource Oligopoly [J]. Resource and Energy Economics, 2011, 33 (1): 1 – 11.

[93] Gamper – Rabindran, Shanti and Christopher Timmins. Hazardous Waste Cleanup, Neighborhood Gentrification, and Environmental Justice: Evidence from Restricted Access Census Block Data [J]. American Economic Review: Papers & Proceedings, 2011, 101 (3): 620 – 624.

[94] Garg, Amit. Pro – Equity Effects of Ancillary Benefits of Climate Change Policies: A Case Study of Human Health Impacts of Outdoor Air Pollution in New Delhi [J]. World Development, 2011, 39 (6): 1002 – 1025.

[95] Gatti, Rupert, Timo Goeschl, Ben Groom and Timothy Swanson. The Biodiversity Bargaining Problem [J]. Environmental & Resource Economics, 2011, 48 (4): 609 – 628.

[96] Geijer, Erik, Göran Bostedt and Runar Brännlund. Damned If You Do, Damned If You Do Not – Reduced Climate Impact Vs. Sustainable Forests in Sweden [J]. Resource and Energy Economics, 2011, 33 (1): 94 – 106.

[97] Genius, Margarita and Elisabetta Strazzera. Can Unbiased Be Tighter? Assessment of Methods to Reduce the Bias – Variance Trade – Off in Wtp Estimation [J]. Resource and Energy Economics, 2011, 33 (1): 293 – 314.

[98] Glachant, Matthieu and Yann Ménière. Project Mechanisms and Technology Diffusion

in Climate Policy [J] . Environmental & Resource Economics, 2011, 49 (3): 405 –423.

[99] Golombek, Rolf and Michael Hoel. International Cooperation on Climate – Friendly Technologies [J] . Environmental & Resource Economics, 2011, 49 (4): 473 –490.

[100] Gómez – Lobo, Andrés, Julio Pena – Torres and Patricio Barría. Itq's in Chile Measuring the Economic Benefits of Reform [J] . Environmental & Resource Economics, 2011, 48 (4): 651 –678.

[101] Goulder, Lawrence H. and Robert N. Stavins. Challenges from State – Federal Interactions in Us Climate Change Policy [J] . American Economic Review: Papers & Proceedings, 2011, 101 (3): 253 –257.

[102] Grimaud, André, Gilles Lafforgue and Bertrand Magne. Climate Change Mitigation Options and Directed Technical Chang [J] . Resource and Energy Economics, 2011, 33 (4): 938 –962.

[103] Groves, Jeremy R. and William H. Rogers. Effectiveness of Rca Institutions to Limit Local Externalities: Using Foreclosure Data to Test Covenant Effectiveness [J] . Land Economics, 2011, 87 (4): 559 –581.

[104] Gsottbauer, Elisabeth and Jeroen C. J. M. van den Bergh. Environmental Policy Theory Given Bounded Rationality and Other – Regarding Preferences [J] . Environmental & Resource Economics, 2011, 49 (2): 263 –304.

[105] Halsæs, Kirsten, Anil Markandya and P. Shukla. Introduction Sustainable Development, Energy, and Climate Change [J] . World Development, 2011, 39 (6): 983 –986.

[106] HalsnæS, Kirsten and Amit Garg. Assessing the Role of Energy in Development and Climate Policies – Conceptual Approach and Key Indicators [J] . World Development, 2011, 39 (6): 987 –1001.

[107] Hassan, Tarek A. and Thomas M. Mertens. Market Sentiment: A Tragedy of the Commons [J] . American Economic Review: Papers & Proceedings, 2011, 101 (3): 402 –405.

[108] Heggedal, Tom – Reiel and Karl Jacobsen. Timing of Innovation Policies When Carbon Emissions Are Restricted: An Applied General Equilibrium Analysis [J] . Resource and Energy Economics, 2011, 33 (4): 913 –937.

[109] Heinzel, Christoph and Ralph Winkler. Distorted Time Preferences and Time – to – Build in the Transition to a Low – Carbon Energy Industry [J] . Environmental & Resource Economics, 2011, 49 (2): 217 –241.

[110] Hidrue, Michael K. , George R. Parsons, Willett Kempton and Meryl P. Gardner. Willingness to Pay for Electric Vehicles and Their Attributes [J] . Resource and Energy Economics, 2011, 33 (3): 686 –705.

[111] Hintermann, Beat. Market Power, Permit Allocation and Efficiency in Emission Permit Markets [J] . Environmental & Resource Economics, 2011, 49 (3): 327 –349.

[112] Hjorth, Katrine and Mogens Fosgerau. Loss Aversion and Individual Characteristics [J]. Environmental & Resource Economics, 2011, 49 (4): 573 -596.

[113] Holland, Daniel S. Optimal Intra - Annual Exploitation of the Maine Lobster Fishery [J] . Land Economics, 2011, 87 (4): 699 -711.

[114] Horan, Richard D. , Jason F. Shogren and Erwin H. Bulter. Joint Determination of Biological Encephalization, Economic Specialization [J] . Resource and Energy Economics, 2011, 33 (2): 426 -439.

[115] Hovi, Jon, Arild Underdal and HughWard. Potential Contributions of Political Science to Environmental Economics [J] . Environmental & Resource Economics, 2011, 48 (3): 391 -411.

[116] Huang, Ju - Chin, John M. Halstead and Shanna B. Saunders. Managing Municipal Solid Waste with Unit - Based Pricing Policy Effects and Responsiveness to Pricing [J] . Land Economics, 2011, 87 (4): 645 -660.

[117] Ichinose, Daisuke and Masashi Yamamoto. On the Relationship between the Provision of Waste Management Service and Illegal Dumping [J] . Resource and Energy Economics, 2011, 33 (1): 79 -93.

[118] Isoni, Andrea, Graham Loomes and Robert Sugden. The Willingness to Pay - Willingness to Accept Gap, the "Endowment Effect", Subject Misconceptions, and Experimental Procedures for Eliciting Valuations: Comment [J] . American Economic Review, 2011, 101 (2): 991 -1011.

[119] Jacobsen, Mark R. Fuel Economy, Car Class Mix, and Safety [J] . American Economic Review: Papers & Proceedings, 2011, 101 (3): 105 -109.

[120] Jacquemet, Nicolas, Alexander G. James, Stéphane Luchini and Jason F. Shogren. Social Psychology and Environmental Economics a New Look at Ex Ante Corrections of Biased Preference Evaluation [J] . Environmental & Resource Economics, 2011, 48 (3): 413 -433.

[121] James, Alex and David Aadland. The Curse of Natural Resources: An Empirical Investigation of U. S. Counties [J] . Resource and Energy Economics, 2011, 33 (2): 440 -453.

[122] Janmaat, Johannus. Water Markets, Licenses, and Conservation Some Implications [J] . Land Economics, 2011, 87 (1): 145 -160.

[123] Johannesen, Anne Borge and Anders Skonhoft. Livestock as Insurance and Social Status Evidence from Reindeer Herding in Norway [J] . Environmental & Resource Economics, 2011, 48 (4): 679 -694.

[124] Kaminski, Jonathan and Alban Thomas. Land Use, Production Growth, and the Institutional Environment of Smallholders Evidence from Burkinabè Cotton Farmers [J] . Land Economics, 2011, 87 (1): 161 -182.

[125] Kawahara, Shinya. Electoral Competition with Environmental Policy as a Second Best Transfer [J]. Resource and Energy Economics, 2011, 33 (3): 477-495.

[126] Khanna, Madhu and Surender Kumar. Corporate Environmental Management and Environmental Efficiency [J]. Environmental & Resource Economics, 2011, 50 (2): 227-242.

[127] Khazri, Olfa and Pierre Lasserre. Forest Management: Are Double or Mixed Rotations Preferable to Clear Cutting [J]. Resource and Energy Economics, 2011, 33 (1): 155-171.

[128] Kilian, Lutz and Logan T. Lewis. Does the Fed Respond to Oil Price Shocks? The Economic Journal, 2011, 121 (9): 1047-1072.

[129] Kok, Nils, Marquise Mc Graw and John M. Quigley. The Diffusion of Energy Efficiency in Building [J]. American Economic Review: Papers & Proceedings, 2011, 101 (3): 77-82.

[130] Kolstad, Charles D. and Alistair Ulph. Uncertainty, Learning and Heterogeneity in International Environmental Agreements [J]. Environmental & Resource Economics, 2011, 50 (3): 389-403.

[131] Konishi, Yoshifumi and Kenji Adachi. A Framework for Estimating Willingness-to-Pay to Avoid Endogenous Environmental Risks [J]. Resource and Energy Economics, 2011, 33 (1): 130-154.

[132] Konishi, Yoshifumi. Efficiency Properties of Binary Ecolabeling [J]. Resource and Energy Economics, 2011, 33 (4): 798-819.

[133] Kovacs, Kent, Thomas P. Holmes, Jeffrey E. Englin and Janice Alexander. The Dynamic Response of Housing Values to a Forest Invasive Disease Evidence from a Sudden Oak Death Infestation [J]. Environmental & Resource Economics, 2011, 49 (3): 445-471.

[134] Kremer, Michael, Jessica Leino, Edward Miguel and Alix Peterson Zwane. Spring Cleaning: Rural Water Impacts, Valuation, and Property Rights Institutions [J]. The Quarterly Journal of Economics, 2011, 126 (1): 145-205.

[135] Krueger, Andrew D., George R. Parsons and Jeremy Firestone. Valuing the Visual Disamenity of Offshore Wind Power Projects at Varying Distances from the Shore: An Application on the Delaware Shoreline [J]. Land Economics, 2011, 87 (2): 268-283.

[136] Kuosmanen, Timo and Marita Laukkanen. (in) Efficient Environmental Policy with Interacting Pollutants [J]. Environmental & Resource Economics, 2011, 48 (4): 629-649.

[137] Landry, Craig E. and Paul Hindsley. Valuing Beach Quality with Hedonic Property Models [J]. Land Economics, 2011, 87 (1): 92-108.

[138] Langpap, Christian and JunJie Wu. Potential Environmental Impacts of Increased Reliance on Corn-Based Bioenergy [J]. Environmental & Resource Economics, 2011, 49

(2): 147－171.

[139] Laukkanen, Marita and Céline Nauges. Environmental and Production Cost Impacts of No－Till in Finland Estimates from Observed Behavior [J]. Land Economics, 2011, 87 (3): 508－527.

[140] Leach, Andrew, Charles F. Mason and Klaas van't Veld. Co－Optimization of Enhanced Oil Recovery and Carbon Sequestration [J]. Resource and Energy Economics, 2011, 33 (4): 893－912.

[141] Legras, Sophie. Incomplete Model Specification in a Multi－Pollutant Setting: The Case of Climate Change and Acidification [J]. Resource and Energy Economics, 2011, 33 (3): 527－543.

[142] Lessmann, Kai and Ottmar Edenhofer. Research Cooperation and International Standards in a Model of Coalition Stability [J]. Resource and Energy Economics, 2011, 33 (1): 36－54.

[143] Lew, Daniel K. and Douglas M. Larson. A Repeated Mixed Logit Approach to Valuing a Local Sport Fishery: The Case of Southeast Alaska Salmon [J]. Land Economics, 2011, 87 (4): 712－729.

[144] Lew, Daniel K. and Kristy Wallmo. External Tests of Scope and Embedding in Stated Preference Choice Experiments an Application to Endangered Species Valuation [J]. Environmental & Resource Economics, 2011, 48 (1): 1－23.

[145] Lewis, David J., Andrew J. Planting, Erik Nelson and Stephen Polasky. The Efficiency of Voluntary Incentive Policies for Preventing Biodiversity Loss [J]. Resource and Energy Economics, 2011, 33 (1): 192－211.

[146] Lewis, David J., Bradford L. Barham and Brian Robinson. Are There Spatial Spillovers in the Adoption of Clean Technology: The Case of Organic Dairy Farming [J]. Land Economics, 2011, 87 (2): 250－267.

[147] Libecap, Gary D. Institutional Path Dependence in Climate Adaptation: Coman's Some Unsettled Problems of Irrigation [J]. American Economic Review, 2011, 101 (1): 64－80.

[148] Libecap, Gary D. and Dean Lueck. The Demarcation of Land and the Role of Coordinating Property Institutions [J]. Journal of Political Economy, 2011, 119 (3): 426－467.

[149] Liu, Xiangping and Lori Lynch. Do Agricultural Land Preservation Programs Reduce Farmland Loss Evidence from a Propensity Score Matching Estimator [J]. Land Economics, 2011, 87 (2): 183－201.

[150] Luisetti, Tiziana, Ian J. Bateman and R. Kerry Turner. Testing the Fundamental Assumption of Choice Experiments: Are Values Absolute or Relative [J]. Land Economics, 2011, 87 (2): 284－296.

[151] MacKenzie, Ian A. Tradable Permit Allocations and Sequential Choice [J]. Resource and Energy Economics, 2011, 33 (1): 268 - 278.

[152] Mallory, Mindy L., Dermot J. Hayes and Bruce A. Babcock. Crop - Based Biofuel Production with Acreage Competition and Uncertainty [J]. Land Economics, 2011, 87 (4): 610 - 627.

[153] Markandya, Anil. Equity and Distributional Implications of Climate Change [J]. World Development, 2011, 39 (6): 1051 - 1060.

[154] Marques, António C., José A. Fuinhas and José P. Manso. A Quantile Approach to Identify Factors Promoting Renewable Energy in European Countries [J]. Environmental & Resource Economics, 2011, 49 (3): 351 - 366.

[155] Mason, Charles F. Eco - Labeling and Market Equilibria with Noisy Certification Tests [J]. Environmental & Resource Economics, 2011, 48 (4): 537 - 560.

[156] Mason, Charles F. Joint Determination of Biological Encephalization, Economic Specialization [J]. Resource and Energy Economics, 2011, 33 (2): 398 - 409.

[157] McNair, Ben J., Jeff Bennett and David A. Hensher. A Comparison of Responses to Single and Repeated Discrete Choice Questions [J]. Resource and Energy Economics, 2011, 33 (3): 554 - 571.

[158] Meunier, Guy. Emission Permit Trading Between Imperfectly Competitive Product Markets [J]. Environmental & Resource Economics, 2011, 50 (3): 347 - 364.

[159] Miguel, Carlos de and Baltasar Manzano. Green Tax Reforms and Habits [J]. Resource and Energy Economics, 2011, 33 (1): 231 - 247.

[160] Moore, Christopher C., Daniel J. Phaneuf and Walter N. Thurman. A Bayesian Bioeconometric Model of Invasive Species Control the Case of the Hemlock Woolly Adelgid [J]. Environmental & Resource Economics, 2011, 50 (1): 1 - 26.

[161] Moore, Rebecca, Bill Provencher and Richard C. Bishop. Valuing a Spatially Variable Environmental Resource Reducing Non - Point - Source Pollution in Green Bay, Wisconsin [J]. Land Economics, 2011, 87 (1): 45 - 59.

[162] Morgan, O. Ashton and William L. Huth. Using Revealed and Stated Preference Data to Estimate the Scope and Access Benefits Associated with Cave Diving [J]. Resource and Energy Economics, 2011, 33 (1): 107 - 118.

[163] Muller, Nicholas Z., Robert Mendelsohn and William Nordhaus. Environmental Accounting for Pollution in the United States Economy [J]. American Economic Review, 2011, 101 (5): 1649 - 1675.

[164] Naidoo, Robin, Greg Stuart - Hill, L. Chris Weaver, Jo Tagg, Anna Davis and Andee Davidson. Effect of Diversity of Large Wildlife Species on Financial Benefits to Local Communities in Northwest Namibia [J]. Environmental & Resource Economics, 2011, 48 (2):

321 – 335.

[165] Nielsen, Jytte Seested. Use of the Internet for Willingness – to – Pay Surveys: A Comparison of Face – to – Face and Web – Based Interviews [J] . Resource and Energy Economics, 2011, 33 (1): 119 – 129.

[166] Nishitani, Kimitaka. An Empirical Analysis of the Effects on Firms' Economic Performance of Implementing Environmental Management Systems [J] . Environmental & Resource Economics, 2011, 48 (4): 569 – 586.

[167] Ojea, Elena and Maria L. Loureiro. Identifying the Scope Effect on a Meta – Analysis of Biodiversity Valuation Studies [J] . Resource and Energy Economics, 2011, 33 (3): 706 – 724.

[168] Olaussen, Jon Olaf and Anders Skonhoft. A Cost – Benefit Analysis of Moose Harvesting in Scandinavia: A Stage Structured Modelling Approach [J] . Resource and Energy Economics, 2011, 33 (3): 589 – 611.

[169] Olsen, Søren Bøye, Thomas Hedemark Lundhede, Jette Bredahl Jacobsen and Bo Jellesmark Thorsen. Tough and Easy Choices Testing the Influence of Utility Difference on Stated Certainty – in – Choice in Choice Experiments [J] . Environmental & Resource Economics, 2011, 49 (4): 491 – 510.

[170] Ostrom, Elinor. Reflections on Some Unsettled Problems of Irrigation [J] . American Economic Review, 2011, 101 (1): 49 – 63.

[171] Parker, Dominic P. and Walter N. Thurman. Crowding out Open Space: The Effects of Federal Land Programs on Private Land Trust Conservation [J] . Land Economics, 2011, 87 (2): 202 – 222.

[172] Petrolia, Daniel R. and Tae – Goun Kim. Contingent Valuation with Heterogeneous Reasons for Uncertainty [J] . Resource and Energy Economics, 2011, 33 (3): 515 – 526.

[173] Pietola, Kyösti, Sami Myyrä and Eija Pouta. The Effects of Changes in Capital Gains Taxes on Land Sales: Empirical Evidence from Finland [J] . Land Economics, 2011, 87 (4): 582 – 594.

[174] Ploeg, Frederick van der. Natural Resources: Curse or Blessing? Journal of Economic Literature, 2011, 49 (2): 366 – 420.

[175] Plott, Charles R. and Kathryn Zeiler. The Willingness to Pay – Willingness to Accept Gap, the "Endowment Effect", Subject Misconceptions, and Experimental Procedures for Eliciting Valuations: Reply [J] . American Economic Review, 2011, 101 (2): 1012 – 1028.

[176] Polasky, Stephen, Erik Nelson, Derric Pennington and Kris A. Johnson. The Impact of Land – Use Change on Ecosystem Services, Biodiversity and Returns to Landowners a Case Study in the State of Minnesota [J] . Environmental & Resource Economics, 2011, 48 (2): 219 – 242.

[177] Powers, Nicholas, Allen Blackman, Thomas P. Lyon and Urvashi Narain. Does Disclosure Reduce Pollution Evidence from India's Green Rating Project [J] . Environmental & Resource Economics, 2011, 50 (1): 131-155.

[178] Qin, Ping, Fredrik Carlsson and Jintao Xu. Forest Tenure Reform in China: A Choice Experiment on Farmers' Property Rights Preferences [J] . Land Economics, 2011, 87 (3): 473-487.

[179] Ren, Xiaolin, Don Fullerton and John B. Braden. Optimal Taxation of Externalities Interacting through Markets: A Theoretical General Equilibrium Analysis [J] . Resource and Energy Economics, 2011, 33 (3): 496-514.

[180] Riddel, Mary. Are Housing Bubbles Contagious a Case Study of Las Vegas and Los Angeles Home Prices [J] . Land Economics, 2011, 87 (1): 126-144.

[181] Robinson, Elizabeth J. Z. , Heidi J. Albers and Jeffrey C. Williams. Sizing Reserves within a Landscape: The Roles of Villagers' Reactions and the Ecological - Socioeconomic Setting [J] . Land Economics, 2011, 87 (2): 233-249.

[182] Roemer, John E. The Ethics of Intertemporal Distribution in a Warming Planet [J] . Environmental & Resource Economics, 2011, 48 (3): 363-390.

[183] Rosendahl, Knut Einar and Halvor Briseid Storrφsten. Emissions Trading with Updated Allocation Effects on Entry Exit and Distribution [J] . Environmental & Resource Economics, 2011, 49 (2): 243-261.

[184] Rovere, Emilio LèBre La, André Santos Pereira and André Felipe Simões. Biofuels and Sustainable Energy Development in Brazil [J] . World Development, 2011, 39 (6): 1026-1036.

[185] Saltari, Enrico and Giuseppe Travaglini. The Effects of Environmental Policies on the Abatement Investment Decisions of a Green Firm [J] . Resource and Energy Economics, 2011, 33 (3): 666-685.

[186] Sanchirico, James N. and Michael Springborn. How to Get There from Here Ecological and Economic Dynamics of Ecosystem Service Provision [J] . Environmental & Resource Economics, 2011, 48 (2): 243-267.

[187] Sanin, María - Eugenia and Skerdilajda Zanaj. A Note on Clean Technology Adoption and Its Influence on Tradeable Emission Permits Prices [J] . Environmental & Resource Economics, 2011, 48 (4): 561-567.

[188] Sauquet, Alexandre, Franck Lecocq; Philippe Delacote, Sylvain Caurla, Ahmed Barkaoui and Serge Garcia. Estimating Armington Elasticities for Sawnwood and Application to the French Forest Sector Model [J] . Resource and Energy Economics, 2011, 33 (4): 771-781.

[189] Schmutzler, Armin. Local Transportation Policy and the Environment [J] . Environ-

mental & Resource Economics, 2011, 48 (3): 511 -535.

[190] Schnier, Kurt E. and Ronald G. Felthoven. Accounting for Spatial Heterogeneity and Autocorrelation in Spatial Discrete Choice Models: Implications for Behavioral Predictions [J]. Land Economics, 2011, 87 (3): 382 -402.

[191] Scotton, Carol R. and Laura O. Taylor. Valuing Risk Reductions: Incorporating Risk Heterogeneity into a Revealed Preference Framework [J]. Resource and Energy Economics, 2011, 33 (2): 381 -397.

[192] Sharan, Awadhendra. From Source to Sink: Official and Improved Water in Delhi, 1868 - 1956 [J]. The Indian Economic and Social History Review, 2011, 48 (3): 425 -462.

[193] Sheeder, Robert J. and Gary D. Lynne. Empathy - Conditioned Conservation: "Walking in the Shoes of Others" as a Conservation Farmer [J]. Land Economics, 2011, 87 (3): 433 -452.

[194] Sinden, Jack, Wendy Gong and Randall Jones. Estimating the Costs of Protecting Native Species from Invasive Animal Pests in New South Wales, Australia [J]. Environmental & Resource Economics, 2011, 50 (2): 203 -226.

[195] Solstad, Jan Tore and Kjell Arne Brekke. Does the Existence of a Public Good Enhance Cooperation among Users of Common - Pool Resources [J]. Land Economics, 2011, 87 (2): 335 -345.

[196] Stavins, Robert N. The Problem of the Commons Still Unsettled after 100 Years [J]. American Economic Review, 2011, 101 (1): 81 -108.

[197] Sunstein, Cass R. and Richard Zeckhauser. Overreaction to Fearsome Risks [J]. Environmental & Resource Economics, 2011, 48 (3): 435 -449.

[198] Thanos, Sotirios, MarkWardman and Abigail L. Bristow. Valuing Aircraft Noise Stated Choice Experiments Reflecting Inter - Temporal Noise Changes from Airport Relocation [J]. Environmental & Resource Economics, 2011, 50 (4): 559 -583.

[199] Tsai, Wehn - Jyuan, Jin - Tan Liu and James K. Hammitt. Aggregation Biases in Estimates of the Value Per Statistical Life Evidence from Longitudinal Matched Worker - Firm Data in Taiwan [J]. Environmental & Resource Economics, 2011, 49 (3): 425 -433.

[200] Tsui, Kevin K. More Oil, Less Democracy: Evidence from Worldwide Crude Oil Discoveries [J]. The Economic Journal, 2011, 121 (3): 89 -115.

[201] Urpelainen, Johannes. Frontrunners and Laggards the Strategy of Environmental Regulation under Uncertainty [J]. Environmental & Resource Economics, 2011, 50 (3): 325 -346.

[202] Valente, Simone. Intergenerational Externalities, Sustainability and Welfare - the Ambiguous Effect of Optimal Policies on Resource Depletion [J]. Resource and Energy Econom-

ics, 2011, 33 (4): 995 - 1014.

[203] Vermeulen, Bart, Peter Goos, Riccardo Scarpa and Martina Vandebroek. Bayesian Conjoint Choice Designs for Measuring Willingness to Pay [J] . Environmental & Resource Economics, 2011, 48 (1): 129 - 149.

[204] Veronesi, Marcella, Anna Alberini and Joseph C. Cooper. Implications of Bid Design and Willingness - to - Pay Distribution for Starting Point Bias in Double - Bounded Dichotomous Choice Contingent Valuation Surveys [J] . Environmental & Resource Economics, 2011, 49 (2): 199 - 219.

[205] Walker, W. Reed. Environmental Regulation and Labor Reallocation: Evidence from the Clean Air Act [J] . American Economic Review: Papers & Proceedings, 2011, 101 (3): 442 - 447.

[206] Walsh, Patrick J. , J. Walter Milon and David O. Scrogin. The Spatial Extent of Water Quality Benefits in Urban Housing Markets [J] . Land Economics, 2011, 87 (4): 628 - 644.

[207] Wang, Chunhua. Sources of Energy Productivity Growth and Its Distribution Dynamics in China [J] . Resource and Energy Economics, 2011, 33 (1): 279 - 292.

[208] Warziniack, Travis, David Finnoff, Jonathan Bossenbroek, Jason F. Shogren and David Lodge. Stepping Stones for Biological Invasion a Bioeconomic Model of Transferable Risk [J] . Environmental & Resource Economics, 2011, 50 (4): 605 - 627.

[209] Weber, Jeremy G. , Erin O. Sills, Simone Bauch and Subhrendu K. Pattanayak. Do Icdps Work?: An Empirical Evaluation of Forest - Based Microenterprises in the Brazilian Amazon [J] . Land Economics, 2011, 87 (4): 661 - 681.

[210] Winkler, Ralph. Why Do Icdps Fail? The Relationship between Agriculture, Hunting and Ecotourism in Wildlife Conservation [J] . Resource and Energy Economics, 2011, 33 (1): 55 - 78.

[211] Wolcott, Erin L. and Jon M. Conrad. Agroecology of an Island Economy [J] . Land Economics, 2011, 87 (3): 403 - 411.

[212] Wu, JunJie, Monica Fisher and Unai Pascual. Urbanization and the Viability of Local Agricultural Economies [J] . Land Economics, 2011, 87 (1): 109 - 125.

[213] Yu, Fei. Indoor Air Pollution and Children's Health Net Benefits from Stove and Behavioral Interventions in Rural China [J] . Environmental & Resource Economics, 2011, 50 (4): 495 - 514.

[214] Zabel, Astrid, Karen Pittel, Göran Bostedt and Stefanie Engel. Comparing Conventional and New Policy Approaches for Carnivore Conservation Theoretical Results and Application to Tiger Conservation [J] . Environmental & Resource Economics, 2011, 48 (2): 287 - 301.

[215] Zhang Jing and Wiktor L. Adamowicz. Unraveling the Choice Format Effect: A

Context – Dependent Random Utility Model [J]. Land Economics, 2011, 87 (4): 730 – 143.

[216] Zhang Junjie and Martin D. Smith. Heterogeneous Response to Marine Reserve Formation a Sorting Model Approach [J]. Environmental & Resource Economics, 2011, 49 (3): 311 – 325.

[217] Zhao Huixia; Emi Uchida; Xiangzheng Deng and Scott Rozelle. Do Trees Grow with the Economy a Spatial Analysis of the Determinants of Forest Cover Change in Sichuan, China [J]. Environmental & Resource Economics, 2011, 50 (1): 61 – 82.

后　记

一部著作的完成需要许多人的默默贡献，闪耀着的是集体的智慧，其中铭刻着许多艰辛的付出，凝结着许多辛勤的劳动和汗水。

本书在编写过程中，借鉴和参考了大量的文献和作品，从中得到了不少启悟，也汲取了其中的智慧菁华，谨向各位专家、学者表示崇高的敬意——因为有了大家的努力，才有了本书的诞生。凡被本书选用的材料，我们都将按相关规定向原作者支付稿费，但因为有的作者通信地址不详或者变更，尚未取得联系。敬请您见到本书后及时函告您的详细信息，我们会尽快办理相关事宜。

由于编写时间仓促以及编者水平有限，书中不足之处在所难免，诚请广大读者指正，特驰惠意。